数学大师的逻辑课

思维的定律

布尔代数及其应用

刘培杰　杜莹雪　编

上海科技教育出版社

图书在版编目(CIP)数据

思维的定律:布尔代数及其应用/刘培杰,杜莹雪编.
—上海:上海科技教育出版社,2024.5
(数学大师的逻辑课)
ISBN 978-7-5428-8116-8

Ⅰ.①思… Ⅱ.①刘…②杜… Ⅲ.①布尔代数-普及读物 Ⅳ.①O153.2-49

中国国家版本馆 CIP 数据核字(2024)第 010170 号

责任编辑 卢 源
封面设计 李梦雪

数学大师的逻辑课
思维的定律
——布尔代数及其应用
刘培杰 杜莹雪 编

出版发行 上海科技教育出版社有限公司
(上海市闵行区号景路 159 弄 A 座 8 楼 邮政编码 201101)
网 址 www.sste.com www.ewen.co
经 销 各地新华书店
印 刷 上海商务联西印刷有限公司
开 本 720×1000 1/16
印 张 22
版 次 2024 年 5 月第 1 版
印 次 2024 年 5 月第 1 次印刷
书 号 ISBN 978-7-5428-8116-8/O·1199
定 价 68.00 元

Contents

目　录

第1章 浅谈布尔代数

0. 引子

世界著名数学家、哲学家、逻辑学家伯特兰·罗素(Bertrand Russell)曾说过:

> 纯数学是布尔在一部名为《思维的定律》的著作中发现的。

罗素所说的纯数学即今天人们所说的布尔代数,而罗素提到的《思维的定律》一书亦称为《思维规律的研究:作为逻辑与概率的数学理论的基础》(*An Investigation of the Laws of Thought, on Which Are Founded the Mathematical Theories of Logic and Probabilities*),由英国数学家、逻辑学家布尔(George Boole, 1815—1864)所著,1854年出版。布尔是符号逻辑代数的创始人之一,该书是他在逻辑学方面的重要著作。1847年,布尔出版了《逻辑的数学分析》(*Mathematical Analysis of Logic*)一书,该书来源于当时英国数学家德·摩根(A. De Morgan)和苏格兰哲学家威廉·哈密顿[Sir William Hamilton,不要与四元数的发现者、爱尔兰数学家威廉·罗恩·哈密顿(Sir William Rowan Hamilton)混淆]之间的一场关于数学和逻辑的关系的论争。

哈密顿鄙弃数学,认为数学研究既无用且危险,没有一个数学家能够对逻辑学做出任何重要贡献。受此激发,布尔对逻辑进行了研究。他在《逻辑的数学分析》的前言中声明,如果按照哈密顿本人的原则,逻辑就不属于哲学。他断言,逻辑与形而上学无关,而应与数学联姻。他试图用此著作将逻辑学像几何学一样建造在可接受的公理基础之上。他坚信,符号化会有利于逻辑学的严密,因而他在书中试图把概念和命题符号化,将演绎推理翻译成代数运算。这标志着现代意义上的符号逻辑的开始,迈出了自莱布尼茨(Gottfried Leibniz)和德·摩根以来试图将逻辑代数化方向的关键一步。

《逻辑的数学分析》行文仓促,多有疏误。几年后出版的《思维规律的研究》不仅是上一著作的扩展,而且开始将布尔的符号逻辑应用于概率论。布尔的方法是着重于类的逻辑的分析。他认识到自己创造了一个新的数学分支,一种类似于实代数但并不与之一致的代数。对这种代数的逻辑运算来说,选择符号的函数的概念是基本的。如果 $f(x)$ 是含 x 的代数符号,则它必表示论域的子集,因而必须由来自 x 和 $\bar{x}$ 的元素构成。于是,$f(x) = Ax + B\bar{x}$。此处系数 A 和 B 由 x 的值取 0 和 1 确定。于是,

$$f(x) = f(1)x + f(0)(1-x)。$$

这一方法用于含有两个选择符号的 $f(x,y)$ 表示,即

$$f(x,y) = f(1,1)xy + f(1,0)x(1-y) + f(0,1)(1-x)y + f(0,0)(1-x)(1-y)。$$

这样,可用选择符号表示的逻辑问题就可化为便于解决的标准形式。在该书的第 2 ~ 15 章,布尔试图把符号代数用于逻辑运算。用布尔自己的话说,该书的设计是要研究推理赖以进行的人类心智的运演的基本规律,用符号语言将其表示出来,在此基础上建立起逻辑科学并构造出它的方法,并使该方法成为概率的数学理论应用的一般方法的基础。

在 19 世纪前叶,英国数学受到拉普拉斯(P. S. Laplace)的解析表示法、孔多塞(M. de Condorcet)对概率统计的数学处理等新方法的刺激,开始注重数学的形式化和以此为基础的解释的多样性。在该书的第 16 ~ 21 章,布

尔开始将其符号代数应用于概率计算。如果 $P(X)=x$ 是事件 X 的概率，$P(Y)=y$ 是事件 Y 的概率，而事件 X 和 Y 相互独立，则 $P(X\text{和}Y)=xy$；如果 X 和 Y 互斥，则 $P(X\text{或}Y)=x+y$。布尔使用的清晰准确的符号，使他能够纠正早期概率论工作中的某些失误。

"布尔代数"这一名称标志着布尔的卓越贡献。所谓类的布尔代数，主要来源于《思维规律的研究》这一经典著作，它对所有数学分支的影响正日益扩大。今天，布尔代数的推广在拓扑学、射影几何学、抽象代数的结构理论、泛函分析及一般遍历理论中都有着重要的地位。罗素曾认为此书"发现了纯数学"。同时，布尔的理论在信息的储存与加工方面也有广泛应用，并对计算机科学的发展产生了深远的影响。

哈尔滨工业大学（深圳）理学院的欧阳顺湘教授指出：集合的基本运算是《普通高中数学课程标准》中的必修内容。在大学数学分析、实分析、概率论、离散数学等课程中，熟练掌握集合运算也是一项基本要求。集合论不但有一种独特的数学美，而且是现代数学的基础。如数学家贝尔（René-Louis Baire，1874—1932）就曾这样评论集合论在实变函数论中的重要性："任何同函数论相关的问题都将导致同集合论有关的某些问题。"集合的示性函数在初等概率论中就可有广泛应用①。特别地，我们注意到示性函数可以较方便地用于讨论集合（事件）之间的关系与运算。

集合的幂集及其上的交、并、余运算共同构成一个布尔代数，即集合代数。子集的示性函数的全体辅以合适的运算也构成一个布尔代数。可以证明，这两个布尔代数是同构的。因此，我们不但可以通过集合运算来认识布尔代数，而且还可以通过示性函数来学习布尔代数。实际上，应用示性函数来研究集合运算，蕴含了布尔代数的思想，体现了数学内容的融合。

让我们先从一道初等数学试题谈起。在复旦大学 2021 年"数学英才实

---

① 欧阳顺湘. 示性函数在初等概率论中的应用[J]. 大学数学，2021，37(1)：77-81.

验班”选拔考试的笔试试题中有一题为：

试题 A 设 $n\geqslant 1, B_0, B_1, \cdots, B_n \subset \Omega$，求证：

（1）$B_0\Delta(\bigcup_{n=N}^{\infty} B_n) \subset \bigcup_{n=N}^{\infty}(B_0\Delta B_n)$；

（2）$B_0\Delta B_n \subset \bigcup_{i=0}^{n-1}(B_i\Delta B_{i+1})$。

这个问题就是一道以布尔代数为背景的试题，更确切地说，是通过示性函数融布尔代数之思想于集合运算中的对称差简洁计算。

1. 布尔代数与示性函数

定义 1.1（布尔代数） 设集合 X 上有两个二元运算“$\wedge$”“$\vee$”，一元运算“$'$”，以及两个元素 0 和 1，且满足如下条件：对任意 $x,y,z\in X$，有

（1）交换律：$x\wedge y=y\wedge x, x\vee y=y\vee x$；

（2）分配律：$x\wedge(y\vee z)=(x\wedge y)\vee(x\wedge z), x\vee(y\wedge z)=(x\vee y)\wedge(x\vee z)$；

（3）极元律：$x\wedge 1=x, x\vee 0=x$；

（4）互补律：$x\wedge x'=0, x\vee x'=1$。

那么，称代数系统 $(X,\wedge,\vee,',0,1)$ 为一个布尔代数。

有时我们也简单地称 X 为布尔代数，而不显式地写出其上相应的运算和极元（即 0 和 1）。这一点是自然的，如我们说实数集，总是默认其上有加减乘除等运算。关于布尔代数的相关知识，读者可以参考相关文献①②。

最简单的布尔代数是二元布尔代数 $(\mathbb{B},\wedge,\vee,',0,1)$，其中 $\mathbb{B}=\{0,1\}$ 仅包含两个元素，真值表见表 1.1，运算规则如下：

$$x\wedge y=\min\{x,y\}, x\vee y=\max\{x,y\}, x'=1-x。$$

人们熟知的开关电路、逻辑代数都是二元布尔代数。

---

① R. L. 古德斯坦因. 布尔代数[M]. 刘文，李忠傧，译. 北京：科学出版社，1978.

② 伊里奥特·门德尔松. 布尔代数与开关电路的理论和习题[M]. 代正贵，余大海，译. 成都：四川教育出版社，1985.

表 1.1　$\mathbb{B}$ 上的运算规则(真值表)

$\wedge$	0	1
0	0	0
1	0	1

$\vee$	0	1
0	0	1
1	1	1

x	x'
0	1
1	0

考虑集合 Ω 的子集的全体,即 Ω 的幂集 $\mathscr{P}(\Omega)$,及其上的二元运算“并”“交”和一元运算“余”(相应的符号分别为 $\cup$, $\cap$, ^{C})。可知集合的交、并满足交换律与分配律。又分别取 $\varnothing$, Ω 为 $\mathscr{P}(\Omega)$ 上的 0,1 元,则在 $\mathscr{P}(\Omega)$ 上,极元律、互补律也显然成立。所以,$(\mathscr{P}(\Omega), \cup, \cap, ^{\mathrm{C}}, \varnothing, \Omega)$ 是一个布尔代数,我们称之为集合代数。

定义 1.2(示性函数)　设 $A=\Omega$,则 A 的示性函数定义为

$$1_A(\omega)=\begin{cases}1, \omega\in A,\\ 0, \omega\notin A。\end{cases}$$

注意:在本节中,我们用 $A\subset B$ 表示 A 为 B 的子集。

不难证明,示性函数与集合之间有如下基本关系。

命题 1.1　设 $A, B\subset\Omega$,则:

(1) $A=B$ 当且仅当 $1_A=1_B$;特别地,$A=\varnothing$ 当且仅当 $1_A=0$;$A=\Omega$ 当且仅当 $1_A=1$;

(2) $A\subset B$ 当且仅当 $1_A\leqslant 1_B$;

(3) A, B 不相交当且仅当 $1_A 1_B=0$;

(4) A, B 互补当且仅当 $1_A+1_B=1$。

集合之间的运算也可以借助示性函数来刻画。

命题 1.2　设 $A, B\subset\Omega$,则:

(1) $1_{A\cap B}=1_A 1_B=\min\{1_A, 1_B\}=\dfrac{1}{2}(1_A+1_B-|1_A-1_B|)$;

(2) 记 $A\backslash B=A\cap B^{\mathrm{C}}$,则 $1_{A\backslash B}=1_A(1-1_B)$;

(3) 若 $B\subset A$,则 $1_{A\backslash B}=1_A-1_B$;特别地,$1_A=1-1_{A^{\mathrm{C}}}$;

(4) $1_{A\cup B}=1_A+1_B-1_A 1_B=\max\{1_A, 1_B\}=\dfrac{1}{2}(1_A+1_B+|1_A-1_B|)$。

证明 我们只给出部分事实的证明。第二个结论的证明如下：

$$1_{A\backslash B}=1_{A\cap B^{\mathrm{C}}}=1_A\cdot 1_{B^{\mathrm{C}}}=1_A(1-1_B)。$$

对最后一个结论，我们只证明第一个等号，其他两个等号是简单的代数恒等式。首先容易证明，如果 A,B 不相交，那么 $1_{A\cup B}=1_A+1_B$。对一般的 A,B，注意到 $A\backslash B,B\backslash A,A\cap B$ 互不相交。事实上，

$$1_{A\backslash B}\cdot 1_{B\backslash A}=1_A1_{B^{\mathrm{C}}}\cdot 1_B1_{A^{\mathrm{C}}}=1_A1_{A^{\mathrm{C}}}\cdot 1_B1_{B^{\mathrm{C}}}=0,\tag{1.1}$$

因此 $A\backslash B,B\backslash A$ 不相交。又有

$$1_{A\backslash B}\cdot 1_{B\cap A}=1_A1_{B^{\mathrm{C}}}\cdot 1_A1_B=1_A1_A\cdot 1_B1_{B^{\mathrm{C}}}=0,$$

因此 $A\backslash B,A\cap B$ 不相交。同理可知 $B\backslash A,A\cap B$ 不相交。所以有

$$\begin{aligned}1_{A\cup B}&=1_{A\backslash B}+1_{B\backslash A}+1_{A\cap B}=1_A(1-1_B)+1_B(1-1_A)+1_A1_B\\&=1_A+1_B-1_A1_B。\end{aligned}$$

记从 Ω 到 $\mathbb{B}$ 的函数的全体为 $\mathbb{B}^{\Omega}$。易证 $\mathscr{P}(\Omega)$ 与 $\mathbb{B}^{\Omega}$ 之间存在一一对应：

$$\phi:\mathscr{P}(\Omega)\to\mathbb{B}^{\Omega},\phi(A)\to 1_A。$$

事实上，对任意 $A\subset\Omega,\phi(A)=1_A\in\mathbb{B}^{\Omega}$。反之，对任意 $f\in\mathbb{B}^{\Omega}$，记

$$A\overset{\text{def}}{=\!=}\{\omega\in\Omega:f(\omega)=1\},$$

则 $f=1_A=\phi(A)$。不难看出 ϕ 是一一对应的。

在 $\mathbb{B}^{\Omega}$ 上定义二元运算"$\wedge$""$\vee$"，以及一元运算"$'$"如下：对任意 1_A，$1_B\in\mathbb{B}^{\Omega}$，其中 $A,B\subset\Omega$，有

$$1_A\wedge 1_B\overset{\text{def}}{=\!=}\min\{1_A,1_B\},$$

$$1_A\vee 1_B\overset{\text{def}}{=\!=}\max\{1_A,1_B\},$$

$$(1_A)'\overset{\text{def}}{=\!=}1-1_A,$$

自然取 $1_{\varnothing},1_{\Omega}$ 为 $\mathbb{B}^{\Omega}$ 上的 0,1 元，则易证 $(\mathbb{B}^{\Omega},\wedge,\vee,',1_{\varnothing},1_{\Omega})$ 构成一个布尔代数。

我们称两个布尔代数 $\mathbb{B}_1,\mathbb{B}_2$ 是同构的（如无歧义，相应布尔代数上的运算仍均用 $\wedge,\vee,'$ 表示），如果它们之间存在一一对应 φ，使得对任意 x，

$y \in \mathbb{B}_1$,有

$$\varphi(x \wedge y) = \varphi(x) \wedge \varphi(y), \varphi(x \vee y) = \varphi(x) \vee \varphi(y),$$
$$\varphi(x') = [\varphi(x)]', \varphi(0) = 0, \varphi(1) = 1。$$

从命题 1.2 可见,对任意 $A, B \subset \Omega$,有

$$1_{A \cap B} = 1_A \wedge 1_B, 1_{A \cup B} = 1_A \vee 1_B,$$
$$1_{A^C} = (1_A)', 1_{\varnothing} = 0, 1_{\Omega} = 1。$$

结合命题 1.1 的第一个结论,可知 φ 是 $(\mathscr{P}(\Omega), \cup, \cap, ^C, \varnothing, \Omega)$ 与 $(\mathbb{B}^{\Omega}, \wedge, \vee, ', 1_{\varnothing}, 1_{\Omega})$ 之间的同构映射,从而可知 $\mathscr{P}(\Omega)$ 与 $\mathbb{B}^{\Omega}$ 同构。

2. 示性函数应用于集合运算

(1) 基本应用

对偶原理(德・摩根定律)是布尔代数中的一个基本结论。该结论对集合代数也自然成立:任给集合关系,通过将集合运算的交、并分别与并、交作交换,将集合换为集合的余集,并将关系"相等""包含于"分别与"相等""包含"作交换后,所得的集合关系仍成立。作为例子,我们可以借助示性函数来证明集合运算的对偶原理,仅举一例如下。

例 1.1　设 $A, B \subset \Omega$,则 $(A \cap B)^C = A^C \cup B^C$。

证明　我们只要证明 $(A \cap B)^C, A^C \cup B^C$ 的示性函数相等:

$$\begin{aligned} 1_{(A \cap B)^C} &= 1 - 1_{A \cap B} = 1 - 1_A 1_B \\ &= 1 - (1 - 1_{A^C})(1 - 1_{B^C}) \\ &= 1_{A^C} + 1_{B^C} - 1_{A^C} 1_{B^C} \\ &= 1_{A^C \cup B^C}。 \end{aligned}$$

上述结论的常见证明采用的逻辑推理是:任意 $\omega \in (A \cap B)^C$ 当且仅当 $\omega \notin A \cap B$,即 $\omega \notin A$ 或 $\omega \notin B$,它等价于 $\omega \in A^C$ 或 $\omega \in B^C$,即 $\omega \in A^C \cup B^C$。

这个例子清晰地表明,通过示性函数,可将逻辑运算转化成代数运算,这正是布尔发明布尔代数的初心。

下面这个有趣的结论来自科学出版社 1978 年版的《布尔代数》。

命题 1.3　设 $A, B, C \subset \Omega$,且 $A \cup B = A \cup C$。如果下列两个条件之一成

立，则 $B=C$。

（1）$A\cap B=A\cap C$；

（2）$A^{C}\cup B=A^{C}\cup C$。

证明 首先，我们注意到从第二个条件可以得到第一个条件。事实上，由 $A^{C}\cup B=A^{C}\cup C$，可得

$$1_{A^{C}}+1_{B}-(1-1_{A})1_{B}=1_{A^{C}}+1_{C}-(1-1_{A})1_{C},$$

由此可得 $1_{A}1_{B}=1_{A}1_{C}$，即 $A\cap B=A\cap C$。因此，我们只要考虑第一个条件成立的情形。设第一个条件 $A\cap B=A\cap C$ 成立，则有 $1_{A}1_{B}-1_{A}1_{C}=0$。由 $A\cup B=A\cup C$，可得

$$1_{A}+1_{B}-1_{A}1_{B}=1_{A}+1_{C}-1_{A}1_{C},$$

从而有 $1_{B}-1_{C}=1_{A}1_{B}-1_{A}1_{C}$，因此 $B=C$。

在《布尔代数》一书中，上述命题中的结论是通过集合运算得到的。我们这里用示性函数进行证明。值得指出的是，该结论也被用于证明集合并的结合律可以从集合的几个简单公理出发得到。自然，我们也可以利用示性函数直接证明集合并的结合律，此处略。

（2）两个集合的对称差

我们将用示性函数讨论与两个集合的对称差相关的一些问题。

定义 1.3（对称差） 任意集合 $A,B\subset\Omega$ 的对称差定义为

$$A\Delta B=(A\backslash B)\cup(B\backslash A)。\tag{1.2}$$

在概率论中，若 A,B 为事件，则 $A\Delta B$ 表示 A,B 中有且仅有一个事件发生。

在一般的布尔代数 $(X,\wedge,\vee,',0,1)$ 中，也可以抽象地定义对称差。任意 $x,y\in X$ 的对称差 $x+y$ 定义为

$$x+y\xlongequal{\text{def}}(x\wedge y')\vee(y\wedge x')。$$

显然，上述定义类似于集合的对称差的定义，即式(1.2)。值得注意的是，集合代数里的对称差运算类似于逻辑代数中重要的“异或”运算。我们下面要研究的与集合的对称差相关的结论，在逻辑代数、一般布尔代数中，

也都有相应的结论。

命题 1.4　对任意 $A,B\subset\Omega$,有

$$\begin{aligned}1_{A\Delta B}&=1_A+1_B-21_A1_B=(1_A-1_B)^2=|1_A-1_B|\\&=(1_A+1_B)\bmod 2。\end{aligned}\tag{1.3}$$

证明　由式(1.1)可知 $A\backslash B$ 与 $B\backslash A$ 不相交,因此

$$\begin{aligned}1_{A\Delta B}&=1_{A\backslash B}+1_{B\backslash A}=1_A(1-1_B)+1_B(1-1_A)\\&=1_A+1_B-21_A1_B=(1_A-1_B)^2\\&=|1_A-1_B|,\end{aligned}$$

上面的最后一个等号利用了 $1_{A\Delta B}$取值为 0 或 1。根据这个事实,也可以知道 $1_{A\Delta B}=1_{A\Delta B}\bmod 2$。再注意到$21_A1_B\bmod 2=0$,可得

$$\begin{aligned}1_{A\Delta B}&=1_{A\Delta B}\bmod 2=(1_A+1_B-21_A1_B)\bmod 2\\&=(1_A+1_B)\bmod 2-(21_A1_B)\bmod 2\\&=(1_A+1_B)\bmod 2,\end{aligned}$$

这就证明了式(1.3)中的最后一个等号。

利用示性函数,易得对称差的另一个常用计算公式如下。

命题 1.5　对任意 $A,B\subset\Omega$,有

$$A\Delta B=(A\cup B)\backslash(A\cap B)。\tag{1.4}$$

证明　由式(1.3)可知

$$\begin{aligned}1_{A\Delta B}&=1_A+1_B-21_A1_B=(1_A+1_B-1_A1_B)-1_A1_B\\&=1_{A\cup B}-1_{A\cap B}=1_{(A\cup B)\backslash(A\cap B)}。\end{aligned}$$

如果将式(1.4)作为对称差的定义,那么对称差的示性函数表示,即式(1.3)中的第三个等号给出的表示,也可由如下方式直接看出:

$$\begin{aligned}1_{A\Delta B}&=1_{(A\cup B)\backslash(A\cap B)}=1_{A\cup B}-1_{A\cap B}\\&=\frac{1}{2}(1_A+1_B+|1_A+1_B|)-\frac{1}{2}(1_A+1_B-|1_A-1_B|)\\&=|1_A-1_B|,\end{aligned}$$

它说明 $1_{A\Delta B}=|1_A-1_B|$也是自然的表示。

利用示性函数,不难证明对称差的一些基本性质。我们先看几个涉及空集或全集的对称差的简单性质。

命题 1.6 对任意 $A,B\subset\Omega$,有

(1) $A\Delta\varnothing=A$;

(2) $A\Delta A^{\mathrm{C}}=\Omega$;

(3) $A\Delta B=\varnothing$ 当且仅当 $A=B$。

证明 (1) $1_{A\Delta\varnothing}=|1_A-1_\varnothing|=|1_A-0|=1_A$。

(2) $1_{A\Delta A^{\mathrm{C}}}=|1_A-1_{A^{\mathrm{C}}}|=|1_A-(1-1_A)|=1=1_\Omega$。

(3) 因为 $A\Delta B=\varnothing$ 当且仅当 $1_{A\Delta B}=0$,又因 $1_{A\Delta B}=|1_A-1_B|=0$ 当且仅当 $1_A=1_B$,即 $A=B$,所以 $A\Delta B=\varnothing$ 当且仅当 $A=B$。

对称差的表示 $1_{A\Delta B}=(1_A+1_B)\bmod 2$ 提示我们,对称差类似于某种加法。确实,下面的结论表明对称差有对称性,满足结合律和对"乘法"的分配律。

命题 1.7 对任意 $A,B,C\subset\Omega$,有

(1) 交换律:$A\Delta B=B\Delta A$;

(2) 结合律:$(A\Delta B)\Delta C=A\Delta(B\Delta C)$;

(3) (交运算)分配律:$A\cap(B\Delta C)=(A\cap B)\Delta(A\cap C)$。

证明 (1) 只要注意到

$$1_{A\Delta B}=(1_A+1_B)\bmod 2=(1_B+1_A)\bmod 2=1_{B\Delta A}$$

即可。

(2) 因为

$$\begin{aligned}1_{(A\Delta B)\Delta C}&=(1_{A\Delta B}+1_C)\bmod 2=[(1_A+1_B)\bmod 2+1_C]\bmod 2\\&=(1_A+1_B+1_C)\bmod 2,\end{aligned}$$

同理可得

$$1_{A\Delta(B\Delta C)}=(1_A+1_B+1_C)\bmod 2,$$

从而可知 $1_{A\Delta(B\Delta C)}=1_{(A\Delta B)\Delta C}$。

(3) $$1_{A\cap(B\Delta C)}=1_A1_{B\Delta C}=1_A[(1_B+1_C)\bmod 2]$$

$$= (1_A 1_B + 1_A 1_C) \bmod 2 = (1_{A\cap B} + 1_{A\cap C}) \bmod 2$$
$$= 1_{(A\cap B)\Delta(A\cap C)}。$$

上面的证明过程也体现了对称差与“加法”的类比。如果采用不同的表示,则证明趣味不同。读者可以比较“分配律”的如下证明:

$$\begin{aligned} 1_{A\cap(B\Delta C)} &= 1_A(1_B + 1_C - 21_B \cdot 1_C) \\ &= 1_A \cdot 1_B + 1_A \cdot 1_C - 2(1_A \cdot 1_B) \cdot (1_A \cdot 1_C) \\ &= 1_{A\cap B} + 1_{A\cap C} - 21_{A\cap B} \cdot 1_{A\cap C} \\ &= 1_{(A\cap B)\Delta(A\cap C)}。\end{aligned}$$

对称差的对称性使得它比集合差运算更有理由与集合的并、交运算处于同等地位。特别地,根据命题 1.7 中有关对称差的性质,可知集合的对称差、交运算在 $\mathscr{P}(\Omega)$ 上定义了一个环结构①。

命题 1.8　对任意 $A,B,C\subset\Omega$,有

$$A\Delta C = (A\Delta B)\Delta(B\Delta C)。\tag{1.5}$$

证明

方法一　注意到 $21_B \bmod 2 = 0$,可得

$$1_{A\Delta C} = (1_A + 1_C) \bmod 2 = [(1_A + 1_B) + (1_B + 1_C)] \bmod 2$$
$$= (1_{A\Delta B} + 1_{B\Delta C}) \bmod 2 = 1_{(A\Delta B)\Delta(B\Delta C)}。$$

如果选择不同的示性函数表示,也可得不同的证明。

方法二　注意到

$$(1_A - 1_B)(1_B - 1_C) \leqslant 0,$$

可知

$$\begin{aligned} (1_A - 1_B)(1_B - 1_C) &= -|1_A - 1_B| \cdot |1_B - 1_C| \\ &= -1_{A\Delta B} \cdot 1_{B\Delta C}, \end{aligned}$$

于是

$$1_{A\Delta C} = (1_A - 1_C)^2 = [(1_A - 1_B) + (1_B - 1_C)]^2$$

---

① Halmos, Paul R. 测度论[M]. 王建华,译. 北京:科学出版社,1958.

$$\begin{aligned}&=(1_A-1_B)^2+(1_B-1_C)^2+2(1_A-1_B)(1_B-1_C)\\&=1_{A\Delta B}+1_{B\Delta C}-21_{A\Delta B}\cdot 1_{B\Delta C}\\&=(1_{A\Delta B}-1_{B\Delta C})^2\\&=1_{(A\Delta B)\Delta(B\Delta C)}\text{。}\end{aligned}$$

命题 1.9 设 $A,B,C\subset\Omega$。

(1) 如果 $A\Delta B=C$,那么 $A\Delta C=B$;

(2) 如果 $A\Delta B=A\Delta C$,那么 $B=C$。

证明 (1)

$$\begin{aligned}1_{A\Delta C}&=(1_A+1_C)\bmod 2=(1_A+1_{A\Delta B})\bmod 2\\&=[1_A+(1_A+1_B)\bmod 2]\bmod 2\\&=(21_A+1_B)\bmod 2\\&=1_B\text{。}\end{aligned}$$

(2) 由条件可知 $1_{A\Delta B}=1_{A\Delta C}$,所以

$$(1_A+1_B)\bmod 2=(1_A+1_C)\bmod 2,$$

由此可得 $1_B\bmod 2=1_C\bmod 2$,亦即 $1_B=1_C$。

本章的主要目的是展示示性函数的力量,因此我们直接用示性函数证明命题 1.9。实际上,命题 1.9 可以由相关结论直接得到。如命题 1.9 的第一个结论可以作为命题 1.8 的直接推论。事实上,由式(1.5)可得

$$\begin{aligned}A\Delta C&=(A\Delta B)\Delta(B\Delta C)=C\Delta(B\Delta C)=(C\Delta C)\Delta B\\&=\varnothing\Delta B=B\text{。}\end{aligned}$$

命题 1.9 的第二个结论也可以由该命题的第一个结论直接得到。设 $A\Delta B=D$,则根据命题 1.9 的第一个结论有 $A\Delta D=B$。同理,由 $A\Delta C=A\Delta B=D$,可得 $A\Delta D=C$,所以 $B=C$。该结论说明,集合 B 经过与集合 A 作对称差"加密"后的集合,可以通过与集合 A 作对称差还原。

现在我们可以解前面那道来自复旦大学 2021 年"数学英才实验班"选拔考试的笔试试题了。

试题 A 设 $n\geqslant 1,B_0,B_1,\cdots,B_n\subset\Omega$,求证:

(1) $B_0\Delta(\bigcup_{n=N}^{\infty}B_n)\subset\bigcup_{n=N}^{\infty}(B_0\Delta B_n)$；

(2) $B_0\Delta B_n\subset\bigcup_{i=0}^{n-1}(B_i\Delta B_{i+1})$。

证明　(1)易知 $1_{\bigcup_{n=N}^{\infty}B_n}=\sup_{n\geqslant N}1_{B_n}$，因此

$$\begin{aligned}1_{B_0\Delta(\bigcup_{n=N}^{\infty}B_n)}&=(1_{B_0}+1_{\bigcup_{n=N}^{\infty}B_n})\bmod 2\\&=(1_{B_0}+\sup_{n\geqslant N}1_{B_n})\bmod 2\\&=[\sup_{n\geqslant N}(1_{B_0}+1_{B_n})]\bmod 2\\&\leqslant\sup_{n\geqslant N}[(1_{B_0}+1_{B_n})\bmod 2]\\&=\sup_{n\geqslant N}1_{B_0\Delta B_n}=1_{\bigcup_{n=N}^{\infty}(B_0\Delta B_n)}。\end{aligned}$$

(2) 当 $n=1$ 时，结论显然成立。假设结论对 $n=k$ 成立，利用式(1.5)，可得

$$\begin{aligned}B_0\Delta B_{k+1}&=(B_0\Delta B_k)\Delta(B_k\Delta B_{k+1})\subset(B_0\Delta B_k)\cup(B_k\Delta B_{k+1})\\&\subset[\bigcup_{i=0}^{k-1}(B_i\Delta B_{i+1})]\cup(B_k\Delta B_{k+1})\\&=\bigcup_{i=0}^{k}(B_i\Delta B_{i+1}),\end{aligned}$$

由此可见，结论对 $n=k+1$ 也成立。由数学归纳法可知，结论对一般的 $n\geqslant 1$ 均成立。

设 $A,B,C\subset\Omega$，则 $A\Delta(B\cup C)$ 是 $(A\Delta B)\cup(A\Delta C)$ 的子集。问题是，它们是否相等？如果不相等，它们之间有什么关系？利用示性函数，我们可以得到如下结论。

命题 1.10　设 $A,B,C\subset\Omega$，则

$$A\Delta(B\cup C)\subset(A\Delta B)\cup(A\Delta C),\tag{1.6}$$

$$(A\Delta B)\cup(A\Delta C)\backslash A\Delta(B\cup C)=A\cap(B\Delta C),\tag{1.7}$$

且有

$$(A\Delta B)\cup(A\Delta C)=(A\cup B\cup C)\backslash(A\cap B\cap C)。\tag{1.8}$$

证明　易计算得到

$$1_{A\Delta(B\cup C)}=1_A+1_B+1_C-21_A1_B-21_A1_C-1_B1_C+21_A1_B1_C。$$

经过相对繁琐的计算,也不难得到

$$1_{(A\Delta B)\cup(A\Delta C)}=1_A+1_B+1_C-1_A1_B-1_A1_C-1_B1_C,$$

因此

$$\begin{aligned}1_{(A\Delta B)\cup(A\Delta C)}-1_{A\Delta(B\cup C)}&=1_A1_B+1_A1_C-21_A1_B1_C\\&=1_A(1_B+1_C-21_B1_C)\\&=1_A1_{B\Delta C}=1_{A\cap(B\Delta C)}。\end{aligned}$$

因为 $1_{A\cap(B\Delta C)}\geqslant 0$,所以由上面的计算可得式(1.6)和(1.7)。

为证明式(1.8),我们只要注意到

$$\begin{aligned}1_{A\cup B\cup C}&=1-1_{A^C\cap B^C\cap C^C}\\&=1-(1-1_A)(1-1_B)(1-1_C)\\&=1_A+1_B+1_C-1_A1_B-1_A1_C-1_B1_C+1_A1_B1_C\\&=1_{(A\Delta B)\cup(A\Delta C)}+1_{A\cap B\cap C}。\end{aligned}$$

如果不拘于使用示性函数,式(1.8)也可以利用式(1.7)得到:

$$\begin{aligned}&(A\Delta B)\cup(A\Delta C)=A\Delta(B\cup C)\cup[A\cap(B\Delta C)]\\&=[(A\cup B\cup C)\setminus(A\cap(B\cup C))]\cup[A\cap((B\cup C)\setminus(B\cap C))]\\&=[(A\cup B\cup C)\setminus(A\cap(B\cup C))]\cup[(A\cap(B\cup C))\setminus(A\cap B\cap C)]\\&=(A\cup B\cup C)\setminus(A\cap B\cap C)。\end{aligned}$$

(3) 多个集合的对称差

因为对称差满足交换律和结合律,自然可以定义多个集合的对称差。

定义 1.4(多个集合的对称差) 设 $A_1,A_2,\cdots,A_n$ 为 $n\geqslant 2$ 个 Ω 的子集,对任意 $2\leqslant k\leqslant n$,我们可以递推地定义

$$A_1\Delta A_2\Delta\cdots\Delta A_k\xlongequal{\text{def}}(A_1\Delta A_2\Delta\cdots\Delta A_{k-1})\Delta A_k,$$

并称之为 $A_1,A_2,\cdots,A_k$ 的对称差,简记为 $\Delta_{i=1}^k A_i$。

我们将要多次使用如下多个集合的对称差的示性函数表示,它是式(1.3)中最后一个等号的自然推广。该结论表明,多个集合的对称差类似某种多项求和。

引理　设 $n\geqslant 2, A_1, A_2, \cdots, A_n \subset \Omega$，则

$$1_{\Delta_{i=1}^{n}A_i} = \left(\sum_{i=1}^{n} 1_{A_i}\right) \bmod 2。\tag{1.9}$$

证明　使用数学归纳法。当 $n=2$ 时，可知结论成立。假设当 $n=k$ 时，结论成立，则

$$1_{\Delta_{i=1}^{k+1}A_i} = 1_{(\Delta_{i=1}^{k}A_i)\Delta A_{k+1}} = \left[\left(\sum_{i=1}^{k} 1_{A_i}\right) \bmod 2 + 1_{A_{k+1}}\right] \bmod 2 = \left(\sum_{i=1}^{k+1} 1_{A_i}\right) \bmod 2,$$

即命题对 $n=k+1$ 也成立。

相关文献①②中用集合运算较详细地讨论了多个集合的对称差的有趣性质。基于引理中的表示公式(1.9)，我们可以用示性函数来证明这些性质。这样，不但可以从不同的角度来理解这些性质，而且证明更加简洁易懂。为节省篇幅，下面仅展示部分性质的证明。

首先，由式(1.9)立即可知集合的对称差与其排列顺序无关。

推论　设 $n\geqslant 2, A_1, A_2, \cdots, A_n \subset \Omega$，则对 $1,2,\cdots,n$ 的任一排列 $i_1, i_2, \cdots, i_n$，有

$$\Delta_{k=1}^{n} A_{i_k} = \Delta_{i=1}^{n} A_i。$$

证明　根据式(1.9)，知

$$1_{\Delta_{k=1}^{n}A_{i_k}} = \left(\sum_{k=1}^{n} 1_{A_{i_k}}\right) \bmod 2 = \left(\sum_{i=1}^{n} 1_{A_i}\right) \bmod 2 = 1_{\Delta_{i=1}^{n}A_i}。$$

定理 1.1（结构定理）　设 $n\geqslant 2, A_1, A_2, \cdots, A_n \subset \Omega$，则

$$\Delta_{i=1}^{k} A_i = \{\omega \in \Omega : \omega \text{ 仅属于奇数个 } A_i, i=1,2,\cdots,n\}。$$

证明　由式(1.9)知

$$1_{\Delta_{i=1}^{n}A_i} = \left(\sum_{i=1}^{n} 1_{A_i}\right) \bmod 2,$$

所以，对任意 $\omega \in \Omega$，$\omega \in \Delta_{i=1}^{n} A_i$ 当且仅当 $1_{\Delta_{i=1}^{k+1}A_i}(\omega) = 1$。它又等价于

① 肖果能，李俊平，李赵详. 随机事件的对称差与独立性[J]. 长沙铁道学院学报，1998，16(3)：89－93.

② 孙荣恒. 概率统计拾遗[M]. 北京：科学出版社，2012.

$\sum_{i=1}^{n} 1_{A_i}$为奇数，即$1_{A_1}(\omega),1_{A_2}(\omega),\cdots,1_{A_n}(\omega)$中恰好有奇数个1，它等价于$\omega$恰好属于奇数个$A_i$，$i=1,2,\cdots,n$。

根据定理1.1，我们也称$\Delta_{i=1}^{n}A_i$为$A_1,A_2,\cdots,A_n$的奇交。用概率论的语言来表述就是，事件$\Delta_{i=1}^{n}A_i$发生当且仅当n个事件$A_1,A_2,\cdots,A_n$中恰好有奇数个事件发生。

作为定理的直接推论，《随机事件的对称差与独立性》一文中还给出了如下结论。为展示示性函数的魅力，我们将在不引用定理的条件下，直接应用式(1.9)来证明。

命题1.11 设$n\geqslant 2,A_1,A_2,\cdots,A_n\subset\Omega$，则

$$1_{\Delta_{i=1}^{n}A_i^{\mathrm{c}}}=\begin{cases}(\Delta_{i=1}^{n}A_i)^{\mathrm{C}}，若 n 为奇数，\\ \Delta_{i=1}^{n}A_i，若 n 为偶数。\end{cases}$$

证明 由式(1.9)可得

$$\begin{aligned}1_{\Delta_{i=1}^{n}A_i^{\mathrm{c}}}&=\left(\sum_{i=1}^{n}1_{A_i^{\mathrm{c}}}\right)\bmod 2=\left[\sum_{i=1}^{n}(1-1_{A_i})\right]\bmod 2\\&=\left(n-\sum_{i=1}^{n}1_{A_i}\right)\bmod 2。\end{aligned}\tag{1.10}$$

若n为奇数，则由式(1.10)可知

$$1_{\Delta_{i=1}^{n}A_i^{\mathrm{c}}}=1-\left[\left(\sum_{i=1}^{n}1_{A_i}\right)\bmod 2\right]=1-1_{\Delta_{i=1}^{n}A_i}=1_{(\Delta_{i=1}^{n}A_i)^{\mathrm{C}}},$$

所以此时$\Delta_{i=1}^{n}A_i^{\mathrm{C}}=(\Delta_{i=1}^{n}A_i)^{\mathrm{C}}$。

若n为偶数，则再由式(1.10)可知

$$1_{\Delta_{i=1}^{n}A_i^{\mathrm{C}}}=\left(\sum_{i=1}^{n}1_{A_i}\right)\bmod 2=1_{\Delta_{i=1}^{n}A_i},$$

所以此时$\Delta_{i=1}^{n}A_i^{\mathrm{C}}=\Delta_{i=1}^{n}A_i$。

有关n元布尔函数的背景的竞赛试题近年也层出不穷。

试题B(CSMO,2017－1－1) 设$x_i\in\{0,1\}(i=1,2,\cdots,n)$。若函数$f=f(x_1,x_2,\cdots,x_n)$的值只取0或1，则称$f$为一个$n$元布尔函数，并记

$$D_n(f)=\{(x_1,x_2,\cdots,x_n)\mid f(x_1,x_2,\cdots,x_n)=0\}。$$

（1）求 n 元布尔函数的个数；

（2）设 g 为 10 元布尔函数，满足

$$g(x_1,x_2,\cdots,x_{10})\equiv 1+\sum_{i=1}^{10}\prod_{j=1}^{i}x_j\pmod 2,$$

求集合 $D_{10}(g)$ 的元素个数，并求

$$\sum_{(x_1,x_2,\cdots,x_{10})\in D_{10}(g)}(x_1+x_2+\cdots+x_{10})。$$

试题 C（CSMO，2017－2－2）　设 $x_i\in\{0,1\}$ $(i=1,2,\cdots,n)$。若函数 $f=f(x_1,x_2,\cdots,x_n)$ 的值只取 0 或 1，则称 f 为一个 n 元布尔函数，并记

$$D_n(f)=\{(x_1,x_2,\cdots,x_n)\mid f(x_1,x_2,\cdots,x_n)=0\}。$$

（1）求 n 元布尔函数的个数；

（2）设 g 为 n 元布尔函数，满足

$$g(x_1,x_2,\cdots,x_n)\equiv 1+\sum_{i=1}^{n}\prod_{j=1}^{i}x_j\pmod 2,$$

求集合 $D_n(g)$ 的元素个数，并求最大的正整数 n，使得

$$\sum_{(x_1,x_2,\cdots,x_n)\in D_n(g)}(x_1+x_2+\cdots+x_n)\leqslant 2017。$$

其实这种对集合进行运算和推理的试题，在早年的竞赛中就出现过，如 1966 年在保加利亚举行的第 8 届国际数学奥林匹克竞赛上，苏联提供了此次比赛的第一题。题目如下。

在一次数学竞赛中共出了 A,B,C 三题。在参加竞赛的所有学生中，至少解出一题者共 25 人。在不能解出 A 题的学生中，能解出 B 题的人数是能解出 C 题的人数的两倍。在能解出 A 题的学生中，只能解出这一题的人数比至少还能解出另一题的人数多一人。如果只能解出一题的学生中有一半不能解出 A 题，问：只能解出 B 题的学生有几人？

解

方法一　用 $[A]$，$[AB]$，$[ABC]$，…分别表示只能解出 A 题，能解出 A,B 两题，能解出 A,B,C 三题……的人数。依题意，

$$[A]+[B]+[C]+[AB]+[BC]+[AC]+[ABC]=25, \quad (1.11)$$

$$[B]+[BC]=2[C]+2[BC], \quad (1.12)$$

$$[A]=[AB]+[AC]+[ABC]+1, \quad (1.13)$$

$$[A]+[B]+[C]=2[B]+2[C]。 \quad (1.14)$$

式(1.12)(1.14)可分别写成

$$[BC]=[B]-2[C], \quad (1.15)$$

$$[A]=[B]+[C]。 \quad (1.16)$$

由式(1.11)(1.13)得

$$2[A]+[B]+[C]+[BC]=26, \quad (1.17)$$

由式(1.15)(1.16)(1.17)得

$$4[B]+[C]=26, \quad (1.18)$$

由式(1.18)可知

$$4[B]\leqslant 26,$$

故

$$[B]\leqslant \frac{26}{4}<7。 \quad (1.19)$$

又由式(1.15)可知

$$[B]\geqslant 2[C],$$

将上式代入式(1.18)得

$$4[B]+\frac{1}{2}[B]\geqslant 26,$$

故

$$[B]\geqslant \frac{52}{9}>5。 \quad (1.20)$$

由式(1.19)(1.20)得

$$[B]=6,$$

即只能解出 B 题的学生共 6 人。

方法二 如图 1.1 所示,设 x 为只解出 A 题的人数,y 为只解出 B 题的人数，z 为只解出 C 题的人数，V 为能解出 A，B 两题的人数，W 为能解出 A，C 两题的人数，U 为能解出 B，C 两题的人数，t 为同时解出三道题的人数。

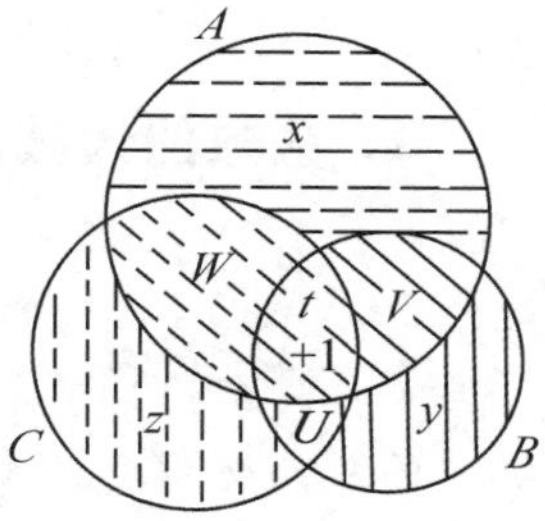

图 1.1

依题意，在没有解出 A 题的人数中，解出 B 题的人数是解出 C 题人数的 2 倍，即

$$y + U = 2(U + z) \Rightarrow y = 2z + U,$$

又

$$x = V + t + W + 1,$$

$$x = y + z = 3z + U。$$

将图中所有部分相加，得到

$$\begin{aligned} & x + y + z + V + t + W + U \\ = & (3z + U) + (3z + U) + (3z + U - 1) + U = 25, \end{aligned}$$

即

$$9z + 4U = 26,$$

该不定方程的非负整数解只有 $z = 2$，$U = 2$，于是 $y = 2z + U = 6$。

因此，只解出 B 题的学生共 6 人。

1. 从数的代数谈起

什么时候 $A + A = A$? 你的回答未必完全。记住登高望远这一简单而又重要的真理是有益的。

学生在学校里学习算术和代数时,会遇到不同类型的数。一开始学习的是整数,理解整数并不困难,因为大部分学生上学前已经相当熟悉这些数了。然而在进一步学习数学的课程中,学生会不断遇见新的"数"以及一些看起来十分奇怪的"数"(例如,分数、无理数等)。当学生逐渐习惯了一种数后,就不再对它感到困惑,但是每将数的概念进行一次新的扩充,他们就有一些错误观念要改正。一个整数给出了在确定的对象总体中有多少个对象的信息。例如,一个篮子里有多少个苹果,一本书有多少页,一个班里有多少个男孩。至于分数,一个班里当然不会有 $28\frac{1}{3}$ 个男孩,桌上不能有 $4\frac{1}{5}$ 个盘子,但桌上可以有 $3\frac{1}{2}$ 个苹果,一场电影可以放映了 $2\frac{1}{6}$ 个小时。当我们理解了一个对象总体里的分数是可以有意义的之后,学生开始学习负数。当然,在一个书架上不可能有 -5 本书,这是十分不合情理的! 但是,一个温度计可以标示出 -9 ℃,一个人有 -100 元也有意义(这一情况也许使人烦恼,但是对于数学这是不重要的)。高年级学生还要学习更"惊人"的数:首先是所谓的无理数,如 $\sqrt{2}$;其次是虚数,如 $2+3i$("无理"和"虚"这些名词清楚地表示出:在人们习惯于这些数之前,它们对人们来说似乎是多么不可思议)。顺便指出,如果读者还不熟悉无理数和虚数,这并不妨碍他读这本书。上面我们将整数看成一个对象总体里的定量性质,这个基本概念与无理数及虚数的概念很少有相同之处。虽然如此,我们依然把无理数及虚数称为"数"。

人们自然会问:什么是这些数的共同特征,使我们可以对它们全体采用

“数”这个术语呢？不难发现，这些数的主要共同特征是，每一类数都可以彼此相加以及相乘。但是在不同种类的数之间的这种相似是有条件的，理由是：尽管我们可以完成各种数的加法和乘法运算，但这些运算本身在不同的情况下有不同的意义。例如，当我们把两个正数 a 与 b 相加时，是求出两个对象总体合并后的对象个数，其中第一个总体含有 a 个对象，第二个含有 b 个对象(图 1.2)。若在一个班里有 25 个学生，在另一个班里有 29 个学生，则在两个班里有 $25+29=54$ 个学生。类似地，当我们把正整数 a 和 b 相乘时，是求出 a 个总体合并后的对象个数，其中每一个总体都含有 b 个物体(图1.3)。假如有 3 个班，每一个班有 27 个学生，那么所有这些班共有学生 $3\times27=81$ 个。很明显，加法和乘法的这种解释既不能用于分数运算，又不能用于负数运算。例如，有理数(分数)的和与积用下面的规则定义：

$$\frac{a}{b}+\frac{c}{d}=\frac{ad+bc}{bd},$$

$$\frac{a}{b}\cdot\frac{c}{d}=\frac{ac}{bd},$$

这里 a,b,c 和 d 是整数。我们也知道，对有正负号的数存在着规则

$$(-a)\cdot(-b)=ab,$$

等等①。

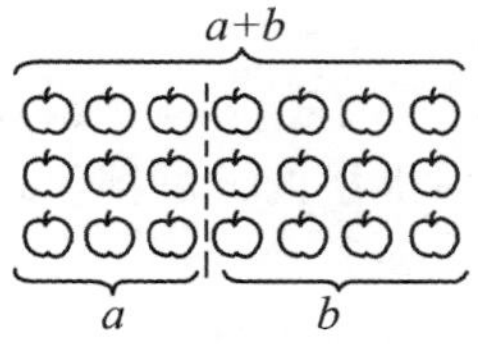

图 1.2

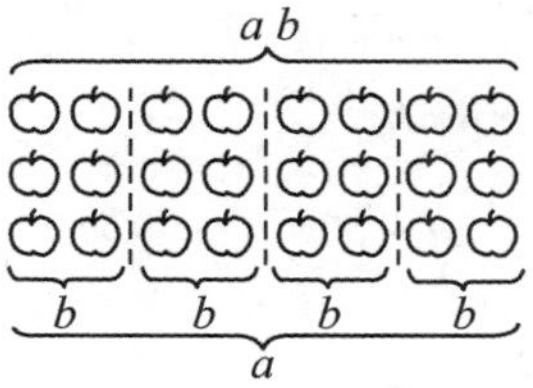

图 1.3

① 这里我们不详细讨论无理数和虚数，仅仅指出复数是根据规则

$$(a+bi)+(c+di)=(a+c)+(b+d)i,$$
$$(a+bi)\cdot(c+di)=(ac-bd)+(ad+bc)i$$

进行相加和相乘的。对那些还不熟悉复数的读者来说，这些规则大概是很奇怪的，但是它们比起定义无理数的和与积要简单得多。

这样,我们可以得出下列结论:“数”这个术语可以用于不同类型的数,因为它们可以彼此相加和相乘,但是对于不同类型的数,加法和乘法运算则完全不同。然而可以证明的是,整数加法运算和分数加法运算之间有很多类似之处。更严格地说,这些运算的定义是不同的,但是运算的一般性质是完全类似的。例如,对任意一种数我们总有恒等式:

$$a+b=b+a \quad (\text{数的加法交换律}),$$

$$ab=ba \quad (\text{数的乘法交换律}),$$

并且还有恒等式

$$(a+b)+c=a+(b+c) \quad (\text{数的加法结合律}),$$

以及

$$(ab)c=a(bc) \quad (\text{数的乘法结合律})。$$

在所有这些情况里,存在着两个“特殊”的数——0 和 1。0 同任意一个数相加以及 1 同任意一个数相乘都不会使原来这个数得到改变。对任意数 a,我们有

$$0+a=a \text{ 或 } 1\cdot a=a。$$

上述内容说明了现代数学的一个观点,根据这个观点,代数的目的是研究一些(不同的)数的系统(以及其他一些对象),对这些数系定义了加法和乘法运算,使得上述定律和下面将要讲到的一些定律是成立的。例如,对任意数 a,b 和 c,恒等式

$$(a+b)c=ac+bc \quad (\text{乘法对加法的分配律})$$

应当成立。

在加法和乘法运算之间有某种类似,这是特别显而易见的,因为加法的性质在许多方面类似于乘法的性质。假如我们提出一个不寻常的“比例”

$$\frac{\text{加法}}{\text{减法}}=\frac{\text{乘法}}{?},$$

那么甚至不用分析“比例”的含义,每一个人都会用“除法”这个词来代替问

号。由于这种类似,许多人常常将一个数的相反数(加法的逆)的概念(相反数是 $-a$,它和给出的 a 相加结果为 0)和一个数的倒数(乘法的逆)的概念(倒数是 $\frac{1}{a}$,它与给出的 a 相乘结果等于 1)混同。基于同样的原因,算术级数(它是一个数的序列,它的任意一个数与这个数前面的一个数之差都是同一个数)与几何级数(它是一个数的序列,它的任意一个数与这个数前面的一个数之比都是同一个数)的性质之间也有许多类似之处。

然而这种类似还没有完。例如,数 0 不仅在加法中,而且在乘法中都起着特殊作用,因为对任意数 a,有

$$a \cdot 0 = 0$$

成立(从上面这个恒等式可以得出,一个与 0 不同的数不可能被 0 除尽)。如果在这个恒等式中,用加法代替乘法,用 1 代替 0,我们将得到一个无意义的"等式"

$$a + 1 = 1,$$

它仅在 $a = 0$ 时能够成立①。我们如果在分配律 $(a+b)c = ac + bc$ 中把乘法与加法相交换,就得到"等式"

$$ab + c = (a+c)(b+c),$$

当然没有人会赞同这个式子,因为我们显然有

$$\begin{aligned}(a+c)(b+c) &= ab + ac + bc + c^2 \\ &= ab + c(a+b+c),\end{aligned}$$

仅当 $c = 0$ 或 $a + b + c = 1$ 时,才得出 $(a+c)(b+c) = ab + c$。

还有一些其他的代数系统,它们的元素不是数,对这些元素也可能定义加法和乘法运算,并且这些元素的加法与乘法运算之间的类似甚至比数的同样这些运算之间的类似还要接近。例如,我们考察关于集合代数这个重要的例子。一个集合指的是任意一些对象的任何一个总体,这些对象称为

① 若等式 $a + 1 = 1$ 对任意 a 成立,则从任意一个不同于 1 的数里减去 1 就变得不可能了。实际上不是这样,例如,$3 - 1 = 2$。

集合元素。例如，我们可以考察某个班学生的集合，一个圆内点的集合，一个正方形里点的集合，周期系统里元素的集合，偶数的集合，印度象的集合，你的作文里语法错误的集合等。很明显，两个集合的加法可用下面的方式定义：集合 A 与集合 B 的和 $A+B$，我们指的是这两个集合的并。例如，若 A 是一个班男孩的集合，B 是这个班女孩的集合，则 $A+B$ 是这个班所有学生的集合。类似地，若 A 是所有偶正整数集合，B 是能被 3 整除的正整数集合，则

$$\{2,3,4,6,8,9,10,12,14,15,16,\cdots\}$$

是由两个数组所组成的集合 $A+B$。在图 1.4 中，若集合 A 由水平线阴影内的点所组成，集合 B 由斜线阴影内的点所组成，则集合 $A+B$ 是图 1.4 中整个阴影内的点。

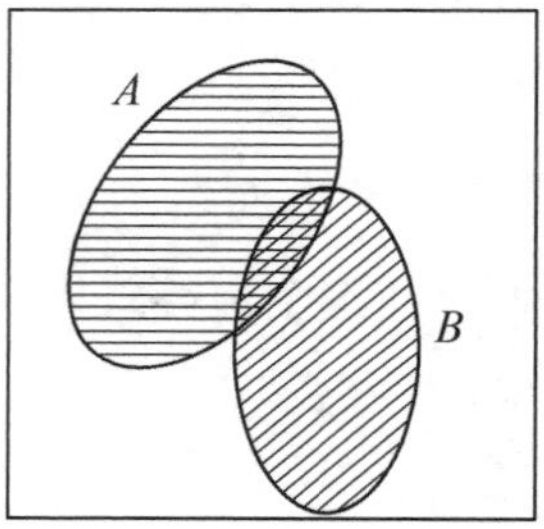

图 1.4

我们已经定义了一个完全新的运算，并且把它称为加法，对此不应该觉得奇怪。应当记得，在前面当我们从一种数转到另一种数时，已经用不同的方式定义了加法运算。显然，正数的加法和负数的加法是完全不同的运算。例如，数 6 与 -9 之和等于(正)数 6 与 9 之差。类似地，分数的加法按照 $\frac{a}{b}+\frac{c}{d}=\frac{ad+bc}{bd}$ 的规则进行，这个加法与整数的加法不同，正整数加法的定义不适用于分数加法。它们应用同一术语“加法”的原因是：由正整数转到其他种类的数时，譬如转到分数时，正整数加法运算的一般定律依然有效。在这两种情况里，加法运算都是可以交换的和可以结合的。

现在检验这些定律对新的“加法”运算是否依然有效，即对集合的加法进行检验。考察表示集合运算的专门图表对简化分析是有利的。设我们采用下列约定：将研究中所有元素的集合(例如，所有整数的集合，或学校里所有学生的集合)表示为一个正方形，在这个正方形里，我们可以标出不同的点，表示集合里某些具体元素。在这种表示法中，由这个给定集合里某些

元素所组成的集合(例如,偶数的集合或优秀学生的集合),用这个正方形里的某些部分来表示。英国数学家约翰·维恩(John Venn, 1834—1923)把这些图用于他的数理逻辑研究工作之后,这样的图常被称为维恩图。更正确地说,它们应被称为欧拉(Leonhard Euler,1707—1783)①图,因为欧拉应用这样的图比维恩要早许多②。

从图 1.4 同样很清楚地看出

$$A+B=B+A,$$

它对任意两个集合 A 与 B 成立,这意味着交换律对集合的加法是成立的。而且对任意集合 A,B 和 C,显然恒等式

$$(A+B)+C=A+(B+C)$$

成立,这意味着集合的加法遵从结合律。它得出集合$(A+B)+C$,或集合$A+(B+C)$,可以不用括号简单地表示为 $A+B+C$;集合 $A+B+C$ 只不过是这三个集合 A,B 和 C 的并(图 1.5,集合$A+B+C$表示图中整个阴影部分)。

现在我们约定,两个集合 A 与 B 的积 AB 意味着它们的公共部分,即这些集合的交。例如,A 是你们班象棋手的集合,B 是你们班游泳者的集合,那么 AB 是那些会游泳的象棋手的集合。若 A 是偶正整数的集合,B 是能被 3 整除的正整数的集合,则集合 AB 是

$$\{6,12,18,24,\cdots\},$$

这个集合由可被 6 整除的所有正整数所组成。在图 1.6 中,如果集合 A 由水平线阴影内的点所组成,集合 B 由垂直线阴影内的点所组成,那么集合 AB 由图中交叉线阴影内的点所组成。十分清楚,以这种方式定义的集合遵从乘法交换律,也就是对任意两个集合 A 与 B,我们有

---

① 欧拉是著名的瑞士数学家,他的大部分生活是在俄罗斯度过的,卒于彼得堡。

② 欧拉在他的数理逻辑研究中,通过平面上的圆表示对象的不同集合,因此,相应的图(在原则上它和维恩图没有什么不同)常被称为欧拉图。

$$AB = BA。$$

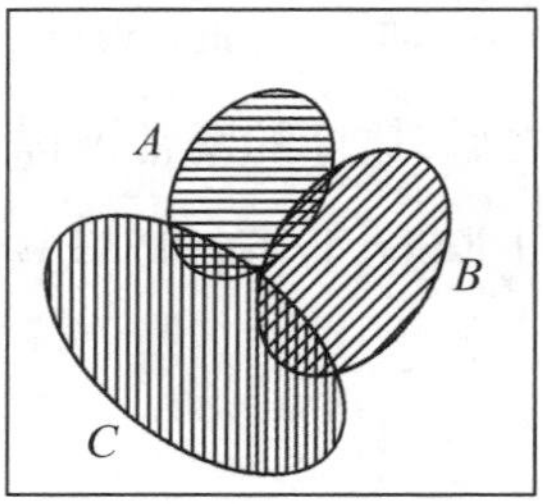

图 1.5

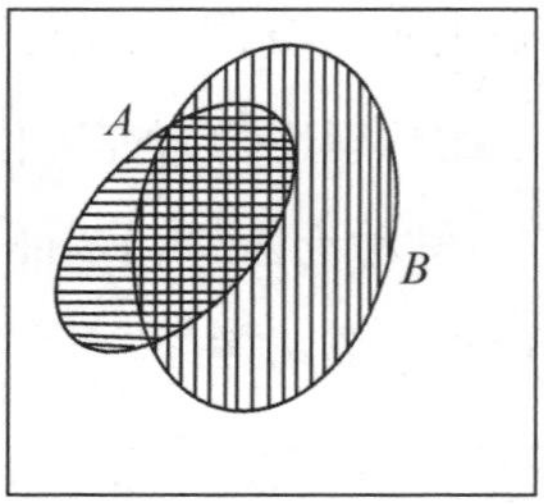

图 1.6

显然,“会游泳的象棋手集合”与“会象棋的游泳者集合”相重合,这完全是同一个集合。而且,非常明显的是:结合律对集合的乘法也成立,即对任意三个集合 A,B 和 C,我们有

$$(AB)C = A(BC)。$$

结合律允许我们把集合$(AB)C$或同一个集合$A(BC)$简单地表示成ABC,而不用括号。集合ABC是三个集合 A,B,C 的公共部分(交)。在图 1.7 中,集合ABC是被三簇阴影线形成的网格所覆盖的部分①。

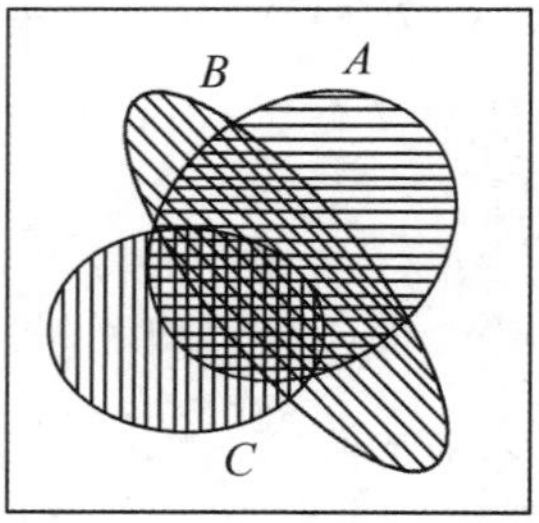

图 1.7

值得注意的是,对任意三个集合 A,B,C,还有分配律成立

$$(A + B)C = AC + BC。$$

实际上,如果在你们班 A 是象棋手的集合,B 是会玩跳棋的学生集合,而 C 是游泳者的集合,那么集合 $A + B$ 是象棋手集合与那些会玩跳棋的学生集合之并,即那些能玩象棋或能玩跳棋或两者都会的学生集合。如果我

① 这里还有一个证明集合的积具有结合律的例子。令 A 是能被 2 整除的整数集合,B 是能被 3 整除的整数集合,C 是能被 5 整除的整数集合,那么 AB 是能被 6 整除的整数集合,$(AB)C$ 是能被 6 和 5 都整除的整数集合,也就是能被 30 整除。另一方面,BC 是能被 15 整除的整数集合,并且 $A(BC)$是能被 15 整除的偶数集合。因此我们知道,$A(BC)$与能被 30 整除的所有整数集合$(AB)C$相同。

们从集合 $A+B$ 中选出会游泳的学生，可以得到集合 $(A+B)C$。十分清楚，同样的集合也可从集合 AC 以及 BC 的并 $AC+BC$ 得到，这里 AC 是那些会游泳的象棋手的集合，BC 是那些既会跳棋又会游泳的学生集合。

分配律的文字解释是相当长的，说明这个定律也可利用图示的方法。在图 1.8(a) 中，集合 $A+B$ 是水平线阴影部分，集合 C 是垂直线阴影部分，因此集合 $(A+B)C$ 是被阴影线网格所覆盖的部分。在图 1.8(b) 中，集合 AC 和 BC 用不同的倾斜阴影来表示，图中的 $AC+BC$ 是整个阴影部分。在图 1.8(b) 中可清楚地看出，$AC+BC$ 覆盖的部分和图 1.8(a) 中交叉阴影线覆盖的部分 $(A+B)C$ 相同。

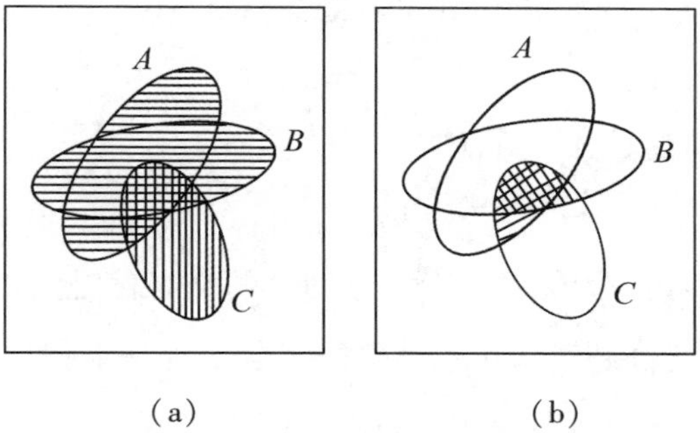

图 1.8

很容易理解在"集合代数"里起"0"作用的"集合"。实际上，任一集合加这个集合(我们用 O 表示它)，其结果仍是原来那个集合。因而，O 集合必然完全不含有元素。于是，O 是一个空集(也称为 0 集)。也许有人认为，由于 O 集合是空集，并且不含有元素，因此不需要考虑它。但是，在研究中排除空集实际上极不合理。这样做就类似于从数系中排除数 0。一个包含"0"个元素的"总体"也是空的，并且包含在这样一个总体里的元素的"数目"似乎也是无意义的。但是事实上，它绝不是可有可无的，而是非常有用的。若我们不引入数 0，就不可能从一个任意数减去另一个任意数(因为，例如 $3-3$ 的差在这种情况下就不是数)。没有数 0，用十进制写数 108 时就很困难，因为这个数含有百位数字 1，个位数字 8，可是没有十位数字。

另外,还有许多重要的问题,没有数 0 是不可能实现的。这就是为什么把数 0 的引入看成算术发展史中最值得注意的事件之一。类似地,若我们不引入空集的概念,就不可能谈及任意两个集合的积(交)。例如,图 1.9 中集合 A 和 B 的交是空的,你们班里优秀学生的集合和大象集合的交也是空的。若我们没有空集的概念,甚至不能谈到某些集合。例如,不可能说"一个班那些名字叫张言的学生集合",因为这个集合也许根本不存在,即也许它原来就是空集。

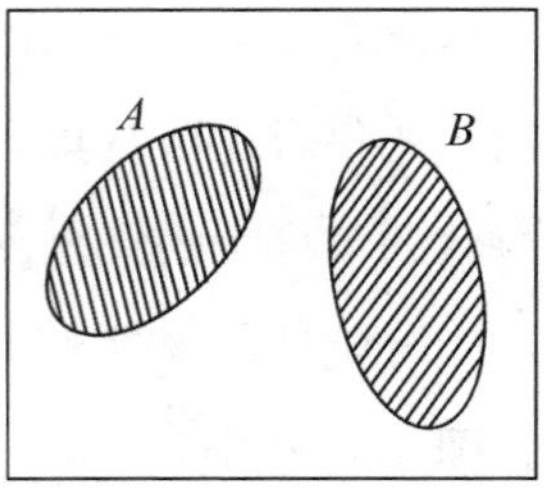

图 1.9

很清楚,若 O 是一个空集,则对任意集合 A, 我们有

$$A+O=A,$$

也很明显,对任意集合 A,我们总有

$$AO=O,$$

因为任意集合 A 和集合 O(它不含有元素)的交必然是空的(例如,你们班女学生的集合和身高超过 2.5 米学生的集合之交是空集)。上述恒等式通常称为交定律之一(另外的交定律将在下面讲述)。

现在谈一个更复杂的问题,它和一个集合有关,这个集合起着类似于数系里数 1 的作用。这个集合(我们称它为 I)和任意一个集合 A 的积(也就是交)仍和 A 相同。从这个性质可得出:集合 I 必含 A 的全部元素。然而很清楚,若我们限制这些集合的元素仅取自"对象"的一个确定的范围,这样一个集合就能够唯一存在。例如,我们限于一个确定的学校或一个确定的班的学生集合(这样一个集合 A 可以是优秀学生的集合,另外一个集合 B 可以是象棋手的集合)。类似地,我们可以限于正整数,那么,例如 A 可以是偶正整数的集合,B 可以是只被自己和 1 整除的元素的集合,即如图 1.4 到图 1.9 表示的那些集合。提醒读者,我们引入维恩图时,约定存在这样一个"研究中的所有元素的集合"。这样,I 始终指的是某个基本集合,这个集合包含了被研究的问题中所认可的所有对象。例如,可以把一个学校或班级里的所有学生的集合，或所有正整数集合，或一个正方形里所有点的集合（图1.10）作为集合 I。在“集合的代数”里，集合 I 称为全集合（泛集合）。显然，对任意“较小”的集合 A（并且甚至对与 I 相同的集合 A），有第二个交定律

$$AI = A。$$

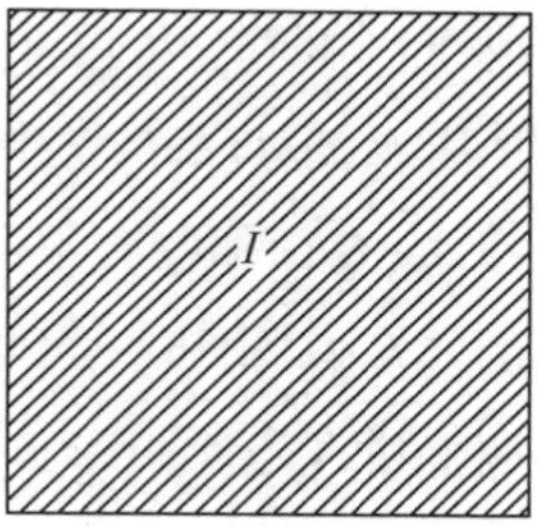

图 1.10

上面这个等式类似于大家熟知的定义数 1 时的算术等式。

这样我们看到，对于已构造的“集合代数”，运算定律在许多方面类似于研究数时的初等代数定律，但前者的运算定律并不全同于后者的定律。已经证明，几乎所有已知对于数成立的基本定律也对集合代数成立。但是集合代数也有某些完全不同的定律，初次遇见时也许会觉得奇怪。例如，已经提到过的在等式 $a \cdot 0 = 0$ 里用加法代替乘法、用 1 代替 0 所得到的式子，对于数来说一般并不成立。因为对几乎所有的数 a，$a + 1 \neq 1$。而集合代数的情况完全不同，在这种情况里，我们总有

$$A + I = I。$$

事实上，根据定义可知，集合 I 包含研究中的全部对象，因此它不可能再被扩大。当我们把一个任意集合 A（当然，这个集合 A 必须属于所讨论的集合范围）加到这个全集合 I 上时，我们总能得到同一个集合 I。

我们再看看分配律 $(a + b)c = ac + bc$ 的情况，它对于数成立。倘若在这个式子里交换加法和乘法，即得无意义的“等式”，因为对于数来说，几乎在所有情况下都可以证明它是错误的。但是对于集合代数则正相反，在这种情况下（对任意集合 A，B 和 C）总有等式

$$AB + C = (A + C)(B + C),$$

这个等式表示集合论的第二分配律（加法对乘法的分配律）。实际上，如果令 A 是班里象棋手的集合，B 是玩跳棋的学生集合，C 是游泳者的集合，那么集合 A 和 B 的交 AB 由所有既会象棋又会跳棋的学生所组成，并且集合

AB 和 C 的并 $AB+C$ 由那些象棋和跳棋都会的学生或者那些会游泳的学生所组成(或许有的学生会跳棋、象棋,并会游泳)。另一方面,集合 A 和 C 的并 $A+C$ 由那些会象棋或会游泳或者两者都会的学生所组成,集合 B 和 C 的并 $B+C$ 由那些会跳棋或会游泳或者两者都会的学生所组成。很清楚,这两个并的交 $(A+C)(B+C)$ 包括所有会游泳的学生,也包括那些不会游泳但是跳棋与象棋都会的学生,这个交和集合 $AB+C$ 相同。

文字说明也许太长了,因此我们介绍一下集合论第二分配律的图示证明。在图 1.11(a)里,集合 A 和 B 的交 AB 与集合 C 用不同倾斜方向的阴影线表示,图中整个阴影部分表示集合 $AB+C$。在图 1.11(b)里,集合 A 和 C 的并 $A+C$ 用水平阴影线表示,集合 B 和 C 的并 $B+C$ 用竖直阴影线表示,这两个并的交 $(A+C)(B+C)$ 是阴影线"网格"所覆盖的部分。容易看出,在图 1.11(b)中水平线和竖直线所形成的网格阴影部分恰好同图 1.11(a)中的整个阴影部分一致,这就证明了第二分配律。

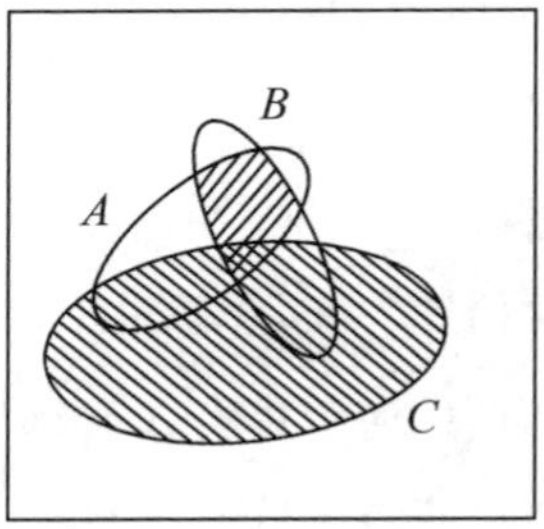

(a)

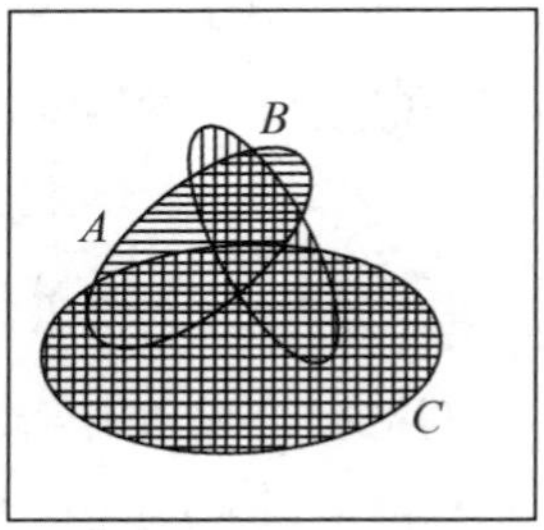

(b)

图 1.11

我们最后介绍两个集合代数里的定律,这两个定律不同于在数的初等代数中已知的那些定律。很容易理解,任意集合 A 与另一个完全同样的集合之并等于原来的集合 A,集合 A 和它本身的交也与原来的集合 A 相同,即

$$A+A=A \text{ 和 } AA=A。$$

这两个等式称为幂等律(第一个是加法幂等律,第二个是乘法幂等律)。

对于各种数,一般代数定律保持同一个形式是很重要的,这使我们转而学习另一种数时(例如,我们从整数转到分数,或转到带有“正”号或“负”号的数时)有可能利用学习某一种数时所获得的经验。换句话说,在所有这些与数之代数有关的情形里,我们需要学习某些新的内容和定律,但是以前学过的那些内容依然有效。然而,我们从数转到集合,会遇到一个完全不同的情况。可以证明的是,有许多数的代数定律不适用于集合代数①。

让我们来列举这些新的定律。首先,我们提及关系式

$$A+I=I,$$

这个式子表明,在全集合 I 和数 1 之间有重要的不同。集合代数的另一个特点是:在利用第二分配律时“圆括号是开放的”,即

$$(A+C)(B+C)=AB+C。$$

例如,在集合代数里我们有

$$\begin{aligned}&(A+D)(B+D)(C+D)\\=&[(A+D)(B+D)](C+D)\\=&(AB+D)(C+D)=(AB)C+D=ABC+D。\end{aligned}$$

最后,幂等律

$$A+A=A,AA=A$$

是完全新的定律。我们可以用文字说明这两个定律的意义,即集合代数里既不包含指数,又不包含系数。在集合代数里,对任意 A 和 n,我们有

$$\underbrace{A+A+\cdots+A}_{n次}=A$$

和

---

① 集合代数定律和数之代数定律之间的这种区别,正说明了为什么在许多书中集合的加法和乘法(即形成集合的并和交的运算)不用通常的符号“+”和“·”,而以完全不同的方式表示:集合 A 和 B 的并表示为 $A\cup B$,它们的交表示为 $A\cap B$。在这本书里,我们不仅讨论集合代数,还要讨论其他一些代数系统,在这些系统里,“加法”和“乘法”运算正如在集合代数里那样遵从同样的定律。因此,基于这种考虑,自然要用通常的符号“+”和“·”去代替集合代数里的符号“∪”和“∩”。采用符号“+”和“·”就有可能直观地指出初等代数和新代数系统之间的类似性。

$$\underbrace{A \cdot A \cdot \cdots \cdot A}_{n\text{次}} = A。$$

例如，

$$\begin{aligned}
&(A+B)(B+C)(C+A) \\
&= ABC + AAB + ACC + AAC + \\
&\quad BBC + ABB + BCC + ABC \\
&= (ABC + ABC) + (AB + AB) + \\
&\quad (AC + AC) + (BC + BC) \\
&= ABC + AB + AC + BC,
\end{aligned}$$

其原因就是幂等律成立。

2. 不平常代数

善于概括和推论，五花八门的世界就会变得简单，不平常也会变为平常。

让我们写出所有我们已建立了的集合代数的一般定律。

交换律：$A+B=B+A$ 和 $AB=BA$。

结合律：$(A+B)+C=A+(B+C)$ 和 $(AB)C=A(BC)$。

分配律：$(A+B)C=AC+BC$ 和 $AB+C=(A+C)(B+C)$。

幂等律：$A+A=A$ 和 $AA=A$。

此外，集合代数还含有两个“特殊”的元素（集合）O 和 I，它们具有如下性质：

$$A+O=A \text{ 和 } AI=A,$$

$$A+I=I \text{ 和 } AO=O。$$

这些定律（等式）类似于数之代数的通常定律，但它们不完全和后者一致。集合代数当然也是一种“代数”，可是它对我们来说是新的，并且是完全不平常的。

现在应当指出，事实上，我们不是只有一种通常的数之代数，而是有许多这样的“代数”。实际上，我们可以研究“正整数代数”“有理数代数”（有理数指的是整数和分数）“有符号数的代数”（即正的和非正的数的代数），并且还有“实数的代数”（即有理数和无理数的代数）“复数的代数”（即实数和虚数的代数）等。所有这些“代数”，用于进行运算的数是彼此不同的，加法和乘法运算的定义也互不相同。但是，运算的一般性质在所有情况中仍然是相同的。这自然出现疑问：在不平常的集合代数里，情况会是怎样呢？换句话说，这样一种代数是仅有一个呢，还是也存在许多这样的“代数”，它们进行运算的元素以及运算的定义（如前所述，我们称这些运算为加法和乘法）是彼此不同的，而同时在运算的基本性质上是类似的？

读者无疑可以预料到问题的答案：事实上，有许多代数类似于集合代数（在这些代数里，这些一般运算定律同样成立）。首先，集合代数本身就各种各样。例如，可以研究“你们班里学生的集合代数”“动物园里动物的集合代数”（当然，这是完全不同的代数！）“数的集合代数”（这些数可以是不同种类的）“在一个正方形里点的集合代数”（如图 1.4 – 图 1.11）“一个图书馆里书的集合代数”，以及“天空中星星的集合代数”。还有一些性质类似但完全不同的例子，下面我们将讨论一些这种例子。

在开始讨论这些例子之前，读者应当了解，在对象（元素）为 $a,b,\cdots$ 的一个集合里定义加法和乘法运算，意思就是给出一些规则，根据这些规则，我们认为任意两个对象 a 与 b 的和与积分别是另两个对象 c 与 d：

$$c=a+b \text{ 和 } d=ab。$$

选择这些规则时，必须使得表示集合代数特性的所有定律都满足，但是在这些规则选定之后，我们就没有理由问：为什么 a 与 b 之和等于 c？实际上，我们定义 $a+b$ 为元素 c，并且众所周知，定义是前后一致的，即当它们满足确定的一般逻辑要求时，就没必要再去讨论这个定义。下面给出的某些定义，似乎是有些奇怪的。例如，第一次告诉学生，把包含 a 个对象的总体与包含 b 个对象的总体合并，合并后对象的数目就是数 a 与数 b 之和，并且把每一个都包含 b 个对象的 a 个总体合并，合并后对象的数目就等于积 ab。后来学生接触到分数，并被告知，分数$\frac{a}{b}$与$\frac{c}{d}$的和与积是按照前述规则确定的。在学生们习惯于这些新规则和定义之前，当然会觉得奇怪。

现在考虑这些例子。

例 1.2　两个数（元素）的代数。

假定这个代数仅由两个元素所组成，为了简单起见，我们将称这些元素为“数”，并且通过熟悉的符号 0 和 1 来表示它们（但是在这里，这些符号有

一个完全新的意义)。我们将用通常算术里那种同样的方式定义这些数的乘法,也就是通过下面的"乘法表"来定义:

·	0	1
0	0	0
1	0	1

至于加法,我们将用一个"几乎是通常"的方式定义它,与通常算术所不同的仅仅是:现在和 $1+1$ 不等于 2(这种"两个数的代数"根本不包括数 2),而等于 1。这样,在这种新的代数里,"加法表"具有如下形式:

+	0	1
0	0	1
1	1	1

在这样定义的代数里,两个交换律成立,即对任意 a,b,有

$$a+b=b+a \text{ 和 } ab=ba。$$

很容易验证结合律对这种代数也成立,即对任意 a,b 和 c,有

$$(a+b)+c=a+(b+c) \text{和} (ab)c=a(bc)。$$

不必验证乘法的结合律,因为"新乘法"完全和数的乘法一致,而对于数的乘法我们已知结合律是成立的。也可以清楚地看出,代数幂等律

$$a+a=a \text{ 和 } aa=a$$

对任意 a 成立,也就是对 $a=0$ 和 $a=1$ 成立(现在我们了解为什么令 $1+1=1$是必要的)。检验分配律

$$(a+b)c=ac+bc \text{ 和 } ab+c=(a+c)(b+c)$$

对任意 a,b 和 c 成立,困难会稍多一点。例如,在这种两元素代数里,我们有

$$(1+1)\cdot 1=1\cdot 1=1 \text{ 和} (1\cdot 1)+(1\cdot 1)=1+1=1,$$

$$(1\cdot 1)+1=1+1=1 \text{ 和} (1+1)\cdot(1+1)=1\cdot 1=1。$$

最后，如果我们约定数 0 起元素 O 的作用，数 1 起元素 I 的作用，那么关于特殊元素 O 与 I 的那些定律也将成立，即对 $a=0$ 和对 $a=1$，我们将总有

$$a+0=a \text{ 和 } a\cdot 1=a,$$

$$a+1=1 \text{ 和 } a\cdot 0=0。$$

例 1.3 四个数(元素)的代数。

这是同一类的稍复杂一些的例子。假定代数元素是四个“数”，将它们表示为数字 0 和 1 及字母 p 和 q。在这种代数里，加法和乘法的定义如下：

+	0	p	q	1
0	0	p	q	1
p	p	p	1	1
q	q	1	q	1
1	1	1	1	1

·	0	p	q	1
0	0	0	0	0
p	0	p	0	p
q	0	0	q	q
1	0	p	q	1

通过直接计算的方法，同样可以很容易地检验出，在这种情况下有：

对任意 a,b 和 c，$a+b=b+a$，$ab=ba$。

对任意 a,b 和 c，$(a+b)+c=a+(b+c)$，$(ab)c=a(bc)$。

对任意 a 和 b 和 c，$(a+b)c=ac+bc$，$ab+c=(a+c)(b+c)$。

对任意 a，$a+a=a$，$aa=a$。

此外，因为对任意的 a 我们有

$$a+0=a \text{ 和 } a\cdot 1=a,$$

$$a+1=1 \text{ 和 } a\cdot 0=0,$$

所以数 0 和 1 分别起着集合代数里元素 O 和 I 的作用。

例 1.4　最大和最小的代数。

设我们取包含在任意（有界的）数集合里的数作为这种代数的元素。例如，我们约定代数元素是某些（也许是全部）满足条件 $0\leqslant x\leqslant 1$ 的数 x，即在 0 和 1 之间并且包括 0 和 1 的那些数。至于加法和乘法的运算，我们将以新的方式定义它们。为了避免通常的加法与乘法同新运算之间的混淆，我们用新符号“$\oplus$”（加法）和“$\otimes$”（乘法）来表示这些新的运算。假定两个数 x 与 y 不相等时，$x\oplus y$ 等于两个数中较大的那一个；在 x 等于 y 时，$x\oplus y$ 等于其中任意一个。在两个数 x 与 y 不相等时，$x\otimes y$ 等于两个数中较小的那一个；在 x 等于 y 时，$x\otimes y$ 等于其中任意一个。例如，若代数的元素是数 $0,\frac{1}{3},\frac{1}{2},\frac{2}{3}$ 和 1，则这些数的“加法表”和“乘法表”具有如下形式：

$\oplus$	0	$\frac{1}{3}$	$\frac{1}{2}$	$\frac{2}{3}$	1
0	0	$\frac{1}{3}$	$\frac{1}{2}$	$\frac{2}{3}$	1
$\frac{1}{3}$	$\frac{1}{3}$	$\frac{1}{3}$	$\frac{1}{2}$	$\frac{2}{3}$	1
$\frac{1}{2}$	$\frac{1}{2}$	$\frac{1}{2}$	$\frac{1}{2}$	$\frac{2}{3}$	1
$\frac{2}{3}$	$\frac{2}{3}$	$\frac{2}{3}$	$\frac{2}{3}$	$\frac{2}{3}$	1
1	1	1	1	1	1

$\otimes$	0	$\frac{1}{3}$	$\frac{1}{2}$	$\frac{2}{3}$	1
0	0	0	0	0	0
$\frac{1}{3}$	0	$\frac{1}{3}$	$\frac{1}{3}$	$\frac{1}{3}$	$\frac{1}{3}$
$\frac{1}{2}$	0	$\frac{1}{3}$	$\frac{1}{2}$	$\frac{1}{2}$	$\frac{1}{2}$
$\frac{2}{3}$	0	$\frac{1}{3}$	$\frac{1}{2}$	$\frac{2}{3}$	$\frac{2}{3}$
1	0	$\frac{1}{3}$	$\frac{1}{2}$	$\frac{2}{3}$	1

在数学中,两个或 n 个数 $u,v,\cdots,z$ 中的最大数常表示为 $\max\{u,v,\cdots,z\}$,而这些数中的最小数表示为 $\min\{u,v,\cdots,z\}$。这样,在这种"最大和最小的代数"里,根据定义我们有:$x\oplus y=\max\{x,y\}$ 和 $x\otimes y=\min\{x,y\}$。

我们还可以约定,把这些数表示为数直线上的点,那么满足条件 $0\leqslant x\leqslant 1$ 的数 x 可以用长度为 1 的水平线段上的点来代表,两个数 x 与 y 之和 $x\oplus y$ 用 x 与 y 中较右边的那一点来表示,它们的积 $x\otimes y$ 用较左边的那一点来表示(图1. 12)。

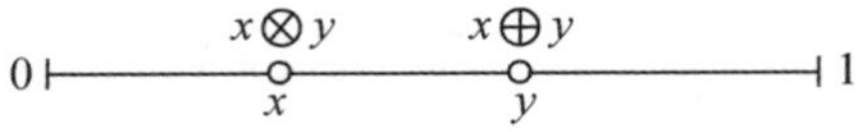

图 1.12

很清楚,我们定义的加法与乘法的新运算满足交换律

$$x\oplus y=y\oplus x \text{ 和 } x\otimes y=y\otimes x,$$

结合律

$$(x\oplus y)\oplus z=x\oplus(y\oplus z),$$

以及

$$(x\otimes y)\otimes z=x\otimes(y\otimes z)。$$

因为数 $(x\oplus y)\oplus z$ [或 $x\oplus(y\oplus z)$] 可以不用括号简单地写为 $x\oplus y\oplus z$,它不过是 $\max\{x,y,z\}$ 而已;而数 $(x\otimes y)\otimes z$ [或 $x\otimes(y\otimes z)$] 可以不用括号简单地写为 $x\otimes y\otimes z$,它不过是 $\min\{x,y,z\}$ 而已(图 1.13)。

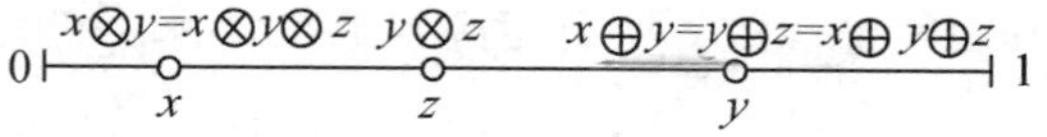

图 1.13

十分清楚,幂等律在这里也成立:

$$x \oplus x = \max\{x, x\} = x, x \otimes x = \min\{x, x\} = x。$$

最后,让我们检验分配律的正确性:

$$(x \oplus y) \otimes z = (x \otimes z) \oplus (y \otimes z),$$

$$(x \otimes y) \oplus z = (x \oplus z) \otimes (y \oplus z)。$$

很明显,在 x 与 y 中至少有一个比 z 大时[图 1.14(a)],数

$$(x \oplus y) \otimes z = \min\{\max\{x, y\}, z\} = z。$$

若 x 与 y 都比 z 小[图 1.14(b)],则此数等于 x 和 y 中最大的那个数。很显然,数

$$(x \otimes z) \oplus (y \otimes z) = \max\{\min\{x, z\}, \min\{y, z\}\}$$

等于同一个值。

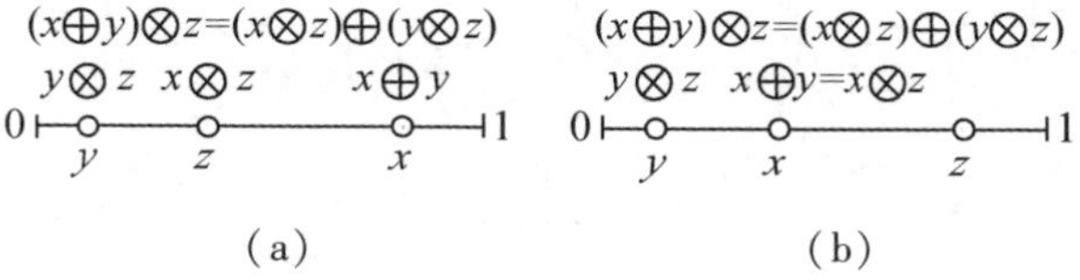

图 1.14

类似地,若在 x 与 y 中至少有一个比 z 小时[图 1.15(a)],数 $(x \otimes y) \oplus z = \max\{\min\{x, y\}, z\} = z$。若 x 与 y 都比 z 大[图 1.15(b)],则此数等于 x 与 y 中最小的那一个数。从图 1. 15 同样可以看出,数

$$(x \oplus z) \otimes (y \oplus z) = \min\{\max\{x, z\}, \max\{y, z\}\}$$

也等于同一个值。

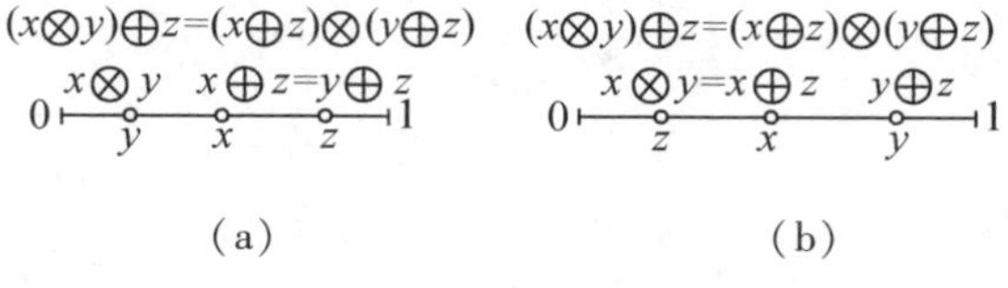

图 1.15

现在,为了确定集合代数的所有定律对新的不平常的最大和最小代数成立,还要指出一点就足够了,这就是集合代数里元素 O 和 I 的作用是通过所有数中的最小数 0 和最大数 1 来分别实现的。事实上,对任意满足条件 $0\leqslant x\leqslant 1$ 的数 x,我们总有

$$x\oplus 0=\max\{x,0\}=x \text{ 和 } x\otimes 1=\min\{x,1\}=x,$$

$$x\oplus 1=\max\{x,1\}=1 \text{ 和 } x\otimes 0=\min\{x,0\}=0。$$

例 1.5 最小公倍数和最大公因数的代数。

令 N 是一个任意整数,我们取数 N 的所有正因子作为新的代数元素。例如,若 $N=210=2\times 3\times 5\times 7$,则在此问题里,代数的元素是数 1,2,3,5,6,7,10,14,15,21,30,35,42,70,105 和 210。在这个例子里,我们将以一种新的方式定义数的加法和乘法:两个数 m 与 n 的和 $m\oplus n$ 表示它们的最小公倍数(即能被 m 与 n 这两个数都整除的最小正整数),并且用数 m 与 n 的积 $m\otimes n$ 代表它们的最大公因数(即 m 与 n 都能被其整除的最大正整数)。例如,若 $N=6$(在这里,代数仅包含四个数 1,2,3 和 6),代数元素的加法和乘法的定义如下:

$\oplus$	1	2	3	6
1	1	2	3	6
2	2	2	6	6
3	3	6	3	6
6	6	6	6	6

$\otimes$	1	2	3	6
1	1	1	1	1
2	1	2	1	2
3	1	1	3	3
6	1	2	3	6

在“高等算术”(数论)里,两个数或几个数 $m,n,\cdots,s$ 的最小公倍数常表示为 $[m,n,\cdots,s]$,并且,同样这些数的最大公因数表示为 $(m,n,\cdots,s)$。这样,对这种代数,根据定义我们有

$$m\oplus n=[m,n] \text{ 和 } m\otimes n=(m,n)。$$

例如,若代数含有数 10 和 15,则

$$10\oplus 15=[10,15]=30 \text{ 和 } 10\otimes 15=(10,15)=5。$$

在这种代数里,显然有

$$m\oplus n=n\oplus m \text{ 和 } m\otimes n=n\otimes m,$$

而且,我们有

$$(m\oplus n)\oplus p=m\oplus(n\oplus p)=[m,n,p],$$

可以不用括号将这个数简单地表示为 $m\oplus n\oplus p$。并且还有

$$(m\otimes n)\otimes p=m\otimes(n\otimes p)=(m,n,p),$$

这个数可以简单地表示为 $m\otimes n\otimes p$。幂等律

$$m\oplus m=[m,m]=m \text{ 和 } m\otimes m=(m,m)=m$$

也是相当明显的。

分配律的验证稍长。

$$(m\oplus n)\otimes p=([m,n],p)$$

这个数是 m 与 n 的最小公倍数再和数 p 取最大公因数(仔细想想这个表达式)。这个数包含且仅包含这样的素因数:它们既包含在 p 中,同时又至少包含在 m 与 n 其中之一中。但是这些(且仅有这些)素因数也包含在

$$(m\otimes p)\oplus(n\otimes p)=[(m,p),(n,p)]$$

这个数里,因而我们总有

$$(m\oplus n)\otimes p=(m\otimes p)\oplus(n\otimes p)。$$

例如,限于数 210 的因数,我们有

$$(10\oplus 14)\otimes 105=([10,14],105)=(70,105)=35,$$

$$(10\otimes 105)\oplus(14\otimes 105)$$

$$=[(10,105),(14,105)]=[5,7]=35。$$

类似地，

$$(m\otimes n)\oplus p=[(m,n),p]$$

这个数是 m 与 n 的最大公因数再和数 p 取最小公倍数。它仅包含这样的因数：它们包含在 p 中，或者包含在 m 与 n 两者之中，或者在所有三个数 m，n，p 中。

但是完全同样的因数包含在

$$(m\oplus p)\otimes(n\oplus p)=([m,p],[n,p])$$

这个数里，因而我们总有

$$(m\otimes n)\oplus p=(m\oplus p)\otimes(n\oplus p)。$$

例如

$$(10\otimes 14)\oplus 105=[(10,14),105]=[2,105]=210,$$

$$(10\oplus 105)\otimes(14\oplus 105)$$

$$=([10,105],[14,105])=(210,210)=210。$$

最后，在这种情况里，集合代数里元素 O 和 I 的作用是通过我们所讨论的数集里的最小数 1 和最大数 N 分别实现的。这种代数实际上仅含有数 N 的因数，并且我们显然有

$$m\oplus 1=[m,1]=m \text{ 和 } m\otimes N=(m,N)=m,$$

$$m\oplus N=[m,N]=N \text{ 和 } m\otimes 1=(m,1)=1。$$

我们知道，集合代数的所有定律对这种代数都是成立的。

因此，存在一些代数元素的不同系统，对这些系统定义加法和乘法运算是可能的，并且这些运算满足所有已知在集合代数里成立的运算定律：两个交换律、两个结合律、两个分配律、两个幂等律和确定“特殊”元素性质的四个法则，这些特殊元素在这些代数里的作用接近于 0 和 1。后面我们将研究这种代数里两个更重要和更有意义的例子。

现在继续讨论所有这样的代数的一般性质，并且我们的直接目的是对所有这样的代数给出一个一般的名称。因为乔治·布尔首先研究了有这种奇怪性质的代数，所以这种代数称为布尔代数。对于布尔代数里的基本运

算,将保留术语"加法"和"乘法"(但在一般情况下这些运算与通常数的加法与乘法是不同的),有时我们也称这些运算为布尔加法和布尔乘法。在100 多年前,即 1854 年,布尔的《思维的定律》首次发表,在这本著作里,他详细地研究了这种不平常的代数。布尔著作的题目初看起来似乎是奇怪的,然而读者看完这本书后,就可以明白布尔研究的不平常代数和人类思维规律之间有什么关系。现在我们仅指出,布尔代数与《思维的定律》之间的这种关系正是布尔的工作在今天具有重大意义的原因。布尔的这项工作很少受到他同时代人的注意,但在最近的年代里,布尔的书多次再版发行,并被翻译成各种语言。

3. 布尔其人[①]

布尔的父亲是一位鞋匠。青少年时期,布尔在当地上了小学和短时间的商业学校。他自学了希腊语和拉丁语,后来又学会欧洲几个国家的语言。从商业学校毕业后,布尔原想做一名牧师,但由于生活所迫,他在 16 岁那年接受了中学教师的职务。1831—1835 年,布尔先后在唐卡斯特和瓦丁顿的中学教书。就在这个时期,他对数学产生了浓厚的兴趣,并决定继续自学数学。1835 年,布尔在林肯市创办了一所中学,仍是一边教书,一边自修高等数学。他先后攻读了著名科学家牛顿(I. Newton)的《自然哲学的数学原理》(*Philosophiae Naturalis Principia Mathematica*)和拉格朗日(J. Lagrange)的《解析函数论》(*Théorie Des Fonction Analytiques*)。1835 年,布尔发表了他的第一篇科学论文《论牛顿》(*On Newton*)。21 岁时,他就精通拉普拉斯的《天体力学》(*Mécanique Céleste*),这在当时被认为是最深奥的学问。这一事实足以证明他的自学很成功。

1839 年,24 岁的布尔决心尝试接受正规的高等教育,并申请进入剑桥大学。当时《剑桥大学数学期刊》(*Cambridge Mathematical Journal*,布尔曾投稿的杂志)的主编格雷戈里(D. F. Gregory)反对布尔去上大学,并且说:"如果你为了一个学位而决定上大学学习,那么你就必须准备忍受大量不适合习惯独立思考的人的思想戒律。这里,一个高级的学位要求在指定的课程上花费的辛勤劳动与才能训练方面花费的劳动同样多。如果一个人不能把自己的全部精力集中于学位考试的训练,那么在学业结束时,这个人很可能发现自己被淘汰了。"

于是,布尔放弃了接受高等教育的念头,而潜心致力于他自己的数学研究。他写了许多论文,其中包括线性变换方面的某种开拓性的工作[这一工作被后来的凯莱(A. Cayley)和西尔维斯特(J. J. Sylvester)所发展]。布

---

① 本节引自张锦文、李娜撰写的文章。

尔的主要贡献在于利用代数的方法来研究推理、证明等逻辑问题，因而形成了代数学的一个独立的分支，它为逻辑学的研究奠定了数学基础。从这一基础出发，就发展出了布尔代数。1844 年，他发表了著名的论文《关于分析中的一个普遍方法》(*On a general method in analysis*)，因此获得皇家学会的奖章。

1849 年，34 岁的布尔分别获得牛津大学和都柏林大学的名誉博士学位，随即被聘为爱尔兰科克皇后学院(今爱尔兰大学)的数学教授。从此，他才有了比较安稳的生活保证。他保持这个职位一直到 15 年后患病离世。在此期间，他于 1857 年被推选为伦敦皇家学会会员。

1855 年，布尔和爱维雷斯特(G. Iwirester)爵士的侄女玛丽·爱维雷斯特(Mary Iwirester)结婚。他们的长女玛丽(Mary)嫁给数学家欣顿(C. H. Hinton)，三个外孙都有科学建树。另一个女儿艾丽西亚(Alicia)在四维几何方面的研究中取得成果，后与数学家考克斯特(H. S. M. Coxeter)合作。第四个女儿露西(Lucy)成为英国的第一个大学化学女教授。布尔最小的女儿莉莲(E. Lillian)，便是广受欢迎的小说《牛虻》(*The Gadfly*)的作者伏尼契(E. L. Voynich)。

1864 年 12 月 8 日，布尔因患肺炎(这是由于他坚持上课，在 11 月的冷雨中步行 3 千米而受凉引起的)，不幸于爱尔兰的科克去世，终年 59 岁。

布尔被罗素描写成纯数学的发现者，布尔的名字被用来作为表示某种数学体系的形容词(甚至是不用大写字母的)。然而，这并没有使布尔的名字真正家喻户晓，它只是少数人给予的一种荣誉称号。

布尔的研究大致可分为逻辑和数学两部分。他在数学上的成就是多方面的，但在逻辑方面，他的主要贡献就是用一套符号来进行逻辑演算，即逻辑的数学化。大约 200 年以前，莱布尼茨曾经探索过这一问题，但最终没有找到精确有效的表示方法。因为它涉及改进亚里士多德(Aristotle)的工作，而人们对于这样的尝试总是犹豫不决。布尔凭着他卓越的才干，创造了逻辑代数系统，从而基本上完成了逻辑的演算工作。1847 年，他出版了这方面的第一本书《逻辑的数学分析》,此书并不厚,但足以使他出名,并且使科克的学院聘他任教。1854 年,他又出版了《思维规律的研究》一书,其中完美地讨论了这个主题,并奠定了现在的数理逻辑的基础,为这一学科的发展铺平了道路。

对于逻辑代数,布尔的方法是着重于外延逻辑(extensional logic),即类(class)的逻辑。其中,类或集合用 $x,y,z,\cdots$ 表示,而符号 $X,Y,Z,\cdots$ 则代表个体元素。他用 1 表示万有类,用 0 表示空类或零类;用 xy 表示两个集合的交[他称这个运算为选拔(election)],即 x 与 y 所有共同元素的集合;还用 $x+y$ 表示 x 和 y 的所有元素的集合。严格地讲,对于布尔,加法只用于不相交的集合。后来,杰文斯(W. S. Jevons)推广了这个概念。至于 x 的补 x',记做 $1-x$。更一般地,$x-y$ 是由不是 y 的那些 x 所组成的类。包含关系,即 x 包含在 y 中,写成 $xy=x$,等号表示两个类的同一性。

布尔相信,头脑会立刻允许我们得出一些初等的推理规程,这就是逻辑的公理。例如,矛盾律,即 A 不能既是 B 又是非 B,这就是公理,它可以表示为

$$x(1-x)=0。$$

下列关系也是显然的:

$$xy=yx,$$

因而交的这个交换性是另一条公理。同样明显的是性质

$$xx=x,$$

这条公理违背了通常的代数。布尔认为,可作为公理的还有

$$x+y=y+x,$$

$$x(u+v)=xu+xv,$$

用这些公理可以把排中律说成

$$x+(1-x)=1,$$

就是说,任何东西不是 x 就是非 x。布尔还把所有 X 都是 Y 表示成 $x(1-y)=0$,所有 Z 都是 X 表示成 $z(1-x)=0$。然后,他使用自己的展开方法消去 x,

解方程得 $z(1-y)=0$。它的含义是：所有 Z 都是 Y。这样，布尔就用他的纯代数方法，取消了三段论前两个前提的中项，得出三段论的结论。另外，没有 X 是 Y 可表示成 $xy=0$；有些 X 是 Y 可表示成 $xy\neq 0$；而有些 X 不是 Y 可表示成 $x(1-y)\neq 0$。

布尔试图从这些公理出发，用公理所许可的规程去导出推理的规律。作为平凡的结论，他有 $1\cdot x=x$ 和 $0\cdot x=0$。后来，经德国数学家施勒德(E. Schroder)的进一步发展和美国数学家亨廷顿(E. Huntington)的深入研究，给出了布尔代数的公理化方法的定义：

(1) 如果 x 和 y 都属于类 B，那么 $x+y$，xy 和 x' 均属于 B；

(2) 在所有的元素中存在一个元素 0，使得对于每一个 x，都有 $x+0=x$；存在一个元素 1，使得对于每一个 x，都有 $x\cdot 1=x$；

(3) $x+y=y+x$，$x\cdot y=y\cdot x$；

(4) $x+(y\cdot z)=(x+y)(x+z)$，$x(y+z)=(x\cdot y)+(x\cdot z)$；

(5) 对于每一个元素 x，存在一个元素 x'，使 $x+x'=1$ 并且 $xx'=0$；

(6) 在类 B 中至少存在两个不同的元素。

满足上述 6 个条件的 $\langle B,+,\cdot,',0,1\rangle$ 称为一个布尔代数。

布尔不仅构造了逻辑代数系统，而且十分清楚地对系统做了逻辑解释。他认为，通过分析可以看清楚，一个系统可做多种解释，并不影响所涉及的关系的真实性。所以，对于他的逻辑代数系统，他给出了两种解释：一种是类演算，一种是命题演算。在类演算里，他用符号 1 和 0 表示全类和空类，这些符号最初来自他的概率论——他的第二本书的一个独立部分。在概率论中，1 表示任何事件出现的所有概率之和，0 表示不可能性。布尔还将乘和加分别看做合取和析取，并论证了它们也满足前面的公理。在命题演算的解释中，他令 X，Y，Z 等代表命题，并假定命题只能接受真、假两种可能情况。1 表示真，0 表示假；XY 表示 X 与 Y 的合取，即"X 并且 Y"；$X+Y$ 表示不相容的析取，即"X 或 Y，但不同真"；$1-Y$ 表示 Y 的否定。根据这种解释，X 为真记做 $X=1$，X 为假记做 $X=0$。X 为真且 Y 为假记做 $X(1-Y)=$

0,X 为真且 Y 为真记做 $XY=1$。因此,复合命题的真假就可以通过布尔演算由它的支命题的真假唯一确定。这就是现在使用的真值表示方法。用这种方法,数学家、逻辑学家对逻辑有了更广泛、更全面的理解。美国数学家贝尔对此评论说:"布尔割下了逻辑学这条泥鳅的头,使它固定,不能再游来滑去。"

布尔提出的类演算和命题演算的区别在于,在类演算中,X,Y,Z 等可以取任一类(包括 0 和 1)为值;而在命题演算中,X,Y,Z 等只能取 0 和 1 两个值。因此,命题演算系统可以看做二值代数系统。

布尔除了把他的逻辑代数应用到概率以外,并没有进一步发展他的代数理论,而是在其他数学分支方面开展工作。他对代数、几何学、微分方程、概率论、拓扑学和控制系统的研究都有所建树,当代数学的不少研究课题都溯源于他的工作。

(1) 布尔空间

如果令 L 是一个具有有限高度的布尔代数,X 为 L 的全体极大理想集,$a\in L$ 且 $O(a)=\{m\mid m\in X,a\notin m\}$,取 $\{O(a)\mid a\in L\}$ 作为基底,在 X 中定义拓扑,则 X 是紧的、完全的、不连通的 T_1 空间,而 $O(a)$ 为 X 中的紧开集,那么这样的空间叫做布尔空间。

(2) 布尔函数

一个从集 $B_2^n=\{0,1\}^n$ 到 $B_2=\{0,1\}$ 的映射 f 叫做 n 元布尔函数。若令 $a_1,a_2,\cdots,a_n\in\{0,1\}$,则 $\boldsymbol{A}=(a_1,a_2,\cdots,a_n)=a_1a_2\cdots a_n$ 称为 0-1 向量;若 $x_1,x_2,\cdots,x_n\in B$(B 是一个布尔代数),则 $\boldsymbol{X}=(x_1,x_2,\cdots,x_n)=x_1x_2\cdots x_n$ 称为布尔向量。令 $x^1=x,x^0=x'$,记 $\boldsymbol{X}^{\boldsymbol{A}}=x_1^{a_1}x_2^{a_2}\cdots x_n^{a_n}$,于是布尔函数可表为 $f(\boldsymbol{X})=\sum^{\boldsymbol{A}}f(\boldsymbol{A})\boldsymbol{X}^{\boldsymbol{A}}$。当 $f(\boldsymbol{A})\equiv 1$ 时,$f(\boldsymbol{X})$ 称为简单布尔函数。

(3) 布尔方程

若 $f_1(\boldsymbol{X})$ 和 $f_2(\boldsymbol{X})$ 是简单布尔函数,则 $f_1(\boldsymbol{X})=0$ 及 $f_2(\boldsymbol{X})=1$ 称为简单布尔 0-1 方程。

(4) 布尔差分

令 $f(x_1, x_2, \cdots, x_n)$ 为布尔函数,称如下的“异或运算”为 f 关于变量 x_i 的布尔差分:

$$\frac{\mathrm{d}f}{\mathrm{d}x_i} = f(x_1, x_2, \cdots, x_{i-1}, x_i, x_{i+1}, \cdots, x_n) \oplus$$

$$f(x_1, x_2, \cdots, x_{i-1}, x_i, x_{i+1}, \cdots, x_n)。$$

另外,布尔展开式和布尔核正则点也是人们所共知的。

布尔一生共发表了 50 篇学术论文并编写了两部教科书,其中主要是《论牛顿》(1835)和《逻辑的数学分析》(1847),后者是在哲学家哈密顿与布尔的朋友德·摩根的争论刺激下完成的。著名的现代逻辑史家波亨斯基(I. M. Bochenski)对此书有过评价:“我们能够在布尔时代的著作《逻辑的数学分析》中找到一种示范形式展开的清晰表达,这方面他优于许多后人的著作,其中包括罗素的《数学原理》(*Principia Mathematica*)。”此外,布尔还著有《差分方程》(*Difference Equation*)(1859)和《有限差计算》(*Finite Difference Calculus*)(1860)等。

布尔以自学取得的成就而著称于世,成为 19 世纪数理逻辑的最杰出代表。以他的名字命名的布尔代数今天已发展为结构极为丰富的代数理论,并且无论在理论方面还是在实际应用方面都显示出它的重要价值。特别是近几十年来,布尔代数在自动化系统和计算机科学中已被广泛应用。

4. 一些新的性质

新与旧的区别在于差异，而正是这差异开辟了新的一章。

下面我们继续研究布尔代数。我们首先看到布尔加法和布尔乘法的性质完全类似，其运算如此接近，以至于在布尔代数的每个（正确的）公式里，我们可以互换加法和乘法，即由互换结果得到的等式仍然是正确的。例如，在布尔代数中有等式

$$A(A+C)(B+C)=AB+AC,$$

这在集合代数里早已证明。在这个等式中进行加法和乘法互换，我们得到

$$A+AC+BC=(A+B)(A+C),$$

这个等式也是正确的。还应注意，一个等式包含“特殊”元素 O 和 I 时，在这个等式里交换布尔加法和布尔乘法必须同时伴有元素 O 和 I 的交换。例如，等式

$$(A+B)(A+I)+(A+B)(B+O)=A+B$$

成立，意味着

$$(AB+AO)(AB+BI)=AB$$

这个等式也必然成立。

上述布尔代数的性质，可以使我们自动地（也就是不用证明地）从任一等式得到一个新的等式①，这个性质称为对偶原理，并且那些借助这个原理

---

① 通过交换加法和乘法，以及交换元素 O 和 I，从一个布尔代数公式得到的“新”等式有时可以和原来的等式一样。在这种情况下，我们遇到的是一个自偶关系式，这时应用对偶原理不能给我们一个新公式。例如，我们取一个正确的等式

$$(A+B)(B+C)(C+A)=AB+BC+CA,$$

并在其中交换加法和乘法，我们得到等式

$$AB+BC+CA=(A+B)(B+C)(C+A),$$

它与原来的等式一致。类似地，应用对偶原理于正确的等式

$$(A+B)(B+C)(C+D)=AD+BC+BD,$$

得到等式

$$AB+BC+CD=(A+D)(B+C)(B+D),$$

它与原来的关系式略微有点不同（如果我们替换掉字母 B 和 C，它就能完全变成原来的等式）。

互相得到的公式称为对偶公式。可从下述事实得出对偶原理：列举布尔代数的基本定律（我们可以仅从这些定律出发去证明各种布尔关系式），我们发现它是完全“对称”的，也就是它包含一个定律的同时，还包含对偶于这个定律的另一个定律，即通过交换加法和乘法并同时交换元素 O 和 I，从前一个定律得到的定律。定律对偶的例子是加法的交换律与乘法的交换律，加法的结合律与乘法的结合律，加法的幂等律与乘法的幂等律。类似地，第一分配律和第二分配律也是对偶的。最后，等式 $A+O=A$ 和 $A+I=I$ 分别对偶于等式 $AI=A$ 和 $AO=O$。这就是为什么用布尔代数的一些基本定律证明一个等式时，我们可以通过相应的对偶定律同样地证明它的对偶等式。

例如，我们要证明等式

$$A+AC+BC=(A+B)(A+C)。$$

容易看出，这个等式是关系式

$$A(A+C)(B+C)=AB+AC$$

的对偶式。事实上，

$$A+AC+BC$$

$$=A+(AC+BC)=A+(A+B)\ C \quad \text{（加法结合律及第一分配律）}$$

$$=(A+B)\ C+A=[(A+B)+A]\ (C+A) \quad \text{（加法交换律及第二分配律）}$$

$$=[(A+A)+B](A+C) \quad \text{（加法交换律和结合律）}$$

$$=(A+B)\ (A+C) \quad \text{（加法的幂等律）。}$$

参看前述等式 $A(A+C)\ (B+C)=AB+AC$ 的证明。

对偶原理的另一种证明与定义在布尔代数里的一种特殊运算有关，这种运算把布尔代数的每一个元素 A 变成一个新元素 $\overline{A}$，并且在运算中将加法和乘法交换。换句话说，这种运算（我们将它称为“横”运算）是这样的：

$$\overline{A+B}=\overline{A}\,\overline{B} \text{ 和 } \overline{AB}=\overline{A}+\overline{B},$$

而且，这种运算具有性质

$$\overline{O}=I \text{ 和 } \overline{I}=O。$$

最后,在"横"运算下,元素 $\overline{A}$ 还可以变成原来的元素 A,即对于布尔代数的每个元素 A,我们有

$$\overline{\overline{A}}=\overline{(\overline{A})}=A。$$

"横"运算使一个代数元素有可能产生一个新的代数元素,而不是从两个元素产生一个新元素,如加法和乘法中那样。在集合代数里,"横"运算有下面的含义。我们用 $\overline{A}$ 表示集合 A 的补,根据定义,补是一个集合,它包含且仅包含如下的元素,即那些是全集合 I 中的,但又不在集合 A 中的元素(图1.16)。例如,若你们班上所有学生的集合为全集合,并且 A 是那些至少得到一个坏分数的学生集合,则 $\overline{A}$ 是那些没有得到坏分数的学生集合。

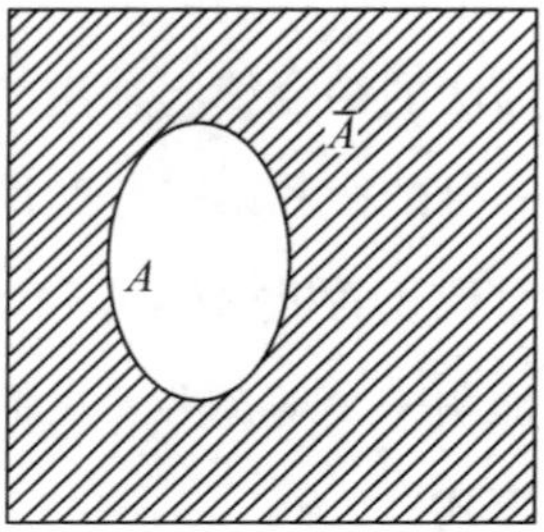

图 1.16

集合 A 之补集合 $\overline{A}$ 的定义直接意味着

$$\overline{\overline{A}}=\overline{(\overline{A})}=A。$$

从定义还能得出

$$A+\overline{A}=I \text{ 和 } A\overline{A}=O。$$

上面这两个等式表示了所谓的补定律,它甚至可以作为集合 $\overline{A}$ 的定义。很显然有

$$\overline{O}=I \text{ 和 } \overline{I}=O。$$

最后,我们证明在集合代数里十分重要的"横"运算性质:

$$\overline{A+B}=\overline{A}\,\overline{B} \text{ 和 } \overline{AB}=\overline{A}+\overline{B}。$$

上面这两个关系式表示了通常所说的对偶定律。在德·摩根之后,它们也被称为德·摩根公式(或定律)。德·摩根是英国数学家,是布尔的同事。这两个式子中,第一个称为德·摩根并-补定律,第二个称为德·摩根交-补定律。在图 1.17(a)中,如果表示集合 A 的是向右倾斜的阴影线所覆盖部分,那么在图 1.17(b)中,表示集合 A 的补 $\overline{A}$(相对于整个正方形 I)的

就是向左倾斜的阴影线所覆盖部分。在图 1.17(a)中,如果水平线覆盖的部分表示集合 B,那么在图 1.17(b)中,竖直线覆盖的部分就表示集合 B 之补 $\overline{B}$。在图1. 17(a)中,整个阴影线部分表示集合 $A+B$,而在图 1.17(b)中,交叉阴影线部分表示集合 $\overline{A}\,\overline{B}$。比较图 1.17(a)和图 1.17(b)表明,图 1.17(b)中交叉阴影线部分是图1. 17(a)中整个阴影线部分所表示的集合之补,这证明了德 · 摩根第一定律

$$\overline{A+B}=\overline{A}\,\overline{B}。$$

另一方面,在图 1.17(a)中,交叉阴影线部分表示集合 AB;在图 1.17(b)中,整个阴影线部分表示集合 $\overline{A}+\overline{B}$。很显然,这两个部分(集合)也是彼此互补的,也就是

$$\overline{AB}=\overline{A}+\overline{B},$$

它证明了德 · 摩根第二定律。

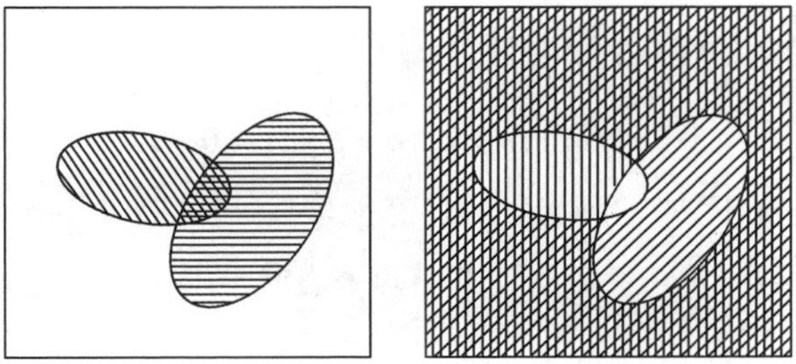

(a)　　(b)

图 1.17

对前面已考察过的布尔代数的其他例子,现在让我们来讨论它们的"横"运算的含义。对两个元素的代数,我们令

$$\overline{0}=1 \text{ 和 } \overline{1}=0。$$

很明显,对这种代数的任意元素(即对 $a=0$ 和 $a=1$),我们有 $\overline{\overline{a}}=a$。而且,对 $\overline{0}=1$ 和 $\overline{1}=0$,可以编出如下形式的"加法表"和"乘法表":

+	0	1
0	0	1
1	1	1

·	$\overline{0}=1$	$\overline{1}=0$
$\overline{0}=1$	1	0
$\overline{1}=0$	0	0

由它们可以证明：在所有情况里，有$\overline{a+b}=\overline{a}\,\overline{b}$。用类似的方法可以检验德·摩根第二定律。

对四个元素的代数，我们令

$$\overline{0}=1,\overline{p}=q,\ \overline{q}=p \text{ 和} \overline{1}=0\text{。}$$

在这种情况下，对这种代数的任意元素 a，显然有 $\overline{\overline{a}}=a$。如上所述，要证明关系式$\overline{a+b}=\overline{a}\,\overline{b}$，只要比较下面两个表就足够了：

+	0	p	q	1
0	0	p	q	1
p	p	p	1	1
q	q	1	q	1
1	1	1	1	1

$\cdot$	$\overline{0}=1$	$\overline{p}=q$	$\overline{q}=p$	$\overline{1}=0$
$\overline{0}=1$	1	q	p	0
$\overline{p}=q$	q	q	0	0
$\overline{q}=p$	p	0	p	0
$\overline{1}=0$	0	0	0	0

用类似的方法可以检验关系式$\overline{ab}=\overline{a}+\overline{b}$。

现在让我们考虑最大和最小的代数,它的元素是符合条件 $0\leqslant x\leqslant 1$ 的数 x。布尔加法“$\oplus$”和布尔乘法“$\otimes$”定义为:

$$x\oplus y=\max[x,\ y]\text{和}x\otimes y=\min[x,\ y]。$$

在这种代数里,为了让德 · 摩根定律成立,我们必须有

$$\overline{x\oplus y}=\overline{x}\otimes\overline{y}\text{ 和}\overline{x\otimes y}=\overline{x}\oplus\overline{y},$$

这意味着必须有

$$\overline{\max[x,y]}=\min[\overline{x},\overline{y}]\text{和}\overline{\min[x,y]}=\max[\overline{x},\overline{y}],$$

并且“横”运算必定改变元素大小的秩序,也就是说,若有条件 $x\leqslant y$,则必须有 $\overline{x}\geqslant\overline{y}$。因此,当代数的元素是所有满足条件 $0\leqslant x\leqslant 1$ 的数时,我们不妨令

$$\overline{x}=1-x,$$

换句话说,我们可以假定点 $\overline{x}$ 和 x 是闭区间$[0,1]$上相对于中点的对称点(图 1.18)。那么,显然有

$$\overline{0}=1,\overline{1}=0\text{ 和}\overline{\overline{x}}=x。$$

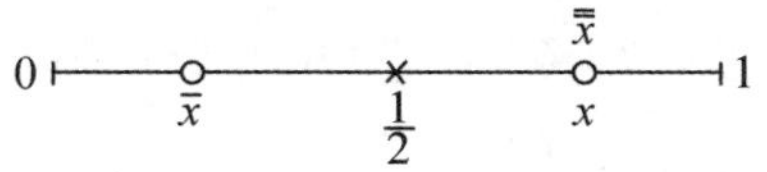

图 1.18

在这种情况下,德 · 摩根定律也显然成立(见图 1.19):

$$\overline{x\oplus y}=\bar{x}\otimes\bar{y}\text{和}\overline{x\otimes y}=\bar{x}\oplus\bar{y}。$$

然而可惜的是，定律 $x+\bar{x}=1$ 和$\overline{xx}=0$在这里不完全成立。

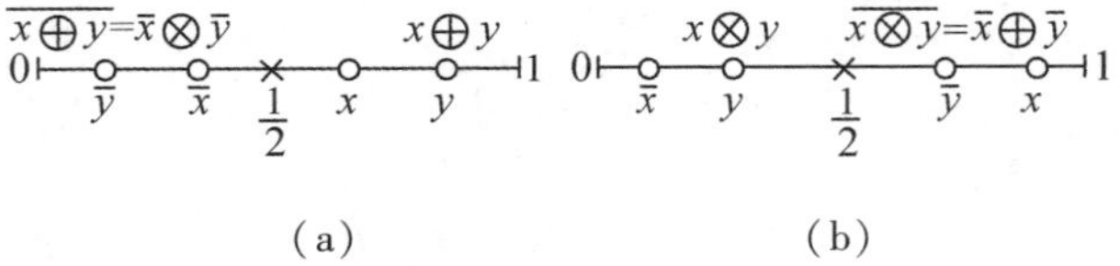

图 1.19

最后，让我们看最小公倍数和最大公因数的代数，它的元素是正整数 N 的所有可能的正因数。布尔加法“$\oplus$”和布尔乘法“$\otimes$”定义为：

$$m\oplus n=[m,\ n]\text{和 } m\otimes n=(m,\ n),$$

在这里，$[m,\ n]$是数 m 和 n 的最小公倍数，$(m,\ n)$是它们的最大公因数。对这种代数，我们令

$$\bar{m}=\frac{N}{m}。$$

例如，在前述 $N=210$ 的情况下，我们有

$$\bar{1}=210,\bar{2}=105,\bar{3}=70,\bar{5}=42,\bar{6}=35,$$

$$\bar{7}=30,\overline{10}=21,\overline{14}=15,\overline{15}=14,\overline{21}=10,$$

$$\overline{30}=7,\overline{35}=6,\overline{42}=5,\overline{70}=3,\overline{105}=2,\overline{210}=1。$$

很清楚，在 N 为任意数的一般情况下，我们有

$$\bar{1}=N\text{ 和 }\bar{N}=1。$$

此外，显然有

$$\bar{\bar{m}}=\frac{N}{N/m}=m。$$

这里，德·摩根定律也成立：

$$\overline{m\oplus n}=\bar{m}\otimes\bar{n}\text{和 }\overline{m\otimes n}=\bar{m}\oplus\bar{n}。$$

例如，当 $N=210$ 时，我们有

$$6\oplus 21=[6,21]=42,$$

$$\bar{6}\otimes\overline{21}=35\otimes 10=(35,10)=5\text{ 和}\overline{42}=5,$$

还有

$$6 \otimes 21 = (6,21) = 3,$$

$$\bar{6} \oplus \overline{21} = 35 \oplus 10 = [35,10] = 70 \text{ 和 } \bar{3} = 70。$$

现在,我们假定有一个在任何布尔代数里都成立的任意关系式,例如等式

$$A(A+C)(B+C) = AB + AC,$$

这个式子前面已提到过。在等式两边应用“横”运算,得到

$$\overline{A(A+C)(B+C)} = \overline{AB+AC},$$

然而,根据德 · 摩根定律,我们有

$$\begin{aligned}\overline{A(A+C)(B+C)} &= \overline{[A(A+C)](B+C)}\\ &= \overline{A(A+C)} + \overline{B+C}\\ &= \bar{A} + \overline{A+C} + \bar{B}\,\bar{C}\\ &= \bar{A} + \bar{A}\,\bar{C} + \bar{B}\,\bar{C},\end{aligned}$$

和

$$\overline{AB+AC} = \overline{AB} \cdot \overline{AC} = (\bar{A}+\bar{B})(\bar{A}+\bar{C}),$$

这样,我们最后得到

$$\bar{A} + \bar{A}\,\bar{C} + \bar{B}\,\bar{C} = (\bar{A}+\bar{B})(\bar{A}+\bar{C})。$$

对任意$\bar{A}$,$\bar{B}$和$\bar{C}$,这个等式是成立的。若我们用字母 A,B,C 简单地去表示布尔代数的元素 $\bar{A}$,$\bar{B}$和$\bar{C}$,它依然正确,这就得出等式

$$A + AC + BC = (A+B)(A+C),$$

它和原来的等式对偶。

我们看到,对偶原理是“横”运算性质的一个结果(并且首先是德 · 摩根定律的结果)。然而必须记住,如果原来的等式包括“特殊”元素 O 和 I,那么,根据等式

$$\bar{O} = I \text{ 和 } \bar{I} = O,$$

变换(对偶的)等式应包括用 I 代替 O 和用 O 代替 I;换句话说,在对偶等式过程中,我们必须交换 O 和 I。

例如,对下面等式两边应用“横”运算:

$$A\ (A+I)\ (B+O)=AB,$$

我们得到

$$\overline{A\ (A+I)\ (B+O)}=\overline{AB},$$

现在,因为

$$\begin{aligned}\overline{A\ (A+I)\ (B+O)}&=\overline{A(A+\ I)}+\overline{B+O}\\&=\overline{A}+\overline{A+I}+\overline{B+O}\\&=\overline{A}+\overline{A}\,\overline{I}+\overline{B}\,\overline{O}\\&=\overline{A}+\overline{A}O+\overline{B}I,\end{aligned}$$

和

$$\overline{AB}=\overline{A}+\overline{B},$$

我们可以写出关系式

$$\overline{A}+\overline{A}O+\overline{B}I=\overline{A}+\overline{B}。$$

上面这个关系式(注意到 $\overline{A}$ 和 $\overline{B}$ 是任意的)等价于关系式

$$A+AO+BI=A+B,$$

这个式子也可以从原来的等式通过交换加法和乘法以及同时交换 O 和 I 而得到。

现在还要指出,已介绍的对偶原理的证明可以使我们立即扩充它的内容。到现在为止,我们已经谈及的那些“布尔等式”,它们仅包含加法和乘法运算。正是由于关系式 $\overline{\overline{A}}=A$,使人们有可能将对偶原理推广到包括“横”运算的等式。很显然,如果一个给出的公式包含一个元素 $\overline{A}$,那么在公式两边应用“横”运算,结果是 $\overline{A}$ 变成元素 $\overline{\overline{A}}=A$。最后,若我们在结果中用元素 $\overline{A}$,$\overline{B}$,$\overline{C}$ 等的补 $\overline{\overline{A}}=A$,$\overline{\overline{B}}=B$,$\overline{\overline{C}}=C$ 来代替它们自己,那么为代替 A,我们又必须写下 $\overline{A}$。由此得出,当我们从一个给出的公式变化到它的对偶式时,“横”运算仍保持在它本身。例如,德·摩根公式

$$\overline{A+B}=\overline{A}\,\overline{B}\ 和\ \overline{AB}=\overline{A}+\overline{B}$$

是相互对偶的,并且类似地,等式 $A+\overline{A}B=A+B$ 的对偶式是显然的关系式

$$A\ (\overline{A}+B)=AB。$$

可以证明,对偶原理有更广泛的应用,因为它不仅应用于"布尔等式",还应用于"布尔不等式"。为说明这点,我们必须再介绍一个概念,这个概念在布尔代数理论里起着极重要的作用。

每一个布尔代数含有代数元素间的相等关系(一个等式 $A=B$ 简单地意味着 A 和 B 是布尔代数的同一个元素),并且它还含有代数元素间的一个更重要的关系:包含关系。包含关系的作用类似于数的代数中的"大于"(或"小于")关系。包含关系用符号"$\supset$"(或"$\subset$")来表示,对两个元素 A 和 B 可以存在包含关系

$$A\supset B,$$

或同样的

$$B\subset A。$$

上面两个关系式有同样的含义(注意这些关系式的形式类似于数的代数中的$a>b$和 $b<a$)。在集合代数里,关系 $A\supset B$ 意味着集合 A 包含集合 B,B 是 A 的一部分(图 1.20)。例如,如果 A_2 是偶数集合,A_6 是能被 6 整除的整数集合,那么显然 $A_2\supset A_6$。类似地,若 A 是你们班那些没有坏分数的学生的集合,B 是优秀学生的集合,那么 $A\supset B$。注意到,当两个集合 A 和 B 相同时,$A\supset B$ 也是成立的,因为在这种情况下,集合 B 完全包含在集合 A 中。我们看到,布尔代数元素间的"$\supset$"关系更接近于数的代数中的"$\geqslant$"关系。

若 $A\supset B$ 且 $B\supset C$,则 $A\supset C$(图 1.21)。类似地,当我们涉及数时,关系 $a\geqslant b$ 和 $b\geqslant c$ 意味着$a\geqslant c$。

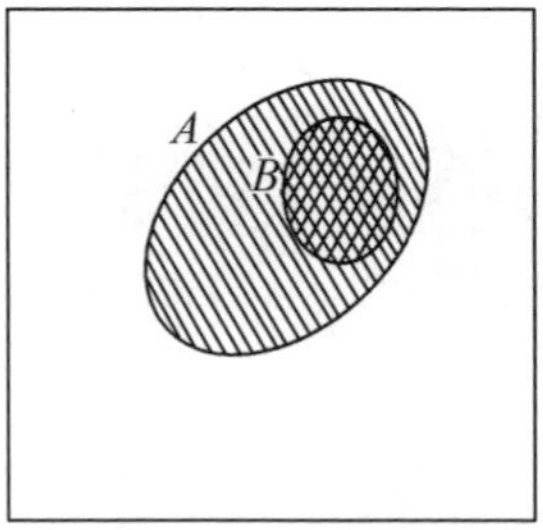

图 1.20

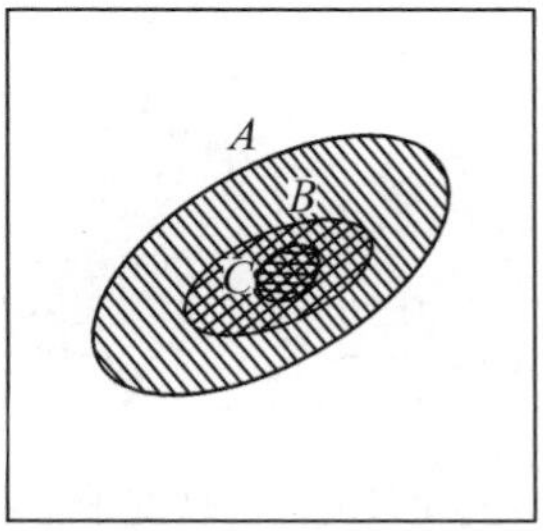

图 1.21

若 $A\supset B$ 且 $B\supset A$，则 $A=B$。对于数，我们知道有类似的情况，关系式 $a\geqslant b$ 和 $b\geqslant a$ 意味着 $a=b$。

最后（这个事实特别重要），若 $A\supset B$，则 $\overline{A}\subset\overline{B}$（图 1.22）。

例如，你们班里没有坏分数的学生的集合比优秀学生的集合要广泛，这可以得出：至少有一个坏分数的学生的集合包含在那些不是优秀学生的集合之中。

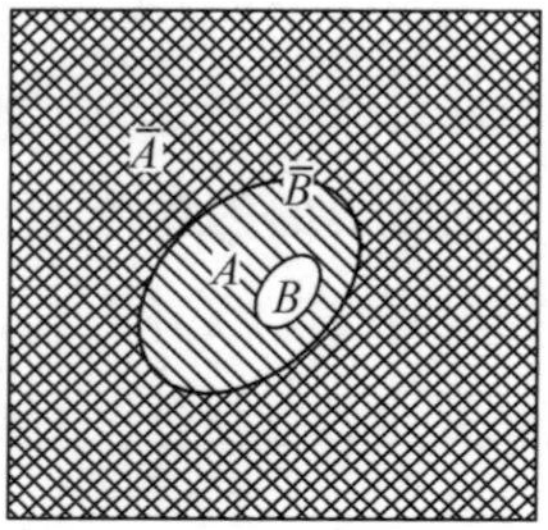

图 1.22

到现在为止，我们着重比较了集合间"$\supset$"关系和数之间"$\geqslant$"关系在性质上的类似，现在我们指出这两种关系间的一个本质不同。任意两个（实）数 a 和 b 是可比较的，即关系式 $a\geqslant b$ 和 $b\geqslant a$ 至少有一个成立[①]。与此相反，对任意两个集合 A 和 B，在一般情况下 $A\supset B$ 和 $B\supset A$ 两者都不成立（图 1.23）。还要指出，对集合代数的任意元素 A，我们有

$$I\supset A,\ A\supset O,$$

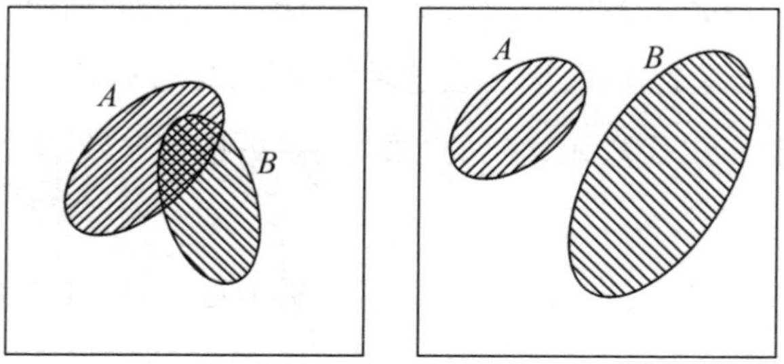

（a）　　　　（b）

图 1.23

① 在两个关系式同时成立的情况下，数 a 和 b 完全相等。

以及（对任意 A 和 B）总有包含关系

$$A+B\supset A \text{ 和 } AB\subset A$$

成立（图 1.24）。最后，显然，若 $A\supset B$，则有

$$A+B=A \text{ 和 } AB=B$$

（图 1.20）。因为对任意 A 有 $A\supset A$，上面两个等式可以看做幂等律 $A+A=A$ 和 $AA=A$ 的推广。

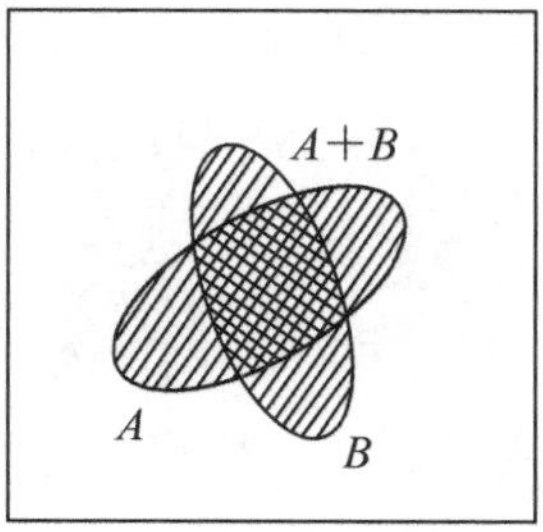

图 1.24

对另一些我们已知的布尔代数，让我们讨论"⊃"关系的意义。对"两个元素的代数"，这种关系通过条件

$$1\supset 0$$

规定。对"四个元素的代数"，"⊃"关系通过条件

$$1\supset 0,\ 1\supset p,\ 1\supset q,\ p\supset 0 \text{ 和 } q\supset 0$$

规定。这种代数的元素 p 和 q 是不可比较的，对于它们，关系 $p\supset q$ 及 $q\supset p$ 两者都不成立。对"最大和最小的代数"，"⊃"关系和"≥"关系相一致。对这种代数的两个元素，我们假定，若数 x 不小于数 y，x 和 y 通过关系 $x\supset y$ 相关联（例如，在这种情况里我们有 $\frac{1}{2}\supset\frac{1}{3}$ 和 $1\supset 1$①）。最后，在"最小公倍数和最大公因数代数"里，关系 $m\supset n$ 意味着数 n 是数 m 的因数。例如，在这种情况下，我们有 $42\supset 6$，而在这种代数里，数 42 和 35 是不可比较的（也就是 $42\supset 35$ 和 $42\subset 35$ 这两种关系没有一个成立）。请读者检验，在我们已考察的每一种代数里，用上面方法定义的"⊃"关系具有集合代数里对"⊃"关系所列举的全部性质。

现在，对那些用"⊃"（或"⊂"）关系连接左边和右边两项的任意一个式子，应用"布尔不等式"这个术语似乎是自然的了。我们将仅仅考虑这样的不等式，即在不等式问题中对于布尔代数元素 $A,B,C,\cdots$ 的所有可能值，这些不等式都是成立的。例如，上面所考虑的 $I\supset A$，$A\supset O$，以及 $A+B\supset A$

---

① 在这种布尔代数里，对任意两个元素 x 和 y，$x\supset y$ 和 $y\supset x$ 至少有其中之一成立。

和 $A \supset AB$ 都是这样的不等式。

对偶原理叙述为：在这样的不等式中，若交换加法和乘法，并且同时交换元素 O 和 I，则在改变不等式的记号为反向(也就是用关系“$\subset$”代替关系“$\supset$”或反之)的情况下，我们又得到一个正确的不等式(也就是说，对于不等式里布尔代数元素的所有值，不等式亦成立)。例如，从关系

$$(A+B)(A+C)(A+I) \supset ABC,$$

可得出

$$AB+AC+AO \subset A+B+C。$$

应用“横”运算于原不等式的两边，就足以证明一般的对偶原理了。例如，因为不等式

$$(A+B)(A+C)(A+I) \supset ABC$$

成立，并且因为我们有法则“若 $A \supset B$，则 $\overline{A} \subset \overline{B}$”，由此得出不等式

$$\overline{(A+B)(A+C)(A+I)} \subset \overline{ABC}$$

也成立。根据德·摩根定律，考虑到 $\overline{I}=O$，我们得到

$$\begin{aligned}&\overline{(A+B)(A+C)(A+I)}\\ &=\overline{(A+B)(A+C)}+\overline{A+I}\\ &=\overline{A+B}+\overline{A+C}+\overline{A+I}\\ &=\overline{A}\,\overline{B}+\overline{A}\,\overline{C}+\overline{A}O。\end{aligned}$$

类似地，

$$\overline{ABC}=\overline{A}+\overline{B}+\overline{C}。$$

这样，我们断定，对任意 A，B 和 C，不等式

$$\overline{A}\,\overline{B}+\overline{A}\,\overline{C}+\overline{A}O \subset \overline{A}+\overline{B}+\overline{C}$$

成立。

现在，因为 $\overline{A}$，$\overline{B}$ 和 $\overline{C}$ 在这里是任意的，我们可以简单地分别用 A，B 和 C 来表示。这样，我们得到一个不等式：

$$AB+AC+AO \subset A+B+C。$$

在上面叙述的意义上，这个不等式和原来的不等式对偶。

5. 数学和思维的结合

$a+b$ 代替了“蚂蚁是大象或者他是勤奋的学生”，这是多么简练！

现在再谈谈本书中起着十分重要作用的集合布尔代数。让我们讨论确定集合的方法，这些集合是这种代数的元素。最简单的方法显然是用构造表的方式确定一个给出的集合，也就是列举出集合所有的元素。例如，我们可以考察“学生的集合：叶茜，谭榕，李妙一，赵俊彦”或“数的集合：1，2，3，4”或“算术四则运算的集合：加法、减法、乘法和除法”。在数学里，用列表法定义的集合元素通常被写入花括号里。例如，我们已提到的集合可以写为

$$A=\{\text{叶茜，谭榕，李妙一，赵俊彦}\},$$

$$B=\{1,2,3,4\},$$

$$C=\{+,-,\times,\div\}。$$

在最后这个表达式里，运算符号表示运算本身。

然而，当一个集合里有许多元素时，这种表示集合的方法非常不方便。当问题里的集合元素有无穷多个的时候，这种方法变得完全不能应用（我们不可能列举无限数目的集合元素）。此外，甚至在一个集合可以通过列表法定义，并且列表相当简单的情况下，有时仍然不能表明为什么这些元素组成这个集合。

因此，通过叙述定义集合的方法更广泛地被采用。当通过叙述定义一个集合时，我们指出一个表征这个集合所有元素的特性。例如，我们可以考虑“你们班里所有优秀学生的集合”（也许可以证明，上面提到的集合 A 和这个优秀学生集合相同）或“满足 $0\leqslant X\leqslant 5$ 的所有正整数 X 的集合”（这个

集合恰和上面提到的集合 B 相一致)或“在一个动物园里所有动物的集合”。确定集合的这种叙述方法对于定义无限集合是相当有用的。例如,“所有整数的集合”或“所有面积等于 1 的三角形集合”。而且,无限集合只有通过叙述才能定义。

描述集合的方法与在数理逻辑里研究的带有命题的集合有关,即这个方法的本质是确定一个我们感兴趣的对象的总体(例如,你们班里学生的总体或整数的总体),其次是要陈述一个命题,这个命题对于被研究集合的所有元素都是真的,而且只对这些元素是真的。例如,如果我们的兴趣在于哪些元素是你们班里某些(或全部)学生的集合,那么,这样的命题可能是“他是一个优秀的学生”“他是一个象棋手”“他姓王”,等等。在问题里,由全集合 I 中那些满足所提到条件的元素(譬如满足一个给定命题 a 里特性的元素)所组成的集合 A(例如,学生的集合,数的集合,等等),称为这个命题的真集合①,例如,图 1.25②。

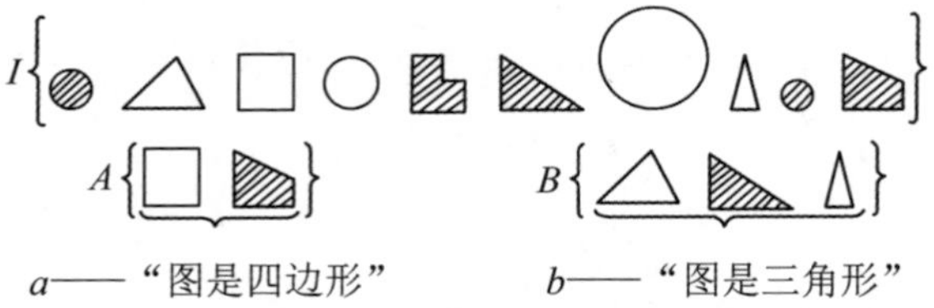

图 1.25

这样,在集合和命题之间就有“两方面的联系”:每一个集合是通过命题来描述的(特殊情况下,这样一个命题也许可以简化成集合元素的列举),以及对每一个命题有一个相应确定的集合,它是这个命题的真集合。重要的是:对于一些命题(甚至对于涉及不同种类对象的一些命题)的任意

① 根据现代数理逻辑的术语,更正确的是利用命题函数或开命题(或开语句)这个术语,并且应该严格地称为给定命题函数的真集合,而在本节中我们将简单地称为命题的真集合。

② 这里用小写字母表示命题,相应命题的真集合用相应的大写字母表示。

一个总体,总可以指出一个相应于问题中所有命题的确定的全集合 I,这个 I 集合包含了在这些命题中所提及的全部对象。另外一个非常重要的条件是:所谓一个命题,我们将仅仅指的是这样一个语句,当它应用于给定的全集合中一个确定的元素时,我们说这个语句是真的或是假的是有意义的。这个意思是,例如"人有两个头和六条手臂"或"$2\times3=6$"这样的语句可以算是命题(第二个句子甚至完全独立于集合 I 的选择),而像感叹词"小心"或"哦"这样的句子不是我们研究的命题。最后,也应当记住,像"两个小时是很长的时间"或"数学考试是非常不愉快的过程"这样的句子都不是我们研究的命题,因为它们是相当主观的,且它们的真和假依赖于许多环境因素以及叙述这些句子的人的特性。

当研究命题时,我们的兴趣仅在于它们所描述的集合。因此,任意两个命题 a 和 b 相应于同样的真集合时,a 和 b 被认为是恒等的,以及被认为是等价的("相等")。当两个命题 a 和 b(例如,"他是一个优秀学生"和"他仅有高的分数",或"数 x 是奇数"和"数 x 被 2 除余数为 1")等价时,我们将写成

$$a=b。$$

所有必真命题(即在所研究的集合 I 中,不管对哪一个元素这些命题总是真的)也被看成彼此等价。必真命题的例子有"$2\times3=6$""这个学生是一个男孩或一个女孩""学生的身高不超过 3 米",等等。我们约定用字母 i 表示所有的必真命题。类似地,所有那些必假命题(即矛盾命题,它们从来不是真的,它们的真集合是空集)也将被看成是等价的,我们约定用字母 o 表示这样的命题。必假命题的例子有"$2\times2=6$""这个学生像鸟那样在飞""学生的身高超过 4 米"和"数 X 大于 3 且小于 2"等。

集合和命题之间的这种联系使得有可能在命题中定义某些代数运算,类似于前面对集合代数所引入的那些运算。所谓两个命题 a 与 b 之和,我们指的是这样一个命题,这个命题的真集合等于命题 a 的真集合 A 与命题

b 的真集合 B 之和。设我们用符号 $a+b$ 表示这个新的命题①。因为两个集合之和是包含在这两个集合里所有元素的并，所以两个命题 a 与 b 之和 $a+b$ 就是命题"a 或 b"，在这里"或"的意思是：命题 a 与 b 至少有一个（或两个）是真的。例如，若命题 a 叙述为"学生是一个象棋手"，并且你们班学生中相应于这个命题的真集合是

$A=\{$李华，方平，周涛，张燕，李丽，朱兵，王英$\}$，

而命题 b 是"学生会跳棋"，且它的真集合是

$B=\{$李华，周涛，叶茜，陈广，李丽，丁芳$\}$，

那么 $a+b$ 是"学生能玩象棋或学生能玩跳棋"这个命题（或简要地说"学生能玩象棋或跳棋"），相应于命题 $a+b$ 的真集合是

$A+B=\{$李华，方平，周涛，张燕，叶茜，陈广，李丽，丁芳，朱兵，王英$\}$。

若全集合是图 1.25 里几何图形的集合，并且若命题 c 和 d 分别是"图是圆形的"和"图是带阴影的"，则命题 $c+d$ 是"图是圆形的或带阴影的"（图 1.26）。

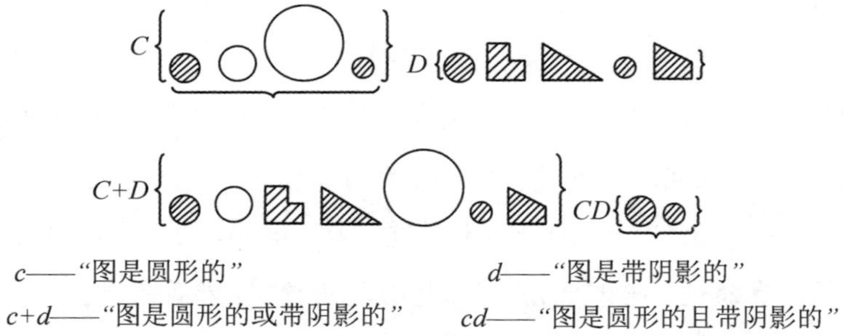

图 1.26

类似地，两个分别有真集合 A 与 B 的命题 a 与 b 之积 ab，指的是这样

---

① 在数理逻辑中，两个命题 a 与 b 之和通常称为这些命题的析取，并且用符号 $a\vee b$ 表示（比较两个集合 A 与 B 之和的记号 $A\cup B$）。

一个命题,它的真集合同集合 A 与 B 之积 AB 相重合①。因为两个集合 A 和 B 之积是它们的交(即它们的公共部分),这个交包含且仅包含同时在这两个集合 A 和 B 中的全集合 I 的元素,所以命题 a 和 b 之积是命题"a 与 b",在这里"与"的意思是:命题 a 和 b 两者都是真的。例如,若命题 a 和 b 是与前面完全同样的命题,则命题 ab 是"学生会玩象棋并且会玩跳棋"(或简要地说,学生会玩象棋与跳棋),相应于这个命题的真集合是

$$AB = \{李华,周涛,李丽\}。$$

若 c 和 d 是和图 1.25 里几何图形集合有关的两个命题,它们分别意味着"图是圆形的"和"图是带阴影的",则命题 cd 是"图是圆形的且带阴影的"(图 1.26)。

集合和命题之间的联系使得有可能将集合代数的所有定律扩张到命题:

$$a + b = b + a \text{ 和 } ab = ba$$

命题代数的交换律

$$(a + b) + c = a + (b + c) \text{ 和 } (ab)\ c = a\ (bc)$$

命题代数的结合律

$$(a + b) \cdot c = ac + bc \text{ 和 } ab + c = (a + c)(b + c)$$

命题代数的分配律

$$a + a = a \text{ 和 } aa = a$$

命题代数的幂等律

此外,若 i 是必真命题,o 是必假命题,则我们总有(即对任意命题 a 有)关系式:

$$a + o = a, ai = a,$$

$$a + i = i\ , ao = o。$$

例如,命题"学生只有最高的分数或学生有两个头"等价于命题"学生

---

① 在数理逻辑里,两个命题 a 与 b 之积常称为这些命题的合取,并且用符号 $a \wedge b$ 表示(比较两个集合 A 与 B 之积的记号 $A \cap B$)。

只有最高的分数”,而命题“学生会游泳与学生不到 200 岁”等价于命题“学生会游泳”①。

让我们考察命题代数第二分配律的获得,从而说明怎样从集合代数定律得到命题代数定律。因为两个命题之和的真集合是这两个命题真集合的并,并且因为两个命题之积的真集合是给出的命题真集合的交,所以合成命题 $ab+c$ 的意思是“命题‘a 与 b’或命题 c 是真的”。显然,$ab+c$ 的真集合是集合 $AB+C$,在这里 A,B,C 分别是命题 a,b,c 的真集合。类似地,合成命题 $(a+c)(b+c)$ 的真集合是集合 $(A+C)(B+C)$。由集合代数的第二分配律,我们有

$$AB+C=(A+C)(B+C)。$$

因此,命题 $ab+c$ 和命题 $(a+c)(b+c)$ 的真集合重合,这意味着命题 $ab+c$ 和命题 $(a+c)(b+c)$ 是等价的。命题“学生会玩象棋与跳棋或会游泳”和“学生会玩象棋或会游泳,并且还会玩跳棋或会游泳”有同样的意义,即

$$ab+c=(a+c)(b+c),$$

在这里,命题 a,b 和 c 分别是“学生会玩象棋”“学生会玩跳棋”和“学生会游泳”。

像集合的加法和乘法运算一样,集合代数的“横”运算也能推广到命题代数。$\bar{a}$ 指的是一个命题,这个命题的真集合是 $\bar{A}$(A 是命题 a 的真集合)。

---

① 我们在这里用数理逻辑通常给出的形式写出这些我们已列举的性质:

$$a\vee b=b\vee a,$$
$$a\wedge b=b\wedge a,$$
$$(a\vee b)\vee c=a\vee(b\vee c),$$
$$(a\wedge b)\wedge c=a\wedge(b\wedge c),$$
$$(a\vee b)\wedge c=(a\wedge c)\vee(b\wedge c),$$
$$(a\wedge b)\vee c=(a\vee c)\wedge(b\vee c),$$
$$a\vee a=a,a\wedge a=a,$$
$$a\vee o=a,a\wedge i=a,$$
$$a\vee i=i,a\wedge o=o。$$

换句话说，命题 $\bar{a}$ 的真集合包含且仅包含这样的元素：这些元素是不包含在集合 A 里的全集合 I 里的元素，即那些不包含在命题 a 的真集合里的元素。例如，若命题 a 是"学生有坏分数"，则命题 $\bar{a}$ 的意思是"学生没有坏分数"。若全集合 I 由图 1.25里的几何图形所组成，并且命题 b 是"图是三角形"，则命题 $\bar{b}$ 的意思是"图是三角形这是假的"（即"图不是三角形"，见图 1.27）。一般地，命题 $\bar{a}$ 有"非 a"的意义，因此，命题代数的"横"运算是产生命题 a 的否命题 $\bar{a}$ 的运算。命题 $\bar{a}$ 可以通过在 a 上加"这是假的"而形成。

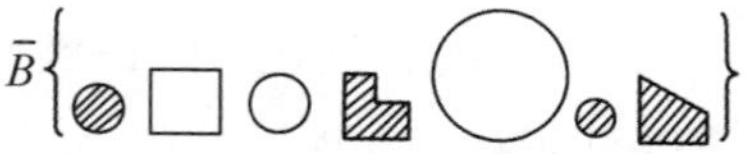

$\bar{b}$——"图不是三角形"

图 1.27

现在，让我们列举与否命题运算有关的命题代数的定律

$$\bar{\bar{a}} = a,$$

$$a + \bar{a} = i \text{ 和 } a\,\bar{a} = o,$$

$$\bar{o} = i \text{ 和 } \bar{i} = o,$$

$$\overline{a + b} = \bar{a}\,\bar{b} \text{ 和 } \overline{ab} = \bar{a} + \bar{b}。$$

事实上，一个必假命题的否命题（例如，"$2 \times 2 = 5$ 这是假的"或"学生有两个头这是假的"）总是必真命题，而一个必真命题的否命题（例如，"学生不到 120 岁这是假的"）必然是假的。所有其他的定律也可以容易检验（请读者检验它们）。顺便提一下，检验它们是没有必要的，因为它们可以简单地从集合代数的相应定律得出。

6. 思维定律及推论法则

简练的目的是描述世界。

现在我们能够说明为什么乔治·布尔称他的工作(尤其是他创立的“不平常的代数”)为“思维的定律”。理由是:命题代数和思维过程的原则紧密相连,因为上一节定义的命题之和及积可以分别归纳成逻辑(命题)关系“或”及“与”,而“横”运算有否定的意义,并且命题代数定律描述了逻辑运算的基本法则,这些法则是所有人在思维过程中都遵循的。当然,在日常生活中,很少有人把这些法则看成思维的数学定律,可是甚至连孩子们也在熟练地利用它们。实际上,没有人会怀疑这点:说“他是一个好的赛跑者和一个好的跳高者”与说“他是一个好的跳高者和一个好的赛跑者”完全是同样的,即所有人知道(或许他们没有意识到这点)命题 ab 和 ba 有同样的意义,或它们是同样的、等价的。

我们还能够说明,为什么布尔对逻辑定律的数学解释方法在今天引发了人们强烈的兴趣。只要逻辑运算仅由那些在思维过程中完全直觉地应用它们的人来完成,就没有必要将逻辑定律严格地公式化。最近这些年发生了改变,现在我们希望用电子计算机去完成过去仅能由人完成的工作,如生产过程的控制、运输安排、解决数学问题,以及把书从一种语言翻译成另一种语言,查找科学文献中必要的数据等。众所周知,现代电子计算机甚至会下棋!显然,为了给计算机编出必要的程序,必须严格地叙述“游戏的规则”,即“思维的定律”,还必须有人造的“思维机器”。人能直觉地利用逻辑定律,可是对于计算机来说,这些定律必须以一种清楚明白的方式叙述,这只有利用数学机器可以理解的“语言”,即数学语言①。

① 我们必须告诫读者,为了构造现代电子计算机,并为了以能“送入”计算机的形式提出复杂的数学问题,本书所着重介绍的初等命题代数不能提供足够的方法。出于这个目的,必须发展更复杂的数学和逻辑装置,我们在这里不研究它们。

现在让我们回到“思维的定律”本身。最有意义的逻辑定律是与否定逻辑运算有关的，它们有特殊的名字。

例如，用关系式

$$a+\bar{a}=i$$

表示的定律称为排中律（原则），它的意思是：或者命题 a 是真的（这里 a 是一个任意命题）或者命题 $\bar{a}$ 是真的，而命题$a+\bar{a}$（a 或非 a）总是真的。例如，即使没有关于你们学校里学生的任何信息，我们也可以肯定地说：这个学生“或者是一个优秀学生或者不是一个优秀学生”，以及这个学生“不是会玩象棋就是不会玩象棋”，等等。

用关系式

$$\bar{a}a=o$$

表示的定律称为矛盾律（原则），这个定律是：命题 a 和 $\bar{a}$（即 a 和非 a）在任何时候不可能同时是真的，因而这两个命题之积总是假的（排中律和矛盾律被称为补的定律或者补定律）。例如，若一个学生没有坏分数，则命题“这个学生有坏分数”用于这个学生当然是假的。若整数 n 是偶的，则命题“数 n 是奇的”对这个数来说当然是假的。

用关系式

$$\bar{\bar{a}}=a$$

表示的定律称为二反律（或二次否定律），它指的是：命题的二次否定等价于原命题本身。例如，命题“给出的那个整数是偶的”，它的否定命题是“给出的那个整数是奇的”。当再次否定它时，得到命题“给出的那个整数不是奇的”，因此，它等价于“那个整数是偶的”，即原命题。类似地，命题“学生没有坏分数”的否定意思是“学生有坏分数”，其二次否定为“学生有坏分数这是假的”，因而它等价于“学生没有坏分数”的原命题。

德·摩根定律

$$\overline{a+b}=\bar{a}\,\bar{b} \text{ 和 } \overline{ab}=\bar{a}+\bar{b}$$

对命题也是很重要的。这些定律的文字叙述稍许复杂一些。命题代数所有

的其他定律,如分配律

$$(a+b)\ c=ac+bc \text{ 和 } ab+c=(a+c)\ (b+c),$$

或幂等律

$$a+a=a \text{ 和 } aa=a,$$

都是一定的"思维的定律",即逻辑定律。当人们从那些已知是真的结论推导新的结论时,都要遵循这些定律。

关系"⊃"可以从集合代数扩张到数理逻辑(命题的计算),它起着一个特别重要的作用。到现在为止,在命题方面我们还没有考虑这种关系,并且仅在集合代数里讨论了它。然而,在集合和命题之间的"两个方面的联系",可以让我们很容易地把集合代数的"⊃"关系(包含关系)扩张到命题代数。我们约定,对于两个命题 a 和 b,我们把它们写成关系

$$a\supset b$$

时,它的意义应理解为:命题 a 可以从命题 b 得出,或等价的,命题 a 是命题 b 的一个推论。这里的含义是:命题 a 的真集合包含命题 b 的真集合。换句话说,上面的关系 $a\supset b$ 指的是

$$A\supset B。$$

例如,因为班里优秀学生的集合 B 显然包含在所有没有坏分数的学生集合 A 里,所以"这个学生没有坏分数"的命题 a 是"这个学生只有高分数"的命题 b 的推论。类似地,能被 6 整除的整数集合

$$A_6=\{6,12,18,\cdots\}$$

包含在偶数集合

$$A_2=\{2,4,6,8,10,12,14,16,18,20,\cdots\}$$

里,因此命题"这个数是偶的"(我们所讨论的全集合 I 由所有正整数所组成)可从命题"这个数能被 6 整除"得出①。

① 若 $a\supset b$,我们也说命题 b 是命题 a 的充分条件(例如,学生只有高分数对没有坏分数的学生当然是充分的),而命题 a 称为命题 b 的必要条件(例如,学生没有坏分数对只有高分数的学生来说当然是必要的)。

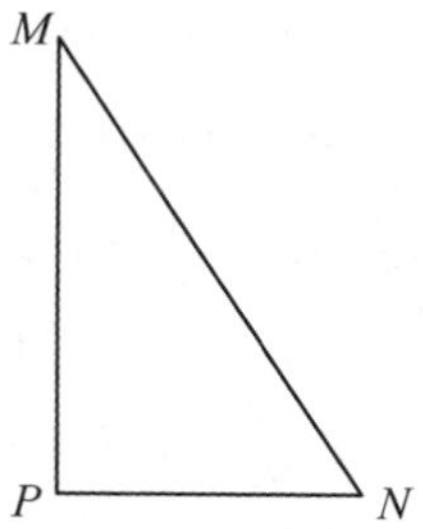

图 1.28

确立两个命题 a 和 b 是通过关系 $a \supset b$ 相关联的过程称为推演(演绎)。当证明存在关系 $a \supset b$ 时,我们从条件 b 推演出结论 a。在日常生活和科学研究中,我们常常涉及推演。例如,在数学证明里,通常要求从条件 b 出发(例如,从"一个 $\triangle MNP$ 的 $\angle P$ 是直角"这个条件,见图1.28),得出结论 a(例如,结论 $MP^2 + NP^2 = MN^2$,在这种情况下,关系 $a \supset b$ 等价于毕达哥拉斯定理)。在推演过程中(例如,在一个定理的证明中),我们始终在利用关系"$\supset$"的基本性质(有时候没有意识到它),这些性质可以叙述为下面的推演法则①:

$$a \supset a;$$

若 $a \supset b$ 且 $b \supset a$,则 $a = b$;

若 $a \supset b$ 且 $b \supset c$,则 $a \supset c$;

对任意 a,有 $i \supset a$ 和 $a \supset o$;

对任意 a 和 b,有 $a + b \supset a$ 和 $a \supset ab$;

若 $a \supset b$,则 $\bar{b} \supset \bar{a}$。

例如,我们知道,若四边形的对角线互相平分(命题 b),则四边形是平行四边形(命题 a)。另一方面,我们知道"在平行四边形中,对角相等"(命题 c)。这样,我们有

$a \supset b$② 和 $c \supset a$,

因此

$$c \supset b。$$

换句话说,若一个四边形的对角线互相平分,则它的对角相等。

让我们更详细地讨论一个定律的应用,这个定律就是:若 $a \supset b$,则 $\bar{b} \supset$

---

① 这些法则中的第二个是:"若 $a \supset b$ 且 $b \supset a$,则 $a = b$",它有时叙述为"若 b 是 a 的必要和充分条件,则命题 a 和 b 是等价的"。从这个观点出发,我们假定命题 a 和 b 在这种意义上被认为是相等的。

② 在这种情况里,我们甚至有 $a \supset b$ 和 $b \supset a$,即 $a = b$。

$\bar{a}$。这个定律是所谓矛盾证明的基础（拉丁语是荒谬的证明，即反证法）。设要求证明关系 $a \supset b$ 成立，即证明命题 a 可从命题 b 得出，而有时候去证明“若 a 是假的，则 b 不可能是真的”反而比较容易一些，即证明命题“非 b”（即命题 $\bar{b}$）可从命题“非 a”（即命题 $\bar{a}$）得出。

让我们看一个用反证法证明的例子。要求证明：若一个大于 3 的整数 n 是素数（命题 b），则 n 的形式为 $6k \pm 1$（在这里 k 是一个整数），即当 n 被 6 除时，余数是 +1 或 -1（命题 a）。若不利用法则“若 $a \supset b$，则 $\bar{b} \supset \bar{a}$”，而直接去证明这一点是相当困难的。因此，我们将借助反证法进行证明。为此，我们假设命题 $\bar{a}$ 是真的，即素数 n（它是一个大于 3 的整数）不能表示成形式 $6k \pm 1$。因为当任意一个整数 n 被 6 除时，得到的余数可能是 0（在这种情况下，n 被 6 整除）或 1 或 2 或 3 或 4 或 5（最后这个情况等价于余数为 -1）。假设 $\bar{a}$ 是真的，这意味着当 n 被 6 除时，我们得到余数 0 或 2 或 3 或 4。一个能被 6 整除的整数不可能是素数。若一个大于 3 的整数被 6 除所得余数是 2 或 4，则这个整数是偶的，因此它不可能是一个素数。若 n 被 6 除给出余数 3，则 n 能被 3 整除，因此它也不可能是一个素数。这样，从 $\bar{a}$ 可以得出 $\bar{b}$（或用符号表示为 $\bar{b} \supset \bar{a}$），由此，我们断定

$$a \supset b,$$

它正是我们试图证明的结论①。

① 下面的论证更精确：从我们已证明的关系 $\bar{b} \supset \bar{a}$ 得出 $\bar{\bar{a}} \supset \bar{\bar{b}}$，即 $a \supset b$。根据二次否定律，我们有 $\bar{\bar{a}} = a$ 和 $\bar{\bar{b}} = b$，现在必然有 $a \supset b$。

7. 实例和命题运算

新的知识常为你解决许多意想不到的难题。

命题代数定律可以应用于解逻辑问题,这些问题的条件形成一个命题的总体,我们必须利用它证实某些其他命题的真和假。下面就是这种例子。

一个家庭由一个父亲(F)、一个母亲(M)、一个儿子(S)和两个女儿(D_1 及 D_2)组成,他们在海滨度假。他们常在早晨去游泳,并且知道,当父亲去游泳时,母亲和儿子总是和他一道去;也知道,若儿子去游泳时,他的姐姐 D_1 和他一起去;只有母亲去游泳时,小女儿 D_2 才去游泳;并且知道,在每天早晨父母中至少有一人去游泳;最后还知道,上个星期天仅一个女儿去游泳了。问题是:在上个星期天早晨,家庭成员里谁去游泳了?

假定我们用符号 F,M,S,D_1 和 D_2 分别表示命题"父亲在星期天早晨去游泳了""母亲在星期天早晨去游泳了""儿子在星期天早晨去游泳了""大女儿在星期天早晨去游泳了"和"小女儿在星期天早晨去游泳了"。通常这些命题的否命题用同样的符号加一横来表示。问题的条件用符号形式可写成这样:

(1) $FMS+\overline{F}=i$;

(2) $SD_1+\overline{S}=i$;

(3) $MD_2+\overline{M}\,\overline{D}_2=i$;

(4) $F+M=i$;

(5) $D_1\overline{D}_2+\overline{D}_1D_2=i$。

在这里,字母 i 表示必真命题。将所有这些等式乘起来,我们得到关系式

$$(FMS+\overline{F})(SD_1+\overline{S})(MD_2+\overline{M}\,\overline{D}_2)(F+M)(D_1\overline{D}_2+\overline{D}_1D_2)=i,$$

它等价于等式(1)～(5),因为命题的积是真的当且仅当所有被乘的命题是真的。利用第一分配律,以及交换律、结合律、幂等律、矛盾律、$A\overline{A}=O$,以及关系式 $A+O=A$ 和 $AO=O$,我们可以将等式左边的括号展开。为了简化变换,我们改变因子的顺序:

$$(FMS+\overline{F})(F+M)=FMS+\overline{F}M,$$

$$(FMS+\overline{F}M)(MD_2+\overline{M}\,\overline{D_2})=FMSD_2+\overline{F}MD_2,$$

$$(FMSD_2+\overline{F}MD_2)(D_1\overline{D_2}+\overline{D_1}D_2)=FMS\,\overline{D_1}D_2+\overline{F}M\,\overline{D_1}D_2,$$

$$(FMS\,\overline{D_1}D_2+\overline{F}M\,\overline{D_1}D_2)(SD_1+\overline{S})=\overline{F}M\,\overline{S}\,\overline{D_1}D_2,$$

这样,我们最后得到

$$\overline{F}M\,\overline{S}\,\overline{D_1}D_2=i,$$

它意味着仅母亲和第二个女儿 D_2 在星期天早晨去游泳了。

我们给出的解答是在代数变换的基础上完成的,通过这些变换我们化简了相当复杂的表达式

$$(FMS+\overline{F})(SD_1+\overline{S})(MD_2+\overline{M}\,\overline{D_2})(F+M)(D_1\overline{D_2}+\overline{D_1}D_2)$$

并且得出$\overline{F}M\,\overline{S}\,\overline{D_1}D_2$。在许多其他情况里,用这种方法证明也是有用的,因此,我们将更详细地讨论它。

假设我们给出一个任意的代数表达式$f=f(P_1,P_2,\cdots,P_n)$,它由命题 P_1,$P_2,\cdots,P_n$ 及命题代数的基本运算“+”“·”和“横”运算所组成。我们将证明,若复合(合成)命题f不是必假的(即f不恒等于0),则它可以化成形式

$$f=\sum P_1{}'P_2{}'\cdots P_n{}', \qquad (*)$$

这里,在和的每一项里,符号 $P_j{}'(j=1,2,\cdots,n)$表示 P_j 或$\overline{P_j}$,并且求和中的所有各项是彼此不同的。另一方面,若两个合成命题f_1 和f_2 相等(等价),则它们的(*)形式是相同的,并且若f_1 和f_2 是不同的(彼此不相等),则它们的(*)形式也是不同的。合成命题f的(*)形式称为加性标准型①。

① 在数理逻辑里,合成命题的(*)形式更多地被称为它的析取标准型。

上述论断的证明是相当简单的。首先,利用德·摩根公式,我们可以变换合成命题$f(P_1,P_2,\cdots,P_n)$,以至于否定记号“横”维持不变的仅是上述某些(或全部)组成的(基本)命题 $P_1,P_2,\cdots,P_n$,而不是上述命题的组合(它们的和与积)。进一步,当为了得到表达式f,有必要将基本命题 P_j 与它的否定命题$\overline{P}_j$,或某些更复杂的命题之和互相乘起来时,在所有这些情况里我们可以利用第一分配律展开这些括号。通过展开所有这些括号,我们将复合命题f化为“加性”形式,写成许多项之和,其中每一项是这些基本命题 P_j 或它们的否定命题之积。而且,若我们已得到的和里有一项 A,它既不包含命题 P_1,也不包含它的否命题$\overline{P}_1$,那么我们可以用等价的表达式

$$A(P_1+\overline{P}_1)=AP_1+A\overline{P}_1$$

代替它,它是两项之和,其中每一项包含因子 P_1 或 $\overline{P}_1$。用这种方法,我们可以使f里的全部被加项含有所有命题 $P_1,P_2,\cdots,P_n$ 或它们的否命题作为因子。若在这个和里有一项包含了因子 P_j 及$\overline{P}_j$,它就可以完全去掉(因为对任何 P,$P\overline{P}=0$);若在和里有一项包含几个同样的命题 P_k(或$\overline{P}_k$)作为因子,则我们可以仅保留一个这样的因子;若和f包含几个相同的项,我们也可以仅保留其中之一(提醒读者,布尔代数是一种“没有指数和系数的代数”)。若所有这些运算的结果是使这个和f里的各项都消失,我们将有$f=0$。若是其他情况,给出的合成命题f被化成它的加性(析取)标准形式(*)。

最后,若两个合成命题f_1 和f_2 化简成同一个(*)形式,它们必然相等(等价)。另一方面,若两个命题的(*)形式是不同的,则这两个命题不可能相等。例如,若 $n=4$,且命题f_1 的(*)形式包含被加项 $P_1\overline{P}_2P_3P_4$,而命题f_2 的(*)形式不包含这样的项。若命题 P_1, P_3 和 P_4 是真的,而命题 P_2 是假的,则命题f_1 是真的。至于命题f_2,这时它不可能是真的。这样我们已经证明,对每一个命题f,存在相应于它的唯一决定的加性标准形式。

上面这个性质可以用来检验两个合成命题f_1 和f_2 是否相等。显然,我

们总可以假定,任意两个给定的合成命题f_1和f_2包含同样的基本命题p,q,r等。因为若一个命题,例如p,包含在f_1的表达式中,但是不包含在f_2的表达式中,我们可以把f_2写成形式

$$f_2 = p + p'$$

这个式子包含了基本命题p。还可证明,在其他情况里,合成命题的加性(析取)标准形式也是很有用的。

这种例子之一是上面已经研究过的游泳问题。下面又是一个例子,它的数学内容接近于上面已解决的游泳问题。让我们研究一个简化了的课程表,在这个课程表里一周只有三个教育日,即星期一、星期三和星期五,并且设每个教育日不多于三节课。要求一星期中学生应当有三节数学课,两节物理课,一节化学课,一节历史课和一节英语课,还要求时间表应当满足下列条件:

(1) 数学教师要求数学课任何时候都不排在最后一节,并且每周至少两次应当是第一节课。

(2) 物理教师也不愿意物理课排在最后一节,他希望每周至少有一次是第一节课;此外,在星期三物理课不能在第一节,而在星期五他想上第一节课。

(3) 历史教师仅能在星期一和星期三教课;他想在星期一第一节或第二节上课,或者在星期三的第二节上课;此外,他不希望历史课排在英语课之前。

(4) 化学教师要求化学课不在星期五,并且他有课的那天,学生应没有物理课。

(5) 英语教师要求英语课应排在最后,此外他不能在星期五教课。

(6) 在每个教育日,每门课不应多于一节。

(7) 在这个课程表里,每周仅有$3+2+1+1+1=8$节课,而整个可能安排的上课数是$3\times3=9$,因此每周有一天学生仅有2节课;最后要求满足的是,或者在星期五的最后一节,或者在星期一的第一节,学生应当拥有这个空闲时间。

怎样制订出满足所有这些条件的时间表呢？设我们用 1 至 9 的数连续地标记 9 节可能的课，那么解这个问题，我们必须确定 54 个命题 M_j，P_{hj}，C_{hj}，H_j，E_j 和 L_j（这里 $j = 1,2,\cdots,9$）的真或假，这些命题分别表示第 j 节课是数学、物理、化学、历史、英语或空闲时间。现在，问题的条件可以写成下面的关系式组：

（1）$f_1 = \overline{M}_3\overline{M}_6\overline{M}_9(M_1M_4 + M_1M_7 + M_4M_7) = i$；

（2）$f_2 = \overline{P}_{h3}\overline{P}_{h6}\overline{P}_{h9}(P_{h1} + P_{h4} + P_{h7})\overline{P}_{h4}\overline{P}_{h8}\overline{P}_{h9} = i$；

（3）$f_3 = (H_1 + H_2 + H_5)\overline{(H_1E_2 + H_2E_3 + H_4E_5 + H_5E_6 + H_7E_8 + H_8E_9)} = i$；

（4）$f_4 = \overline{C}_{h7}\overline{C}_{h8}\overline{C}_{h9}\overline{(P_{h1}C_{h2} + P_{h1}C_{h3} + P_{h2}C_{h1} + P_{h2}C_{h3} + \cdots + P_{h9}C_{h7} + P_{h9}C_{h8})} = i$；

（5）$f_5 = (E_3 + E_6 + E_9 + E_2L_3 + E_5L_6 + E_8L_9)\cdot\overline{E}_7\overline{E}_8\overline{E}_9 = i$；

（6）$f_6 = \overline{M_1M_2 + M_1M_3 + M_2M_3 + M_4M_5 + \cdots + M_8M_9}\cdot\overline{P_{h1}P_{h2} + P_{h1}P_{h3} + \cdots + P_{h8}P_{h9}} = i$；

（7）$f_7 = L_1 + L_9 = i$。

这个关系式组等价于等式

$$f = f_1f_2f_3f_4f_5f_6f_7 = i。$$

命题 f 的加性标准型是

$$f = M_1H_2C_{h3}M_4P_{h5}E_6P_{h7}M_8L_9\cdots +$$
$$M_1P_{h2}E_3M_4H_5C_{h6}P_{h7}M_8L_9\cdots + \cdots。$$

在和 f 的这两项里的三点标记着 $54 - 9 = 45$ 个被乘数，这 45 个被乘数都带有否定记号（横）。因此，仅存在两种制订时间表的方式能满足所有的要求：

（1）星期一：数学，历史，化学；星期三：数学，物理，英语；星期五：物理，数学，空闲时间。

（2）星期一：数学，物理，英语；星期三：数学，历史，化学；星期五：物理,数学,空闲时间。

而且应当指出,每一个复合命题$f=f(P_1,P_2,\cdots,P_n)$还可以引入它的乘法标准型①

$$f=\prod(P_1'+P_2'+\cdots+P_n'), \qquad (**)$$

在这里,符号P_j'与在公式(*)里的P_j'有同样的意思,并且积里的所有各项是彼此不同的;对一个给定的命题,这种形式也是唯一确定的,且完全描述了整个一类命题,它们等价于这个命题。这个结论的证明相当类似于我们用于证明每一个复合命题f可以变成(*)形式的论证,证明之间的差异很小,例如,我们必须用第二分配律代替第一分配律。

让我们回到游泳问题。我们讨论一种有益的比较,即将上面给出的问题解法同不熟悉数理逻辑原理的学生能够给出的解法进行比较。

这样的学生常用一种"非形式化"的论证去代替上面介绍的等式(1)~(5),以及它们的公式变换,即用一种根据"常识"的论证代替以严格方式陈述的逻辑定律。这样的论证如下:"若父亲在星期天早晨去游泳,则母亲和儿子应和他一起去;但是,第一个女儿应跟随儿子去,且第二个女儿应和她母亲一道去;然而因为仅一个女儿去游泳了,这样,那个早晨父亲不可能去游泳……"但是很显然,这种论证事实上也是基于命题代数的严格定律,并且所谓"常识"正好可以得出这些定律。例如,上面的论证可以这样叙述:

根据问题条件,我们有

$$M\supset F \text{ 和 } S\supset F,$$

此外还有

$$D_1\supset S, D_2\supset M \text{ 和 } M\supset D_2,$$

所以$M=D_2$,因此

$$D_2\supset F,$$

而从$D_1\supset S$和$S\supset F$可得出

① 在数理逻辑里,复合命题(**)形式通常称为它的合取标准型。

$$D_1 \supset F,$$

这样,从命题 F 得出命题 D_1 和 D_2,因为这些命题仅一个是真的。我们断定命题 $\overline{F}$ 是真的。

在我们上面所介绍的问题解法里已经说明了通常推理的“形式化”,于是,这种“形式化”完全变成确切列举论证中的所有条件,以及引入数学符号,使得有可能将给出的条件和解的方法用简明扼要的形式写出来。

游泳问题的解可以利用电子计算机很容易地得到,因为本书给出的解是以命题代数定律为基础的,而这些定律可以很容易放入计算机的“记忆”中,并且解题过程是自动运行的。

这类问题在实际生活中经常遇到。例如,教育单位制订一个实际时间表的问题就有类似的性质,因为它必须考虑到许多相互关联的条件,譬如教师、学生或初学者的愿望和可能,不同性质及不同难度课程的交替、讲演、上课、实验室工作,等等。当一个运输控制员引入合理的调度系统时,他会涉及相似的问题。目前,这种类型的许多问题常通过电子计算机求解。编制这种工作的计算机程序是基于这些数理逻辑定理的,并且特别基于“命题计算”部分。

在两个命题 p 和 q 之间的 $p \supset q$ 关系起着一个重要的作用,并且这是研究命题代数的另一种二元运算的原因,这种运算是和这种关系有关的。这种二元运算产生一个新的命题,它称为命题 p 和 q 的蕴涵;我们将把这种运算写为 $q \Rightarrow p$。这个命题是由命题 p 和 q 通过它们之间的关联而产生的,这种关联可用“若……,则……”或用“意味着”表示。这样,命题 $q \Rightarrow p$ 可理解为:“若 q,则 p”,或同样意思的“q 意味着 p”。例如,若命题 q 和 p 分别是“彼得是一个优秀学生”和“一头象是一只昆虫”,则命题 $q \Rightarrow p$ 意思是:“若彼得是一个优秀学生,则一头象是一只昆虫”,或同样的“从彼得是一个优秀学生这个事实应得出一头象是一只昆虫”或“彼得是一个优秀学生意味着一头象是一只昆虫”。根据定义,我们将认为蕴涵 $q \Rightarrow p$ 是真的当且仅当 $p \supset q$;这样,合成命题 $q \Rightarrow p$ 等价于命题“关系 $p \supset q$ 发生”。因此,在命题 q

是假的情况下,对任意命题 p,命题 $q \Rightarrow p$ 是真的(因为,一个假命题 q 意味着任意一个命题 p)。例如,若一个名叫彼得的学生有坏分数,我们将认为上面的命题 $q \Rightarrow p$ 的意思是:"若彼得是一个优秀学生,则一头象是一只昆虫"就是真的。

应当强调,产生一个蕴涵 $q \Rightarrow p$ 的这种运算(这是命题代数的一种运算)和关系 $p \supset q$ 之间存在很大的不同。合成命题 $q \Rightarrow p$ 能用任意的组成(基本)命题 p 和 q 构成;像其他任何命题一样,命题 $q \Rightarrow p$ 可以证明是真的或是假的。至于谈到关系 $p \supset q$,它仅与某些命题对(偶)有关,关系 $p \supset q$ 成立这件事并不是一个命题,而是关于这两个命题 p 与 q 的一个事实。

我们应当强调两个给定命题 q 和 p 的蕴涵 $q \Rightarrow p$ 的一个特性:与产生命题之和("析取")$p+q$ 及积("合取")pq 的运算不同,运算 $q \Rightarrow p$ 是非交换的,即在一般情况下,命题 $p \Rightarrow q$ 不同于命题 $q \Rightarrow p$。蕴涵 $p \Rightarrow q$ 称为蕴涵 $q \Rightarrow p$ 的逆。在蕴涵 $q \Rightarrow p$ 和它的逆 $p \Rightarrow q$ 之间的关系相当类似于正定理"若 q,则 p"(例如,"若一四边形所有的边相等,则它的对角线互相垂直")和逆定理"若 p,则 q"("若一四边形的对角线互相垂直,则它的所有边相等")之间的关系。正如大家所熟知,正定理和相应逆定理所陈述的内容未必是等价的:它们中的一个也许是真的,而另一个可以是假的。同时,蕴涵 $\bar{p} \Rightarrow \bar{q}$ 称为蕴涵 $q \Rightarrow p$ 的换质位命题,它等价于 $q \Rightarrow p$,正像关系 $p \supset q$ 成立当且仅当关系 $\bar{q} \supset \bar{p}$ 成立。命题 $q \Rightarrow p$(它意味着"若 q,则 p")和它的换质位命题 $\bar{p} \Rightarrow \bar{q}$(即命题"若 p 是假的,则 q 也是假的")之间的关系相当类似于正定理(例如,"若一四边形的所有边相等,则它的对角线互相垂直")和正定理的逆否定理("若一四边形的对角线不相互垂直,则它所有的边也不可能全相等")之间的关系。所谓一个定理(蕴涵)$q \Rightarrow p$ 的否指的是蕴涵 $\bar{q} \Rightarrow \bar{p}$,并且后者的逆是蕴涵 $q \Rightarrow p$(对于我们已给出的正定理的例子,存在相应的逆否定理"若一四边形的对角线不相互垂直,则它所有的边也不可能全相等")。换句话说,定理 $\bar{p} \Rightarrow \bar{q}$ 等价于正定理 $q \Rightarrow p$。至于蕴涵 $\bar{q} \Rightarrow \bar{p}$,它表示定理(蕴涵)$q \Rightarrow p$ 的否(在上面的例子中,定理 $\bar{q} \Rightarrow \bar{p}$ 为:"若一四边形所有边都相等是假的,则它的对角线不相互垂直”)，它不等价于正定理 $q\Rightarrow p$，可是它等价于逆定理(蕴涵)$p\Rightarrow q$。逆定理指的是“若 p，则 q”(因为性质“若$a\supset b$，则 $\bar{b}\supset\bar{a}$”是“$\supset$”关系的基本性质之一，它意味着关系 $q\supset p$ 和 $\bar{p}\Rightarrow\bar{q}$ 同时成立或不成立)。

在数理逻辑里，有时要和蕴涵 $q\Rightarrow p$ 一起研究由两个命题形成的所谓双条件命题，我们将用符号 $q\Leftrightarrow p$ 表示它。双条件命题 $q\Leftrightarrow p$ 的意思是：“p 当且仅当 q”。例如，对于前例的两个命题 p 和 q，命题 $q\Leftrightarrow p$ 意思是：“彼得是一个优秀学生当且仅当一头象是一只昆虫”。最后这个语句是一个新的命题(尽管相当奇特)，即从两个给定的命题 q 和 p 产生双条件命题的运算也是命题代数的一种二元运算，这种运算把一个新命题赋予每一对命题 p 和 q，我们用 $q\Leftrightarrow p$ 表示这个新命题。相当清楚，双条件命题 $q\Leftrightarrow p$ 与等价关系 $p=q$ 之间的关系类似于蕴涵 $q\Rightarrow p$ 和关系 $q\supset p$ 之间的关系：命题 $q\Leftrightarrow p$ 是真的，当且仅当 $p=q$ 发生。与两个命题 q 与 p 的蕴涵相反，双条件命题是可交换的。对任意两个命题 p 和 q，命题 $q\Leftrightarrow p$ 和 $p\Leftrightarrow q$ 是等价的，即我们总有

$$(p\Leftrightarrow q)=(q\Leftrightarrow p)。$$

命题的“真集合”概念能将命题代数的新运算 $q\Rightarrow p$ 及 $q\Leftrightarrow p$ 扩展到集合代数。设 q 和 p 是两个任意的命题，且设 Q 和 P 分别是它们的真集合。我们设表示命题 $q\Rightarrow p$ 的真集合为 $Q\Rightarrow P$，并且表示命题 $q\Leftrightarrow p$ 的真集合为 $Q\Leftrightarrow P$。显然，蕴涵 $q\Rightarrow p$ 是真的当且仅当或者命题 q 是假的(一个假的前提意味着任意一个结论)，或者命题 q 与 p 同时是真的(一个真的前提意味着任意一个其他真的结论)。这意味着：集合 $Q\Rightarrow P$ 是集合 Q 的补集同集合 Q 与 P 之交的并，见图 1.29(a)。由这得出

$$Q\Rightarrow P=\bar{Q}+QP,$$

因此

$$q\Rightarrow p=\bar{q}+qp,$$

这样，由两个命题 q 与 p 所形成的蕴涵 $q\Rightarrow p$ 可以用命题代数的基本运算术语来定义，即用命题的加法运算、命题的乘法运算和否定运算的术语来定

义。例如,根据最后这个关系式,上面的命题“若彼得是一个优秀学生,则一头象是一只昆虫”等价于命题“彼得不是一个优秀学生或者彼得是一个优秀学生并且一头象是一只昆虫”。

类似地,一个双条件命题 $q\Leftrightarrow p$ 是真的当且仅当或者命题 q 与 p 都是真的,或者命题 q 与 p 都是假的。因此,集合 $Q\Leftrightarrow P$ 是集合 Q 与 P 之交同集合 $\overline{Q}$ 与 $\overline{P}$ 之交的并,见图 1.29(b),即

$$Q\Leftrightarrow P = QP + \overline{Q}\,\overline{P}。$$

这就得出,由两个命题 q 与 p 所形成的双条件命题 $q\Leftrightarrow p$ 也可以用前面研究过的命题代数运算的术语表示,即

$$q\Leftrightarrow p = qp + \overline{q}\,\overline{p}。$$

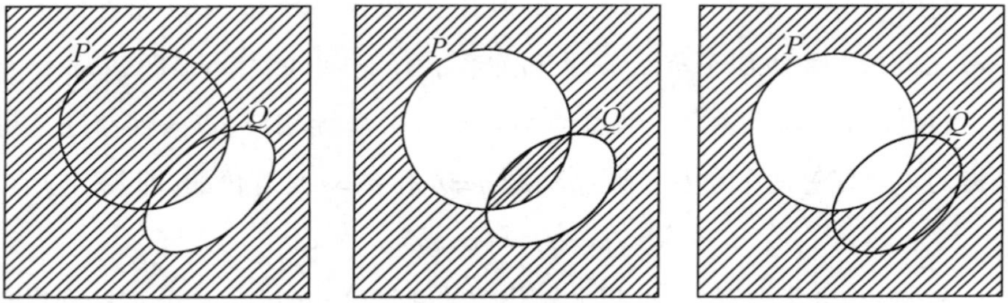

$Q\Rightarrow P$　　　　$P\Leftrightarrow Q$　　　　$P\Rightarrow Q$

(a)　　　　(b)　　　　(c)

图 1.29

用我们已写出的公式很容易证明:产生双条件命题的运算“$\Leftrightarrow$”是一种可交换的命题代数运算,而蕴涵 $q\Rightarrow p$ 是非交换的,即

$$q\Leftrightarrow p = qp + \overline{q}\,\overline{p} = p\Leftrightarrow q,$$

$$q\Rightarrow p = \overline{q} + qp \neq \overline{p} + pq = p\Rightarrow q。$$

图 1.29(c)显示出蕴涵 $q\Rightarrow p$ 之逆 $p\Rightarrow q$ 的真集合 $P\Rightarrow Q$。另一方面,蕴涵 $q\Rightarrow p$ 的换质位命题 $\overline{p}\Rightarrow\overline{q}$ 等价于 $q\Rightarrow p$ 且

$$\overline{p}\Rightarrow\overline{q} = (\overline{\overline{p}}) + \overline{p}\,\overline{q} = p + \overline{p}\,\overline{q} = \overline{q} + pq = q\Rightarrow p,$$

因为从图 1.29(a)可看出,集合 $Q\Rightarrow P = \overline{Q} + QP$ 和 $\overline{P}\Rightarrow\overline{Q} = P + \overline{P}\,\overline{Q}$ 相重合。命题 q 与 p 的蕴涵同蕴涵的换质位命题 $\overline{p}\Rightarrow\overline{q}$ 之间的等价性也可以不借助

维恩图来证明：

$$\bar{p} \Rightarrow \bar{q} = p + \bar{p}\,\bar{q} = p(q + \bar{q}) + \bar{p}\,\bar{q} = pq + p\bar{q} + \bar{p}\,\bar{q}$$
$$= pq + (p + \bar{p})\bar{q} = pq + \bar{q}$$
$$= \bar{q} + qp = q \Rightarrow p,$$

这里，我们利用了交换律、结合律和分配律，以及恒等式 $pi = p$ 和 $p + \bar{p} = i$。类似地，命题 $\bar{q} \Rightarrow \bar{p}$ 等价于蕴涵 $q \Rightarrow p$ 的逆 $p \Rightarrow q$，即

$$\bar{q} \Rightarrow \bar{p} = q + \bar{q}\,\bar{p} = \bar{p} + pq = p \Rightarrow q。$$

我们已用布尔代数加法和乘法的基本运算以及“横”运算的术语，即用公式 $q \Rightarrow p = \bar{q} + qp$ 和 $q \Leftrightarrow p = qp + \bar{q}\,\bar{p}$ 表示了运算“⇒”和“⇔”。这就是我们不把产生蕴涵这样非常重要的运算包括在基本运算里的原因，基本运算是形成布尔代数定义的基础。还可以证明的是，三个最初的运算“＋”“·”和“横”不是独立的。利用德·摩根定律，我们可以用“＋”和“·”中的一个运算以及“横”运算的术语去表示另一个运算。例如，命题的布尔乘法可以这样定义：

$$pq = \overline{\bar{p} + \bar{q}}。$$

进一步可以弄清楚的是，存在一种定义在布尔代数里的运算，用这种运算的术语可以表示所有三种运算“＋”“·”和“横”。这就有可能简化布尔代数里的所有各种运算，把这些运算变成一种单一的运算和它的不同组合。这类大家都熟悉的运算之一是所谓的谢非①加横运算 $\alpha | \beta$（这里 α 和 β 是任意的布尔代数的元素），用“布尔乘法”和“横”运算的术语表示它为

$$\alpha | \beta = \bar{\alpha}\bar{\beta}。$$

当布尔代数是一些集合的代数时，它的元素 $A, B, C, \cdots$ 是一些集合，这些集合的加法运算 $A+B$、乘法运算 AB 和任意集合 A 的补运算 $\bar{A}$ 如在第 1 节和第 2 节里那样定义，在这种情况下，谢非运算 $A|B$ 产生集合 A 与 B 之补的交，见图 1.30（a）。

---

① 谢非（H. M. Sheffer）是 20 世纪初期的美国逻辑学家。

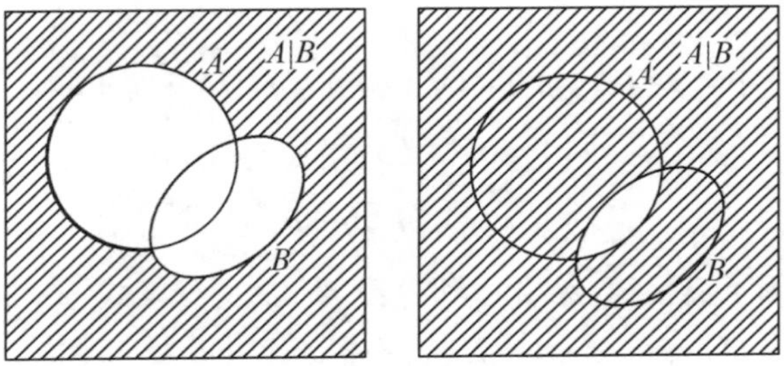

（a）　　　　（b）

图 1.30

谢菲运算显然是可交换的，即对任意 α 和 β 有

$$\alpha|\beta=\beta|\alpha。$$

从布尔代数运算的基础性质进一步可以得出

$$(\alpha|\beta)|(\alpha|\beta)=\overline{(\bar{\alpha}\bar{\beta})}\;\overline{(\bar{\alpha}\bar{\beta})}$$

$$=[(\bar{\bar{\alpha}})+(\bar{\bar{\beta}})][(\bar{\bar{\alpha}})+(\bar{\bar{\beta}})]=\alpha+\beta,$$

$$(\alpha|\alpha)|(\beta|\beta)=\overline{(\bar{\alpha}\bar{\alpha})}\;\overline{(\bar{\beta}\bar{\beta})}$$

$$=[(\bar{\bar{\alpha}})+(\bar{\bar{\alpha}})][(\bar{\bar{\beta}})+(\bar{\bar{\beta}})]=\alpha\beta,$$

$$\alpha|\alpha=\bar{\alpha}\bar{\alpha}=\bar{\alpha}。$$

这样，若我们把谢菲运算 $\alpha|\beta$ 作为基本运算，就可以把 $\alpha+\beta$，$\alpha\beta$ 和 $\bar{\alpha}$ 分别定义为 $(\alpha|\beta)|(\alpha|\beta)$，$(\alpha|\alpha)|(\beta|\beta)$ 和 $\alpha|\alpha$。

用另外的二元运算 $\alpha\downarrow\beta$ 也可以起类似于谢菲运算的作用。$\alpha\downarrow\beta$ 运算定义为：

$$\alpha\downarrow\beta=\bar{\alpha}+\bar{\beta}。$$

对集合代数，运算 $A\downarrow B$ 化为产生集合 A 与 B 之补的并，见图 1.30（b）。很容易看出

$$(\alpha\downarrow\alpha)\downarrow(\beta\downarrow\beta)=\overline{(\bar{\alpha}+\bar{\alpha})}+\overline{(\bar{\beta}+\bar{\beta})}=\bar{\bar{\alpha}}+\bar{\bar{\beta}}=\alpha+\beta,$$

$$(\alpha\downarrow\beta)\downarrow(\alpha\downarrow\beta)=\overline{(\bar{\alpha}+\bar{\beta})}+\overline{(\bar{\alpha}+\bar{\beta})}=\bar{\bar{\alpha}}\bar{\bar{\beta}}+\bar{\bar{\alpha}}\bar{\bar{\beta}}=\alpha\beta,$$

$$\alpha\downarrow\alpha=\bar{\alpha}+\bar{\alpha}=\bar{\alpha}。$$

因此，运算 $\alpha+\beta$，$\alpha\beta$ 和 $\bar{\alpha}$ 也可以用运算 $\alpha\downarrow\beta$ 来定义。

布尔代数有时也可仅利用一种“三元”运算来定义,这个三元运算定义为

$$\{\alpha\beta\gamma\} = \alpha\beta + \beta\gamma + \gamma\alpha = (\alpha + \beta)(\beta + \gamma)(\gamma + \alpha)。$$

对每三个布尔代数元素 α,β,γ,这种运算给出一个新元素 $\delta = \{\alpha\beta\gamma\}$(运算“ + ”和“ · ”是二元运算,它对布尔代数任意一对元素给出一个新元素;对一个元素 a,“横”运算给出一个新元素 $\bar{a}$,它是“一元”运算的例子)。对集合代数,元素 $\{ABC\} = AB + BC + CA$ 是一个集合,这个集合与集合 A, B, C 两两之交的并相重合(图1.31),或与这些集合两两之并的交相重合。

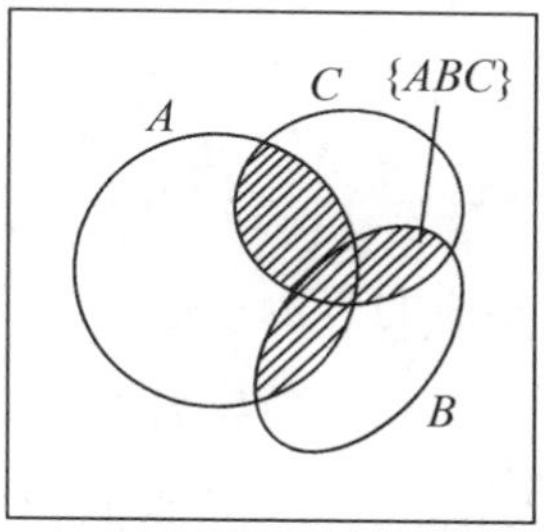

图 1.31

三元运算显然是可交换的,即其中的任意两个元素都可交换:

$$\{\alpha\beta\gamma\} = \{\alpha\gamma\beta\} = \{\beta\alpha\gamma\} = \{\beta\gamma\alpha\} = \{\gamma\alpha\beta\} = \{\gamma\beta\alpha\},$$

而且,这种运算具有某种分配性:

$$\{\alpha\beta\{\gamma\beta\varepsilon\}\} = \{\{\alpha\beta\gamma\}\delta\{\alpha\beta\varepsilon\}\},$$

它也有(减弱了的)结合性:

$$\{\alpha\beta\{\gamma\beta\delta\}\} = \{\{\alpha\beta\gamma\}\beta\delta\},$$

最后,这种运算存在一个定律,它类似于加法和乘法的幂等律:

$$\{\alpha\alpha\beta\} = \alpha。$$

利用下面类似于幂等律的条件,运算 $\bar{\alpha}$ 可以借助于三元运算 $\{\alpha\beta\gamma\}$ 来定义:

$$(\mathrm{A}):\{\alpha\bar{\alpha}\beta\} = \beta。$$

因为这个条件对元素 α 和 $\bar{\alpha}$ 是对称的,它显然意味着

$$\bar{\bar{\alpha}} = \alpha。$$

进一步,设三元运算 $\{\alpha\beta\gamma\}$ 定义在由元素 $\alpha,\beta,\gamma,\cdots$ 所组成的集合上,如果我们在这些元素中确定一个“专门元素” ι,并且令 $\bar{\iota} = o$,那么就可能用三元运算 $\{\alpha\beta\gamma\}$ 的术语来定义布尔代数的基本(二元的)运算:

$$(B):\alpha+\beta=\{\alpha\beta\iota\}\text{和}\alpha\beta=\{\alpha\beta o\}。$$

借助于(A)和幂等律,我们还将有

$$\alpha+o=\{\alpha o\iota\}=\{\alpha\bar{\iota}\iota\}=\alpha,$$

$$\alpha\iota=\{\alpha\iota o\}=\{\alpha\iota\bar{\iota}\}=\alpha,$$

$$\alpha+\iota=\{\alpha\iota\iota\}=\iota\text{和}\alpha o=\{\alpha oo\}=o。$$

定义(A)和(B)使得我们在叙述布尔代数运算的所有基本性质时,在相应的表达式里可以只包含$\{\alpha\beta\gamma\}$运算。

在命题代数里,谢非运算 $p|q$ 和三元运算$\{pqr\}$有这样的意义:$p|q$ 意为"p 和 q 都不是真的"(这就是为什么在逻辑里,谢非运算有时称为共同否定),而命题$\{pqr\}$意味着"三个命题(p,q,r)里至少有两个是真的"。进一步,我们有

$$p+q=(p|q)|(p|q),$$

$$pq=(p|p)|(q|q),$$

$$\bar{p}=p|p,$$

并且,因此有

$$q\Rightarrow p=\bar{q}+qp=[(q|q)|((p|p)|(q|q))]|$$
$$[(q|q)|((p|p)|(q|q))],$$

$$q\Leftrightarrow p=qp+\bar{p}\,\bar{q}=\bar{r}|\bar{r},$$

在这里

$$r=[(p|p)|(q|q)][((p|p)|(p|p))|$$
$$((q|q)|(q|q))]。$$

借助于三元运算$\{pqr\}$,两个命题 p 与 q 的和(析取)与积(合取)表示为

$$p+q=\{pq\iota\}\text{和}pq=\{pqo\}。$$

我们已经讨论过运算 $q\Rightarrow p$ 和关系 $q\supset p$ 之间的关系。利用代数符号,我们可以将这种关系表示为

$$p\supset(q\Rightarrow p)q。$$

换句话说，若蕴涵 $q \Rightarrow p$ 是真的且命题 q 是真的，则命题 p 也是真的。将蕴涵用布尔代数的其他运算术语表示可显然得出这一点。我们有：

$$q \Rightarrow p = \bar{q} + qp,$$

因此

$$(q \Rightarrow p)\ q = (\bar{q} + qp) q = o + qp = qp,$$

这样可得出

$$p \supset qp = (q \Rightarrow p) q,$$

关系式 $p \supset (q \Rightarrow p) q$ 表示已知的经典三段论逻辑语句。例如，一个典型的三段论是：

“所有人是必死的(即若 N 是人，则 N 是必死的；这可以写成一个蕴涵 $q \Rightarrow p$)。

彼得是一个人(q)。

因此，彼得是必死的(p)。”

通过关系式

$$\bar{q} \supset (q \Rightarrow p)\ \bar{p}$$

表示的逻辑语句也是真的，它意味着，若蕴涵 $q \Rightarrow p$ 是真的且命题 p 是假的，则命题 q 也是假的。上面这个关系式也容易从蕴涵公式得出，我们有：

$$(q \Rightarrow p)\ \bar{p} = (\bar{q} + pq)\bar{p} = \bar{q}\,\bar{p} + (p\bar{p}) q = \bar{q}\,\bar{p} + o = \bar{q}\,\bar{p},$$

因此

$$\bar{q} \supset (q \Rightarrow p)\bar{p} = \bar{q}\,\bar{p}。$$

这里有一个应用逻辑定律 $\bar{q} \supset (q \Rightarrow p)\bar{p}$ 的例子：

“所有数学家能逻辑地进行推理(即若 N 是一个数学家，则他能逻辑地进行推理。这可以看成一个蕴涵 $q \Rightarrow p$)。

保尔不合逻辑地推理($\bar{p}$)。

因此，保尔不是一个数学家($\bar{q}$)。”

类似地，我们有：

$$\bar{q} \supset (q \Rightarrow p)(p \Leftrightarrow r)\bar{r},$$

这个式子的意思是：若 q 意味着命题 p，p 等价于 r，并且 r 是假的，则 q 也是假的。事实上，根据表示蕴涵及双条件命题的公式，我们有：

$$(q\Rightarrow p)(p\Leftrightarrow r)\bar{r} = (\bar{q}+pq)(pr+\bar{p}\bar{r})\bar{r}$$
$$=\bar{q}p(r\bar{r})+\bar{q}\bar{p}\bar{r}+pq(r\bar{r})+(p\bar{p})q\bar{r}$$
$$=o+\bar{q}\bar{p}\bar{r}+o+o=\bar{q}\bar{p}\bar{r},$$

因此

$$\bar{q}\supset\bar{q}\bar{p}\bar{r}=(q\Rightarrow p)(p\Leftrightarrow r)\bar{r}。$$

这里有一个论证下面这个定律的例子：

“若四边形的边是相等的，则四边形是一个平行四边形（或更正确地说，是一个菱形，这个命题是一个蕴涵 $q\Rightarrow p$）。

一个四边形是平行四边形当且仅当它的对角线互相平分（$p\Leftrightarrow r$）。

给出的四边形 $ABCD$ 的对角线彼此不相互平分（$\bar{r}$）。

因此，四边形 $ABCD$ 所有边相等是假的（$\bar{q}$）。”

与上面的例子相反，下面两个关系式可以是假的：

$$q\supset(q\Rightarrow p)\ p,$$

和

$$\bar{p}\supset(q\Rightarrow p)\ \bar{q}。$$

事实上，我们有：

$$(q\Rightarrow p)\ p=(\bar{q}+qp)\ p=\bar{q}p+qp=(q+\bar{q})p=\ ip=p,$$

和

$$(q\Rightarrow p)\ \bar{q}=(\bar{q}+qp)\bar{q}=\bar{q}+(q\bar{q})p=\bar{q}+op=\bar{q},$$

并且关系式

$$q\supset p$$

和（等价的）关系式

$$\bar{p}\supset\bar{q}$$

当然不能从命题代数的定律得出，且也许并不发生。这就是为什么下面两个陈述不能从推演规则得出，因而它们是不正确的。遗憾的是，它们经常被采用,特别是被非数学家所惯用。应当指出,被“教过”布尔代数理论的电子计算机绝不会发生这样的错误!

陈述一:“q 意味着 p;p 是真的,因此,命题 q 也是真的。”例如,“平行四边形的对边相等;给出的四边形 $ABCD$ 的对边 AB 与 CD 是相等的,因此 $ABCD$ 是平行四边形。”陈述二:“q 意味着 p;命题 q 是假的,因此命题 p 也是假的。”例如,“律师很善于讲话;N 不是一个律师,因此 N 不善于讲话。”

我们考察过的例子(可以很容易地举出许多)说明了,即使在日常生活中,命题代数的数学定律也起着作用。

8. 电路和思维

有力的工具是成功的捷径。

我们再讨论布尔代数的一个例子，它完全出乎你的意料。我们把各种开关电路（即带有许多开关的电路，每一个开关能够打开或关闭）作为这种代数的元素。这样一种电路的单独部分（例如，图 1.32 显示的一个部分）将通过大写字母表示，这些部分是所研究的特殊代数里的元素（前面我们利用大写字母表示集合）。

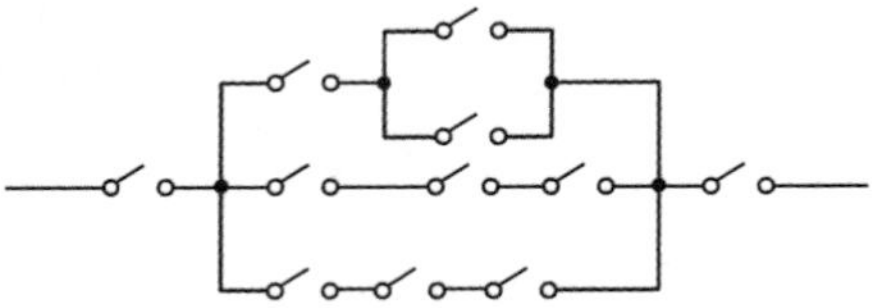

图 1.32

因为一个电路部分仅准备用于传导电流，在这种意义上相类似的两个任意电路部分，我们将认为它们是恒等的（"相等"）。换句话说，含有同样开关的任意两个电路部分，对于所有开关的相同状态（每个开关是两个状态之一："开"或"关"），这两个电路部分同时允许电流通过或不允许电流通过，那么我们就认为这两个部分彼此是"相等"的。而且我们约定，所谓两个部分 A 与 B 之和 $A+B$ 指的是：将部分 A 与 B 并联在一起的电路；所谓两个部分 A 与 B 之积 AB 指的是：将部分 A 与 B 串联在一起的电路。例如，图 1.33（a）和图 1.33（b），在这里电路部分 A 与 B 都仅含有一个开关。显然，电路部分的加法和乘法是可交换的：

$$A+B=B+A \text{ 和 } AB=BA。$$

这些运算也是可结合的：

$$(A+B)+C=A+(B+C)=A+B+C,$$

$$AB(C)=A(BC)=ABC,$$

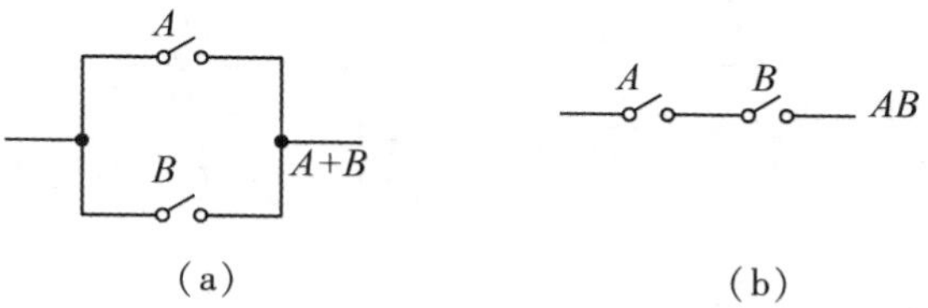

图 1.33

见图 1.34(a)和图 1.34(b)。图示的是三个开关的“和”$A+B+C$以及它们的“积”ABC。

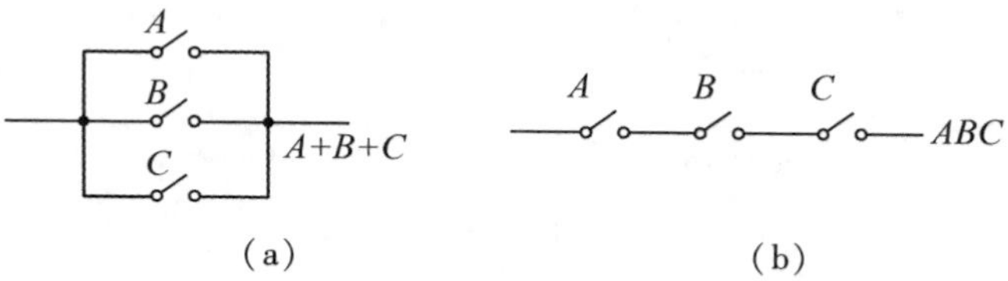

图 1.34

对这些运算,幂等律也成立:

$$A+A=A \text{ 和 } A\cdot A=A。$$

这是因为,当两个开关在同样的状态(即当它们同时打开或关闭)下串联或并联时,所得到的电路部分同在这个状态下单独一个开关一样。

分配律

$$(A+B)C= AC+BC \text{ 和 } AB+C=(A+C)(B+C)$$

在这种“开关电路代数”里的验证稍微复杂一些。然而,从图 1.35 和图 1.36 可以看出,这些定律在这里也成立。很容易检验,在图 1.35(a)里的开关电路“等于”图 1.35(b)里的电路;而在图 1.36(a)里的电路也“等于”图 1.36(b)里的电路。

最后,我们约定,O 表示一个常开开关,见图 1.37(a);I 表示一个常闭开关,见图1. 37(b)。

显然有

$$A+O=A \text{ 和 } AI=A(\text{图 } 1.38),$$

$$A+I=I \text{ 和 } AO=O(\text{图 } 1.39)。$$

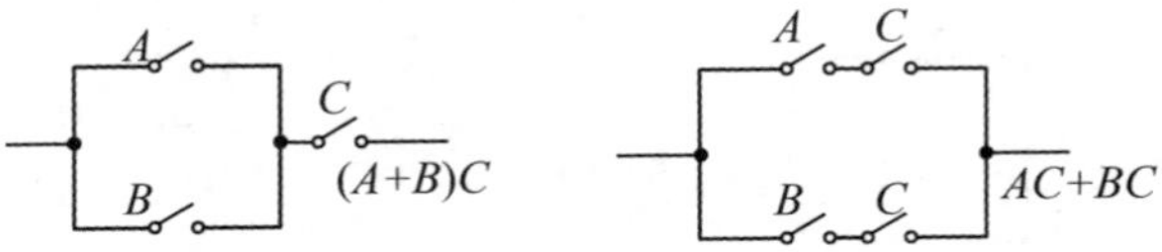

(a) (b)

图 1.35

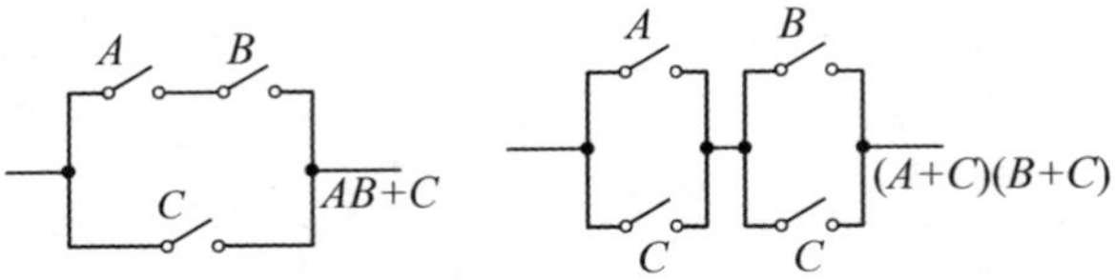

(a) (b)

图 1.36

(a) (b)

图 1.37

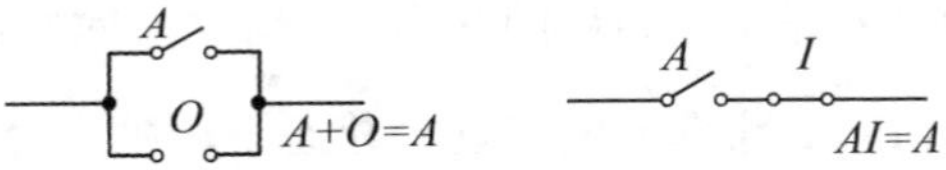

(a) (b)

图 1.38

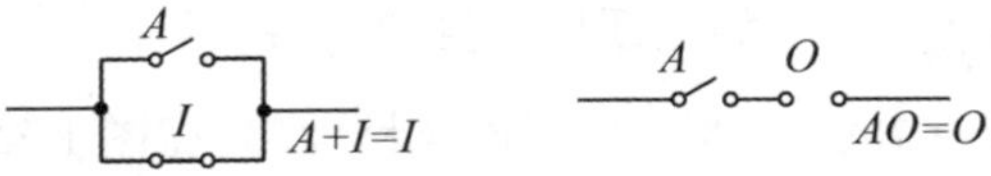

(a) (b)

图 1.39

这样，常闭和常开开关的电路部分相当于分别起到布尔代数里“特殊”元素 I 和 O 的作用。

我们还约定，用 A 和 $\bar{A}$ 表示一对开关，使得当开关 A 关闭时，开关 $\bar{A}$ 必定打开，或者反之。这样一对开关能够很容易地构造出来（图 1.40）。显然有

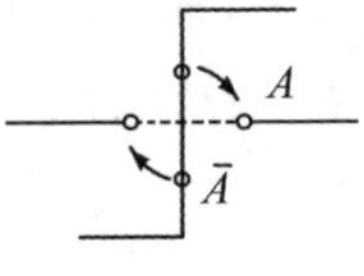

图 1.40

$$\overline{\overline{A}}=A,\overline{I}=O \text{ 和 } \overline{O}=I,$$

并且还有

$$A+\overline{A}=I \text{ 和 } A\overline{A}=O,$$

见图 1.41(a)和图 1.41(b)。

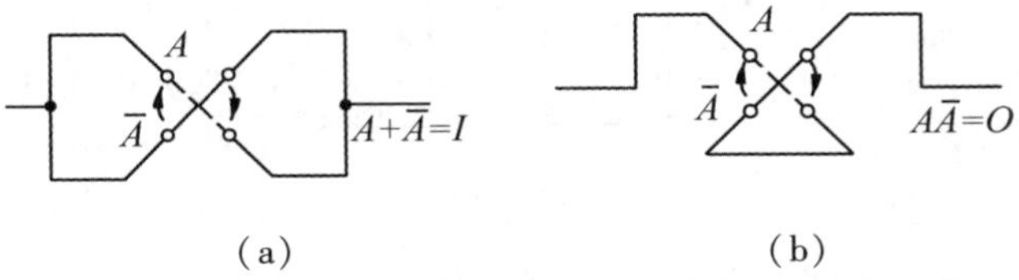

图 1.41

德·摩根定律

$$\overline{A+B}=\overline{A}\ \overline{B} \text{ 和 } \overline{AB}=\overline{A}+\overline{B}$$

的证明比较复杂,但在这种代数里它们也成立。例如,图1.42(a)和图1.42(b),电路部分 $A+B$ 与 $\overline{A+B}$ 满足下列条件:当 $A+B$ 部分允许电流通过时,$\overline{A+B}$ 部分不允许,或者反之。

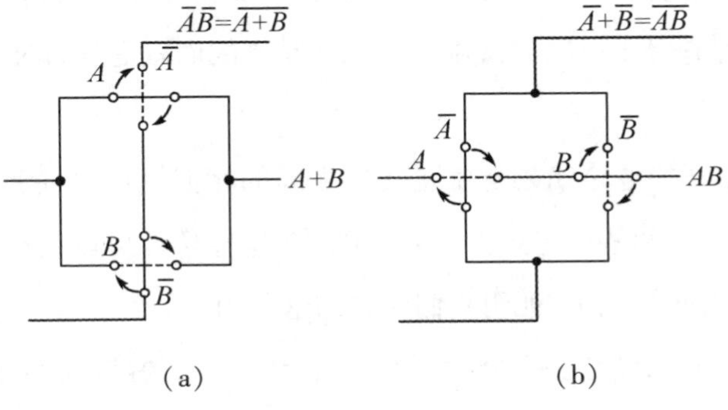

图 1.42

"开关电路代数"和"命题代数"之间的相似性是极其重要的。第一,这种相似性使得有可能通过电路来模拟合成命题。例如,设我们研究合成命题

$$d=a\overline{b}c+ab\overline{c},$$

在这里,a,b 和 c 是某些"基本的"命题,并且命题的加法、乘法及"横"运算

分别理解为通常意义下的逻辑关系“或”“与”及命题的“否定”。让我们把给出的命题 a,b 与 c 和某些开关 A,B 与 C 联系起来,那么合成命题 d 可以通过图1.43来表示,它相应于开关 A,B 与 C 的组合。

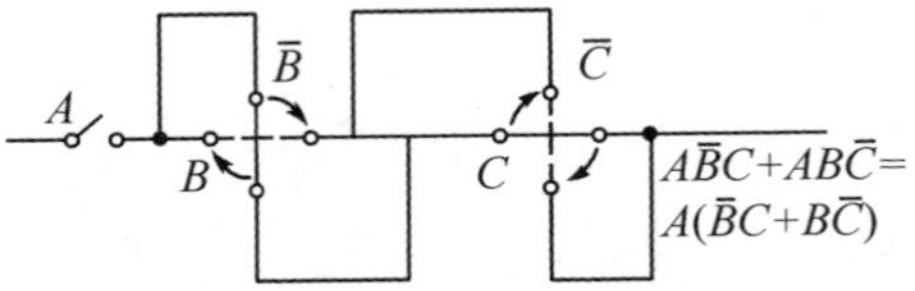

图 1.43

例如,当命题 a 与 b 为真而命题 c 为假时,为了检验命题 d 是否为真,只要在上述电路 D 里闭合开关 A 与 B 并且打开开关 C 就可以了(图 1.44)。

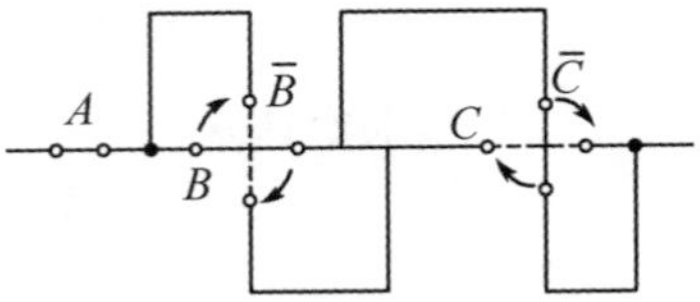

图 1.44

在这种状态下,若带开关 A,B 和 C 的电路 D 可以让电流流过,则 D 相应于真命题 i(即它等于电路 I 导通电流)。换句话说,在这种情况下命题 d 是真的。对于这种开关状态,若 D 不允许电流通过(即它等于电路 O),则当 a 和 b 是真的而 c 是假的时,命题 d 等价于假命题 o。

第二,在开关电路代数与命题代数之间的相似性可以使我们利用逻辑定律去构造满足某些给定条件的开关电路(这些条件可以是相当复杂的)。这里我们给出两个例子,证明我们说过的这些内容。

例 1.6 要求设计一个寝室的电灯电路。有一盏灯和两个开关,一个开关在门边,另一个在床边。电路必须满足的条件是:操作电路中任一个开关时,若操作前电路是闭合的,则操作后电路应变成打开的;若操作前电路是打开的,则操作后电路应变成闭合的,而不用管另一开关处于什么状态。

解 我们把电路里的开关设为 A 与 B。问题转化成设计开关 A 与 B(或是 $\bar{A}$ 与 $\bar{B}$)的一个组合,使得两个开关中任一个状态的改变,将导致整个电路变为相反的状态,即将允许电流通过的电路变换成不允许电流通过的电路,或者反之。换句话说,我们要找到命题 a 与 b 的一个组合命题 c,使得用假命题 $\bar{a}$ 代替真命题 a(或反之)时,整个命题 c 变成相反的意思("真"或"假"),并且这个要求也同样适用于命题 b。所叙述的这些条件是通过命题 c 来达到的,当两个命题 a 与 b 同时是真的或同时是假的时,命题 c 是真的;在所有其他情况里(即当两个命题 a 与 b 之一是真的,而另一个是假的时),命题 c 是假的。电路的这种描述含有"或"联结的意思,它暗示着存在把命题 c 表示成两个命题之和的可能。当 a 和 b 是真的时,这个和中的一个命题为真;而当 $\bar{a}$ 与 $\bar{b}$ 是真的时(即当 a 与 b 是假的时),另一个命题为真。进一步,因为对所寻求和的被加项的描述含有"与"联结,所以我们断定这些被加项是

$$ab \text{ 及 } \bar{a}\,\bar{b},$$

这样,我们最后得到

$$c = ab + \bar{a}\,\bar{b}。$$

很容易看出,这个命题 c 满足上面叙述的所有要求。

现在,从命题返回到开关电路,可以看到我们感兴趣的电路 c 可以用公式

$$C = AB + \bar{A}\,\bar{B}$$

表示。构造这样一个电路没有什么困难(图1.45)。

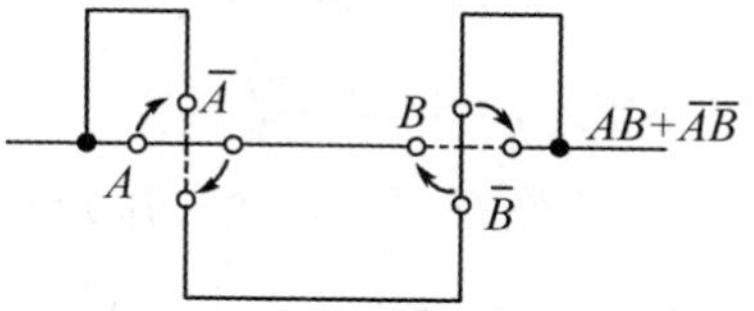

图 1.45

例 1.7　要求设计一个控制电梯的电路。为了简单起见,我们假定仅有两层楼,我们还限于仅研究控制电梯向下运动的电路①。这个电路必须

① 控制电梯向上运动的电路可以用完全相同的方法设计。

有两个开关(按钮),其中之一在升降机的车厢内(下降按钮),另一个位于升降机的第一层门旁边(呼叫按钮)。电路还包括下面的辅助开关:一个仅当车厢在第二层时才闭合的开关;两个与第一层及第二层外面的(升降机井的)门有关的开关,当门关闭时开关闭合;一个和车厢门(里面的门)有关的开关,当里面的门关闭时这个开关闭合;还有一个和车厢地板有关的开关,当在车厢里有人及人的重量没超过地板承受的最大压力时这个开关闭合。仅当车厢在第二层,而且当下面两个条件之一满足时,控制升降机向下运动的电路必须闭合:

(1) 第一层和第二层外面的门以及里面的门(在车厢里)是关闭的,有人在车厢里并且按下降按钮;

(2) 两个外面的(升降机井的)门是关闭的,而车厢的门是关闭的或打开的,没有人在车厢里;在第一层有人按呼叫按钮。

解 设我们把电路里的开关表示如下:S——仅当车厢在第二层时才闭合的开关,D_1 与 D_2——当第一层与第二层外面的门分别关闭时才闭合的开关,D——和车厢门有关的开关,F——和车厢地板有关的开关,B_d 与 B_c——分别是车厢里的下降按钮以及位于第一层的升降机井门旁边的呼叫按钮开关。根据问题条件,仅在下列情况下所求的控制升降机下降电路必须是闭合的(必须导通电流):

(1) 开关 S 是闭合的,开关 D_1 是闭合的,开关 D_2 是闭合的,开关 D 是闭合的,开关 F 是闭合的,开关 B_d 是闭合的;

(2) 开关 S 是闭合的,开关 D_1 是闭合的,开关 D_2 是闭合的,开关 D 是闭合或打开的,开关 B_c 是闭合的,开关 F 是打开的。

考虑到逻辑运算“与”相应于命题(开关)之积,并且逻辑运算“或”相应于它们之和,我们容易求出

$$C_d = SD_1D_2DFB_d + SD_1D_2(D+\overline{D})B_c\overline{F}。$$

利用等式

$$D+\overline{D}=I$$

和开关 I 的性质(对任意开关 A 有 $AI=A$),以及乘法的交换律和分配律,我们可以化简为

$$C_d=SD_1D_2(FDB_d+\overline{F}B_c),$$

这样一个电路可以很容易地构造(图 1.46)。

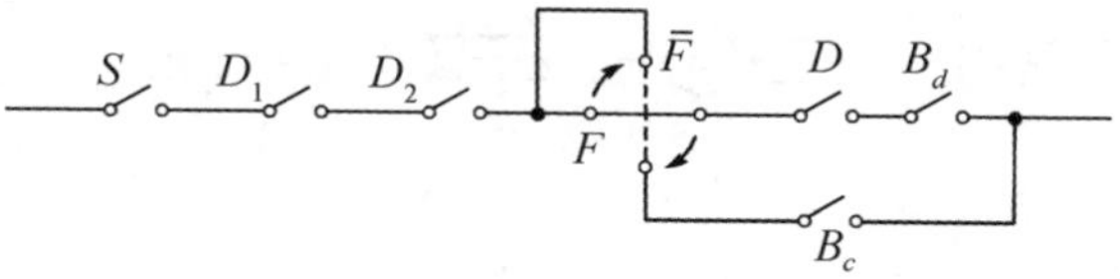

图 1.46

我们还要指出,仅用一种谢菲运算术语表示所有布尔代数运算的这种可能性,它等价于仅利用一种具有两个输入和一个输出的专门组件(我们表示它为“$\sum$”)设计任意一个电子开关电路的可能性,上面这种专门组件当且仅当两个输入都不通入电流时才可以有电流输出。这样一个元件可以很容易地构造(图 1.47)。例如,为此我们可以约定,对每一个电路部分相应存在两个导线,电流可以持续地流过其中。在图 1.48 的(a)到(c)里,图示了两个电路 A 与 B 之和 $A+B$ 以及积 AB,并且还有相应于 A 电路的电路 $\overline{A}$ 的线路图,它也是借助于“谢菲组件”$\sum$ 构成的。

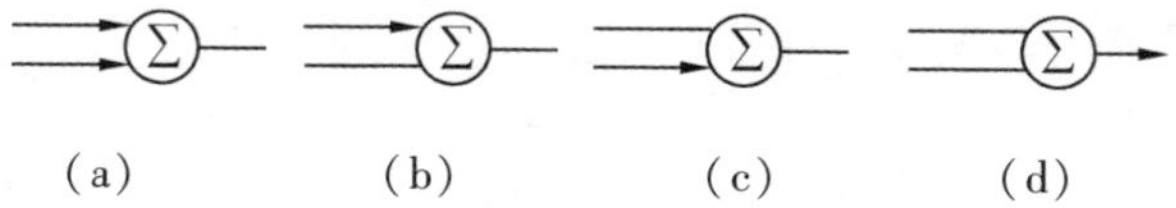

图 1.47

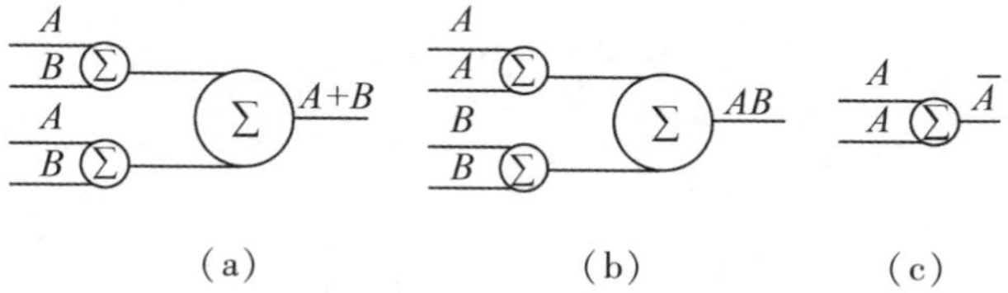

图 1.48

带有三个输入和一个输出的组件 M 也可以起类似的作用,仅当它的三个输入中至少有两个通有电流时组件 M 才能够有电流输出,见图 1.49 中的

线路图。元件 M 相应于布尔代数运算

$$\{ABC\} = AB + BC + CA = (A+B)(B+C)(C+A)。$$

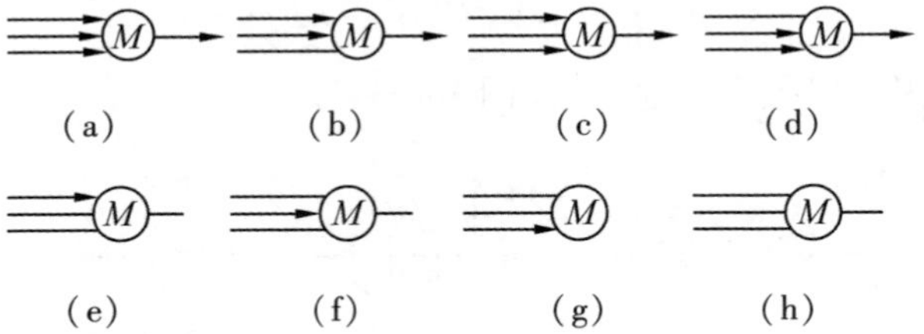

图 1.49

在图 1.50(a)和图 1.50(b)里,我们看到两个电路 A 和 B 的"加法"和"乘法"是如何通过元件 M 实现的。

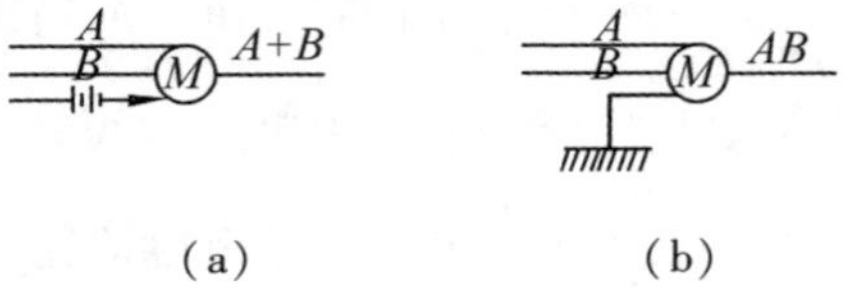

图 1.50

第2章

布尔代数在逻辑线路中的应用

布尔代数在逻辑线路的分析与设计上有着重要的应用。作为例子,我们对它在继电器接点线路中的应用作一简单介绍。

1. 开关和接点

接点是接通和切断线路的一种装置,它的开(断开)、闭(接通)通常是由某种开关设备(如电磁铁)所控制的。继电器就是由电磁铁及其所控制的接点所组成的。

图 2.1 与图 2.2 所表示的是由电磁铁 M 所控制的两个接点。在图 2.1 中,当 M 的绕线中没有电流(即开关设备未启动)时,接点是断开的;当 M 的绕线中有电流时,弹簧片 K 被吸引,因而接点被接通。这种类型的接点称为动合接点。图 2.2中的接点则相反:当 M 的绕线中没有电流时,接点是接通的;而当 M 的绕线中有电流时,弹簧片 K 被吸引,因而接点断开。这种类型的接点称为静合接点。

动合接点通常用 x, y 等小写字母表示,而静合接点用 x',y'等表示。另

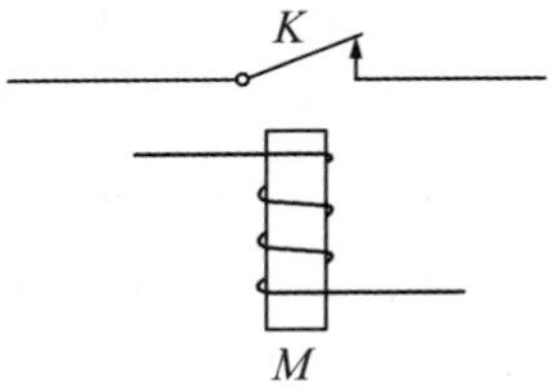

图 2.1

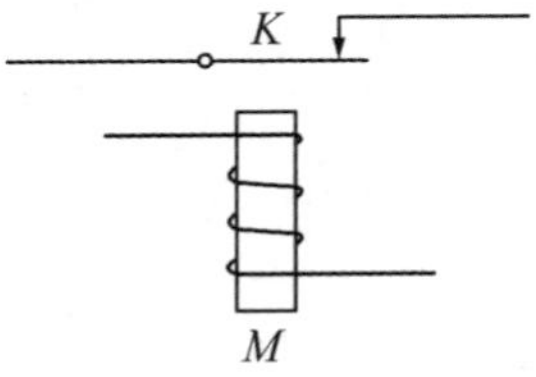

图 2.2

外，我们还规定，同一开关设备所控制的各动合接点与各静合接点分别用同一符号表示，即如果动合接点用 x 表示，静合接点就用 x' 表示。后面在画线路图时，我们略去控制各接点的开关设备，并分别用图 2.3 与图 2.4 中的记号来表示动合接点 x 和静合接点 x'。

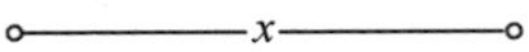

图 2.3

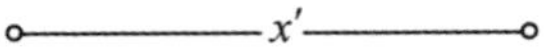

图 2.4

2. 线路的布尔表达式

本章所讨论的线路是指由一些接点通过串联和并联(不考虑桥接)而构成的二端网络。例如,图 2.5 表示的是仅包含一个接点 x 的线路,图 2.6 是由接点 x,y 串联构成的线路,图 2.7 是由接点 x,y 并联构成的线路。

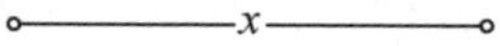

图 2.5

图 2.6

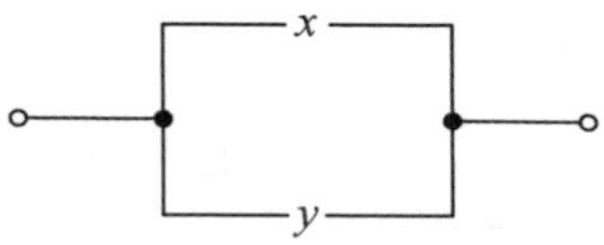

图 2.7

布尔代数对于接点线路的分析与设计有着重要的应用。本节中,我们先来建立接点线路和布尔表达式之间的联系。

设 B_2 是二值布尔代数(即仅由两个元素 0 与 1 所组成的布尔代数)。对每个动合接点 x,令在 B_2 中取值的一个变元与之对应,并用表示该接点的同一符号 x 来表示这个变元。另外,我们规定,接点 x 的断开与闭合两个状态分别与变元 x 取值 0 与取值 1 相对应。对于静合接点 x',我们令变元 x 的补 x'(此处我们也使用表示该接点的同一符号)与之对应。当接点 x'断开时,接点 x 是闭合的,根据规定,此时变元 x 取值 1,因而其补 x'取值 0;当接点 x'闭合时,接点 x 是断开的,根据规定,此时变元 x 取值 0,因而其补 x'取值 1。

对于由多个接点所组成的线路,可以构造一个布尔表达式与之对应,使得这个表达式当线路接通时取值 1,当线路断开时取值 0。例如,当且仅当接点 x, y 同时闭合,即布尔表达式 xy 取值 1 时,图 2.6 中的线路是接通的,故我们以 xy 作为与这条线路相应的布尔表达式。类似地,可取 $x+y$ 作为对应于图 2.7 的线路的布尔表达式。

一般地,对应于一个接点线路的布尔表达式可按如下原则来构造:线路的串联相应于各串联线路的布尔表达式相乘,并联则相应于各布尔表达式相加。例如,图 2.8 中的线路由接点 x, y 串联后再与接点 z 并联而成,于是线路的上面分支所对应的表达式为 xy,下面分支所对应的表达式为 z,而整个线路所对应的表达式则为 $xy+z$。

线路对应的布尔表达式所确定的布尔函数称为该线路的开关函数。于是,线路接通时,其开关函数取值 1;线路断开时,其开关函数取值 0。故线路接通的条件可由它的开关函数来表示。

例 2.1 图 2.8 中的线路的开关函数为 $f=xy+z$,这个函数也可由真值表给出。

x	y	z	f
0	0	0	0
0	0	1	1
0	1	0	0
0	1	1	1
1	0	0	0
1	0	1	1
1	1	0	1
1	1	1	1

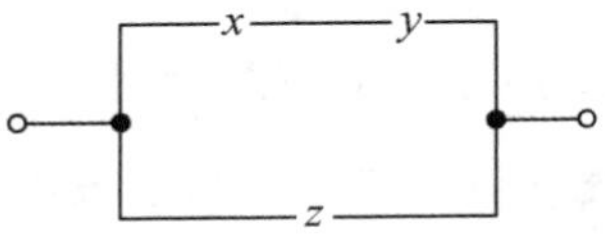

图 2.8

由真值表知,f 取值为 0 的三种情况是:

(1) $x=y=z=0$;

(2) $x=z=0$, $y=1$;

(3) $x=1$, $y=z=0$。

这表明,线路断开的三种情况是:

(1) 接点 x,y,z 同时断开;

(2) 接点 x,z 断开而接点 y 闭合;

(3) 接点 y,z 断开而接点 x 闭合。

例 2.2 图 2.9 中的线路的布尔表达式为 $(x+y')+xy$,其开关函数由真值表表示：

x	y	f
0	0	1
0	1	0
1	0	1
1	1	1

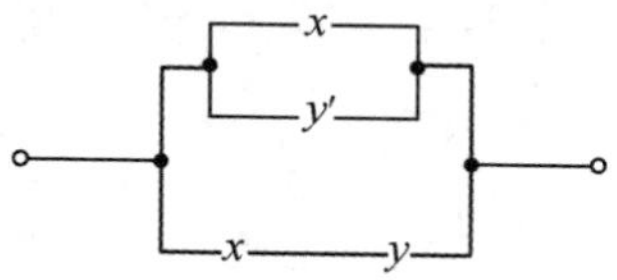

图 2.9

由真值表知，仅当 $x=0, y=1$ 时，f 的值为 0，故仅当接点 x 断开而接点 y 闭合时，电流不能流通。这一事实也可以直接就线路本身来进行核验：若 x 是闭合的，则不论 y 的开闭状态怎样，电流总可以从顶上的支路中流过；若 y 是断开的，则 y' 是闭合的，故不论 x 的开闭状态怎样，电流总可以从中间的支路中流过；但若 x 断开而 y 闭合，则每条支路都是断开的，故电流不能流通。

例 2.3　图 2.10 中的线路的布尔表达式为 $x'+y'+xy$，其开关函数由真值表表示：

x	y	f
0	0	1
0	1	1
1	0	1
1	1	1

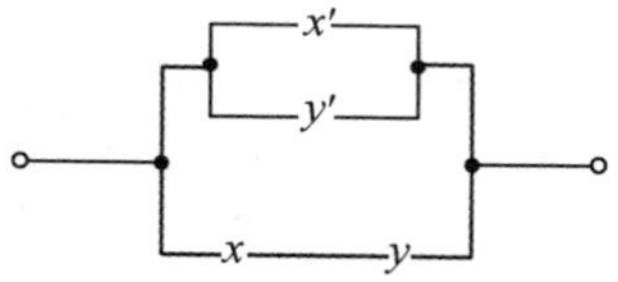

图 2.10

由真值表知，不论 x，y 取何值，f 的值恒为 1，故不论接点 x 与接点 y 的开闭状态怎样，图 2.10 中的线路总是接通的。

例 2.4　图 2.11 中的线路的布尔表达式为 $(x'+y')xy$，开关函数由真值表表示：

x	y	f
0	0	0
0	1	0
1	0	0
1	1	0

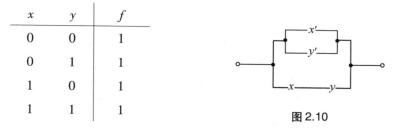

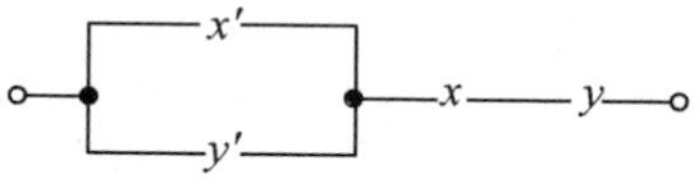

图 2.11

由真值表知，不论 x,y 取何值，f 的值恒为 0，故不论接点 x 与接点 y 的开闭状态怎样，图 2.11 中的线路总是断开的。

3. 线路等效

我们来考察图 2.12 与图 2.13 所示的两个线路。可以直接看出,图 2.12 中的线路接通的条件是:接点 z 闭合且接点 x,y 中至少有一个闭合。显然,这也是图 2.13 中的线路的接通条件。我们称接通条件相同的线路为等效线路。于是,图 2.12 中的线路等效于图 2.13 中的线路。

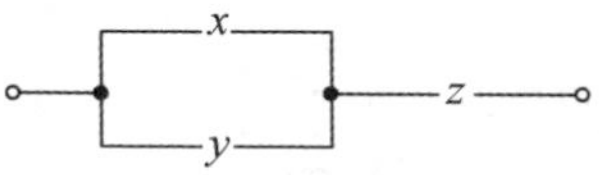

图 2.12

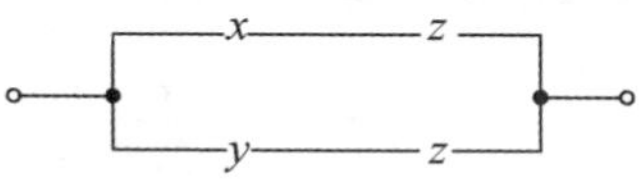

图 2.13

上节中我们已经指出,线路接通的条件由其开关函数来刻画。因此,两线路等效就是其开关函数相等。例如,图 2.12 与图 2.13 中的线路的开关函数分别为 $f_1 = (x + y)z$ 与 $f_2 = xz + yz$,而根据分配律我们有

$$(x + y)z = xz + yz,$$

由此即可推断这两个线路是等效的。

例 2.5　由吸收律有 $x(x + y) = x$,故图 2.14 中的线路等效于图 2.15 中的线路。

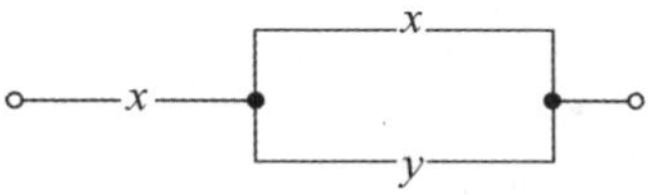

图 2.14

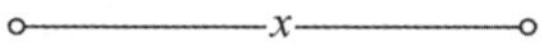

图 2.15

例 2.6　由分配律有

$$x + yz = (x + y)(x + z),$$

故图 2.16 中的线路等效于图 2.17 中的线路。

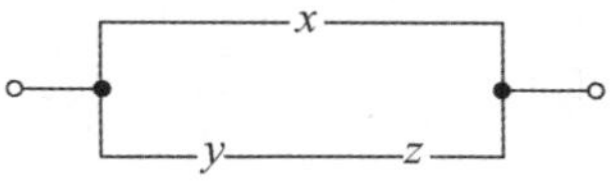

图 2.16

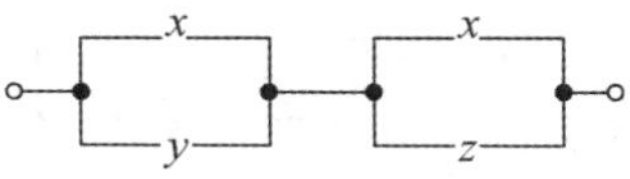

图 2.17

在以上两例中我们看到,相互等效的线路有的比较简单(包含的接点较少),有的则比较复杂。化简一个线路就是要做一个与之等效的线路,使它包含的接点尽量少。显然,线路的化简问题可归结为相应的布尔表达式的化简。下面我们结合一些具体线路来举例说明。

例 2.7 考虑图 2.18 中的线路,其布尔表达式为

$$f=x+x'y+xy'。$$

利用布尔代数中的公式,可将 f 化简如下:

$$\begin{aligned} f &= x+xy'+x'y \\ &= x+x'y \quad (\text{由吸收律}), \end{aligned}$$

故图 2.18 中的线路可化简为图 2.19 中的线路。

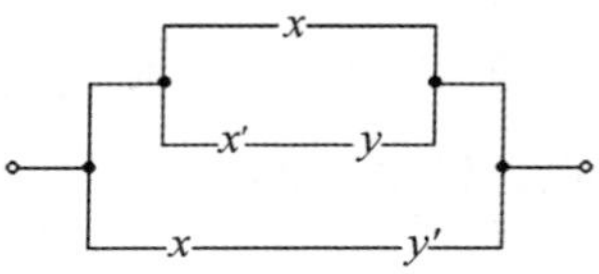

图 2.18

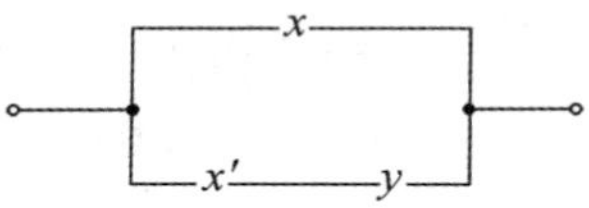

图 2.19

例 2.8 考虑图 2.20 中的线路,其布尔表达式为

$$f=(x+y)(x'+z)(y+z),$$

化简得

$$f=(x+y)(x'+z),$$

故图 2.20 中的线路可化简为图 2.21 中的线路。

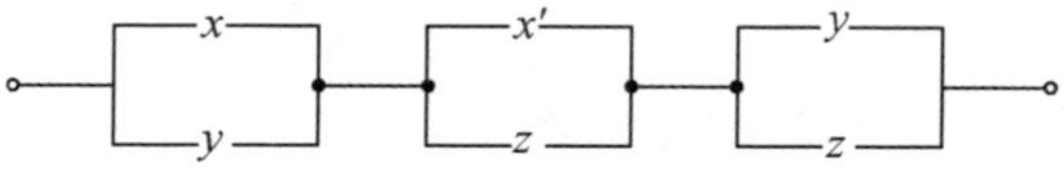

图 2.20

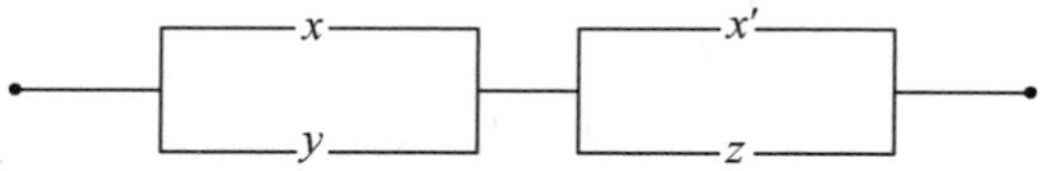

图 2.21

4. 线路的设计

本节中我们将考虑具有某些指定性质的接点线路的设计。早期自动化技术的很多方面,如自动电话、遥控装置、计算过程的自动化,以及铁路的信号操纵等,都建立在这种线路设计的基础上。与此等价的数学问题是,当真值表已给出时,构造相应的布尔表达式。下面我们以信号线路为例来进行说明。

例 2.9　设计一个包含三个开关的信号线路,使得当且仅当有两个或两个以上的开关闭合时,信号灯点亮。

解　用 x,y,z 表示三个开关(也分别表示它们所控制的各动合接点及相应的变量,以下同此假设)。根据问题的条件,所求线路的开关函数 f 由真值表给出:

x	y	z	f
0	0	0	0
0	0	1	0
0	1	0	0
0	1	1	1
1	0	0	0
1	0	1	1
1	1	0	1
1	1	1	1

写出 f 的析取范式得

$$f = xyz + xyz' + xy'z + x'yz,$$

利用布尔代数的公式可将 f 化简为

$$f = xy + (x + y)z,$$

相应于上式的线路如图 2.22 所示。

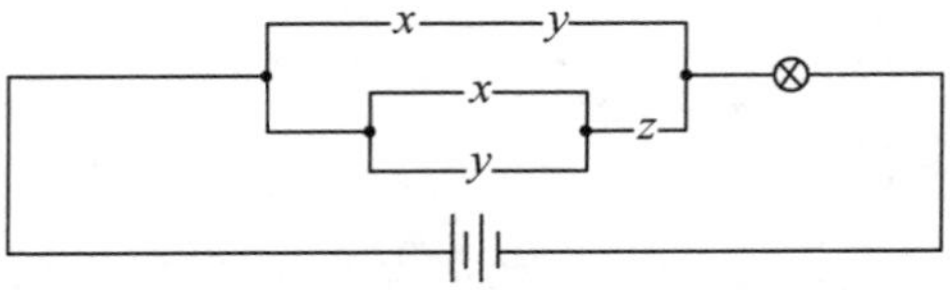

图 2.22

f 也可用合取范式来表示：

$$f=(x'+y+z)(x+y'+z)(x+y+z')(x+y+z),$$

可化简为

$$f=(xy+z)(x+y),$$

相应于化简后的布尔表达式的线路如图 2.23 所示。

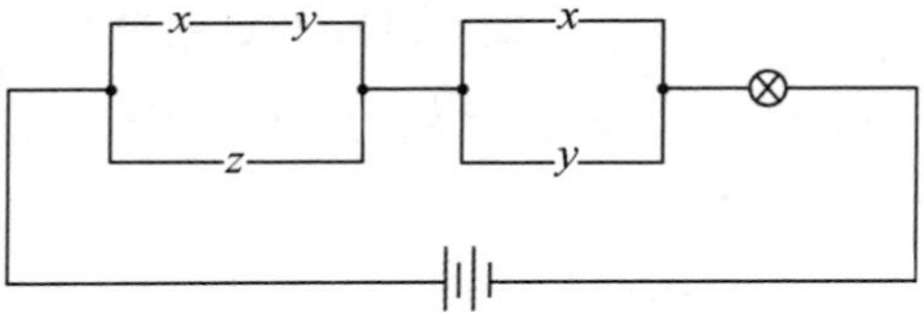

图 2.23

以上两个线路都可以作为问题的解答，显然，这两个线路是等效的。

例 2.10 设计包含三个开关 x,y,z 的信号线路，使得闭合的开关不多于 1 个或 y,z 闭合而 x 断开时，信号灯熄灭；在所有其他情况，信号灯都点亮。

解 根据问题的条件，所求线路的开关函数由真值表给出：

x	y	z	f
0	0	0	0
0	0	1	0
0	1	0	0
0	1	1	0
1	0	0	0
1	0	1	1
1	1	0	1
1	1	1	1

由于f的值中 1 较少,故用析取范式来表示f比较简单,即

$$f = xyz + xyz' + xy'z。$$

上式可以化简为

$$f = xy(z + z') + xy'z = xy + xy'z = x(y + z),$$

故所求线路如图 2.24 所示。

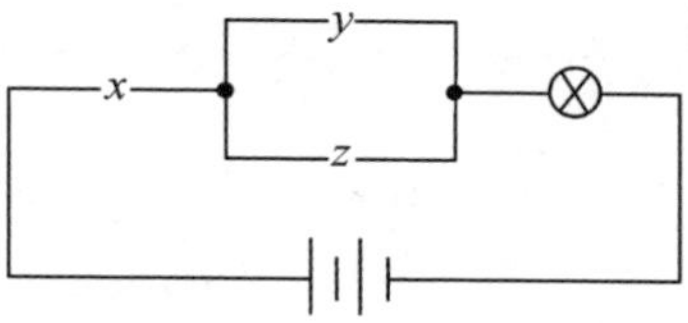

图 2.24

例 2.11　设计包含三个开关 x, y, z 的信号线路,使得信号灯在下列三种情况熄灭:(1)三个开关同时断开;(2)x, y 断开而 z 闭合;(3) x, z 断开而 y 闭合。

解　根据问题的条件,所求线路的开关函数由真值表给出:

x	y	z	f
0	0	0	0
0	0	1	0
0	1	0	0
0	1	1	1
1	0	0	1
1	0	1	1
1	1	0	1
1	1	1	1

由于f的值中 0 较少,故用合取范式来表示f较简单,即

$$f = (x + y + z)(x + y + z')(x + y' + z)。$$

上式可化简为

$$\begin{aligned} f &= (x + y + z)(x + y + z') \cdot (x + y' + z)(x + y + z) \quad (\text{幂等律}) \\ &= (x + y + zz')(x + z + yy') \quad (\text{分配律}) \end{aligned}$$

$= (x+y)(x+z)$ （互补律）

$= x+yz$ （分配律），

故所求线路如图 2.25 所示。

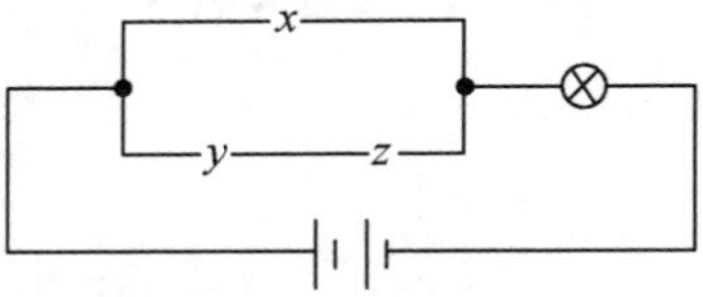

图 2.25

第3章

广义布尔代数

0. 引子

布尔代数的概念能以多种方式推广。在这一章里，我们将讨论一种直接和布尔代数有关的概念，以及它的许多应用①。

一种布尔代数由元素 $\alpha,\beta,\gamma,\cdots$ 所组成，并且包含一个“零”元素 o 和一个“单位”元素 ι。若对每一个元素 α，赋予它一个“范数”（绝对值）$|\alpha|$，$|\alpha|$ 是满足下面两个条件的非负数②：

（1）$0\leqslant|\alpha|\leqslant1, |o|=0, |\iota|=1$；

（2）若 $\alpha\beta=o$，则 $|\alpha+\beta|=|\alpha|+|\beta|$。

这样一种布尔代数称为正规布尔代数。

---

① 最重要的应用之一在于概率论的基础，可惜我们不能在这本书里讨论它。

② 从布尔代数的任意元素 α 有 $\alpha o=o$ 和 $\alpha+o=\alpha$ 这个事实，以及

$$|\alpha|=|\alpha+o|=|\alpha|+|o|,$$

因此

$$|o|=0,$$

因为我们可以证明 $|o|=0$，所以等式 $|o|=0$ 不一定要列入定义范数的条件里（类似地，确定“单位范数”的等式 $|\iota|=1$ 也不是很重要，然而条件 $|\alpha|\geqslant0$ 和 $|\iota|>0$ 是必不可少的）。

1. “两个元素的代数”由两个“数”0 和 1 所组成，这两个数可以作为相应元素的范数

$$|0|=0,|1|=1,$$

那么，定义元素范数的条件(1)显然是满足的。而且，因为

$$0\cdot 0=0 \text{ 和 } |0+0|=0=|0|+|0|,$$

$$0\cdot 1=0 \text{ 和 } |0+1|=1=|0|+|1|,$$

条件(2)也成立。一般地，有条件(1)成立的任意布尔代数，若元素 α 和 β 中至少有一个和 o 一致，则条件(2)也总是成立的，因为在这种情况下有 $\alpha o=o$ 和 $|\alpha+o|=|\alpha|=|\alpha|+0=|\alpha|+|o|$。因此，具有这种元素范数定义的两个元素的布尔代数是一种正规布尔代数。

2. 对于前述“四个元素的代数”，我们有 $pq=0$ 和 $p+q=1$。因此，为了满足条件(1)与(2)，我们必须令

$$|0|=0,|1|=1 \text{ 和 } |p|+|q|=|1|=1。$$

设在这种布尔代数定义里的“数”(元素) p 和 q 是两个任意正数，它们的和等于单位 1，并且令

$$|1|=1,|0|=0,|p|=p,|q|=q,$$

那么条件(1)将满足，条件(2)也将满足，因为元素偶 p 和 q 仅是这种布尔代数的那些积等于零的非零元素偶，并且我们有

$$|p+q|=|1|=1=p+q=|p|+|q|。$$

这样，我们已经定义了四元素布尔代数元素的绝对值(范数)，具有这种范数的四元素布尔代数是一种正规布尔代数。

3. 现在我们将考察一个说明了正规布尔代数概念本质的例子。我们还将假定全集合(用 J 表示)是有限的。例如，令 J 含有 N 个数，我们定义全集合 J 的任意子集 A 的范数为一个数，这个数正比于包含在 A 里的元素数目 k。为了满足条件 $|J|=1$，比例因子显然必须是 $\frac{1}{N}$，因而 $|A|$ 是包含在 A 里的元素数目与在全集合 J 里的元素数目之比

$$|A| = \frac{k}{N}。$$

于是,条件(1)是满足的,条件(2)也满足,并且它的意思相当清楚:若两个集合 A 与 B 不相交(即 $AB = \varnothing$),则包含在它们和里的元素数目可以通过把集合 A 里的元素数目 k 与集合 B 里的元素数目 l 加起来而简单得到,因此得出

$$|A + B| = \frac{k + l}{N} = \frac{k}{N} + \frac{l}{N} = |A| + |B| \quad (AB = \varnothing)。$$

这样,对问题里的布尔代数,它具有我们已经定义的元素范数,它是一种正规布尔代数。

上面这个定义,即全集合 J 的子集 A 的范数 $|A|$ 的定义,有可能进一步推广。假设集合 J 的不同元素 $a_1, a_2, \cdots, a_N$ 有不同的"权"(不同的"价值")。例如,若 J 是所有象棋手的集合,常常自然地把不同的象棋手看成有不同的"价值"。当我们试图"教"电脑下国际象棋时,我们通常假定一个象或一个马的"价值"近似于一个兵的 3 倍,一个车的"价值"是一个兵的 4 倍或 5 倍,一个后的"价值"是一个兵的 8 倍或 9 倍,而王的"价值"比兵的"价值"要多许多,譬如说,它的"价值"是一个兵的 1000 倍。设集合 J 的不同元素 $a_1, a_2, \cdots, a_N$ 的"权"("价值")分别等于某些非负数 $t_1, t_2, \cdots, t_N$;选择"单位价值"使得

$$t_1 + t_2 + \cdots + t_N = 1,$$

这很容易做到。现在我们令

$$|A| = |\{a_{i_1}, a_{i_2}, \cdots, a_{i_n}\}| = t_{i_1} + t_{i_2} + \cdots + t_{i_n},$$

其中 $i_1, i_2, \cdots, i_n$ 是从数 $1, 2, \cdots, N$ 中完全任意选择出的某些数($i_1, i_2, \cdots, i_n$ 当然是彼此不同的),那么集合 J 的子集代数是一种正规布尔代数。

若我们令

$$t_1 = t_2 = \cdots = t_n = \frac{1}{N},$$

则这个新推广的子集 A 的范数 $|A|$ 的定义变成上面例子里的定义。

4. 下面这个例子在许多方面类似于前面的例子。如前所述，设我们假定考察中的布尔代数是集合 J 的子集代数。但是现在我们选择一个单位正方形作为全集合 J，使得集合 J 的各种子集是放在正方形里的某些几何图形。所谓集合 A 的范数(绝对值)，我们指的是图形 A 的面积。十分清楚，在这种定义下，定义范数的条件(1)是满足的，条件(2)也成立。在这种情况下，条件(2)意味着若一个图形 C 分成不相交的两部分 A 与 B（即 $AB=0$），则 C 的面积等于图形 A 与 B 的面积之和。我们知道，在这种情况下附于范数上的条件有简单的含义，并且这些条件类似于定义几何图形面积概念的条件，把这样定义的范数赋予正方形 J 的子集代数，它就成为一个正规布尔代数。若全集合 J 不是单位正方形而是某些其他的具有面积 S 的几何图形，也几乎没有什么改变。在后面这个情况，一个图形 A 的范数应当定义为它的面积除以 S，即定义为图形 A 是“成比例地放入”整个图形 J 里的。类似地，若我们取一个三维立体作为 J，则自然地，它的子集 A 的范数定义为 A 的体积(必要时，用整个 J 的体积去除)。

这个例子也可以有许多推广，假定立体 J 是一均匀厚度的薄金属板，它是用任意不同种类的材料做成的。设在点 $M=(x,y)$ 处材料的比重(即每单位面积的重量)通过(非负的)函数 $f(M)=f(x,y)$ 决定。设我们取金属板 J 的 A 部分之重量为子集 A 的范数，这个重量是通过积分的方法计算的：

$$|A| = \iint_A f(M)\,\mathrm{d}\sigma = \iint f(x,y)\,\mathrm{d}x\mathrm{d}y,$$

在这里，$\mathrm{d}\sigma$ 是邻接(或包含)点 M 的(无穷小)面积元素。“单位重量”的选择应当使整个板 J 的重量等于一个单位，即

$$\iint_J f(M)\,\mathrm{d}\sigma = \iint_J f(x,y)\,\mathrm{d}x\mathrm{d}y = 1。$$

很容易理解，引入以这种方式定义的范数[借助于一个任意的非负函数 $f(x,y)$，仅要求它符合上面写出的“正规化条件”]，将把图形 A 的布尔代数变成一种正规布尔代数。

用同样的方法，我们还可以构造一个正规布尔代数，它的元素是包含在

给定三维立体 J 中的任意区域，假定这个立体用不同种类的材料做成，并且在 J 里的一个区域的范数等于它的重量。

5. 让我们考察下面这种布尔代数，它的元素是正整数 N 的各个因子，对它们定义了数的“和”与“积”，分别为它们的最小公倍数及它们的最大公因数。在这种情况下，我们可以定义数 a 的范数 $|a|$ 为此数的对数，或更确切一些，为比值 $\frac{\log a}{\log N}$①，这是因为数 N（它起布尔代数里元素 ι 的作用）的范数应当等于 1。事实上，在这种情况下条件(1)显然是满足的。进一步，若条件 $a \otimes b=(a,\ b)=1$ 对某些数 a 与 b 是满足的（在这里，数 1 起了布尔代数中元素 o 的作用），这意味着两个给出的数 a 与 b 是互素的。在这种情况下，我们有

$$a \oplus b=[a, b]=ab,$$

因此

$$\log(a \oplus b)=\log ab=\log a+\log b,$$

$$|a \oplus b|=|a|+|b|。$$

这样，我们证明了正规布尔代数定义里的条件(2)在这里也是成立的。因此，这个例子也是一种正规布尔代数。

6. 我们假定布尔代数的元素是 $[0, l]$ 里的所有实数 x。设运算定义为 $a \oplus b=\max[a,\ b]$，$a \otimes b=\min[a,\ b]$ 和 $\bar{a}=1-a$（此外，$o=0$，$\iota=1$，并且当 $a \geqslant b$ 时令 $a \supset b$）。同样能够容易地看出，若我们令 $|a|=a$，这也是一种正规布尔代数。定义布尔代数元素范数的条件(1)显然是满足的，关于条件(2)可从下列事实得出：仅当布尔代数元素 a 与 b 之一与 0 相同

① 在这里，对数底的选择是不重要的，因为比值 $\frac{\log a}{\log N}$ 独立于底。事实上，对数底从 b 到 c 的改变只不过是将所有对数乘以常数因子 $\log_c b$（先前的以 b 为底的对数系统相对于后来的以 c 为底的对数系统需要乘以此模数）：$\log_c m=\log_c b \cdot \log_b m$。我们也可以用 $|a|=\log_N a$ 代替 $|a|=\frac{\log a}{\log N}$（因为对任意 n，有 $\log_N a=\frac{\log_n a}{\log_n N}$）。

时，我们有 $a \otimes b = 0$。例如，若 $b = 0$，则显然 $a \oplus b = a$ 和 $|a \oplus b| = |a| = |a| + 0 = |a| + |b|$。

7. 若我们把范数引入开关电路代数，能够得到另一种有意义的正规布尔代数的例子。根据定义，对于电路部分 A 所包含的开关的给定状态，当电流可以通过时令电路部分 A 的范数 $|A| = 1$，并且当电流不能流过 A 时，令 $|A| = 0$。那么自然地，定义正规布尔代数的条件(1)是满足的，因为范数的所有可能值等于 0 或 1，起元素 o 作用的电路部分 O 的范数等于 0(这个电路部分任何时候都不让电流通过)，并且起元素 ι 作用的电路部分 I 的范数等于 1。而且，等式 $AB = O$ 意味着电路部分 A 和 B 中至少有一个不允许电流通过，比如说 A，因此当 $AB = O$ 时，电路 $A + B$ 在另一个电路部分(B)导通电流时允许电流通过，若 B 不导通，则 $A + B$ 也不能通过电流，因而对于这样的电路 A 与 B，我们得出 $|A + B| = |A| + |B|$。

8. 让我们考察一个例子，它类似于上面考察过的正规布尔代数。我们引入命题代数里命题 p 的范数 $|p|$，当命题 p 是真的时，令 $|p| = 1$；当 p 是假的时，令 $|p| = 0$。这里，我们也有 $0 \leqslant |p| \leqslant 1$(或更确切地说，$|p| = 0$ 或 $|p| = 1$)，并且 $|o| = 0$，$|\iota| = 1$。而且，关系式 $pq = 0$ 意味着命题“p 与 q”是假的，即两个命题 p 和 q 中至少有一个是假的，比如说是 p，因此，在 $pq = 0$ 的情况下，当且仅当另一个命题(q)是真的时，命题 $p + q$(即命题“p 或 q”)是真的。因此，在这种情况里容易得出 $|p + q| = |p| + |q|$。

命题代数元素的正规化条件是把两个数 0 与 1 之一赋予每一个命题，这两个数是命题的真值。命题代数的所有运算可以通过指出合成命题的真值来表示，这些合成命题是利用这些运算从组成(基本)命题得到的，它们的真值依赖于组成命题的真值。两个命题 p 与 q 之和(析取) $p + q$ 通过下列条件来表示：$p + q$ 是真的当且仅当命题 p 与 q 中至少有一个是真的。同样，这些命题之积(合取) pq 是真的当且仅当两个命题 p 与 q 都是真的。因此，运算 $p + q$ 及 pq 可以通过下面的“真值表”来描述：

$\|p\|$	$\|q\|$	$\|p+q\|$	$\|pq\|$
1	1	1	1
1	0	1	0
0	1	1	0
0	0	0	0

用完全同样的方式,我们可以编出相应于其他任何一个合成命题的真值表。相应于否定运算的真值表特别简单:

$\|p\|$	$\|\bar{p}\|$
1	0
0	1

显然这样的真值表完全表征了与它所相应的命题的特点。类似地,一个电路的范数表示了电路的导通性,它是电路的唯一重要的特性:导通性这种量度等于 1 或 0,取决于电流是否能从这个电路通过。

这里,我们不再更详细地讨论命题以及表示开关电路导通性意义的真值表。让我们研究正规布尔代数在初等数学问题中的一些其他应用例子。

从布尔代数元素范数(绝对值)的性质(1)与(2),我们可以进一步得到范数的某些性质。首先得出,若 $\alpha\bar{\alpha}=o$ 和 $\alpha+\bar{\alpha}=\iota$,则

$$|\alpha|+|\bar{\alpha}|=|\alpha+\bar{\alpha}|=|\iota|=1,$$

因此,我们知道

$$|\bar{\alpha}|=1-|\alpha|\text{对所有 }\alpha\text{ 成立。}$$

进一步,对布尔代数任意两个元素 α 和 β,已知它们有关系式 $\alpha\supset\beta$ 成立,那么存在一个元素 ξ(元素 α 与 β 之间的"差"),使得

$$\alpha=\beta+\xi\text{ 和 }\beta\xi=o,$$

这得出

$$|\alpha|=|\beta+\xi|=|\beta|+|\xi|\geqslant|\beta|,$$

或换句话说

$$若\ \alpha \supset \beta,则 |\alpha| \geq |\beta|。$$

对有 $\alpha \supset \beta$ 关系成立的两个元素 α 和 β,它们的"差"存在还意味着对布尔代数的任意两个元素 α 和 β,我们有

$$\alpha + \beta = \alpha + (\beta - \alpha\beta),$$

这里元素 $\beta - \alpha\beta$(β 和 $\alpha\beta$ 之"差")具有性质 $\alpha \cdot (\beta - \alpha\beta) = o$,并且还有

$$\beta = \alpha\beta + (\beta - \alpha\beta)。$$

根据条件(2),我们得到

$$|\alpha + \beta| = |\alpha| + |\beta - \alpha\beta| 和 |\beta| = |\alpha\beta| + |\beta - \alpha\beta|,$$

第一个等式减去第二个等式(这些都是数的等式),并且将 $|\beta|$ 项移到右边,我们得到关系式

$$|\alpha + \beta| = |\alpha| + |\beta| - |\alpha\beta|。 \tag{3.1}$$

例如,令 $|A|$ 和 $|B|$ 是两个几何图形 A 和 B 的面积,那么和 $|A| + |B|$ 含有交 AB 的面积两次(图 3.1),因此

$$|A + B| = |A| + |B| - |AB|。$$

例如,设有一组学生共 22 个人,他们中有 10 个学生是象棋手,8 个学生能玩跳棋,以及有 3 个学生象棋和跳棋都会玩,那么有多少学生既不会玩象棋又不会玩跳棋?

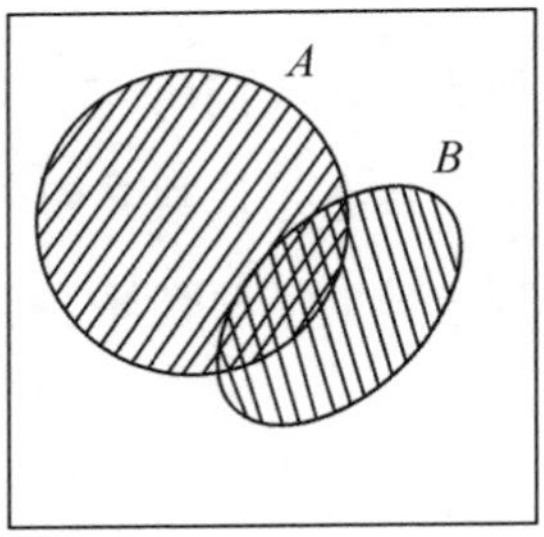

图 3.1

设我们用符号 Ch 表示那些会玩象棋的学生集合,用符号 Dr 表示那些会玩跳棋的学生集合,我们还设这组学生集合代数的范数也被定义。我们必须确定集合

$$\overline{Ch} \cdot \overline{Dr} = \overline{Ch + Dr}$$

里学生的数目(见相应的德·摩根定律)。我们有

$$|Ch| = \frac{10}{22}, |Dr| = \frac{8}{22} 和 |Ch \cdot Dr| = \frac{3}{22},$$

根据公式(3.1),我们得到

$$
\begin{aligned}
|Ch+Dr| &= |Ch|+|Dr|-|Ch\cdot Dr| \\
&= \frac{10}{22}+\frac{8}{22}-\frac{3}{22}=\frac{15}{22},
\end{aligned}
$$

因此,

$$
\begin{aligned}
|\overline{Ch}\cdot\overline{Dr}| &= |\overline{Ch+Dr}| \\
&= 1-|Ch+Dr| = 1-\frac{15}{22}=\frac{7}{22}。
\end{aligned}
$$

这样,在组里有 7 个学生既不会玩象棋又不会玩跳棋。

很清楚,公式(3.1)是范数性质(2)的推广。对于 $\alpha\beta = o$,将得出性质(2)。从公式(3.1)还可以得出,对正规布尔代数的任意两个元素 α 和 β,我们有

$$
|\alpha+\beta| \leqslant |\alpha|+|\beta|。 \tag{3.2}
$$

布尔代数元素绝对值(范数)的这个性质类似于熟知的数的绝对值性质。

我们还要指出,公式(3.1)可以进一步推广。让我们考察正规布尔代数的任意三个元素 α_1,α_2 和 α_3。根据公式(3.1),我们有

$$
\begin{aligned}
|\alpha_1+\alpha_2+\alpha_3| &= |\alpha_1+(\alpha_2+\alpha_3)| \\
&= |\alpha_1|+|\alpha_2+\alpha_3|-|\alpha_1(\alpha_2+\alpha_3)| \\
&= |\alpha_1|+(|\alpha_2|+|\alpha_3|- \\
&\quad |\alpha_2\alpha_3|)-|\alpha_1\alpha_2+\alpha_1\alpha_3| \\
&= |\alpha_1|+|\alpha_2|+|\alpha_3|-|\alpha_2\alpha_3|- \\
&\quad (|\alpha_1\alpha_2|+|\alpha_1\alpha_3|-|\alpha_1\alpha_2\alpha_3|) \\
&= |\alpha_1|+|\alpha_2|+|\alpha_3|-|\alpha_2\alpha_3|- \\
&\quad |\alpha_1\alpha_2|-|\alpha_1\alpha_3|+|\alpha_1\alpha_2\alpha_3|,
\end{aligned}
$$

因为显然有$(\alpha_1\alpha_2)\cdot(\alpha_1\alpha_3)=\alpha_1\alpha_2\alpha_3$。我们可以类似地表示四个元素和的范数

$$
\begin{aligned}
&|\alpha_1+\alpha_2+\alpha_3+\alpha_4| \\
=&|\alpha_1+(\alpha_2+\alpha_3+\alpha_4)| \\
=&|\alpha_1|+|\alpha_2+\alpha_3+\alpha_4|-|\alpha_1(\alpha_2+\alpha_3+\alpha_4)| \\
=&|\alpha_1|+(|\alpha_4|+|\alpha_2|+|\alpha_3|-|\alpha_4\alpha_2|-|\alpha_4\alpha_3|- \\
&|\alpha_2\alpha_3|+|\alpha_4\alpha_2\alpha_3|)-|\alpha_1\alpha_2+\alpha_1\alpha_3+\alpha_1\alpha_4| \\
=&|\alpha_1|+|\alpha_2|+|\alpha_3|+|\alpha_4|-|\alpha_2\alpha_3|- \\
&|\alpha_3\alpha_4|-|\alpha_2\alpha_4|+|\alpha_2\alpha_3\alpha_4|-(|\alpha_1\alpha_2|+ \\
&|\alpha_1\alpha_3|+|\alpha_1\alpha_4|-|\alpha_1\alpha_2\alpha_3|-|\alpha_1\alpha_3\alpha_4|- \\
&|\alpha_1\alpha_2\alpha_4|+|\alpha_1\alpha_2\alpha_3\alpha_4|) \\
=&|\alpha_1|+|\alpha_2|+|\alpha_3|+|\alpha_4|-|\alpha_1\alpha_2|- \\
&|\alpha_2\alpha_3|-|\alpha_1\alpha_3|-|\alpha_1\alpha_4|-|\alpha_2\alpha_4|- \\
&|\alpha_3\alpha_4|+|\alpha_1\alpha_2\alpha_3|+|\alpha_1\alpha_3\alpha_4|+ \\
&|\alpha_1\alpha_2\alpha_4|+|\alpha_2\alpha_3\alpha_4|-|\alpha_1\alpha_2\alpha_3\alpha_4|。
\end{aligned}
$$

一般地，

$$
\begin{aligned}
&|\alpha_1+\alpha_2+\cdots+\alpha_n| \\
=&\sum|\alpha_i|-\sum_{(i_1,i_2)}|\alpha_{i_1}\alpha_{i_2}|+\sum_{(i_1,i_2,i_3)}|\alpha_{i_1}\alpha_{i_2}\alpha_{i_3}|-\cdots+ \\
&(-1)^{n-2}\sum_{(i_1,i_2,\cdots,i_{n-1})}|\alpha_{i_1}\alpha_{i_2}\cdots\alpha_{i_{n-1}}|+ \\
&(-1)^{n-1}|\alpha_1\alpha_2\alpha_3\cdots\alpha_n|。
\end{aligned}
\tag{3.3}
$$

在这里，求和号下的符号$(i_1,i_2,\cdots,i_k)$表示：求和过程遍及彼此不同的标号$i_1,i_2,\cdots,i_k$的所有可能的组合，这些标号中的每一个可以等于1,2,3,…,n，并且和"$\sum\limits_{(i_1,i_2,\cdots,i_n)}$"仅包含一项（因此在表达式右边最后一项不涉及求和号"$\sum$"）。

用同样的方法，我们从公式(3.2)可以得到关系式

$$|\alpha_1+\alpha_2+\cdots+\alpha_n|\leqslant|\alpha_1|+|\alpha_2|+\cdots+|\alpha_n|, \tag{3.4}$$

根据数学归纳法它可以很容易被证明。

下面是表示公式(3.3)各种应用的一些例子。

例 3.1　在一群人中已知:

60% 的人说英语;

30% 的人说法语;

20% 的人说德语;

15% 的人说英语和法语;

5% 的人说英语和德语;

2% 的人说法语和德语;

1% 的人说所有三种语言。

三种语言都不会说的人所占百分比是多少?

解　设我们用 e、f、g 分别表示说英语者的集合、说法语者的集合、说德语者的集合,那么,例如 ef 就是说英语和法语两种语言者的集合。我们把这群人的集合代数看成正规布尔代数。根据公式(3.3),我们有

$$\begin{aligned}&|e+f+g|\\&=|e|+|f|+|g|-|ef|-|eg|-|fg|+|efg|\\&=0.6+0.3+0.2-0.15-0.05-0.02+0.01\\&=0.89,\end{aligned}$$

因此,三种语言都不会说的人所占百分比等于

$$\begin{aligned}|\bar{e}\bar{f}\bar{g}|=|\overline{e+f+g}|&=1-|e+f+g|\\&=1-0.89=0.11=11\%。\end{aligned}$$

这样,有 11% 的人三种语言都不会说①。

---

①　在这个解里,我们利用了下面的事实,这个事实用数学归纳法可以很容易证明:对布尔代数元素 $\alpha_1,\alpha_2,\cdots,\alpha_k$ 的任意数 k,存在关系式

$$\bar{\alpha}_1\cdot\bar{\alpha}_2\cdot\cdots\cdot\bar{\alpha}_k=\overline{\alpha_1+\alpha_2+\cdots+\alpha_k}。$$

对于 $k=2$,这个关系式变成德 · 摩根公式 $\bar{\alpha}_1\bar{\alpha}_2=\overline{\alpha_1+\alpha_2}$。具体地说,我们利用了 $\bar{e}\bar{f}\bar{g}=\overline{e+f+g}$。

例 3.2① 在一个班里有 25 个学生,他们中间有 17 个学生是自行车运动员,13 个学生是游泳运动员,8 个学生是滑雪运动员,但没有一个学生在所有三项运动里都是优良的。骑自行车的、游泳的和滑雪的学生在数学学习上有合格的分数(我们约定学生的成绩用“优良”“合格”和“坏”三种分数来评估),并且已知班上有 6 个学生在数学上得到坏分数。在班上有多少学生在数学上有优良的分数?有多少游泳运动员会滑雪?

解 设我们用符号 C_y、S_w 和 S_k 分别表示骑自行车运动员、游泳运动员、滑雪运动员的集合。而且,设 G 表示那些在数学上有优良分数的学生集合,S 表示那些在数学上有合格分数的学生集合,最后 B 是那些在数学上有坏分数的学生集合。那么,问题的条件可写为下列形式:

(1) $|C_y| = \frac{17}{25}, |S_w| = \frac{13}{25}, |S_k| = \frac{8}{25}$;

(2) $|C_yS_wS_k| = 0$;

(3) $|SC_y| = |C_y|, |SS_w| = |S_w|, |SS_k| = |S_k|$;

(4) $|B| = \frac{6}{25}$。

要求确定范数$|G|$的值和$|S_wS_k|$的值。显然

$$|G| + |S| + |B| = |G + S + B| = |J| = 1,$$

因此

$$|G| + |S| = 1 - |B| = 1 - \frac{6}{25} = \frac{19}{25}。$$

设我们用 S_0、S_1 和 S_2 分别表示在数学上有合格分数的下列学生集合:不能骑自行车、不能游泳及不能滑雪的学生集合,在这些运动里至少有一项是优良的学生集合,以及有两项运动是优良的学生集合(因为没有一个学生所有三项运动都是优良的)。那么,我们可以有

$$|S| = |S_0| + |S_1| + |S_2|,$$

---

① 这个问题的想法和解答选自 H. 斯坦豪斯所著的《100 个初等数学问题》。

因此

$$|G|+|S_0|+|S_1|+|S_2|=\frac{19}{25}。\tag{3.5}$$

然而,我们有

$$\begin{aligned}&|S_1|+|S_2|\\=&|SC_y+SS_w+SS_k|\\=&|SC_y|+|SS_w|+|SS_k|-|SC_yS_w|-\\&|SC_yS_k|-|SS_wS_k|\\=&|C_y|+|S_w|+|S_k|-|SC_yS_w|-\\&|SC_yS_k|-|SS_wS_k|\\=&\frac{17}{25}+\frac{13}{25}+\frac{8}{25}-|S_2|=\frac{38}{25}-|S_2|,\end{aligned}$$

这里,我们又利用了以下事实:没有一个学生在所有三项运动里都是优良的。这得出

$$|S_1|+2|S_2|=\frac{38}{25}。\tag{3.6}$$

现在将等式(3.5)乘 2,并减去等式(3.6),得出

$$2|G|+2|S_0|+|S_1|=0。$$

因为三个非负数之和等于零,仅在其中每一个数都等于零时才有可能,这样我们得到

$$|G|=0,|S_0|=0\text{ 和 }|S_1|=0。$$

条件$|S_1|=0$意味着那些在一种运动里是优良的学生在另一种运动里也是优良的。考虑到这一点,我们得到下面的方程组

$$\begin{cases}\frac{17}{25}=|C_y|=|C_yS_w+C_yS_k|=|C_yS_w|+|C_yS_k|,\\ \frac{13}{25}=|S_w|=|C_yS_w+S_wS_k|=|C_yS_w|+|S_wS_k|,\\ \frac{8}{25}=|S_k|=|C_yS_k+S_wS_k|=|C_yS_k|+|S_wS_k|,\end{cases}$$

我们求得

$$|C_yS_w|=\frac{11}{25},|C_yS_k|=\frac{6}{25}\text{和}|S_wS_k|=\frac{2}{25}。$$

因此,在数学上有优良分数的学生数等于0,会滑雪的游泳运动员数等于2。

例3.3① 一个覆盖层面积为1,它由五片所组成,其中每一片面积不小于$\frac{1}{2}$。证明:至少存在两片,它们是重叠的,其公共部分面积不小于$\frac{1}{5}$。

解 设我们把这些片(它们被作为单位面积覆盖层J的子集)表示为A_1,A_2,A_3,A_4和A_5;它们彼此的交表示为A_{12}, A_{13}等。我们已知$|A_i|\geqslant\frac{1}{2}$,这里$i=1,2,3,4,5$,需要估计量$|A_{ij}|$。根据公式(3.3),我们可以有

$$\begin{aligned}1&=|J|\geqslant|A_1+A_2+A_3+A_4+A_5|\\&=\sum_{i=1}^{5}|A_i|-\sum_{(i,j)}|A_{ij}|+\sum_{(i,j,k)}|A_{ijk}|-\\&\quad\sum_{(i,j,k,t)}|A_{ijkt}|+|A_{12345}|,\end{aligned}$$

由此得

$$\begin{aligned}&1-\sum_{i=1}^{5}|A_i|+\sum_{(i,j)}|A_{ij}|-\sum_{(i,j,k)}|A_{ijk}|+\\&\sum_{(i,j,k,t)}|A_{ijkt}|-|A_{12345}|\geqslant0。\qquad(3.7)\end{aligned}$$

现在,我们从得到的不等式中消去$\sum\limits_{(i,j,k)}|A_{ijk}|$项以及它后面的几项。为此,我们利用同样的公式(3.3),得到

$$\begin{aligned}|A_1|&\geqslant|A_{12}+A_{13}+A_{14}+A_{15}|\\&=\sum_{i=2}^{5}|A_{1i}|-\sum_{(i,j)}|A_{1ij}|+\sum_{(i,j,k)}|A_{1ijk}|-|A_{12345}|,\end{aligned}$$

这里,求和的下标i,j,k遍及2, 3, 4,5。用同样的方式,我们可以对$|A_2|$,

① 这个例子可以广泛推广,见什克莱斯凯、雅格洛姆和切特索夫所写的《几何估计和组合几何问题》一书中第59个和第60个问题,俄文版。

$|A_3|$,$|A_4|$和$|A_5|$写出类似的不等式,将这样得到的不等式都加起来,我们有

$$\sum_{i=1}^{5}|A_i| \geqslant 2\sum_{(i,j)}|A_{ij}| - 3\sum_{(i,j,k)}|A_{ijk}| + 4\sum_{(i,j,k,t)}|A_{ijkt}| - 5|A_{12345}|,$$

由此得

$$\sum_{i=1}^{5}|A_i| - 2\sum_{(i,j)}|A_{ij}| + 3\sum_{(i,j,k)}|A_{ijk}| - 4\sum_{(i,j,k,t)}|A_{ijkt}| + 5|A_{12345}| \geqslant 0。\tag{3.8}$$

设我们用$\frac{1}{3}$乘不等式(3.8),并且将结果加到式(3.7)上去,用这种办法得到的不等式不包含$\sum_{(i,j,k)}|A_{ijk}|$项

$$1 - \frac{2}{3}\sum_{i=1}^{5}|A_i| + \frac{1}{3}\sum_{(i,j)}|A_{ij}| - \frac{1}{3}\sum_{(i,j,k,t)}|A_{ijkt}| + \frac{2}{3}|A_{12345}| \geqslant 0。\tag{3.9}$$

很清楚,五个值$|A_{1234}|$,$|A_{1235}|$,$|A_{1245}|$,$|A_{1345}|$,$|A_{2345}|$中的每一个都不小于$|A_{12345}|$,因此

$$\sum_{(i,j,k,t)}|A_{ijkt}| \geqslant 5|A_{12345}|,$$

而且

$$\frac{1}{3}\sum_{(i,j,k,t)}|A_{ijkt}| - \frac{2}{3}|A_{12345}| \geqslant |A_{12345}| \geqslant 0,$$

于是,不等式也可以写为

$$1 - \frac{2}{3}\sum_{i=1}^{5}|A_i| + \frac{1}{3}\sum_{(i,j)}|A_{ij}| \geqslant 0。$$

由此,我们得到不等式

$$\sum_{(i,j)}|A_{ij}| \geqslant 2\sum_{i=1}^{5}|A_i| - 3 \geqslant 2\left(5 \times \frac{1}{2}\right) - 3 = 2。$$

现在,在求和 $\sum_{(i,j)} |A_{ij}|$ 里的项数共计等于 $C_5^2 = 10$,我们断定,这些项里至少有一项不少于

$$2:10 = \frac{1}{5},$$

这正是我们要证明的。

1. 布尔函数的范式

本节中我们将讨论布尔函数的一种比标准形式更特殊的表达式——范式。

定义 3.1 形如

$$x_1^{e_1}x_2^{e_2}\cdots x_n^{e_n}$$

的乘积称为变元 $x_1,x_2,\cdots,x_n$ 的最小项，其中 $e_k=0$ 或 1，且 x_k^0 表示 $x_k{}'$，x_k^1 表示 $x_k(k=1,2,\cdots,n)$。

例如，xyz，xyz'，$x'y'z'$都是变元 x，y，z 的最小项。由于最小项中每个变元都取带撇和不带撇两种形式之一，n 个变元共有 2^n 种取法，因此最小项的数目是 2^n。

最小项（用带有下标的 m 表示）可按如下方法编号：分别用数字 0 和 1 代替最小项中带撇和不带撇的变元，于是每个最小项都相应于一个二进制的数，将它化为十进制，便用这个数作为该最小项的下标。

二进制是用 0，1 两个数码来表示任意数的方法，也就是以 2 为基数的计数方法。设正整数 N 分解为 2 的幂次之和（每一个正整数都可以唯一地这样分解）

$$N=\alpha_n2^n+\alpha_{n-1}2^{n-1}+\cdots+\alpha_12^1+\alpha_02^0,$$

其中 $\alpha_k=0$ 或 $1(k=0,1,\cdots,n)$，则 $\alpha_n\alpha_{n-1}\cdots\alpha_0$ 就是 N 的二进制表示。例如

$$21=1\times2^4+0\times2^3+1\times2^2+0\times2^1+1\times2^0,$$

故 21 的二进制表示为 10101。又如，设 N 的二进制表示为 11001，则

$$N=1\times2^4+1\times2^3+0\times2^2+0\times2^1+1\times2^0=25。$$

于是，二变元 x，y 的最小项可编号为

$$m_0=x'y' \qquad (00)$$

$$m_1=x'y \qquad (01)$$

$$m_2 = xy' \qquad (10)$$

$$m_3 = xy \qquad (11)$$

三变元 x, y, z 的最小项可编号为

$$m_0 = x'y'z' \qquad (000)$$

$$m_1 = x'y'z \qquad (001)$$

$$m_2 = x'yz' \qquad (010)$$

$$m_3 = x'yz \qquad (011)$$

$$m_4 = xy'z' \qquad (100)$$

$$m_5 = xy'z \qquad (101)$$

$$m_6 = xyz' \qquad (110)$$

$$m_7 = xyz \qquad (111)$$

根据布尔代数的运算律,任何 n 元布尔函数 $f(x_1, x_2, \cdots, x_n)$ 都可以表示为最小项之和的形式,即

$$f(x_1, x_2, \cdots, x_n) = \sum_{i=0}^{2n-1} \alpha_i m_i, \qquad (3.10)$$

其中 $\alpha_i = 0$ 或 1。f 的这种表达式称为它的析取范式。

把布尔函数化为析取范式的步骤是:

(1) 先化为析取标准形式;

(2) 若某加项缺少变元 x_k,则将它乘以 $x_k + x_k'$,并根据第一分配律将它展开为两项之和;

(3) 根据幂等律、互补律去掉多余或重复的项。

例 3.4 将 $f = [x + z + (y + z)']' + yx$ 化为析取范式。

解

$$\begin{aligned} f &= x'z'y + x'z'z + yx \\ &= x'z'y + yx(z + z') \quad (\text{互补律}) \\ &= x'z'y + xyz + xyz' \quad (\text{分配律}) \\ &= x'yz' + xyz + xyz' \quad (\text{交换律}) \end{aligned}$$

$$= m_2 + m_7 + m_6。$$

例 3.5　将 $xy+(x+z')'$ 化为析取范式。

解

$$\begin{aligned} xy &= xy(z+z') \\ &= xyz + xyz' \\ &= m_7 + m_6, \\ (x+z')' &= x'z \\ &= x'z(y+y') \\ &= x'zy + x'zy' \\ &= m_3 + m_1, \end{aligned}$$

故

$$xy+(x+z')' = m_1 + m_3 + m_6 + m_7。$$

例 3.6　将 $x+yz'$ 化为析取范式。

解

$$\begin{aligned} x &= x(y+y') \\ &= xy + xy' \\ &= xy(z+z') + xy'(z+z') \\ &= xyz + xyz' + xy'z + xy'z' \\ &= m_7 + m_6 + m_5 + m_4, \\ yz' &= yz'(x+x') \\ &= xyz' + x'yz' = m_6 + m_2, \end{aligned}$$

由以上两式并根据幂等律删去重复的项,即得

$$x+yz' = m_2 + m_4 + m_5 + m_6 + m_7。$$

定义 3.2　形如

$$x^{e_1} + x^{e_2} + \cdots + x^{e_n}$$

的和称为变元 $x_1, x_2, \cdots, x_n$ 的最大项,其中 $e_k = 0$ 或 1,且 x_k^0 表示 x_k',x_k^1 表示 $x_k(k=1, 2, \cdots, n)$。

例如，$x_1+x_2+x_3$，$x_1+x_2+x_3'$都是变元 x_1,x_2,x_3 的最大项。易知，n 个变元的最大项数目也是 2^n。

最大项（用带有下标的 M 表示）也可按如下的方法编号：分别用数字 0 和 1 代替最大项中带撇和不带撇的变元，于是每个最大项都对应一个二进制的数，将它化为十进制，即得相应最大项的下标。

于是，二变元 x,y 的最大项可编号为

$$M_0=x'+y' \qquad (00)$$

$$M_1=x'+y \qquad (01)$$

$$M_2=x+y' \qquad (10)$$

$$M_3=x+y \qquad (11)$$

三变元 x，y，z 的最大项可编号为

$$M_0=x'+y'+z' \qquad (000)$$

$$M_1=x'+y'+z \qquad (001)$$

$$M_2=x'+y+z' \qquad (010)$$

$$M_3=x'+y+z \qquad (011)$$

$$M_4=x+y'+z' \qquad (100)$$

$$M_5=x+y'+z \qquad (101)$$

$$M_6=x+y+z' \qquad (110)$$

$$M_7=x+y+z \qquad (111)$$

与析取范式相对偶，n 元布尔函数 $f(x_1, x_2,\cdots,x_n)$ 也可用最大项的积来表示，即表示为

$$f(x_1,x_2,\cdots,x_n)=\prod_{i=0}^{2n-1}(\beta_i+M_i), \tag{3.11}$$

其中 $\beta_i=0$ 或 1。f 的这种表示式称为它的合取范式。

把布尔函数化成合取范式的步骤是：

（1）先化为合取标准形式；

(2) 若某因子缺少变元 x_k,则将它加上 $x_k x_k'$,并根据第二分配律展开为两项之积;

(3) 根据幂等律、互补律去掉多余或重复的因子。

例 3.7　将 $xy+x'z$ 化为合取范式。

解　由分配律与互补律有

$$\begin{aligned} xy+x'z &= (xy+x')(xy+z) \\ &= (x+x')(y+x')(x+z)(y+z), \end{aligned}$$

又有

$$\begin{aligned} x'+y &= x'+y+zz' \\ &= (x'+y+z)(x'+y+z') = M_3 M_2, \\ x+z &= x+z+yy' \\ &= (x+y+z)(x+y'+z) = M_7 M_5, \\ y+z &= y+z+xx' \\ &= (x+y+z)(x'+y+z) = M_7 M_3, \end{aligned}$$

于是我们得到

$$xy+x'z = M_3 M_2 M_7 M_5 M_7 M_3 = M_2 M_3 M_5 M_7。$$

例 3.8　将 $x+yz'$ 化为合取范式。

解　根据同样的步骤,有

$$\begin{aligned} x+yz' &= (x+y)(x+z'), \\ x+y &= x+y+zz' \\ &= (x+y+z)(x+y+z') = M_7 M_6, \\ x+z' &= x+z'+yy' \\ &= (x+y+z')(x+y'+z') \\ &= M_6 M_4, \end{aligned}$$

故有

$$x+yz' = M_4 M_6 M_7。$$

与标准形式不同,布尔函数的两种范式都是唯一的。事实上,设布尔函数$f(x_1,x_2,\cdots,x_n)$有两种析取范式f_1与f_2，其中f_1含有最小项$m_i=x_1^{e_1}x_2^{e_2}\cdots x_n^{e_n}$，而$f_2$则不含$m_i$。令$x_k=e_k(k=1,2,\cdots,n)$，则$m_i$取值1，而任一异于$m_i$的最小项都取值0，所以$f_1$取值1，而$f_2$则取值0，故$f_1$与$f_2$不可能是同一布尔函数的表达式，这就产生矛盾。

同理可证合取范式也是唯一的。

根据范式的唯一性，如果我们要检验两个布尔函数$f(x_1,x_2,\cdots,x_n)$与$g(x_1,x_2,\cdots,x_n)$是否相等，只要将f,g分别展开为析取范式（或合取范式），然后进行比较即可。

例3.9 设

$$f(x,y,z)=x'y'+yz+xz',$$

$$g(x,y,z)=x'(y'+z)+x(y+z'),$$

则由互补律及分配律有

$$\begin{aligned}f&=x'y'(z+z')+yz(x+x')+xz'(y+y')\\&=x'y'z+x'y'z'+xyz+x'yz+xyz'+xy'z',\end{aligned}$$

$$\begin{aligned}g&=x'y'+x'z+xy+xz'\\&=x'y'(z+z')+x'z(y+y')+\\&\quad xy(z+z')+xz'(y+y')\\&=x'y'z+x'y'z'+x'yz+x'y'z+\\&\quad xyz+xyz'+xyz'+xy'z'\\&=x'y'z+x'y'z'+x'yz+xyz+xyz'+xy'z',\end{aligned}$$

比较以上两式即得

$$f(x,y,z)=g(x,y,z)。$$

我们曾指出，n元布尔函数都可以唯一地表示为式(3.10)的形式，因此，只要在式(3.10)中令$\alpha_i(0\leqslant i<2^n)$按一切可能方式取值0或1，就能得到所有的$n$元布尔函数。我们知道，每个$\alpha$的值有两种选择，$2^n$个$\alpha$的值就有$2^{2^n}$种选择方式，因此$n$元布尔函数共有$2^{2^n}$种。同样，在式(3.11)中令$\beta_i(0\leqslant i<2^n)$按一切可能方式取值0或1，也能得到$2^{2^n}$种$n$元布尔函数。

例如，二元布尔函数共有 $2^{2^2}=16$ 种，它们的范式及化简后的布尔表达式如表 3.1 及表 3.2 所示。

表 3.1

α_0	α_1	α_2	α_3	析取范式	化简表达式
0	0	0	0	0	0
0	0	0	1	m_3	xy
0	0	1	0	m_2	xy'
0	0	1	1	m_2+m_3	x
0	1	0	0	m_1	$x'y$
0	1	0	1	m_1+m_3	y
0	1	1	0	m_1+m_2	$x'y+xy'$
0	1	1	1	$m_1+m_2+m_3$	$x+y$
1	0	0	0	m_0	$x'y'$
1	0	0	1	m_0+m_3	$x'y'+xy$
1	0	1	0	m_0+m_2	y'
1	0	1	1	$m_0+m_2+m_3$	$x+y'$
1	1	0	0	m_0+m_1	x'
1	1	0	1	$m_0+m_1+m_3$	$x'+y$
1	1	1	0	$m_0+m_1+m_2$	$x'+y'$
1	1	1	1	$m_0+m_1+m_2+m_3$	1

表 3.2

β_0	β_1	β_2	β_3	合取范式	化简表达式
1	1	1	1	1	1
1	1	1	0	M_3	$x+y$
1	1	0	1	M_2	$x+y'$
1	1	0	0	M_2M_3	x
1	0	1	1	M_1	$x'+y$
1	0	1	0	M_1M_3	y

续表 3.2

β_0	β_1	β_2	β_3	合取范式	化简表达式
1	0	0	1	M_1M_2	$(x'+y)(x+y')$
1	0	0	0	$M_1M_2M_3$	xy
0	1	1	1	M_0	$x'+y'$
0	1	1	0	M_0M_3	$(x'+y')(x+y)$
0	1	0	1	M_0M_2	y'
0	1	0	0	$M_0M_2M_3$	xy'
0	0	1	1	M_0M_1	x'
0	0	1	0	$M_0M_1M_3$	$x'y$
0	0	0	1	$M_0M_1M_2$	$x'y'$
0	0	0	0	$M_0M_1M_2M_3$	0

2. 范式定理

本节中我们给出用$f(e_1,e_2,\cdots,e_n)$($e_k=0$ 或 $1,1\leqslant k\leqslant n$)来表示范式的方式。

设 i 的二进制表示为 $e_1e_2\cdots e_n$,根据最小项下标的规定,我们有

$$m_i=x_1^{e_1}x_2^{e_2}\cdots x_n^{e_n},$$

其中 $x_k^0=x_k{}',x_k^1=x_k(1\leqslant k\leqslant n)$。记式(3.10)中的 α_i 为 $\alpha(e_1,e_2,\cdots,e_n)$,于是$f(x_1,x_2,\cdots,x_n)$的析取范式可表示为

$$\begin{aligned}&f(x_1,x_2,\cdots,x_n)\\&=\sum_{e_1=0}^{1}\sum_{e_2=0}^{1}\cdots\sum_{e_n=0}^{1}\alpha(e_1,e_2,\cdots,e_n)x_1^{e_1}x_2^{e_2}\cdots x_n^{e_n}。\end{aligned}\tag{3.12}$$

设 $\delta_1,\delta_2,\cdots,\delta_n$ 是 0 与 1 的任意序列,在式(3.12)中令 $x_k=\delta_k(1\leqslant k\leqslant n)$,因为

$$\delta_1^{e_1}\delta_2^{e_2}\cdots\delta_n^{e_n}=\begin{cases}1,当(e_1,e_2,\cdots,e_n)=(\delta_1,\delta_2,\cdots,\delta_n)时,\\0,当(e_1,e_2,\cdots,e_n)\neq(\delta_1,\delta_2,\cdots,\delta_n)时,\end{cases}$$

所以

$$f(\delta_1,\delta_2,\cdots,\delta_n)=\alpha(\delta_1,\delta_2,\cdots,\delta_n),$$

以此代入式(3.12),我们得到如下的定理。

定理 3.1　任何 n 元布尔函数$f(x_1,x_2,\cdots,x_n)$都可以表示为如下形式:

$$\begin{aligned}&f(x_1,x_2,\cdots,x_n)\\&=\sum_{e_1=0}^{1}\sum_{e_2=0}^{1}\cdots\sum_{e_n=0}^{1}f(e_1,e_2,\cdots,e_n)x_1^{e_1}x_2^{e_2}\cdots x_n^{e_n},\end{aligned}\tag{3.13}$$

即

$$\begin{aligned}f(x_1,x_2,\cdots,x_n)=&f(1,1,\cdots,1)x_1x_2\cdots x_n+\\&f(1,\cdots,1,0)x_1\cdots x_{n-1}x_n{}'+\cdots+\\&f(0,0,\cdots,0)x_1{}'x_2{}'\cdots x_n{}'。\end{aligned}$$

推论 1　任何二元布尔函数$f(x,y)$都可以表示为如下形式:

$$f(x,y)=f(1,1)xy+f(1,0)xy'+$$
$$f(0,1)x'y+f(0,0)x'y'。\qquad (3.14)$$

推论 2 任何三元布尔函数 $f(x,y,z)$ 都可表示为如下形式:

$$f(x,y,z)=f(1,1,1)xyz+f(1,1,0)xyz'+$$
$$f(1,0,1)xy'z+f(1,0,0)xy'z'+$$
$$f(0,1,1)x'yz+f(0,1,0)x'yz'+$$
$$f(0,0,1)x'y'z+f(0,0,0)x'y'z'。\qquad (3.15)$$

同理,设 i 的二进制表示为 $e_1e_2\cdots e_n$,根据最大项下标的规定,我们有

$$M_i=x_1^{e_1}+x_2^{e_2}+\cdots+x_n^{e_n},$$

其中 $x_k^0=x_k{}',x_k^1=x_k(1\leqslant k\leqslant n)$。记式(3.10)中的 β_i 为 $\beta(e_1,e_2,\cdots,e_n)$,则 $f(x_1,x_2,\cdots,x_n)$ 的合取范式可表示为

$$f(x_1,x_2,\cdots,x_n)=\prod_{e_1=0}^{1}\prod_{e_2=0}^{1}\cdots\prod_{e_n=0}^{1}[\beta(e_1,e_2,\cdots,e_n)+$$
$$x_1^{e_1}+x_2^{e_2}+\cdots+x_n^{e_n}]。\qquad (3.16)$$

设 $\delta_1,\delta_2,\cdots,\delta_n$ 是 0 与 1 的任一序列,在式(3.16)中令 $x_k=\delta_k(1\leqslant k\leqslant n)$,因为

$$\delta_1^{e_1}+\delta_2^{e_2}+\cdots+\delta_n^{e_n}$$
$$=\begin{cases}0,当(e_1,e_2,\cdots,e_n)=(\delta_1{}',\delta_2{}',\cdots,\delta_n{}')时,\\1,当(e_1,e_2,\cdots,e_n)\neq(\delta_1{}',\delta_2{}',\cdots,\delta_n{}')时,\end{cases}$$

所以

$$f(\delta_1,\delta_2,\cdots,\delta_n)\neq\beta(\delta_1{}',\delta_2{}',\cdots,\delta_n{}'),$$

即

$$f(\delta_1{}',\delta_2{}',\cdots,\delta_n{}')=\beta(\delta_1,\delta_2,\cdots,\delta_n),$$

以此代入式(3.16),我们得到如下的定理。

定理 3.2 任何 n 元布尔函数 $f(x_1,x_2,\cdots,x_n)$ 都可以表示为如下的形式:

$$f(x_1,x_2,\cdots,x_n)$$
$$=\prod_{e_1=0}^{1}\prod_{e_2=0}^{1}\cdots\prod_{e_n=0}^{1}\left[f(e_1{}',e_2{}',\cdots,e_n{}')+x_1^{e_1}+x_2^{e_2}+\cdots+x_n^{e_n}\right]。\tag{3.17}$$

推论 1　任何二元布尔函数 $f(x,y)$ 都可以表示为如下形式：

$$f(x,y)=[f(0,0)+x+y][f(0,1)+x+y']\cdot$$
$$[f(1,0)+x'+y][f(1,1)+x'+y']。\tag{3.18}$$

推论 2　任何三元布尔函数 $f(x,y,z)$ 都可以表示为如下形式：

$$\begin{aligned}f(x,y,z)=&[f(0,0,0)+x+y+z]\cdot\\&[f(0,0,1)+x+y+z']\cdot\\&[f(0,1,0)+x+y'+z]\cdot\\&[f(0,1,1)+x+y'+z']\cdot\\&[f(1,0,0)+x'+y+z]\cdot\\&[f(1,0,1)+x'+y+z']\cdot\\&[f(1,1,0)+x'+y'+z]\cdot\\&[f(1,1,1)+x'+y'+z']。\end{aligned}\tag{3.19}$$

由定理 3.1 与定理 3.2 知，只要知道当 $x_k=0$ 及 $1(1\leqslant k\leqslant n)$ 时 f 的值，f 就完全被确定。这两个定理也给出了直接将布尔函数表示为范式的方法。

例 3.10　设已知

$$f(0,0,0)=f(1,1,0)=f(1,1,1)=1,$$

对于 0 与 1 的所有其他组合，$f=0$，试求 $f(x,y,z)$ 的表达式。

解　由式(3.15)有

$$f(x,y,z)=x'y'z'+xyz'+xyz。$$

例 3.11　设已知

$$f(0,0,1)=f(0,1,0)=f(1,0,0)=0,$$

对于 0 与 1 的所有其他组合，$f=1$，试求 $f(x,y,z)$ 的表达式。

解　此时用合取范式来表示 f 比较简单。由式(3.19)有

$$f(x,y,z)=(x+y+z')(x+y'+z)(x'+y+z)。$$

例 3.12 将 $f(x,y,z)=x+yz'$ 展开为析取范式和合取范式。

解 由 f 的表达式有

$$f(1,1,1)=f(1,1,0)=f(1,0,1)$$
$$=f(1,0,0)=f(0,1,0)=1。$$

将 $f(0,1,1)=f(0,0,1)=f(0,0,0)=0$ 代入式(3.15)与式(3.19)，即得

$$f(x,y,z)=xyz+xyz'+xy'z+xy'z'+x'yz'$$
$$=m_7+m_6+m_5+m_4+m_2,$$
$$f(x,y,z)=(x+y'+z')(x+y+z')(x+y+z)$$
$$=M_4M_6M_7。$$

注 试与例 3.6 与例 3.8 中的解法比较。

若我们把 $x_k(1\leqslant k\leqslant n)$ 看成是仅取 0 与 1 两个值的变量(就像在二值代数中进行讨论一样)，则布尔函数可以写成表格形式，这种表格称为真值表。

例 3.13 考虑布尔函数

$$f(x,y,z)=x'y'z'+x'yz+xy'z+xyz',$$

这个布尔函数的真值表如表 3.3 所示。

表 3.3

x	y	z	f
0	0	0	1
0	0	1	0
0	1	0	0
0	1	1	1
1	0	0	0
1	0	1	1
1	1	0	1
1	1	1	0

例 3. 14　加法与乘法运算的真值表如表 3.4 所示。

表 3.4

x	y	$x+y$	xy
0	0	0	0
0	1	1	0
1	0	1	0
1	1	1	1

3. 范式的变换

我们先来讨论最小项与最大项之间的关系。

设 m_i 是变元 $x_1, x_2, \cdots, x_n$ 的任意最小项，即

$$m_i = x_1^{\alpha_1} x_2^{\alpha_2} \cdots x_n^{\alpha_n},$$

其中 $\alpha_k = 0$ 或 1，且 x_k^0 表示 $x_k{}'$，x_k^1 表示 $x_k(1 \leqslant k \leqslant n)$。根据德·摩根定律与对合律有

$$\begin{aligned} m_i{}' &= (x_1^{\alpha_1})' + (x_2^{\alpha_2})' + \cdots + (x_n^{\alpha_n})' \\ &= x_1^{\beta_1} + x_2^{\beta_2} + \cdots + x_n^{\beta_n}, \end{aligned}$$

其中 $\beta_k = 1 - \alpha_k$。故 $m_i{}'$等于某个最大项 M_j。根据对下标的规定，有

$$\begin{aligned} i &= \alpha_1 \alpha_2 \cdots \alpha_n \quad （二进制） \\ &= \alpha_1 2^{n-1} + \alpha_2 2^{n-2} + \cdots + \alpha_n 2^0, \\ j &= \beta_1 \beta_2 \cdots \beta_n \quad （二进制） \\ &= \beta_1 2^{n-1} + \beta_2 2^{n-2} + \cdots + \beta_n 2^0, \end{aligned}$$

由于 $\beta_k = 1 - \alpha_k$，故有

$$i + j = 2^{n-1} + 2^{n-2} + \cdots + 2^0 = 2^n - 1,$$

即 $j = 2^n - 1 - i$，故有

$$m_i{}' = M_{2^n - 1 - i}。 \tag{3.20}$$

同理有

$$M_i{}' = m_{2^n - 1 - i}。 \tag{3.21}$$

例如，在 $n = 5, i = 19$ 的情况下，我们有

$$2^5 - 1 - 19 = 12,$$

故

$$\begin{aligned} m_{19}{}' = M_{12}, M_{12}{}' = m_{19}, \\ M_{19}{}' = m_{12}, m_{12}{}' = M_{19}。 \end{aligned}$$

容易证明，所有最小项之和等于 1，即

$$\sum_{i=0}^{2^n-1} m_i = 1。\tag{3.22}$$

事实上，对于 $n=1$ 的情况，式(3.22)就是互补律

$$x_1' + x_1 = 1,$$

以 $x_2' + x_2$ 乘以上式并按分配律展开得

$$(x_1' + x_1)(x_2' + x_2)$$
$$= x_1'x_2' + x_1'x_2 + x_1x_2' + x_1x_2 = 1,$$

这就是式(3.22)在 $n=2$ 时的情况。将上式两端乘以 $x_3' + x_3$，再按分配律展开，就得到式(3.22)在 $n=3$ 时的情况。以此类推(或用数学归纳法严格证明)，即可导出一般情况的公式(3.22)。

将式(3.22)两边取补，根据德·摩根定律及式(3.20)，即得式(3.22)的对偶公式

$$\prod_{i=0}^{2^n-1} M_i = 0。\tag{3.23}$$

例如，当 $n=2$ 时，有

$$M_0M_1M_2M_3$$
$$= (x_1' + x_2')(x_1' + x_2)(x_1 + x_2')(x_1 + x_2) = 0。$$

关于最大项和最小项，另一对有用的关系是

$$m_i m_j = 0 \quad (i \neq j),\tag{3.24}$$

$$M_i + M_j = 1 \quad (i \neq j)。\tag{3.25}$$

这两个关系是显然的。因为对于两个不同最小项(最大项)，必有一个变元 x_k，使得这两个最小项(最大项)之一含有 x_k，而另一个则含有 x_k'，因而根据互补律即可推出以上两式。

例如，对于 $n=3$，我们有

$$m_1m_3 = x'y'z \cdot x'yz = 0,$$

$$M_2 + M_5 = (x' + y + z') + (x + y' + z) = 1。$$

根据最大项与最小项的上述性质，不难导出析取范式与合取范式的互

换公式。设f的析取范式为

$$f=\sum_{i=0}^{2^n-1}\alpha_i m_i, \tag{3.26}$$

由式(3.22)与式(3.24)知,f的补等于不包含在式(3.26)中(相应于$\alpha_i=0$)的所有其他最小项之和,即

$$f'=\sum_{i=0}^{2^n-1}\alpha_i' m_i, \tag{3.27}$$

取上式的补,由德·摩根定律、对合律及式(3.20),即得

$$\begin{aligned} f &= \prod_{i=0}^{2^n-1}(\alpha_i+m_i') \\ &= \prod_{i=0}^{2^n-1}(\alpha_i+M_{2^n-1-i})。 \end{aligned} \tag{3.28}$$

例 3.15 设$f=m_1+m_2+m_6$是三元布尔函数,则

$$f'=m_0+m_3+m_4+m_5+m_7,$$

$$\begin{aligned} f &= m_0'm_3'm_4'm_5'm_7' \\ &= M_7M_4M_3M_2M_0。 \end{aligned}$$

例 3.16 设$f=m_0+m_4+m_5+m_6+m_7$是三元布尔函数,则

$$f'=m_1+m_2+m_3,$$

$$f=m_1'm_2'm_3'=M_6M_5M_4。$$

下面考虑在合取范式已知时求析取范式的问题。设f的合取范式为

$$f=\prod_{i=0}^{2^n-1}(\beta_i+M_i), \tag{3.29}$$

由式(3.23)与式(3.25)知,f的补等于不包含在式(3.29)中(相应于$\beta_i=1$)的所有其他最大项之积,即

$$f'=\prod_{i=0}^{2^n-1}(\beta_i'+M_i), \tag{3.30}$$

取上式的补,由德·摩根定律、对合律及式(3.21),即得

$$f=\sum_{i=0}^{2^n-1}\beta_i M_i'=\sum_{i=0}^{2^n-1}\beta_i m_{2^n-1-i}。$$

例 3.17　设

$$f = M_0 M_4 M_5 M_7 M_9 M_{10} M_{11} M_{12} M_{15}$$

是四元布尔函数,则

$$f' = M_1 M_2 M_3 M_6 M_8 M_{13} M_{14},$$

$$\begin{aligned} f &= M_1' + M_2' + M_3' + M_6' + M_8' + M_{13}' + M_{14}' \\ &= m_{14} + m_{13} + m_{12} + m_9 + m_7 + m_2 + m_1 \text{。} \end{aligned}$$

第4章

布尔函数的化简方法

我们已经看到,同一布尔函数可以有许多不同的表达式,有的比较简单,有的比较复杂。布尔函数的化简问题,直接与逻辑线路的化简有关,因而这个问题具有重要的实际意义。

1. 公式法

本节中,我们先介绍利用布尔代数的运算公式化简布尔表达式的方法。化简时,除用到布尔代数的基本运算律外,还常用到下列公式:

$$a+a'b=a+b, \tag{4.1}$$

$$a(a'+b)=ab, \tag{4.2}$$

$$ab+a'c+bc=ab+a'c, \tag{4.3}$$

$$(a+b)(a'+c)(b+c)=(a+b)(a'+c)。 \tag{4.4}$$

这几个等式的证明如下:

$$\begin{aligned} a+a'b &= (a+a')(a+b) \quad (\text{分配律}) \\ &= 1(a+b) \quad (\text{互补律}) \\ &= a+b, \end{aligned}$$

$$ab+a'c+bc = ab+a'c+bc(a+a')$$

$$=ab+a'c+abc+a'bc$$

$$=ab+abc+a'c+a'bc$$

$$=ab+a'c \quad (吸收律),$$

根据对偶原理,由式(4.1)与式(4.3)可得式(4.2)与式(4.4)。

例4.1　化简$f=xyz'+xyz+xy'z$。

解

$$f=xy(z'+z)+xy'z \quad (分配律)$$

$$=xy+xy'z \quad (互补律)$$

$$=x(y+y'z) \quad (分配律)$$

$$=x(y+z) \quad (式(4.1))。$$

例4.2　化简$f=[(x+y')y]'+x'(y+z)w$。

解

$$f=(xy)'+x'(y+z)w \quad (式(4.2))$$

$$=x'+y'+x'(y+z)w \quad (德·摩根定律)$$

$$=x'+x'(y+z)w+y' \quad (交换律)$$

$$=x'+y' \quad (吸收律)。$$

例4.3　化简$f=(y+yx+yz+xz)(x'+z)$。

解

$$f=(y+xz)(x'+z) \quad (吸收律)$$

$$=(y+x)(y+z)(x'+z) \quad (分配律)$$

$$=(x+y)(x'+z)(y+z)$$

$$=(x+y)(x'+z) \quad (式(4.4))。$$

例4.4　化简$f=(x+y)(x+y'+z)$。

解

$$f=(x+y)(x+y')+(x+y)z \quad (分配律)$$

$$=x+yy'+(x+y)z \quad (分配律)$$

$$=x+(x+y)z \quad (互补律)$$

$= (x + x + y)(x + z)$ （分配律）

$= (x + y)(x + z)$ （幂等律）

$= x + yz$ （分配律）。

例 4.5 化简 $f = (y + z + x)(y + z + x') + xy + yz$。

解

$f = y + z + xx' + xy + yz$ （分配律）

$= y + z + xy + yz$ （互补律）

$= (y + xy) + (z + yz)$

$= y + z$ （吸收律）。

例 4.6 化简 $f = x + xyz + yzx' + x'y + wx + w'x$。

解

方法一 $f = (x + xyz) + (x'y + x'yz) + (w + w')x$

（交换律及分配律）

$= x + x'y + x$ （吸收律及互补律）

$= x + x'y$ （幂等律）

$= x + y$ （式(4.1)）。

方法二 $f = x + x(yz + w + w') + x'y + x'yz$

（交换律及分配律）

$= x + x'y$ （吸收律）

$= x + y$ （式(4.1)）。

例 4.7 化简 $f = (x + y)(x' + z)(y + z + w)$。

解

$f = (x + y)(x' + z)(y + z) + (x + y)(x' + z)w$

（分配律）

$= (x + y)(x' + z) + (x + y)(x' + z)w$ （式(4.4)）

$= (x + y)(x' + z)$ （吸收律）。

例 4.8 化简 $f = x'yz' + xy'z' + xyz'$。

解

$$
\begin{aligned}
f &= x'yz' + xy'z' + xyz' + xyz' \quad (\text{幂等律}) \\
&= x'yz' + xyz' + xy'z' + xyz' \quad (\text{交换律}) \\
&= (x'+x)yz' + (y'+y)xz' \quad (\text{分配律}) \\
&= yz' + xz' \quad (\text{互补律}) \\
&= (y+x)z' \quad (\text{分配律})。
\end{aligned}
$$

例 4.9　化简 $f = xyz + xyz' + xy'z + x'yz$。

解

$$
\begin{aligned}
f &= xy(z+z') + xy'z + x'yz \quad (\text{分配律}) \\
&= xy + xy'z + x'yz \quad (\text{互补律}) \\
&= x(y+y'z) + x'yz \quad (\text{分配律}) \\
&= x(y+z) + x'yz \quad (\text{式}(4.1)) \\
&= xy + xz + x'yz \quad (\text{分配律}) \\
&= xy + (x+x'y)z \quad (\text{分配律}) \\
&= xy + (x+y)z \quad (\text{式}(4.1))。
\end{aligned}
$$

例 4.10　化简 $f = (x'+y+z)(x+y'+z)(x+y+z')(x+y+z)$。

解

$$
\begin{aligned}
f &= (x'+y+z)(x+y'+z)(x+y+zz') \quad (\text{分配律}) \\
&= (x'+y+z)(x+y'+z)(x+y) \quad (\text{互补律}) \\
&= (x'+y+z)[x+(y'+z)y] \quad (\text{分配律}) \\
&= (x'+y+z)(x+zy) \quad (\text{式}(4.2)) \\
&= (x'+y+z)(x+z)(x+y) \quad (\text{分配律}) \\
&= [(x'+y)x+z](x+y) \quad (\text{分配律}) \\
&= (xy+z)(x+y) \quad (\text{式}(4.2))。
\end{aligned}
$$

例 4.11　化简 $f = xy' + x'y + xz' + x'z$。

解　先把 f 展开为析取范式然后化简：

$$
f = xy'(z+z') + x'y(z+z') +
$$

$$
\begin{aligned}
& xz'(y+y')+x'z(y+y') \\
= & xy'z+xy'z'+x'yz+x'yz'+ \\
& xz'y+xz'y'+x'zy+x'zy' \\
= & xy'z+xy'z'+x'yz+x'yz'+xyz'+x'y'z \\
= & (xy'z+xy'z')+(x'yz+x'y'z)+(x'yz'+xyz') \\
= & xy'(z+z')+x'z(y+y')+yz'(x'+x) \\
= & xy'+x'z+yz'。
\end{aligned}
$$

2. 图域法

对于布尔函数的化简,我们再来介绍一种方法——图域法。我们先以三个变元的情况为例来说明。

三变元的图域(又称卡诺图或真值图)如图 4.1 所示。

图中每个方格表示一个最小项,方格旁边的数字 0 与 1 分别表示相应的变元是否带撇(0 表示带撇,1 表示不带撇)。例如,第一行左边的 0 表示在该行四个方格中变元 x 都带撇;第二列顶上的数字 01 则表示在该列两个方格中变元 y 带撇,变元 z 不带撇。于是,第一行第二列中的最小项是 $x'y'z$。

			y	y
	00	01	11	10
0	$x'y'z'$	$x'y'z$	$x'yz$	$x'yz'$
x 1	$xy'z'$	$xy'z$	xyz	xyz'
		z	z	

图 4.1

这个图域具有下列性质:

1. 任意一行(或列)相邻两方格中的最小项仅有一个因子不同,因而把它们相加可以消去一个变元(根据分配律与互补律)。

注　处于同一行两端的方格也可以看成是越过边界而"相邻"。

例如

$$xy'z' + xy'z = xy',$$

$$xy'z' + xyz' = xz',$$

$$x'y'z + xy'z = y'z。$$

2. 把任意一行中四个最小项相加,可以消去两个变元,例如

$$x'y'z' + x'y'z + x'yz + x'yz' = x'y' + x'y = x'。$$

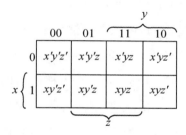

3. 把任意成“田”字形的相邻四个方格中的最小项相加，可以消去两个变元。

注 左端两格与右端两格也可看成是越过边界而成“田”字形。

例如

$$x'y'z' + x'y'z + xy'z' + xy'z = x'y' + xy' = y',$$

$$x'y'z' + xy'z' + x'yz' + xyz' = y'z' + yz' = z'。$$

用图域法化简布尔函数的步骤是，先把布尔函数表为析取范式，并在出现于范式中的每一最小项所相应的方格中标上数字 1，在其他的方格中标上数字 0，然后利用上述图域的性质，将标有数字 1 的方格组合成行、列、相邻的对或“田”字形，并把相应的最小项加起来，就可达到化简的目的。根据幂等律，在组合时，同一方格也可以重复使用。

图 4.1 中的图域实际上是由维恩图演变来的。因此，它可以用集合来解释：把整个矩形看成是全集，分别把第二行四个方格所组成的矩形，右边四个方格所组成的正方形，以及中间四个方格所组成的正方形看成是集合 x, y, z，并用 x', y', z' 表示它们的补集，则每一个方格就是其中的最小项所表示的集合。于是，上述由方格组合成的行、列、相邻的对或“田”字形，就可以用集合 x, y, z 通过并、交、补运算来表示。因此，将组合在一起的方格中的最小项相加而得到的化简，也可以从集合运算的角度加以直观说明。例如，图 4.1 右端两个方格所组成的矩形可以看成是集合 y 与 z' 的交，故

$$x'yz' + xyz' = yz'。$$

例 4.12 化简 $f(x, y, z) = x'y'z + xy'z + xy'z' + x'yz$。

解 按图 4.2 的方式组合标有 1 的方格，我们有

$$\begin{aligned} f(x, y, z) &= (x'y'z + x'yz) + (xy'z + xy'z') \\ &= x'z + xy'。\end{aligned}$$

例 4.13 化简 $f(x, y, z) = x'y'z + x'yz' + x'yz + xy'z + xyz$。

解 按图 4.3 的方式组合标有 1 的方格，我们有

$$f(x,y,z) = (x'y'z + x'yz + xy'z + xyz) + (x'yz' + x'yz) = z + x'y。$$

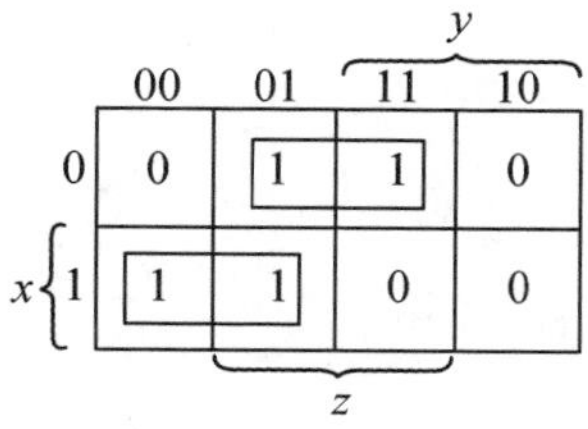

图 4.2

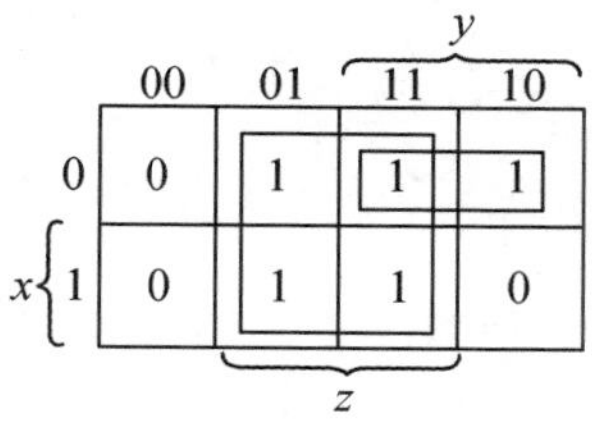

图 4.3

例 4.14　化简 $f(x,y,z) = x'y'z' + x'yz' + xy'z' + xy'z + xyz'$。

解　按图 4.4 的方式组合标有 1 的方格，我们有

$$f(x,y,z) = (x'y'z' + x'yz' + xy'z' + xyz') + (xy'z + xy'z') = z' + xy'。$$

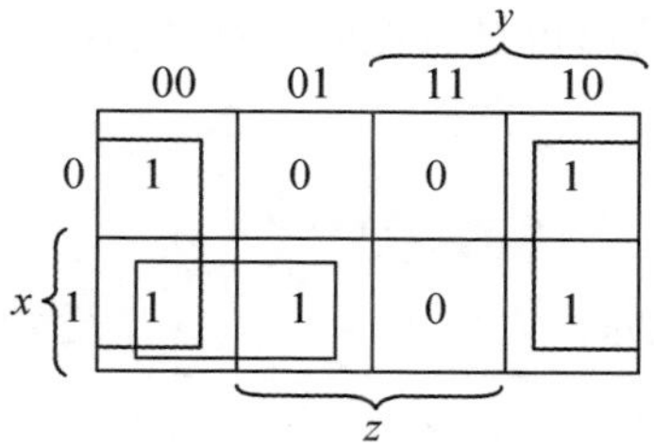

图 4.4

易见，所有最小项之和为 1。因此，f 的图域中所有标有数字 0 的方格中的最小项之和等于 f 的补 f'。于是，和上面一样，将标有数字 0 的方格组合成行、列、相邻的对或“田”字形，并把相应的最小项相加，就能化简 f'，再取化简后的 f' 的补就可得到 f 的另一种化简式。

例 4.15　化简 $f(x, y, z) = xyz + xyz' + xy'z$。

解

方法一　按图 4.5 的方式组合标有 1 的方格，我们有

$$f(x, y, z) = (xyz + xyz') + (xyz + xy'z) = xy + xz。$$

方法二　按图 4.6 的方式组合标有 0 的方格，则我们有

$$f'(x,y,z) = (x'y'z' + x'y'z + x'yz + x'yz') + (x'y'z' + xy'z') = x' + y'z',$$

取上式的补得

$$f(x, y, z) = x(y+z)。$$

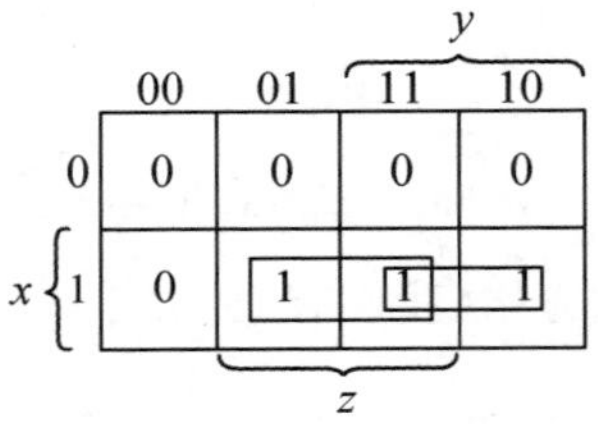

图 4.5

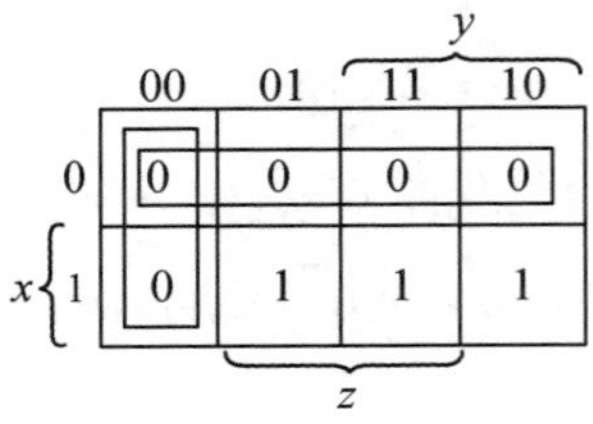

图 4.6

这个例子表明，用第二种方法得到的化简式有时比直接化简所得到的式子更简单，但相反的情形也是可能的。例如，在例 4.14 中，通过组合标有 1 的方格我们得到

$$f(x,y,z) = z' + xy',$$

若组合标有 0 的方格，则有

$$f'(x, y, z) = x'y'z + x'yz + xyz = (x'y'z + x'yz) + (x'yz + xyz) = x'z + yz,$$

取补得

$$f(x,y,z) = (x+z')(y'+z')。$$

这个式子就不如用第一种方法得到的式子简单。当然，利用分配律，还可将 $(x+z')(y'+z')$ 化简为 $z' + xy'$。

以上的讨论可以推广到多变元的情况。

第5章

布 尔 方 程

0. 引子

在中学所学的普通代数中，代数与（代数）方程的关系是非常密切的。事实上，代数有别于算术的地方首先就在于它可以用一个字母代表待求的数，用这种“代数”的方法写出所给的关系式时，这种含有待求的数的关系式就是代数方程。

布尔代数与布尔方程的关系也是如此。布尔代数的问题，包括大量的实际问题及某些理论问题，也常常归结为求解布尔方程。特别是二元布尔代数上的布尔方程——开关方程，应用意义较大。

例 5.1 怎样才能组成实现开关函数

$$f=(a_1\cup a_2)a_3$$

的电路？

在用分立元件组成集成电路时会遇到这类问题。此问题可归纳为：在参数集 $\{a_1, a_2, a_3\}$ 自由生成的自由（布尔）代数上，求解如下的参数开关方程：

$$(a_1\cup a_2)a_3=(x_1\cdot x_2)'\text{。}$$

例 5.2 若将图 5.1(a)的△形电路变成与之等效的图 5.1(b)的 Y 形电路，那么图 5.1(b)中的 x,y,z 与图 5.1(a)中的 a,b,c 是什么关系？

在图 5.1(b) 中，由节点 1(经过节点 4)到节点 2，要经过 x 与 y，这两者是串联的，故为 xy；在图 5.1(a)中，由节点 1 到节点 2 有两条路径：经过 c 或 ba，这两者是并联的，故为$c\cup ba$。于是得参数开关方程：

$$xy=c\cup ba。$$

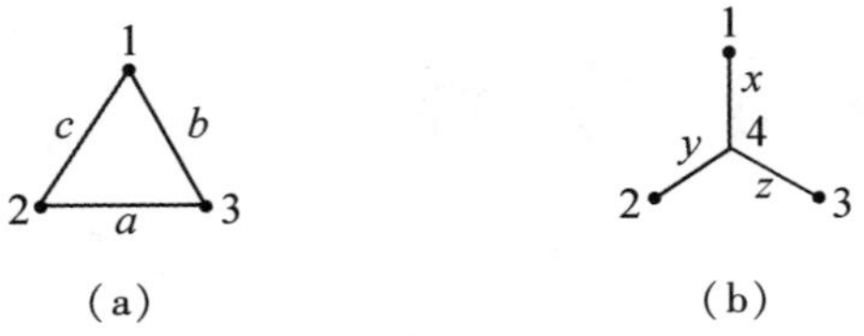

图 5.1 △形电路与 Y 形电路

对整个问题作如此分析，即得如下的参数开关方程组：

$$\begin{cases}xy=c\cup ab,\\ yz=a\cup bc,\\ zx=b\cup ac。\end{cases}$$

于是，问题归纳为在参数集$\{a,b,c\}$自由生成的自由(布尔)代数上求解此方程组。

例 5.3 向量 $\boldsymbol{X}$ 的布尔函数 $f(\boldsymbol{X})$ 一定落在闭区间$[\prod\limits_{\boldsymbol{A}}f(\boldsymbol{A}),\bigcup\limits_{\boldsymbol{A}}f(\boldsymbol{A})]$内，试问：此区间是$f(\boldsymbol{X})$的值域吗？也就是说，此区间上的任意一点 c 都是布尔函数 $f(\boldsymbol{X})$的某个值吗？

此问题可归纳为布尔方程

$$f(\boldsymbol{X})=c$$

是否总有解。

由于布尔代数与普通代数不同，因此布尔方程的解法与普通代数方程差别较大。在这一章，我们首先说明，任意布尔方程或布尔方程组都可归纳为一个 0－1 布尔方程，然后给出几个 0－1 布尔方程的一般解法。首先介绍逐次消元法，这个解法虽然是可行的，但计算量相当大，因此不是一个好的解法。对有唯一解的布尔方程曾给出一个简单的解法，本书在“或组”的意义下，把这一方法变成一个任意布尔方程的一般解法。这个解法(可叫或组解法)比逐次消元法简单得多。

1. 0－1 布尔方程

定义 5.1　含有待定元的等式叫(相等)方程;含有待定元的不等式叫不等方程;能概括这两者的则叫广义方程。某些(广义)方程组成的组叫(广义)方程组。

定义 5.2　设 $\mathscr{B}$ 是一个布尔代数,所谓 $\mathscr{B}$ 上的 n 元布尔方程是指如下的含有 n 个待定元的布尔函数 $f(\boldsymbol{X})$ 及 $g(\boldsymbol{X})$ 所组成的等式:

$$f(\boldsymbol{X})=g(\boldsymbol{X})。\tag{5.1}$$

类似地,我们可用

$$f(\boldsymbol{X})\leqslant g(\boldsymbol{X})\tag{5.2}$$

及

$$f_i(\boldsymbol{X})\rho_i g_i(\boldsymbol{X})\quad (i=1,2,\cdots,m)\tag{5.3}$$

分别定义布尔不等方程及(广义)布尔方程组,其中"ρ_i"既可以是"$=$",也可以是"$\leqslant$"。

布尔方程(5.1)的(特)解,是指满足(5.1)的一个向量 $\boldsymbol{X}\in\mathscr{B}^n$。布尔不等方程(5.2)及(广义)布尔方程组(5.3)的(特)解的定义类似。

定义 5.3　若 $h(\boldsymbol{X})$ 是布尔函数,$k(\boldsymbol{X})=h'(\boldsymbol{X})$,则有

$$h(\boldsymbol{X})=0,\tag{5.4}$$

及

$$k(\boldsymbol{X})=1,\tag{5.5}$$

分别称为(布尔)0 方程与(布尔)1 方程。它们又合称为(布尔)0－1 方程或 0－1 布尔方程。

引理 5.1　每一个形如(5.1)的布尔方程都可等价于一个 0－1 布尔方程。

证明

$$f(\boldsymbol{X})=g(\boldsymbol{X})$$

$$\Leftrightarrow\begin{cases}f(\boldsymbol{X})g'(\boldsymbol{X})\cup f'(\boldsymbol{X})g(\boldsymbol{X})=0\Leftrightarrow h(\boldsymbol{X})=0,\\(f(\boldsymbol{X})\cup g'(\boldsymbol{X}))(f'(\boldsymbol{X})\cup g(\boldsymbol{X}))=1\Leftrightarrow k(\boldsymbol{X})=1,\end{cases}$$

其中 $h = fg' \cup f'g, k = (f \cup g')(f' \cup g)$。

引理 5.2 每一个形如(5.2)的布尔不等方程也等价于一个 0－1 布尔方程。

证明

$$f(\boldsymbol{X}) \leqslant g(\boldsymbol{X}) \Leftrightarrow \begin{cases} f(\boldsymbol{X})g'(\boldsymbol{X}) = 0 \Leftrightarrow h(\boldsymbol{X}) = 0, \\ f'(\boldsymbol{X}) \cup g(\boldsymbol{X}) = 1 \Leftrightarrow k(\boldsymbol{X}) = 1, \end{cases}$$

其中 $h = fg', k = f' \cup g$。

引理 5.3 每一个布尔 0 方程组

$$f_i(\boldsymbol{X}) = 0 \quad (i = 1, 2, \cdots, m)$$

或布尔 1 方程组

$$g_i(\boldsymbol{X}) = 1 \quad (i = 1, 2, \cdots, m)$$

也等价于一个 0－1 布尔方程。

证明

$$f_i(\boldsymbol{X}) = 0 \Leftrightarrow \cup f_i(\boldsymbol{X}) = 0,$$

$$g_i(\boldsymbol{X}) = 1 \Leftrightarrow \prod g_i(\boldsymbol{X}) = 1,$$

取

$$h = \cup f_i, k = \prod g_i,$$

即得证。

注意，引理 5.1，5.2，5.3 都已给出了化成等价于 0－1 布尔方程的方法。

定理 5.1 每一个形如(5.3)的广义布尔方程($m = 1$的情况)或广义布尔方程组($m > 1$ 的情况)都等价于一个 0－1 布尔方程。

证明 (1) $m = 1$ 的情况已由引理 5.1 及引理 5.2 证得。

(2) 下证 $m > 1$ 的情况。因为通过求补对偶变换可将 0 方程变成 1 方程，也可将 1 方程变成 0 方程，所以每一个广义布尔方程组都可以变成 0 方程组或 1 方程组，于是再由引理 5.3 即得证。

例 5.4　将布尔方程组

$$\begin{cases} xy' = ab', & (5.6) \\ x'y = a'b & (5.7) \end{cases}$$

变成与之等价的 0 方程。

解　式(5.6)等价于

$$(xy')(ab')' \cup (xy')'(ab') = 0, \tag{5.8}$$

式(5.7)等价于

$$(x'y)(a'b)' \cup (x'y)'(a'b) = 0, \tag{5.9}$$

式(5.8) 与式(5.9)等价于

$$[(xy')(ab')' \cup (xy')'(ab')] \cup [(x'y)(a'b)' \cup (x'y)'(a'b)] = 0, \tag{5.10}$$

即

$$(a'b \cup ab')xy \cup (a' \cup b)xy' \cup (a \cup b')x'y \cup (ab' \cup a'b)x'y' = 0, \tag{5.11}$$

式(5.11)即为所求的 0 方程。

例 5.5　将广义布尔方程组

$$\begin{cases} a \leqslant x, & (5.12) \\ b \leqslant y, & (5.13) \\ xy = c & (5.14) \end{cases}$$

变成 0 – 1 布尔方程。

解

$$式(5.12) \Leftrightarrow ax' = 0, \tag{5.15}$$

$$式(5.13) \Leftrightarrow by' = 0, \tag{5.16}$$

$$式(5.14) \Leftrightarrow (xy)c' \cup (xy)'c = 0, \tag{5.17}$$

由式(5.15)、式(5.16)与式(5.17)组成的 0 方程组又等价于

$$ax' \cup by' \cup [(xy)c' \cup (xy)'c] = 0,$$

即

$$c'xy\cup(b\cup c)xy'\cup(a\cup c)x'y\cup$$
$$(a\cup b\cup c)x'y'=0, \quad (5.18)$$

它就是所求的0方程。与之对应的1方程为

$$cxy\cup b'c'xy'\cup a'c'x'y\cup a'b'c'x'y'=1。$$

2. 一元布尔方程

定义 5.4　仅含一个特定元的(广义)布尔方程,简称为一元(广义)布尔方程。

由定理 5.1 知,每一个一元广义布尔方程都可以写成如下的 0 方程:

$$f(x)=0,$$

这个 0 方程必定可写成如下的标准型:

$$ax\cup bx'=0, \tag{5.19}$$

其中 a,b 为布尔常量。

在每一个方程中都要区分哪些是待定元(未知元),哪些是系数(已经给定的元)。例如,在一元标准型布尔方程(5.19)中,x 及 x' 是未知元,而 a 与 b 是系数。但是在通常的定理中则没有此种区别,下面的定理就是这样。

定理 5.2　若 $\mathscr{B}$ 是布尔集,$a,b\in\mathscr{B}$,则下列语句等价:

① $ax\cup bx'=0$;

② $b\leqslant x\leqslant a'$;

③ $x=a'x\cup bx',ab=0$。

证明

$$① \Leftrightarrow \left\{\begin{matrix} ax=0 & \Leftrightarrow & x\leqslant a' \\ bx'=0 & \Leftrightarrow & b\leqslant x \end{matrix}\right\} \Leftrightarrow ②,$$

$$② \Leftrightarrow \left\{\begin{matrix} b\leqslant x & \Leftrightarrow & bx'=0 \\ x\leqslant a' & \Leftrightarrow & xa'=x \end{matrix}\right\}$$

$$\Rightarrow x=a'x=a'x\cup 0=a'x\cup bx',$$

$$② \Rightarrow b\leqslant a'\Rightarrow ab=0,$$

$$③ \Rightarrow x'=(a\cup x')(b'\cup x)=ab'\cup ax\cup b'x'$$

$$\Rightarrow ax\cup bx'\overset{③}{=\!=}a(a'x\cup bx')\cup b(ab'\cup ax\cup b'x')$$

$$=abx'\cup abx=ab=0\Rightarrow①。$$

再由"⇒"的传递性，即知①②③皆相互等价。

一元布尔方程(5.19)是否有解，即是否存在一个 $x\in\mathscr{B}$ 使式(5.19)成立，与系数 a 与 b 有关。由定理5.2即知方程(5.19)有解的充要条件，即有：

系1 一元布尔方程(5.19)有解的充要条件是

$$ab=0。\tag{5.20}$$

此外还有：

系2 x 是一元布尔方程(5.19)的解的充要条件是

$$b\leqslant x\leqslant a'。\tag{5.21}$$

例5.6 求解一元布尔方程

$$a'bx\cup ab'x'=0。\tag{5.22}$$

解 由系2知

$$ab'\leqslant x\leqslant(a'b)'=a\cup b',$$

即 x 在闭区间 $[ab',a\cup b']$ 中。由于

$$[ab',a\cup b']=\{a'b,a,b',a\cup b'\},$$

它就是所求的方程(5.22)的解集。

定义5.5 若有 n 个布尔函数

$$\varphi_1(\boldsymbol{T}),\varphi_2(\boldsymbol{T}),\cdots,\varphi_n(\boldsymbol{T}),\text{其中 }\boldsymbol{T}\in\mathscr{B}^n,\varphi_i(\boldsymbol{T})\in\mathscr{B},$$

它们组成的向量

$$\boldsymbol{\Phi}(\boldsymbol{T})=(\varphi_1(\boldsymbol{T}),\varphi_2(\boldsymbol{T}),\cdots,\varphi_n(\boldsymbol{T}))\tag{5.23}$$

能使布尔0方程

$$f(\boldsymbol{X})=0\tag{5.24}$$

成立，即有 $f(\boldsymbol{\Phi}(\boldsymbol{T}))=0$，则称式(5.23)是布尔0方程(5.24)的参数解。若参数解(5.23)还满足如下条件：

$$\boldsymbol{X}=\boldsymbol{\Phi}(\boldsymbol{X}),\tag{5.25}$$

则称此参数解为再生解。

定理 5.3　若 $ab=0$，则有

$$x=a't\cup bt',\tag{5.26}$$

及

$$x=b\cup a't,\tag{5.27}$$

它们都是一元布尔方程(5.19)的参数解、再生解。

证明　对任意的 $t\in\mathscr{B}$，都有

$$ax\cup bx'\overset{\text{式(5.26)}}{=\!=\!=}a(a't\cup bt')\cup b(a't\cup bt')'$$

$$=a(a't\cup bt')\cup b(at\cup b't')=0,$$

$$ax\cup bx'\overset{\text{式(5.27)}}{=\!=\!=}a(b\cup a't)\cup b(b\cup a't)'=0,$$

故式(5.26)及式(5.27)都是方程(5.19)的参数解。再由定理 5.2，即知式(5.26)是方程(5.19)的再生解，式(5.27)也是再生解且可由下式推得：

$$x\text{ 是式(5.19)的解}\overset{\text{定理5.2}}{\Rightarrow}\begin{cases}b\leqslant x\Rightarrow b\cup x=x\\x\leqslant a'\Rightarrow xa'=x\end{cases}$$

$$\Rightarrow x=b\cup x=b\cup a'x。$$

事实上，此定理的证明的前一半是可省略的。这是因为，由定义 5.5 知，只要能证明是再生解，就必然是参数解。

例 5.7　求解一元布尔方程

$$ax\cup bx'=jx\cup kx'。\tag{5.28}$$

解

$$\text{式(5.28)}\Leftrightarrow(ax\cup bx')(jx\cup kx')'\cup$$

$$(ax\cup bx')'(jx\cup kx')=0,\tag{5.29}$$

即

$$(aj'\cup a'j)x\cup(bk'\cup b'k)x'=0,$$

$$(a\oplus j)x\cup(b\oplus k)x'=0。\tag{5.30}$$

若式(5.30)有解的条件

$$(a\oplus j)(b\oplus k)=0$$

被满足,则根据定理 5.3,方程(5.30)有解

$$x=(b\oplus k)\cup(a\oplus j)'t,$$

其中“$\oplus$”是异或运算。此解亦为原方程(5.28)的解。

3. 相容性

"相容"一词在普通代数中只用于方程组:若某方程组的各方程之间彼此不矛盾,则称此方程组是相容的,这时此方程组才有(非空)解。

但是在布尔方程中,对"相容"一词则没有这种限制。这是因为,由定理 5.1 知,每一个广义布尔方程组都可以变成一个简单的 0 - 1 方程,因此,在布尔代数中,对简单的布尔方程也可以说它是否相容(即它是否有非空解)。

定义 5.6 若(广义)布尔方程(组)有非空解,则称它是相容的;若它仅有空解即无解,则说它是不相容的。

前一节已涉及相容问题。事实上,系 1 是说,1 元布尔 0 方程(5.19)相容的充要条件是式(5.20)。至于 n 元布尔方程,则有如下的定理:

定理 5.4 n 元布尔 0 方程(5.24)是相容的,其充要条件为

$$\prod_{\boldsymbol{A}} f(\boldsymbol{A}) = 0。 \tag{5.31}$$

证明 先证必要性:

$$\boldsymbol{X}\text{ 是方程(5.24)的解} \Rightarrow f(\boldsymbol{X}) = 0 \Leftrightarrow \prod_{\boldsymbol{A}} f(\boldsymbol{A}) = 0。$$

再证充分性(用数学归纳法):

(1) 定理对 $n=1$ 是成立的(这已被系 1 证明)。

(2) 现在假设定理对 $n-1$ 的情况成立,即

$$\prod_{(\alpha_2,\alpha_3,\cdots,\alpha_n)} g(\alpha_2,\alpha_3,\cdots,\alpha_n) = 0$$

$$\Rightarrow g(x_2,x_3,\cdots,x_n) = 0\text{ 有解}(\xi_2,\xi_3,\cdots,\xi_n), \tag{5.32}$$

我们来证明定理对 n 的情况也成立。为此取

$$g(x_2,x_3,\cdots,x_n) = f(1,x_2,x_3,\cdots,x_n)f(0,x_2,x_3,\cdots,x_n),$$

由式(5.32)即为式(5.31)知

$$\prod_{(\alpha_2,\alpha_3,\cdots,\alpha_n)} g(\alpha_2,\alpha_3,\cdots,\alpha_n) = \prod_{(\alpha_2,\alpha_3,\cdots,\alpha_n)} f(\alpha_2,\alpha_3,\cdots,\alpha_n)$$

$$=\prod_{A} f(\boldsymbol{A})=0,$$

而且有

$$f(1,\xi_2,\xi_3,\cdots,\xi_n)f(0,\xi_2,\xi_3,\cdots,\xi_n)=0。\qquad(5.33)$$

由于式(5.33)是一元0方程

$$f(1,\xi_2,\xi_3,\cdots,\xi_n)x_1\cup f(0,\xi_2,\xi_3,\cdots,\xi_n)x_1{}'=0\qquad(5.34)$$

的相容条件,故根据系1,方程(5.34)有解$x_1=\xi_1$,于是

$$f(\xi_1,\xi_2,\cdots,\xi_n)=f(1,\xi_2,\xi_3,\cdots,\xi_n)\xi_1\cup$$
$$f(0,\xi_2,\xi_3,\cdots,\xi_n)\xi_1{}'=0,$$

这就是说,方程(5.24)有解$(\xi_1,\xi_2,\cdots,\xi_n)$,也就是说,方程(5.24)是相容的。

例5.8 求二元0方程

$$f(x,y)=axy\cup bxy'\cup cx'y\cup dx'y'=0\qquad(5.35)$$

的相容条件。

解 在此例中,$n=2,2^n-1=3$。因为$f(\boldsymbol{A})$是小项系数,所以当$f(\boldsymbol{X})$已写成小项标准型时,其系数$f(\boldsymbol{A})$即可直接取用

$$\prod_{A} f(\boldsymbol{A})=\prod_{A=0,1,2,3} f(\boldsymbol{A})=f(0)f(1)f(2)f(3)$$
$$=f(0,0)f(0,1)f(1,0)f(1,1)$$
$$=dcba=abcd,$$

故方程(5.35)的相容条件为

$$abcd=0。$$

例5.9 证明0方程

$$(a'b\cup ab')xy\cup(a'\cup b)xy'\cup$$
$$(a\cup b')x'y\cup(a'b\cup ab')x'y'=0$$

是相容的。

证明

$$\prod_{A} f(\boldsymbol{A})=(a'b\cup ab')(a'\cup b)(a\cup b')(a'b\cup ab')$$

$$=(a'b\cup ab')(a'\cup b)(a\cup b')a'b(a\cup b')$$
$$=0。$$

事实上,由例 5.4 知,方程(5.11)就是方程组

$$\begin{cases}xy'=ab',\\x'y=a'b,\end{cases}$$

此方程组显然是相容的,因为它有一个明显的特解

$$x=a,y=b。$$

例 5.10　求二元方程

$$c'xy\cup(b\cup c)xy'\cup(a\cup c)x'y\cup$$
$$(a\cup b\cup c)x'y'=0$$

的相容条件。

解

$$\prod_A f(\boldsymbol{A})=c'(b\cup c)(a\cup c)(a\cup b\cup c)=abc,$$

故该 0 方程的相容条件为

$$abc=0,$$

此条件即

$$ab\leqslant c。$$

这也是很自然的,因为由例 5.5 知,方程(5.18)即方程组

$$\begin{cases}a\leqslant x,\\b\leqslant y,\\xy=c,\end{cases}$$

于是

$$\begin{cases}a\leqslant x,\\b\leqslant y\end{cases}\Rightarrow ab\leqslant xy\xlongequal{\text{式(5.14)}}c。$$

4. 逐次消元法

解 n 元布尔 0 方程

$$f(x_1,x_2,\cdots,x_n)=0$$

的一个方法叫逐次消元法,此方法如下:

将$f(x_1,x_2,\cdots,x_n)$看成仅是 x_n 的函数,于是方程变为

$$f(x_1,x_2,\cdots,x_{n-1},1)x_n \cup f(x_1,x_2,\cdots,x_{n-1},0)x_n'=0, \tag{5.36}$$

若其满足相容条件

$$f(x_1,x_2,\cdots,x_{n-1},1)f(x_1,x_2,\cdots,x_{n-1},0)=0, \tag{5.37}$$

则根据定理 5.3,方程(5.36)有解

$$x_n=f(x_1,x_2,\cdots,x_{n-1},0)t_n' \cup f'(x_1,x_2\cdots,x_{n-1},1)t_n。 \tag{5.38}$$

注意,由原 n 元方程得到的方程(5.37)已是 $n-1$ 元方程,对它又可进行类似的消元过程,如此下去,即可逐次消去未知元,并同时逐个地求得方程的解向量 $\boldsymbol{X}=(x_1,x_2,\cdots,x_n)$的每一个分量。

下面我们更严格地叙述一下这种消去过程。若取

$$f_p(x_1,x_2,\cdots,x_p)=\prod_{(\alpha_{p+1},\cdots,\alpha_n)} f(x_1,x_2,\cdots,x_p,\alpha_{p+1},\cdots,\alpha_n)$$

$$(p=1,2,\cdots,n), \tag{5.39}$$

则

$$\begin{aligned} f_n(x_1,x_2,\cdots,x_n) &= f(x_1,x_2,\cdots,x_n), \\ f_{n-1}(x_1,x_2,\cdots,x_{n-1}) &= \prod_{\alpha_n} f(x_1,x_2,\cdots,x_{n-1},\alpha_n) \\ &= f(x_1,x_2,\cdots,x_{n-1},1)\cdot \\ &\quad f(x_1,x_2,\cdots,x_{n-1},0), \end{aligned} \tag{5.40}$$

因此原方程即

$$f_n(x_1,x_2,\cdots,x_n)=0, \tag{5.24'}$$

方程(5.37)即

$$f_{n-1}(x_1,x_2,\cdots,x_{n-1})=0, \tag{5.37'}$$

方程(5.37′)是 $n-1$ 个未知元的 0 方程,它的相容条件为

$$f_{n-1}(x_1,x_2,\cdots,x_{n-2},1)f_{n-1}(x_1,x_2,\cdots,x_{n-2},0)=0。\qquad(5.41)$$

由于

$$\begin{aligned}\text{方程(5.41)的左端}&=\prod_{\alpha_{n-1}}f_{n-1}(x_1,x_2,\cdots,x_{n-2},\alpha_{n-1})\\&\xlongequal{\text{方程(5.40)}}\prod_{\alpha_{n-1}}\Big(\prod_{\alpha_n}f(x_1,x_2,\cdots,x_{n-2},\alpha_{n-1},\alpha_n)\Big)\\&=\prod_{(\alpha_{n-1},\alpha_n)}f(x_1,x_2,\cdots,x_{n-2},\alpha_{n-1},\alpha_n)\\&\xlongequal{\text{方程(5.39)}}f_{n-2}(x_1,x_2,\cdots,x_{n-2}),\end{aligned}$$

故方程(5.41)即

$$f_{n-2}(x_1,x_2,\cdots,x_{n-2})=0,\qquad(5.41')$$

它已是 $n-2$ 个未知元的 0 方程。如此下去,即有方程组(5.42)(5.24.1)(5.24. $n-3$)

$$\begin{cases}f_n(x_1,x_2,\cdots,x_n)=f(x_1,x_2,\cdots,x_n)=0, & (5.24.\,n)\\ f_{n-1}(x_1,x_2,\cdots,x_{n-1})=\prod\limits_{\alpha_n}f(x_1,x_2,\cdots,x_{n-1},\alpha_n)=0, & (5.24.\,n-1)\\ f_{n-2}(x_1,x_2,\cdots,x_{n-2})=\prod\limits_{(\alpha_{n-1},\alpha_n)}f(x_1,x_2,\cdots,x_{n-2},\alpha_{n-1},\alpha_n)=0, & (5.24.\,n-2)\\ f_{n-3}(x_1,x_2,\cdots,x_{n-3})=\prod\limits_{(\alpha_{n-2},\alpha_{n-1},\alpha_n)}f(x_1,x_2,\cdots,x_{n-3},\\ \qquad\qquad\alpha_{n-2},\alpha_{n-1},\alpha_n)=0,\\ \qquad\vdots\\ f_1(x_1)=\prod\limits_{(\alpha_2,\alpha_3,\cdots,\alpha_n)}f(x_1,\alpha_2,\alpha_3,\cdots,\alpha_n)=0,\end{cases}$$

以及

$$f_0=\prod_{(\alpha_1,\alpha_2,\cdots,\alpha_n)}f(\alpha_1,\alpha_2,\cdots,\alpha_n)=0,$$

最后一式写成向量形式即

$$f_0=\prod_{\boldsymbol{A}}f(\boldsymbol{A})=0,\qquad(5.43)$$

它就是方程(5.24)的相容条件(5.31)。由此可见,相容条件是逐次消元的

结果,因而有:

定义 5.7 布尔 0 方程(5.24)的相容条件(5.31)又称为该方程的消元式或结式。

布尔 0 方程组(5.42)可以简记为

$$f_p(x_1,x_2,\cdots,x_p)=0 \quad (p=1,2,\cdots,n), \tag{5.42'}$$

或

$$f_p(x_1,x_2,\cdots,x_{p-1},1)x_p \cup f_p(x_1,x_2,\cdots,x_{p-1},0)x_p{}'=0$$
$$(p=2,3,\cdots,n)。 \tag{5.44}$$

由系 2 知,方程(5.44)及原方程(5.24)有解

$$f_p(x_1,x_2,\cdots,x_p,0)\leqslant x_p\leqslant f_p{}'(x_1,x_2,\cdots,x_{p-1},1)$$
$$(p=2,3,\cdots,n)。 \tag{5.45}$$

由定理 5.3 知,方程(5.44)及原方程(5.24)有解

$$x_p=f_p(x_1,x_2,\cdots,x_{p-1},0)t_p{}' \cup f_p{}'(x_1,x_2,\cdots,x_{p-1},1)t_p$$
$$(p=2,3,\cdots,n), \tag{5.46}$$

或

$$x_p=f_p{}'(x_1,x_2,\cdots,x_{p-1},1)t_p \cup f_p(x_1,x_2,\cdots,x_{p-1},0)t_p{}'$$
$$(p=2,3,\cdots,n)。 \tag{5.47}$$

于是有:

定理 5.5 若 n 元布尔 0 方程(5.24)是相容的,则在规定(5.39)之下,它等价于 0 方程组(5.42′),并有解(5.45)或(5.46)或(5.47)。

例 5.11 用逐次消元法解二元 0 方程

$$ax_1x_2 \cup bx_1x_2{}' \cup cx_1{}'x_2 \cup dx_1{}'x_2{}'=0。$$

解 此方程可写成

$$(ax_1 \cup cx_1{}')x_2 \cup (bx_1 \cup dx_1{}')x_2{}'=0, \tag{5.48}$$

消去 x_2 得

$$(ax_1 \cup cx_1{}')(bx_1 \cup dx_1{}')=0,$$

即

$$abx_1 \cup cdx_1{}' = 0。 \tag{5.49}$$

若其相容条件

$$abcd = 0$$

被满足，则由方程(5.49)与方程(5.48)分别得

$$x_1 = (ab)'t_1 \cup cdt_1{}' = (a' \cup b')t_1 \cup cdt_1{}', \tag{5.50}$$

$$x_2 = (ax_1 \cup cx_1{}')'t_2 \cup (bx_1 \cup dx_1{}')t_2{}', \tag{5.51}$$

再求 $x_1{}'$，即

$$\begin{aligned} x_1{}' &= ((a' \cup b')t_1 \cup cdt_1{}')' \\ &= (a' \cup b')'t_1 \cup (cd)'t_1{}' \\ &= abt_1 \cup (c' \cup d')t_1{}', \end{aligned}$$

将它及式(5.50)代入式(5.51)并化简，得

$$\begin{aligned} x_2 = {} & [(a' \cup bc')t_1 \cup (a'd \cup c')t_1{}']t_2 \cup \\ & [b(a' \cup d)t_1 \cup d(b \cup c')t_1{}']t_2{}'。 \end{aligned} \tag{5.52}$$

式(5.50)及式(5.52)就是方程(5.35)的参数解。

例 5.12　解布尔方程组

$$\begin{cases} xy' = ab', \\ x'y = a'b。 \end{cases}$$

解　由例 5.4 知，此方程组等价于 0 方程

$$\begin{aligned} & [(a'b \cup ab')x \cup (a \cup b')x']y \cup \\ & [(a' \cup b)x \cup (ab' \cup a'b)x']y' = 0, \end{aligned} \tag{5.53}$$

消去 y 并化简得

$$a'bx \cup ab'x' = 0。$$

例 5.6 已给出 x 的值，为了求出 y，可作如下变形：对式(5.6)的两边求补后再同乘 x，得

$$xy = x(a' \cup b), \tag{5.54}$$

由式(5.54)及式(5.7)得

$$y = a'b \cup x(a' \cup b), \tag{5.55}$$

将 x 的值代入式(5.55),即得方程组的解集

$$S=\{(ab',a'b),(a,b),(b',a'),(a\cup b',a'\cup b)\}。\qquad (5.56)$$

5. 简单布尔方程

定义 5.8　若$f_1(\boldsymbol{X})$及$f_2(\boldsymbol{X})$是简单布尔函数,则

$$f_1(\boldsymbol{X})=0 \tag{5.57}$$

及

$$f_2(\boldsymbol{X})=1 \tag{5.58}$$

称为简单布尔 0 - 1 方程。若$f_1(\boldsymbol{X})$及$f_2(\boldsymbol{X})$是非简单布尔函数(即除待定元外,还含有其他文字,这种文字在方程中叫参数),则称其为参数布尔 0 - 1 方程。若$f_1(\boldsymbol{X})$及$f_2(\boldsymbol{X})$是开关函数,则分别称其为简单开关 0 - 1 方程与参数开关 0 - 1 方程。

这一节将介绍简单布尔方程的三个解法:1 值集解法、分支解法及图解法。

定理 5.6　简单布尔 1 方程

$$f(\boldsymbol{X})=1 \tag{5.59}$$

的解集就是$f(\boldsymbol{X})$的 1 值集。

证明　每一个非 0 的简单布尔函数$f(\boldsymbol{X})$都可以写成它的 1 值表示

$$f(\boldsymbol{X})=\bigcup_{\boldsymbol{A}\in\boldsymbol{S}}\boldsymbol{X}^{\boldsymbol{A}}, \tag{5.60}$$

而且对每一个$\boldsymbol{A}\in\boldsymbol{S}$都有

$$f(\boldsymbol{A})=\bigcup_{\boldsymbol{A}\in\boldsymbol{S}}\boldsymbol{A}^{\boldsymbol{A}}=1,$$

故每一个$\boldsymbol{A}\in\boldsymbol{S}$都是简单布尔 1 方程(5.59)的解,即 1 值集$\boldsymbol{S}$是方程(5.59)的解集。

例 5.13　求解简单布尔方程

$$xyz\cup x'y'z=1。 \tag{5.61}$$

解

$$xyz\cup x'y'z=x^1y^1z^1\cup x^0y^0z^1=\boldsymbol{X}^{111}\cup\boldsymbol{X}^{001},$$

故方程(5.61)的解集为

$$S=\{111,001\},$$

也就是说,方程(5.61)有两组解:

$$\begin{cases}x=1,\\y=1,\\z=1,\end{cases}\quad\begin{cases}x=0,\\y=0,\\z=1。\end{cases}$$

例 5.14 求解简单布尔方程

$$x_2'x_3'\cup x_1x_3=0。\tag{5.62}$$

解 首先要将这个 0 方程变成对应的 1 方程,为此两边同时求补得

$$x_1'x_3\cup x_1'x_2\cup x_2x_3'=1,\tag{5.63}$$

然后求方程(5.63)的 1 值集(即解集)。由于

$$\begin{aligned}&x_1'x_3\cup x_1'x_2\cup x_2x_3'\\&=x_1'x_2^*x_3\cup x_1'x_2x_3^*\cup x_1^*x_2x_3'\\&=\boldsymbol{X}^{0*1}\cup\boldsymbol{X}^{01*}\cup\boldsymbol{X}^{*10}\\&=(\boldsymbol{X}^{001}\cup\boldsymbol{X}^{011})\cup(\boldsymbol{X}^{010}\cup\boldsymbol{X}^{011})\cup(\boldsymbol{X}^{010}\cup X^{110})\\&=\boldsymbol{X}^{001}\cup\boldsymbol{X}^{011}\cup\boldsymbol{X}^{010}\cup\boldsymbol{X}^{110},\end{aligned}$$

故方程(5.62)的解集为

$$S=\{001,011,010,110\}。$$

这种用求 1 值集来求解集的方法就是 1 值集解法。这是简单 0－1 布尔方程的一种基本解法,但某些特殊情况用其他方法则更简单。例如,求解简单开关方程

$$x_3'x_2=1\tag{5.64}$$

时,若用此法,则需先将 $x_3'x_2$ 转化成 1 值表示,求得 1 值集

$$S=\{110,010\},$$

再说明此两解可合为一个解

$$\begin{cases}x_2=1,\\x_3=0,\end{cases}$$

比较费事。改用如下的解法将更简单：由

$$x_3'x_2=1\Leftrightarrow\begin{cases}x_3'=1\Leftrightarrow x_3=0,\\ x_2=1,\end{cases}$$

即得解

$$\begin{cases}x_3=0,\\ x_2=1。\end{cases}$$

又如，求解如下形状的简单布尔方程组

$$\begin{cases}f_i(\boldsymbol{X})=1\quad(i=1,2,\cdots,p),\\ g_j(\boldsymbol{X})=0\quad(j=1,2,\cdots,q)\end{cases}\tag{5.65}$$

时，若用 1 值集解法，则需先将此方程组变成对应的 1 方程，也比较复杂。可改用如下的分支解法，其求解步骤是：先选择

$$f_i(\boldsymbol{X})=1\quad(i=1,2,\cdots,p)\tag{5.66}$$

中的一个，求出其解，再分别代入其他方程。

（1）只要有一个不满足，就不是方程组(5.65)的解；

（2）若全满足，则得一个化简的（已消去一些待定元的）方程组，再对它进行同样的过程，直至求得方程组(5.65)的全部解。

例 5.15　求解简单布尔方程组

$$\begin{cases}x_1'x_3\cup x_2x_3'=1, & (5.67)\\ x_3x_1x_4\cup x_1x_2=1, & (5.68)\\ x_3x_1\cup x_4x_5\cup x_1x_4=0。 & (5.69)\end{cases}$$

解　(1)选择方程(5.67)，求得两组解 S_1,S_2，即

$$S_1:\begin{cases}x_1=0,\\ x_3=1,\end{cases}\quad S_2:\begin{cases}x_2=1,\\ x_3=0。\end{cases}$$

（2）将解 S_1 与 S_2 分别代入方程(5.68)与方程(5.69)即知，S_1 不是解，而由 S_2 得

$$\begin{cases}x_1=1,\\ x_4x_5\cup x_1x_4=0。\end{cases}\tag{5.70}$$

（3） 再对方程组(5.70)进行分支解法，得

$$\begin{cases}x_1=1,\\ x_4=0,\\ x_5=1\end{cases}\text{及}\begin{cases}x_1=1,\\ x_4=0,\\ x_5=0。\end{cases}$$

（4） 故原方程组的解集为

$$S=\{11001,11000\}。$$

由于卡诺图能直接给出 1 值集，因此可用卡诺图来求解简单布尔 1 方程

$$f(\boldsymbol{X})=1。$$

这种用卡诺图求解布尔方程的方法叫图解法。

例 5.16 求解简单布尔方程

$$x_2x_3{}'\cup x_1{}'x_3=1。\tag{5.71}$$

解 （1）画出

$$f(\boldsymbol{X})=x_2x_3{}'\cup x_1{}'x_3$$

的卡诺图（图 5.2）。

（2） 由填 1 格的坐标（图 5.3）即得方程(5.71)的解集

$$S=\{001,011,010,110\}。$$

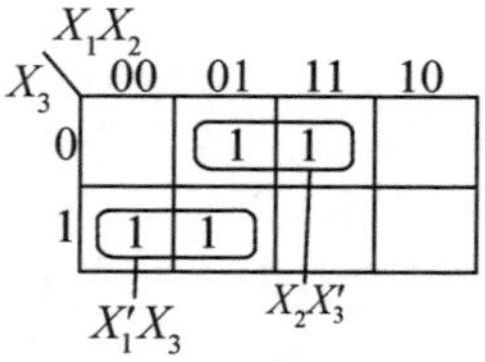

图 5.2

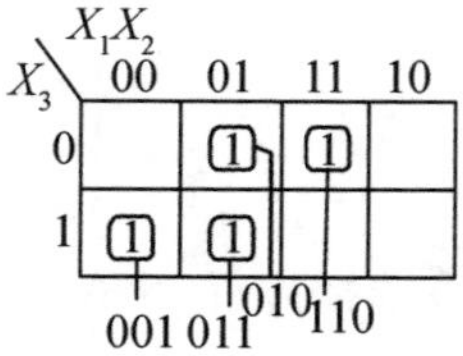

图 5.3

例 5.17 用卡诺图解简单布尔方程组

$$\begin{cases}x_1{}'x_3\cup x_2x_3{}'=1,\\ x_3x_1x_4\cup x_1x_2=1,\\ x_3x_1\cup x_4x_5\cup x_1x_4=0。\end{cases}\tag{5.72}$$

解　(1) 画出此方程组中的 1 方程的 1 值集及 0 方程的 0 值集(图 5.4 ~ 图 5.6)。

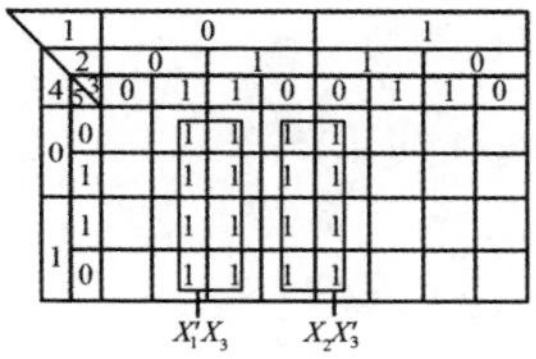

图 5.4

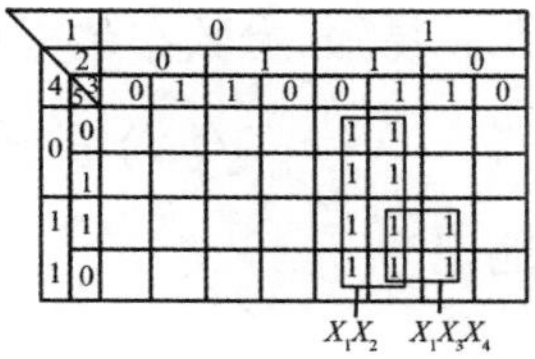

图 5.5

(2) 将三者合于同一个卡诺图①(图 5.7),取值为“111”的格(的坐标)即为所求的解

$$S=\{11001,11000\}。$$

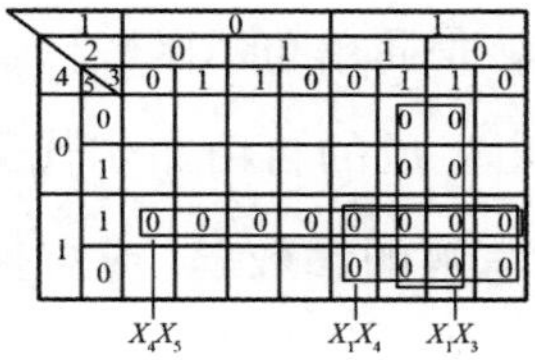

图 5.6

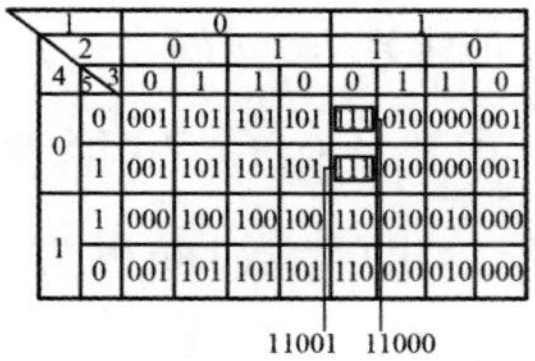

图 5.7

① 分成这四个图仅仅是为了说明原理,实际上前三个图无须画出。

6. 参数布尔方程

由定义 5.8 易知,参数布尔方程

$$f(\boldsymbol{X}) = * \quad (* = 0 \text{ 或 } 1) \tag{5.73}$$

可以更明确地记为

$$f(\boldsymbol{X},\boldsymbol{Y}) = *, \tag{5.73'}$$

其中 $\boldsymbol{X} = (x_1, x_2, \cdots, x_n)$ 是待定元向量,而 $\boldsymbol{Y} = (y_1, y_2, \cdots, y_p)$ 是参数向量。

定义 5.9 若方程(5.73′)是布尔代数 $\langle \mathscr{B}, \cup, \cdot, ', 0, 1 \rangle$ 上的参数布尔方程,$FB(\boldsymbol{Y})$ 是用这个方程的参数集 $\{y_1, y_2, \cdots, y_p\}$ 生成的简单布尔函数的全体组成的集

$$FB(\boldsymbol{Y}) = \{g(y_1, y_2, \cdots, y_p) \mid g \text{ 是简单布尔函数}\},$$

则 $\langle FB(\boldsymbol{Y}), \cup, \cdot, ', 0, 1 \rangle$ 是用参数集自由生成的自由布尔代数,可简称为参生代数。能给出(参数)布尔方程的所有解的参数解(或再生解)叫参数通解(或再生通解)。

像例 5.1 及 5.2 那样的实际问题,要求解出的 $\boldsymbol{X}$ 是 $\boldsymbol{Y}$ 的简单布尔函数,称为在参生代数上求解。在参生代数上求出的特解叫参上解,求出的通解(参数通解或再生通解)叫参上通解(参上参数通解或参上再生通解)。

应指出的是,前面的某些(由非简单的布尔函数构成的)布尔方程就是参数布尔方程。例如,一元布尔方程

$$ax \cup bx' = 0$$

就是一个参数布尔方程,它的

$$\boldsymbol{X} = (x), \boldsymbol{Y} = (a, b),$$

因此,前面介绍的逐次消元法就是能(在参生代数上)求解参数布尔方程的一个解法。

但是,如前所述,随着未知元的增多,逐次消元法的计算量增加得很快。例如,用此法解例 5.2 中的三元开关方程组

$$\begin{cases} xy = c \cup ab, \\ yz = a \cup bc, \\ zx = b \cup ac \end{cases}$$

时,计算量就相当大了。因此,人们自然要寻找其他更简便的一般解法。

其中的一个办法就是先求一个特解,再用所谓的扩展定理求得其通解。

这一节先给出求特解的两个方法:图解法及或组解法,然后再介绍扩展定理。

所谓图解法,就是用卡诺图求解布尔方程的方法。通常图解法只用来求解简单布尔方程,现将其推广,用它来求解参数布尔方程

$$f(\boldsymbol{X},\boldsymbol{Y}) = 1 \tag{5.74}$$

的参上解。我们有如下定理:

定理 5.7　设方程(5.74)是参数布尔方程,若以 $X - Y$ 为坐标轴作 $f(\boldsymbol{X},\boldsymbol{Y})$ 的卡诺图,则由此图中的某些填 1 格可以找到方程(5.74)的参上解。

证明　取

$$\boldsymbol{Z} = (\boldsymbol{X},\boldsymbol{Y}) = (x_1, x_2, \cdots, x_n, y_1, y_2, \cdots, y_p) \in \mathscr{B}^{n+p},$$

则参数布尔方程(5.74)变成简单布尔方程

$$f(\boldsymbol{Z}) = 1。\tag{5.75}$$

以 $X - Y$ 为横竖坐标轴作卡诺框,作出 $f(\boldsymbol{Z})$ 的卡诺图。由定理 5.6 知,方程(5.75)的解集就是 $f(\boldsymbol{Z})$ 的 1 值集,也就是这个卡诺图上的那些填 1 格。因此,由某个或某些填 1 格的并集就可以找到所要求的解。

例 5.18　用图解法求解参数布尔方程

$$ax \cup bx' = 0。$$

解　图解法仅适用于 1 方程,因此首先应对两边求补,并将已知方程变成对应的 1 方程

$$a'x \cup b'x' = 1,$$

再作

$$f(x, a, b) = xa' \cup x'b'$$

的卡诺图(图 5.8)。由圈出的两个填 1 格即得方程(5.19)(也就是原方程)的一个参上解

$$x=a',$$

由圈出的另外两个填 1 格(图5.9)又得另一个参上解

$$x'=b' \quad (\text{即 } x=b)。$$

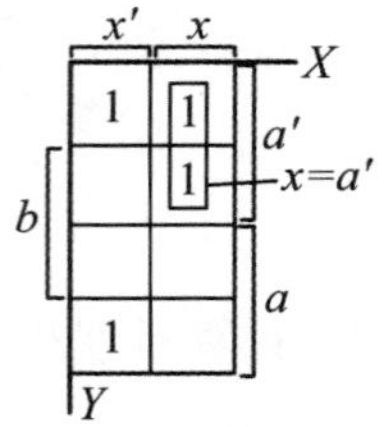

图 5.8

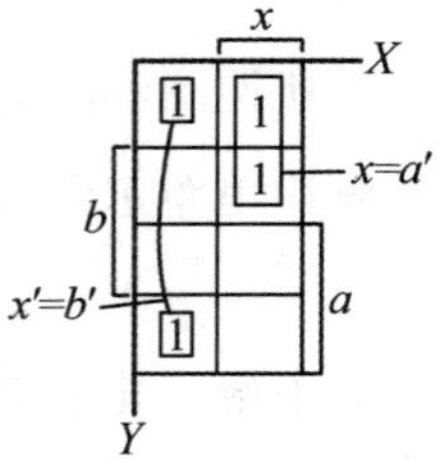

图 5.9

定理 5.8 用图解法解参数布尔方程组

$$f_i(\boldsymbol{X},\boldsymbol{Y})=g_i(\boldsymbol{X},\boldsymbol{Y}) \quad (i\geqslant 1) \qquad (5.76)$$

时,无须先将其变成 1 方程。在 $X-Y$ 卡诺框中直接作 f_ig_i 或 $f_i'g_i'$ 的卡诺图,即可求得方程(5.76)的参上解。

证明 $f_i=g_i \Leftrightarrow (f_i'\cup g_i)(f_i\cup g_i')=1$

$$\Leftrightarrow f_ig_i\cup f_i'g_i'=1 \overset{\text{定义5.11}}{\Leftrightarrow} \begin{cases} f_ig_i=1, \\ f_i'g_i'=1。\end{cases}$$

例 5.19 仍以解参数布尔方程组

$$\begin{cases} xy'=ab', \\ x'y=a'b \end{cases}$$

为例,用图解法求此方程组的参上解。

解 作函数

$$f_1g_1=(xy')(ab')$$

及

$$f_2g_2=(x'y)(a'b)$$

的卡诺图(图 5.10),即得原方程组的参上解(图 5.11)

$$x=a,y=b。$$

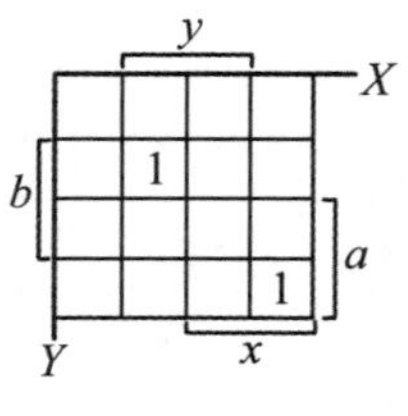

图 5.10

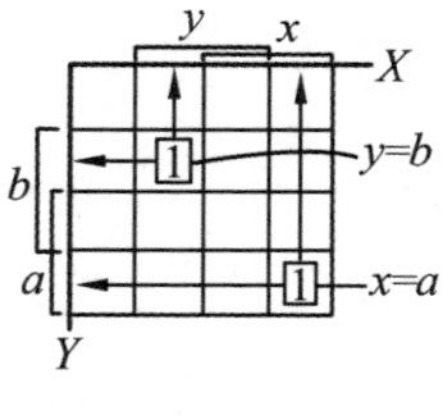

图 5.11

例 5.20　用图解法解例 5.2 中的参数开关方程组

$$\begin{cases} xy = c \cup ab, \\ yz = a \cup bc, \\ zx = b \cup ac。\end{cases} \tag{5.77}$$

解　作

$$f_1 g_1 = xy(c \cup ab),$$

$$f_2 g_2 = yz(a \cup bc),$$

$$f_3 g_3 = zx(b \cup ca)$$

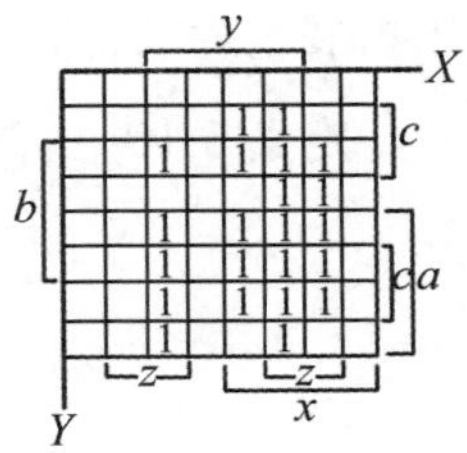

图 5.12

的卡诺图(图 5.12),即可从中分解出方程组(5.77)的参上解(图 5.13)

$$x = b \cup c, y = a \cup c, z = a \cup b。$$

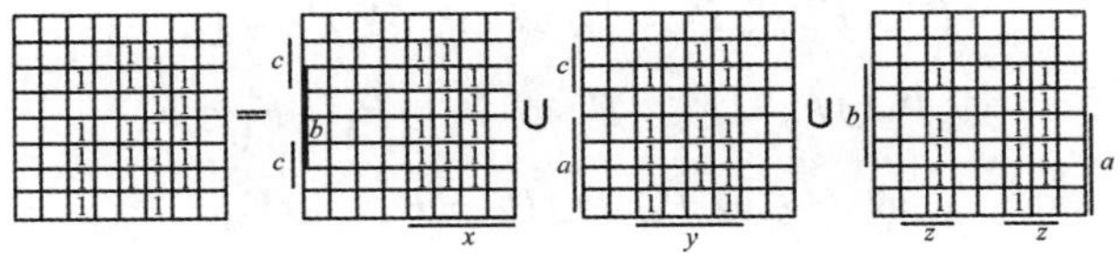

图 5.13

这个参上解的实际意义的图示见图 5.14。

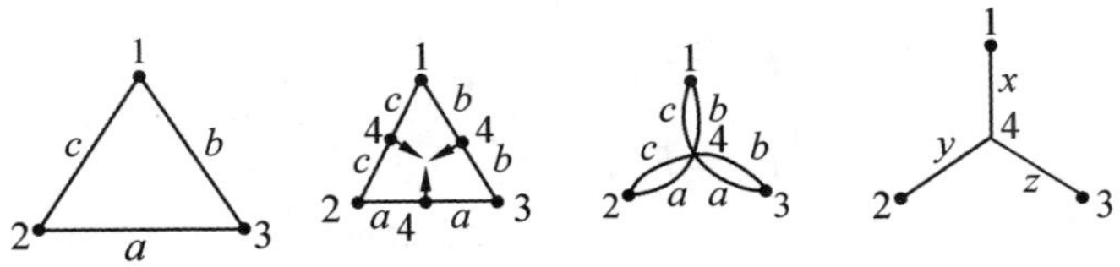

图 5.14

图解法的优点是直观,但对较大的 n 及 p,要直观地分解出它的参上解是有一定困难的。

下面我们把这种几何解法代数化,变成一个与之对应的或组解法。由例 5.18 容易想到:参数 1 方程

$$a'x \cup b'x' = 1$$

和或组方程组

$$\begin{cases} x = a', \\ x' = b' \end{cases} \tag{5.78}$$

等价。所谓或组解法,就是用等价或组来求原方程(1 方程)的参上特解,再用扩展定理求得其参上通解。

定义 5.10 若布尔方程组

$$\begin{cases} P_1 = F_1, \\ P_2 = F_2, \\ \quad \vdots \\ P_m = F_m \end{cases} \tag{5.79}$$

的含义是指

$$P_1 = F_1 \text{ 或 } P_2 = F_2 \text{ 或……或 } P_m = F_m$$
$$\text{或 } P_1 \cup P_2 = F_1 \cup F_2 \text{ 或 } P_1 \cup P_3 = F_1 \cup F_3$$
$$\text{或……或 } P_{m-1} \cup P_m = F_{m-1} \cup F_m$$
$$\text{或……或 } P_1 \cup P_2 \cup \cdots \cup P_m = F_1 \cup F_2 \cup \cdots \cup F_m,$$

且其中的“或”是不排他的逻辑或,则称方程组(5.79)为(布尔方程)或组,称

$$\begin{cases} P_{i_1} = F_{i_1}, \\ P_{i_2} = F_{i_2}, \\ \quad \vdots \\ P_{i_k} = F_{i_k} \end{cases} \quad (1 \leqslant i_k \leqslant m)$$

为方程组(5.79)的子或组,称

$$P_1 \cup P_2 \cup \cdots \cup P_m = F_1 \cup F_2 \cup \cdots \cup F_m$$

为方程组(5.79)的最大子或组。$F_1, F_2, \cdots, F_m$ 皆为 1 的或组

$$\begin{cases} P_1 = 1, \\ P_2 = 1, \\ \quad \vdots \\ P_m = 1 \end{cases} \tag{5.80}$$

称为 1 或组。所谓或组(5.79)的解,就是它的所有可解子或组的解。

通常的方程组可叫与组,这种方程组的解必须适合它的每一个方程。或组则不同,或组的解至少适合它的某一个子或组,但也可适合每一个子或组(只有唯一解时)。关于或组方程,下面给出一种解法。

定理 5.9　1 或组(5.80)与其最大子或组

$$P_1 \cup P_2 \cup \cdots \cup P_m = 1 \tag{5.81}$$

等价。

证明　(5.81)是(5.80)的子或组,故(5.81)的解自然都是(5.80)的解。

反之,设

$$U = \{1,2,\cdots,m\}, V = \{i_1, i_2, \cdots, i_k\} \subset U, W = U \backslash V,$$

于是

$$\bigcup_{u \in U} P_u = \bigcup_{v \in V} P_v = \bigcup_{w \in W} P_w,$$

因而所有使

$$\bigcup_{v \in V} P_v = 1$$

的值都是使

$$\bigcup_{u \in U} P_u = 1$$

的值,即(5.80)的解也都是(5.81)的解。

系 3　若参数布尔 1 方程

$$f(\boldsymbol{X}, \boldsymbol{Y}) = 1$$

的小项标准型为

$$\bigcup_{\boldsymbol{A}} c_{\boldsymbol{A}} \boldsymbol{X}^{\boldsymbol{A}} = 1, \tag{5.82}$$

其中 $c_A=f(\boldsymbol{A},\boldsymbol{Y})$，则 1 方程(5.82)等价于或组

$$c_A=\boldsymbol{X}^A=1 \quad (\forall \boldsymbol{A}\in\{0,1\}^n\subset\mathscr{B}^n)。 \tag{5.83}$$

证明

$$方程(5.74) \overset{定理5.9}{\Leftrightarrow} 或组\ c_A\boldsymbol{X}^A=1$$

$$(\forall \boldsymbol{A}\in\{0,1\}^n\subset\mathscr{B}^n)\Leftrightarrow 或组(5.83)。$$

定理 5.10 1 方程(5.82)和与组

$$c_A\boldsymbol{X}^A=\boldsymbol{X}^A \quad (\forall \boldsymbol{A}\in\{0,1\}^n\subset\mathscr{B}^n) \tag{5.84}$$

等价。

证明 此定理即

$$方程(5.82)\Leftrightarrow 与组(5.84)。$$

先证“$\Leftarrow$”：若方程(5.84)有解 $\boldsymbol{X}=\boldsymbol{\Xi}$，且

$$c_A\boldsymbol{\Xi}^A=\boldsymbol{\Xi}^A, \tag{5.85}$$

则

$$\bigcup_A c_A\boldsymbol{X}^A=\bigcup_A c_A\boldsymbol{\Xi}^A \overset{式(5.85)}{=\!=\!=\!=} \bigcup_A \boldsymbol{\Xi}^A=1,$$

故 $\boldsymbol{X}=\boldsymbol{\Xi}$ 也是方程(5.82)的解。

再证“$\Rightarrow$”(用反证法)：若对确定的 $\boldsymbol{X}$，有 $\boldsymbol{B}$ 使与组(5.84)不成立，则

$$c_B\boldsymbol{X}^B\neq\boldsymbol{X}^B\Leftrightarrow \boldsymbol{X}^B\leqslant c_B\Leftrightarrow\boldsymbol{X}^B\cdot c_B'\neq 0,$$

下证方程(5.82)也不成立。设 $\{\boldsymbol{C}\}=\{0,1\}^n\backslash\{\boldsymbol{B}\}$，则

$$\begin{aligned}(\bigcup_A c_A\boldsymbol{X}^A)'&=\bigcup_A c_A'\boldsymbol{X}^A\\&=(\bigcup_B c_B'\boldsymbol{X}^B)\cup(\bigcup_C c_C'\boldsymbol{X}^C)\neq 0。\end{aligned}$$

系 4 1 方程(5.82)有解 $\boldsymbol{X}=\boldsymbol{\Xi}$ 的充要条件是

$$c_A\boldsymbol{\Xi}^A=\boldsymbol{\Xi}^A。 \tag{5.86}$$

有了上面这几个定理及系理作为预备知识，我们就可以来推证下面这个关于或组解法的主要定理了。

定理 5.11 任意布尔代数上的参数布尔 1 方程

$$\bigcup_A c_A\boldsymbol{X}^A=1$$

和下列或组

$$\begin{cases} \boldsymbol{X}^0 = c_0, \\ \boldsymbol{X}^1 = c_1, \\ \quad \vdots \\ \boldsymbol{X}^{2^n-1} = c_{2^n-1} \end{cases} \tag{5.87}$$

等价。

证明　显然有

$$\text{方程}(5.82) \overset{\text{系}3}{\Leftrightarrow} \text{或组}(5.83) \Leftrightarrow \begin{cases} \text{或组}(5.87), \\ \text{或组 } \boldsymbol{X}^A = 1 \overset{\text{定理}5.9}{\Leftrightarrow} \bigcup_A \boldsymbol{X}^A = 1。 \end{cases}$$

由于

$$\bigcup_A \boldsymbol{X}^A = 1$$

是恒成立的公式，故可不写，即得

$$\text{方程}(5.82) \Leftrightarrow \text{或组}(5.87)。$$

布尔 0 方程

$$\bigcup_A c_A \boldsymbol{X}^A = 0$$

有唯一解时，其解即由(与组)

$$\begin{cases} \boldsymbol{X}^0 = c_0', \\ \boldsymbol{X}^1 = c_1', \\ \quad \vdots \\ \boldsymbol{X}^{2^n-1} = c_{2^n-1}' \end{cases}$$

给出。

定理 5.11 证明了任意布尔 1 方程(5.82)的解都是由或组(5.87)所给出的。下面我们用两个简单的实例来说明，用等价或组(5.87)不仅能求唯一解，而且确实也能求出具有多个解的 1 方程(5.82)的诸解。

例 5.21　设

$$a'x \cup b'x' = 1$$

是无限布尔代数上的 1 方程(图 5.15),试求其解。

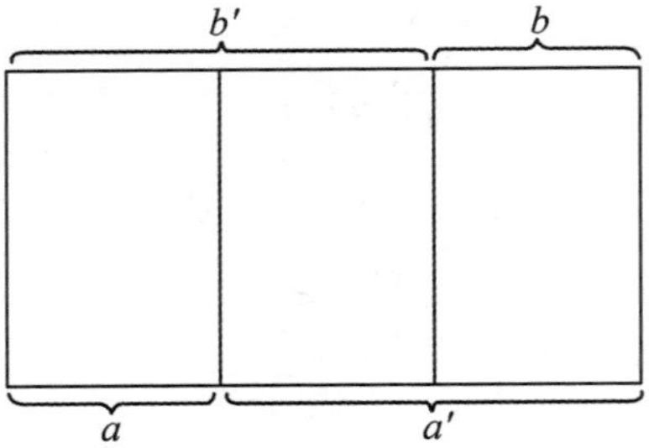

图 5.15

解 由定理 5.11 知,1 方程(5.19)和或组

$$\begin{cases} x = a', \\ x' = b' \end{cases}$$

等价。由该或组的第一个子或组求得

$$x = a',$$

由其第二个子或组又求得

$$x = b,$$

将此两值分别代入原方程(5.19),并应用系 4 得

$$a' \cdot a' \cup b' \cdot a \xlongequal{\text{系}4} a' \cup a = 1,$$

$$a' \cdot b \cup b' \cdot b' \xlongequal{\text{系}4} b \cup b' = 1,$$

即知它们确实都是原方程的解。但由于方程(5.19)有解的充要条件是 $a' \cup b' = 1$,即 $a' = b$,故此方程只有唯一解。

例 5.22 设 m 是大于 1 的不能被任意素数的平方整除的整数,取

$$\mathscr{B} = \{b \mid b \text{ 是 } m \text{ 的因数}\},$$

并对所有的 $a, b \in \mathscr{B}$,规定

$$a \cdot b = a \text{ 与 } b \text{ 的最大公因数},$$

$$a \cup b = a \text{ 与 } b \text{ 的最小公倍数},$$

$$a' = \frac{m}{a},$$

则$\langle \mathscr{B}, \cup, \cdot, ', 1, m \rangle$是一个有限布尔代数。今取 $m=21$,则

$$\mathscr{B}=\{1,3,7,21\},$$

试求解此有限代数$\langle \{1,3,7,21\}, \cup, \cdot, ', 1, 21 \rangle$上的 1 方程

$$3x \cup 21x' = 21。\tag{5.88}$$

解　此方程与或组

$$\begin{cases} x=3, \\ x'=21 \end{cases}\tag{5.89}$$

等价。由两个子或组分别求得

$$x=3,$$

$$x=21'=\frac{21}{21}=1,$$

分别代入原方程验算:

$$3\cdot 3 \cup 21\cdot 3' = 3 \cup 21\cdot 7 \xlongequal{\text{系 4}} 3 \cup 7 = 21,$$

$$3\cdot 1 \cup 21\cdot 1' = 1 \cup 21\cdot 21 \xlongequal{\text{系 4}} 1 \cup 21 = 21,$$

即知它们是原方程(5.88)的两个不同的解。

系 5　若在 1 方程(5.82)中有某个系数$c_{\boldsymbol{B}}=1$,则方程(5.82)有特解 $\boldsymbol{X}=\boldsymbol{B}$。

证明　$c_{\boldsymbol{B}}=1$ 也就是在或组(5.87)中有一个方程为

$$X^B=1,$$

故或组(5.87)及原方程(5.82)有解 $\boldsymbol{X}=\boldsymbol{B}$。

定义 5.11　若

$$c_{i_1} \cup c_{i_2} \cup \cdots \cup c_{i_k} = 1,$$

则称 $c_{i_1}, c_{i_2}, \cdots, c_{i_k}$互补。

系 6　若在 1 方程(5.82)中有 k 个小项的系数互补,则由与这些小项对应的方程所构成的子或组可求得方程(5.82)的特解。

证明　设在方程(5.82)中互补的小项系数为 $c_{i_1}, c_{i_2}, \cdots, c_{i_k}$,且

$$c_{i_1} \cup c_{i_2} \cup \cdots \cup c_{i_k} = 1, \tag{5.90}$$

或组(5. 87)中与 $c_{i_1}, c_{i_2}, \cdots, c_{i_k}$ 对应的方程构成的子或组为

$$\begin{cases} \boldsymbol{X}^{i_1} = c_{i_1}, \\ \boldsymbol{X}^{i_2} = c_{i_2}, \\ \quad \vdots \\ \boldsymbol{X}^{i_k} = c_{i_k}, \end{cases}$$

由此得

$$\boldsymbol{X}^{i_1} \cup \boldsymbol{X}^{i_2} \cup \cdots \cup \boldsymbol{X}^{i_k} = c_{i_1} \cup c_{i_2} \cup \cdots \cup c_{i_k} \xlongequal{\text{式}(5.90)} 1。$$

这是一个简单布尔 1 方程,因而有解

$$\boldsymbol{X} = i_1 \text{ 或 } \boldsymbol{X} = i_2 \text{ 或} \cdots\cdots \text{或 } \boldsymbol{X} = i_k,$$

显然,它们也是原方程(5. 82)的解。

定理 5.12 若方程(5. 82)的小项表示记为

$$\bigcup_{\boldsymbol{A}} c_{\boldsymbol{A}} \boldsymbol{X}^{\boldsymbol{A}} = \bigcup_{a_1 a_2 \cdots a_n} c_{a_1 a_2 \cdots a_n} \boldsymbol{X}^{a_1 a_2 \cdots a_n} = 1,$$

其中 $\boldsymbol{A} = a_1 a_2 \cdots a_n$,并标记

$$x^0 = x', x^1 = x, x^* = x^0 \cup x^1 = 1, c_* = c_0 \cup c_1,$$

$$c_{1(j)} = c_{*\cdots*1*\cdots*}\ (c \text{ 的下标中仅第 } j \text{ 位为 } 1,\text{其余全为 } *),$$

$$c_{0(j)} = c_{*\cdots*0*\cdots*}\ (c \text{ 的下标中仅第 } j \text{ 位为 } 0,\text{其余全为 } *),$$

则 1 方程(5. 82)有特解

$$x_j = c_{1(j)} \quad (j = 1, 2, \cdots, n), \tag{5.91}$$

或

$$x_j = c_{0(j)}{}' \quad (j = 1, 2, \cdots, n)。 \tag{5.92}$$

证明 对任意的 $j \in \{1, 2, \cdots, n\}$,有

$$\begin{aligned} x_j &= \bigcup_{a_1 a_2 \cdots a_n | a_j = 1} \boldsymbol{X}^{a_1 a_2 \cdots a_n} \xlongequal{\text{或组}(5.87)} \bigcup_{a_1 a_2 \cdots a_n | a_j = 1} c_{a_1 a_2 \cdots a_n} \\ &= c_{*\cdots*1*\cdots*} = c_{1(j)}, \end{aligned}$$

同理可证

$$x_j' = c_{0(j)}。$$

此定理中的解(5.91)是说,方程(5.82)中的所有含 x_j 的小项的系数

$$c_{a_1a_2\cdots a_{j-1}1a_{j+1}\cdots a_n} \quad (a_1, a_2, \cdots, a_{j-1}, a_{j+1}, \cdots, a_n \in \{0,1\})$$

的布尔和即为 x_j。同样,解(5.92)是说,方程(5.82)中的所有含 x_j'的小项的系数的布尔和的布尔补就是所求的 x_j。

例 5.23　求下列 1 方程的特解

$$(ab \cup a'b')xy \cup ab'xy' \cup a'bx'y \cup (ab \cup a'b')x'y' = 1。\tag{5.93}$$

解　含 x 的小项是前两项,它们的系数的布尔和为 x,即

$$x = (ab \cup a'b') \cup ab' = a \cup b',$$

含 y 的小项是第 1 项与第 3 项,它们的系数的布尔和为 y,即

$$y = (ab \cup a'b') \cup a'b = a' \cup b。$$

类似地,由第 3,4 项可求得 x',由第 2,4 项可求得 y',它们是 1 方程(5.93)的另一个特解

$$x = a'b, y = ab'。$$

为了由布尔 0 方程的特解求得其通解,给出如下扩展定理:

定理 5.13　若 $\boldsymbol{X} = \boldsymbol{\Xi}$ 是布尔 0 方程

$$g(\boldsymbol{X}) = 0 \tag{5.94}$$

的特解,则

$$\boldsymbol{X} = \boldsymbol{\Xi} g(\boldsymbol{T}) \cup \boldsymbol{T} g'(\boldsymbol{T}) \tag{5.95}$$

是方程(5.94)的再生通解。

证明　先证如下两个结论:

(1) 在布尔代数中,若 $t, v_i, w_i \in \mathscr{B}$;$\boldsymbol{V} = (v_1, v_2, \cdots, v_n)$,$\boldsymbol{W} = (w_1, w_2 \cdots, w_n)$,$\boldsymbol{A} = (\alpha_1, \alpha_2, \cdots, \alpha_n) \in \mathscr{B}_2^n$,则

$$(t\boldsymbol{V} \cup t'\boldsymbol{W})^{\boldsymbol{A}} = t\boldsymbol{V}^{\boldsymbol{A}} \cup t'\boldsymbol{W}^{\boldsymbol{A}}。\tag{5.96}$$

事实上

$$\begin{aligned}(t\boldsymbol{V} \cup t'\boldsymbol{W})^{\boldsymbol{A}} &= (tv_1 \cup t'w_1)^{\alpha_1} \cdots (tv_n \cup t'w_n)^{\alpha_n} \\ &= (tv_1^{\alpha_1} \cup t'w_1^{\alpha_1}) \cdots (tv_n^{\alpha_n} \cup t'w_n^{\alpha_n})\end{aligned}$$

$$= (tv_1^{\alpha_1}\cdots v_n^{\alpha_n}) \cup (t'w_1^{\alpha_1}\cdots w_n^{\alpha_n})$$
$$= t\boldsymbol{V}^{\boldsymbol{A}} \cup t'\boldsymbol{W}^{\boldsymbol{A}}。$$

（2）在布尔代数中有

$$f(t\boldsymbol{V}\cup t'\boldsymbol{W}) = tf(\boldsymbol{V}) \cup t'f(\boldsymbol{W})。\qquad (5.97)$$

事实上

$$\begin{aligned} f(t\boldsymbol{V}\cup t'\boldsymbol{W}) &= \bigcup_{\boldsymbol{A}} f(\boldsymbol{A})(t\boldsymbol{V}\cup t'\boldsymbol{W})^{\boldsymbol{A}} \\ &\xlongequal{\text{式(5.96)}} \bigcup_{\boldsymbol{A}} f(\boldsymbol{A})(t\boldsymbol{V}^{\boldsymbol{A}} \cup t'\boldsymbol{W}^{\boldsymbol{A}}) \\ &= t\bigcup_{\boldsymbol{A}} f(\boldsymbol{A})\boldsymbol{V}^{\boldsymbol{A}} \cup t'\bigcup_{\boldsymbol{A}} f(\boldsymbol{A})\boldsymbol{W}^{\boldsymbol{A}} \\ &= tf(\boldsymbol{V}) \cup t'f(\boldsymbol{W})。\end{aligned}$$

现在来证明定理本身。由于对每一个 $\boldsymbol{T}\in\mathscr{B}^n$ 都有

$$f(\boldsymbol{\Xi}f(\boldsymbol{T}) \cup \boldsymbol{T}f'(\boldsymbol{T}))$$
$$\xlongequal{\text{式(5.97)}} f(\boldsymbol{T})f(\boldsymbol{\Xi}) \cup f'(\boldsymbol{T})f(\boldsymbol{T}) = 0,$$

故(5.95)是方程(5.94)的参数通解。进一步，若 $\boldsymbol{X}$ 满足

$$f(\boldsymbol{X}) = 0,$$

则

$$f'(\boldsymbol{X}) = 1,$$

故有

$$\boldsymbol{\Xi}f(\boldsymbol{X}) \cup \boldsymbol{X}f'(\boldsymbol{X}) = \boldsymbol{X},$$

所以(5.95)是方程(5.94)的再生通解。

图解法及或组解法求得的特解是用1方程求得的，因此要由这种特解求得再生通解，需对此定理作如下变形。

定理 5.14 若 $\boldsymbol{X}=p(\boldsymbol{Y})$ 是参数布尔1方程

$$f(\boldsymbol{X}, \boldsymbol{Y}) = 1$$

的特解，则

$$\boldsymbol{X} = p(\boldsymbol{Y})f'(\boldsymbol{X}, \boldsymbol{Y}) \cup \boldsymbol{T}f(\boldsymbol{T}, \boldsymbol{Y}) \qquad (5.98)$$

是方程(5.82)的再生通解。

证明　对方程(5.94)的两边同时求补,并令

$$f=g',$$

即可由定理 5.13 得到此定理。

例 5.24　求解无限布尔代数上的 1 方程

$$\begin{cases} x_1x_2'=ab', \\ x_1'x_2=a'b \end{cases}$$

的再生通解。

解　由例 5.19 知,此方程有特解

$$x_1=a, x_2=b。$$

由例 5.4 知,此方程组等价于 0 方程

$$(a'b\cup ab')x_1x_2\cup(a'\cup b)x_1x_2'\cup$$
$$(a\cup b')x_1'x_2\cup(a'b\cup ab')x_1'x_2'=0。$$

两边同时求补,得与之等价的 1 方程

$$(ab\cup a'b')x_1x_2\cup ab'x_1x_2'\cup a'bx_1'x_2\cup$$
$$(ab\cup a'b')x_1'x_2'=1。\tag{5.99}$$

再应用式(5.98),即得再生通解

$$\begin{aligned} x_1=a[&(a'b\cup ab')t_1t_2\cup(a'\cup b)t_1t_2'\cup \\ &(a\cup b')t_1't_2\cup(a'b\cup ab')t_1't_2']\cup \\ &t_1[(ab\cup a'b')t_1t_2\cup ab't_1t_2'\cup \\ &a'bt_1't_2\cup(ab\cup a'b')t_1't_2'], \\ x_2=b[&(a'b\cup ab')t_1t_2\cup(a'\cup b)t_1t_2'\cup \\ &(a\cup b')t_1't_2\cup(a'b\cup ab')t_1't_2']\cup \\ &t_2[(ab\cup a'b')t_1t_2\cup ab't_1t_2'\cup \\ &a'bt_1't_2\cup(ab\cup a'b')t_1't_2'], \end{aligned}$$

化简后得

$$x_1=a(t_1\cup t_2\cup b')\cup b't_1t_2,$$
$$x_2=b(t_1\cup t_2\cup a')\cup a't_1t_2。$$

第6章

布尔矩阵

这一章的内容是解释布尔向量和布尔矩阵的基本概念①。

为了开展布尔矩阵的讨论，我们必须首先从布尔代数的概念着手。

一个半群就是在满足结合律的二元运算之下封闭的一个集合。交换半群 β_0 对于运算“+”和“·”都满足交换律。事实上，不难看出，两个分配律在 β_0 中也都成立。

一个半环就是一个带有加法和乘法的系统，它对这两种运算都是封闭的而且是结合的，对加法而言是交换的，而且还满足分配律。这样一个系统 $(\beta_0, +, \cdot)$ 称为一个半环。

我们把 β_0 上的矩阵称为布尔矩阵，这样一个矩阵可以解释为一个二元关系。

关于布尔矩阵的工作，相对来说还是很少的。早在 1880 年，皮尔斯(Pierce)就已把矩阵概念应用于关系逻辑，当时他并不知道凯莱(Arthur Cayley)的工作。他引进矩阵的一部分原因似乎是想把它作为关系分类的工具，另一部分原因似乎是想用它作为说明或例子。伯格(C. Berge)、哈拉

---

① 本章参考了金基恒(K. H. Kim)的《布尔矩阵理论及其应用》。

里(F. Harary)、诺曼(R. Z. Norman)与卡特赖特(D. Cartwright)等人在他们的著作中都用一两章的篇幅介绍了布尔矩阵,把它作为图论和网络理论中的一种计算方法。事实上,所有最新的工作都在数学和其他学科,例如,非负矩阵的贝龙-弗罗比尼乌斯(Perron-Frobenius)定理、马尔科夫链等方面有着应用。

定义$\underline{n}=\{1,2,\cdots,n\}$,用$|\underline{n}|$表示$\underline{n}$的基数(势)。有时候,如果指标所经过的集合是不言而喻的,我们就可以把表达式加以简写。例如,我们不写

$$\sum_{i=0}^{k} a_i,$$

而把它简写为

$$\sum_{\underline{m}} a_i,$$

其中$\underline{m}<\underline{n}$,甚至可以写为

$$\sum a_i。$$

1. 布尔向量

为了开展进一步的讨论,我们要提出一个结构,就是布尔向量。一个布尔向量就是一个 n 元组,它的元素都属于一个布尔代数。这些 n 元组可以相加,可以与布尔代数的元素相乘,或者作为布尔矩阵的运算对象。虽然在本书中,布尔向量与布尔矩阵的关系是主要的讨论对象,但是在组合数学中,布尔向量和布尔向量空间有着它本身的理论。譬如说,我们可以把一个集合的任意一个子集与一个布尔向量相联系。

定义 6.1 设 V_n 表示 β_0 上的所有 n 元组 $(a_1, a_2, \cdots, a_n)$ 的集合,V_n 的一个元素称为一个 n 维的布尔向量。带有按分量相加的运算的系统 V_n 称为 n 维布尔向量空间。

应该提到,只要规定两个如下的运算"+"和"·",就可以把 V_n 变成一个布尔代数:对所有 $a_i, b_i \in \beta_0$,有

$$(a_1, a_2, \cdots, a_n) + (b_1, b_2, \cdots, b_n)$$
$$= (a_1 + b_1, a_2 + b_2, \cdots, a_n + b_n),$$
$$(a_1, a_2, \cdots, a_n)(b_1, b_2, \cdots, b_n) = (a_1 b_1, a_2 b_2, \cdots, a_n b_n)。$$

定义 6.2 设 $V^n = \{\boldsymbol{v}^{\mathrm{T}} \mid \boldsymbol{v} \in V_n\}$,其中 $\boldsymbol{v}^{\mathrm{T}}$ 表示列向量

$$\begin{pmatrix} v_1 \\ v_2 \\ \vdots \\ v_n \end{pmatrix}。$$

定义 6.3 向量 $\boldsymbol{v}$ 的互补向量 $\boldsymbol{v}^{\mathrm{C}}$ 定义为这样的向量:当且仅当 $v_i = 0$ 时,$v_i^{\mathrm{C}} = 1$,这里 v_i 表示 $\boldsymbol{v}$ 的第 i 个分量。

设 $\boldsymbol{u}, \boldsymbol{v} \in V^n$,我们定义 $\boldsymbol{uv} = (\boldsymbol{v}^{\mathrm{T}}\boldsymbol{u}^{\mathrm{T}})^{\mathrm{T}}$,$\boldsymbol{u} + \boldsymbol{v} = (\boldsymbol{u}^{\mathrm{T}} + \boldsymbol{v}^{\mathrm{T}})^{\mathrm{T}}$,$(\boldsymbol{u}^{\mathrm{C}})^{\mathrm{T}} = (\boldsymbol{u}^{\mathrm{T}})^{\mathrm{C}}$ 和 $\boldsymbol{u}_k = \boldsymbol{u}_k^{\mathrm{T}}$。因此,作为一个布尔代数,$V^n$ 与 V_n 同构。因而,我们通常只讨论 V_n。

定义 6.4　设 $\boldsymbol{e}_i$ 是一个 n 元组，它的第 i 个坐标是 1，其余的坐标都是 0，我们还定义 $\boldsymbol{e}_i = \boldsymbol{e}_i^{\mathrm{T}}$。

我们通常把 $(0,0,\cdots,0)$ 或 $(0,0,\cdots,0)^{\mathrm{T}}$ 记做 $\mathbf{0}$，因为往往从上下文就能看清我们所指的是什么。

定义 6.5　V_n 的一个子空间就是 V_n 的一个子集，这个子集包含零向量，并对向量加法而言是封闭的。一个向量集合 W 的生成空间就是包含 W 的所有子空间的交集，记做 $\langle W\rangle$。

应该指出，只要我们接受空和(empty sum)等于 $\mathbf{0}$ 的约定，$\langle W\rangle$ 就是 W 的元素的所有有限和的集合。

例 6.1　(1) 设 $W_1 = \{(0\ 0\ 0),(1\ 0\ 0),(0\ 1\ 0),(0\ 0\ 1),(1\ 1\ 0),(0\ 1\ 1),(1\ 0\ 1),(1\ 1\ 1)\}$，那么 W_1 是 V_3 的一个子空间。

(2) 设 $W_2 = \{(0\ 0\ 0),(1\ 0\ 0),(0\ 0\ 1),(1\ 1\ 0),(0\ 1\ 1),(1\ 1\ 1)\}$，那么 W_2 就不是 V_3 的子空间。

定义 6.6　设 $W \subset V_n$，我们说一个向量 $\boldsymbol{v} \in V_n$ 与 W 相关，当且仅当 $\boldsymbol{v} \in \langle W\rangle$；一个集合 W 称为无关的，当且仅当对于所有 $\boldsymbol{v} \in W$，$\boldsymbol{v}$ 与 $W\backslash\{\boldsymbol{v}\}$ 不相关，这里"\"表示集合的差。如果 W 不是无关的，我们就说它是相关的。

定义 6.7　设 $\boldsymbol{u},\boldsymbol{v} \in V_n$，我们说 $\boldsymbol{u} \leqslant \boldsymbol{v}$，当且仅当对于每个使 $u_i = 1$ 的 i 都有 $v_i = 1$。我们说 $\boldsymbol{u} < \boldsymbol{v}$，是指 $\boldsymbol{u} \leqslant \boldsymbol{v}$，但 $\boldsymbol{u} \neq \boldsymbol{v}$。

定义 6.8　设子空间 $W \subset V_n$，W 的一个子集合 B 称为 W 的一个基(basis)当且仅当 $W = \langle B\rangle$，而且 B 是一个无关的集合。

可以看出，$\{\boldsymbol{e}_1,\boldsymbol{e}_2,\cdots,\boldsymbol{e}_n\}$ 是 V_n 的基底。而且，如果 B 是一个子空间 W 的一个基底，那么，W 的每个元素都是 B 的元素的有限和。还应指出，V_n 的所有元素对于加法和乘法都是幂等的，因而，只可能有有限多个互异的和。而且，如果 W 是一个子空间，那么就有 $W = \langle W\rangle$。

定理 6.1　设 W 是 V_n 的一个子空间，那么，存在 V_n 的一个子集合 B，这个 B 是 W 的一个基底。

证明　设 B 是 W 中这样一些向量的全体的集合：它们不是 W 中小于

本身的向量的和。这样，B 就是一个无关集合。假定 B 产生了 W 的一个真子空间，那么，令 $\boldsymbol{v}$ 是 $W\backslash\langle B\rangle$ 的一个极小向量。这时，$\boldsymbol{v}$ 就可以表示成较小的一些向量的和，这是因为它不属于 B。但是，这些较小的向量必定在 $\langle B\rangle$ 中，因为 $\boldsymbol{v}$ 是极小的。因此，$\boldsymbol{v}$ 属于由 B 产生的子空间。这就是一个矛盾，所以，B 产生了 W，并且是它的基底。根据无关性，B 必定被包含在每个基底中。设 B' 是另外一个基底，并且设 $\boldsymbol{u}$ 是 $B'\backslash B$ 的一个极小元素，那么，按照上面的推理，$\boldsymbol{u}$ 是相关的。这个矛盾证明了 $B' = B$，这样就证明了这个定理。

2. 布尔矩阵

这里我们将介绍什么是一个布尔矩阵,以及布尔矩阵是怎样相加和相乘的。实际上,除了各元素是按布尔法则相加和相乘之外,布尔矩阵的加法和乘法与复数矩阵是相同的。由于布尔代数对于加法不形成一个群,在本书的论述过程中将看到,布尔矩阵的性质与域上的矩阵区别很大。V_n 上的每个线性变换可以用唯一的一个布尔矩阵表示。布尔矩阵可以由图(graph)产生,或者可以用把正项用 1 替换的办法从非负实矩阵中导出。但是,它们最常出现于二元关系的表示中。在这一节的末尾,我们将提到三个特殊的应用。

研究布尔矩阵的最重要的方法之一就是考虑它的行空间,即由它的行向量所张成的 V_n 的子空间。行空间构成一种特殊类型的半序集合,这种集合称为格。

我们将介绍布尔矩阵的基本情况。

定义 6.9　β_0 上的一个 $m\times n$ 矩阵称为一个阶数是 $m\times n$ 的布尔矩阵。所有这样的 $m\times n$ 矩阵的集合用 B_{mn}表示。如果 $m=n$,我们就把它写为 B_n。B_{mn}的元素常被称为关系矩阵、布尔关系矩阵、二元关系矩阵、二元布尔矩阵、0－1 布尔矩阵和 0－1 矩阵。

定义 6.10　设 $\boldsymbol{A}=(a_{ij})\in B_{mn}$,那么,元素 a_{ij}称为 $\boldsymbol{A}$ 的(i,j)项。$\boldsymbol{A}$ 的(i,j)项有时也用 A_{ij}表示。$\boldsymbol{A}$ 的第 i 行就是序列 $a_{i1},a_{i2},\cdots,a_{in}$,而 $\boldsymbol{A}$ 的第 j 列就是序列 $a_{1j},a_{2j},\cdots,a_{nj}$。我们用 $\boldsymbol{A}_{i*}$($\boldsymbol{A}_{*i}$)表示 $\boldsymbol{A}$ 的第 i 行(列)。

应该指出,一个行(列)向量就是 B_{1n}(B_{m1})的一个元素。

定义 6.11　一个 $n\times m$ 零矩阵就是一个所有项都是 0 的矩阵。一个 $n\times n$ 单位矩阵就是矩阵(δ_{ij}),这里 $\delta_{ij}=1$,若 $i=j$;而 $\delta_{ij}=0$,若 $i\neq j$。一个 $n\times m$ 全一矩阵(universal matrix)$\boldsymbol{J}$ 就是一个所有的项都是 1 的矩阵。

由于矩阵的阶数往往能从上下文清楚地看出,在大多数情况下,我们不写出矩阵的阶数。矩阵的加法和乘法与复数矩阵相同,只不过元素的和与积都满足布尔运算法则。至于转置、对称性、幂等性等概念,都与实矩阵或复矩阵相同。

例 6.2 如果

$$\boldsymbol{A}=\begin{pmatrix}1&1&1\\1&0&1\\0&1&0\end{pmatrix},\boldsymbol{B}=\begin{pmatrix}1&1&1\\1&1&1\\0&1&1\end{pmatrix},$$

那么

$$\boldsymbol{A}+\boldsymbol{B}=\begin{pmatrix}1&1&1\\1&1&1\\0&1&1\end{pmatrix},\boldsymbol{AB}=\begin{pmatrix}1&1&1\\1&1&1\\1&1&1\end{pmatrix}。$$

定义 6.12 我们用 $\boldsymbol{A}^2$ 表示乘积 $\boldsymbol{AA}$,$\boldsymbol{A}^3=\boldsymbol{AA}^2$。一般地,$\boldsymbol{A}^k=\boldsymbol{AA}^{k-1}$,$k$ 是任意正整数。出于明显的理由,矩阵 $\boldsymbol{A}^k$ 称为 $\boldsymbol{A}$ 的 k 次幂。符号 $a_{ij}^{(k)}$ 和 $\boldsymbol{A}_{ij}^{(k)}$ 分别表示 $\boldsymbol{A}^k$ 的第(i,j)项和第(i,j)块(block),符号$(\boldsymbol{A}_{ij})^k$ 表示 $\boldsymbol{A}$ 的第(i,j)块的 k 次幂。

定义 6.13 集合 X 上的一个二元关系(binary relation)就是 $X\times X$ 的一个子集合。两个关系 ρ_1,ρ_2 的合成 r 是这样一个关系:$(x,y)\in r$,当且仅当存在一个 z,使得$(x,z)\in\rho_1$,而且$(z,y)\in\rho_2$。

两个二元关系的合成的矩阵就是两个关系的矩阵的布尔积。此外,我们还可以把一个布尔矩阵解释为一个图。

定义 6.14 一个有向图 G 的邻接矩阵 $\boldsymbol{A}_G$ 是一个矩阵 $\boldsymbol{A}=(a_{ij})$,其中如果存在一个从顶点 v_i 到顶点 v_j 的弧,那么 $a_{ij}=1$;如果不存在这样的弧,那么 $a_{ij}=0$。一个有向图 G 确定一个布尔矩阵 $\boldsymbol{A}_G$,同时,一个 $\boldsymbol{A}_G$ 也确定一个 G。

具有共同顶点的两个有向图在通常意义下的乘积以矩阵 $\boldsymbol{A}_{G_1}$,$\boldsymbol{A}_{G_2}$ 作为其邻接矩阵。由于存在这样一些对应关系,解布尔矩阵的问题时,自然可以采用二元关系理论和图论中的术语和符号。

例 6.3　设

$$A = \begin{pmatrix} 1 & 0 & 0 \\ 1 & 1 & 1 \\ 0 & 0 & 1 \end{pmatrix},$$

这时,$\boldsymbol{A}$ 所表示的二元关系就是$\{(x_1,x_1),(x_2,x_1),(x_2,x_2),(x_2,x_3),(x_3,x_3)\}$,而相应于 $\boldsymbol{A}$ 的有向图如图 6.1 所示。

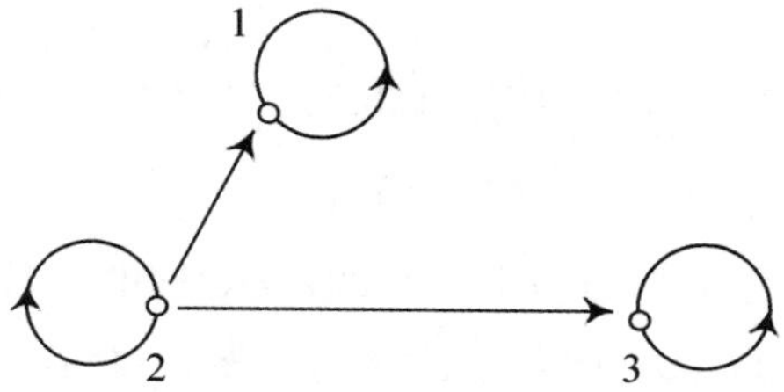

图 6.1

容易看出,对于乘法而言,B_n 形成一个半群。然而,B_{mn} 对于乘法而言并不形成半群。

定义 6.15　一个方阵称为一个排列矩阵(permutation matrix),如果它的每一行和每一列中只包含一个 1。设 P_n 表示所有的 $n \times n$ 的排列矩阵的集合。

定义 6.16　一个布尔矩阵的转置就是把它的行改写成列,把列改写成行而得出的矩阵。$\boldsymbol{A}$ 的转置用 $\boldsymbol{A}^{\mathrm{T}}$ 表示。

应该指出,如果 $\boldsymbol{A} \in P_n$,就有 $\boldsymbol{A}\boldsymbol{A}^{\mathrm{T}} = \boldsymbol{A}^{\mathrm{T}}\boldsymbol{A} = \boldsymbol{I}$,而且集合 P_n 形成半群 B_n 的一个子群。

定义 6.17　一个矩阵称为一个部分排列矩阵(partial permutation matrix),如果它的每一行和每一列中最多包含一个 1。

定义 6.18　设 $\boldsymbol{A},\boldsymbol{B} \in B_{mn}$,我们用 $\boldsymbol{B} \leqslant \boldsymbol{A}$ 表示:对于所有的 i 和 j,如果 $b_{ij} = 1$ 就有 $a_{ij} = 1$。

我们要指出,如果 $\boldsymbol{A}$ 是一个部分排列矩阵,那么就有 $\boldsymbol{A}\boldsymbol{A}^{\mathrm{T}} \leqslant \boldsymbol{I}$ 和 $\boldsymbol{A}^{\mathrm{T}}\boldsymbol{A} \leqslant \boldsymbol{I}$。

定义 6.19 矩阵 $\boldsymbol{A}$ 的行空间就是由 $\boldsymbol{A}$ 的所有的行构成的集合所生成的空间。可以类似地定义列空间。用 $R(\boldsymbol{A})$ 和 $C(\boldsymbol{A})$ 分别表示 $\boldsymbol{A}$ 的行和列空间。

例 6.4 设

$$\boldsymbol{A}=\begin{pmatrix}1&0&0\\1&1&0\\1&0&1\end{pmatrix},$$

那么，$R(\boldsymbol{A})=\{(0\ 0\ 0),(1\ 0\ 0),(1\ 1\ 0),(1\ 0\ 1),(1\ 1\ 1)\}$，而 $C(\boldsymbol{A})=\{(0\ 0\ 0)^{\mathrm{T}},(0\ 0\ 1)^{\mathrm{T}},(0\ 1\ 0)^{\mathrm{T}},(1\ 1\ 1)^{\mathrm{T}}\}$。

定义 6.20 集合 X 上的一个反身的、反对称的并且传递的关系，称为 X 上的一个半序关系(partial order relation)。一个集合 X 连同 X 中的一个特定的半序关系 P，称为一个半序集合。一个线性序(linear order)，也称为全序(total order)，是这样一个半序关系：对于所有的 x,y，都有 $(x,y)\in P$ 或 $(y,x)\in P$。

定义 6.21 一个格就是这样一个半序集合：其中的每一对元素都有一个最小上界(并)和一个最大下界(交)。并和交分别用"$\vee$"和"$\wedge$"表示。

例 6.5 带有关系"$\leqslant$"的实数集合，带有关系"$\subseteq$"的一个集合的所有子集构成的类，以及带有关系"$\subseteq$"的一个拓扑的开集类或闭集类都是格的实例。

定义 6.22 如果对于所有的元素 A,B,C 都有 $A\vee(B\wedge C)=(A\vee B)\wedge(A\vee C)$，我们就说这个格是可分配的。这个条件与对偶条件 $A\wedge(B\vee C)=(A\wedge B)\vee(A\wedge C)$ 是等价的。

例 6.6 由所有的集合构成的格是可分配的。一个拓扑的所有开集构成的集合也是可分配的。对这两种情况，"$\wedge$"就是"$\cap$"，而"$\vee$"就是"$\cup$"。

如果 $\boldsymbol{A}\in B_{mn}$，那么，$R(\boldsymbol{A})$ 或 $C(\boldsymbol{A})$ 就是一个格。在这种情况中，两个元素的并就是它们的和，而两个元素的交就是 $R(\boldsymbol{A})$ 中同时不大于这两个元素的元素之和。当然,**0** 是公用的下界,而 $R(\boldsymbol{A})$ 中所有元素之和是公用的上界。当我们希望对 $R(\boldsymbol{A})$ 或 $C(\boldsymbol{A})$ 是格的事实予以注意时,为了使表述更为清晰,常把 $R(\boldsymbol{A})$ 或 $C(\boldsymbol{A})$ 写成 $LaR(\boldsymbol{A})$ 或 $LaC(\boldsymbol{A})$。

到目前为止,只有为数很少的研究者试图给出格与二元关系之间的密切关系。

命题 6.1 如果 $\boldsymbol{A} \in B_{mn}$,那么 $R(\boldsymbol{A})$ 或 $C(\boldsymbol{A})$ 是 $V_n(V^m)$ 的一个子空间。

证明 这个关系对于任意一个半环上的矩阵都成立,证明方法与 R 上的矩阵的情况相同。

例 6.7 设 $\boldsymbol{A}$ 与例 6.4 中的相同,则其行、列空间如图 6.2 所示。

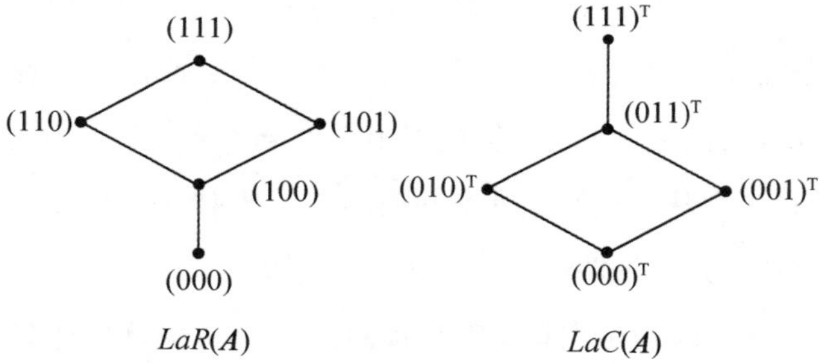

图 6.2

命题 6.2 设 $\boldsymbol{A} \in B_{mk}$,$\boldsymbol{B} \in B_{kn}$,则有 $R(\boldsymbol{AB}) \subseteq R(\boldsymbol{B})$ 和 $C(\boldsymbol{AB}) \subseteq C(\boldsymbol{A})$。

证明 证明可由下列事实立即得出:$\boldsymbol{AB}$ 的各行都是 $\boldsymbol{B}$ 的各行之和,等等。

定理 6.2 如果 $\boldsymbol{A} \in B_{mn}$,那么 $|C(\boldsymbol{A})| = |R(\boldsymbol{A})|$。

证明 我们将要构造一个 $C(\boldsymbol{A})$ 与 $R(\boldsymbol{A})$ 之间的一一对应。设 $\boldsymbol{v} \in C(\boldsymbol{A})$,那么就存在一个唯一的集合 $\underline{s} \subseteq \underline{m} \subseteq \underline{n}$,使得

$$\boldsymbol{v} = \sum_{\underline{s}} \boldsymbol{e}^i。$$

设 $\underline{s}' = \underline{m} \backslash \underline{s}$(在这个证明中,我们将用“$'$”表示互补)。考虑由下式定义的映射 $f: C(\boldsymbol{A}) \to R(\boldsymbol{A})$,即

$$f(\boldsymbol{v}) = \sum_{\underline{s'}} \boldsymbol{A}_{i*},$$

其中 $\boldsymbol{v} \in C(\boldsymbol{A})$。显然，$f$ 是确切定义的。我们还可以得出，f 是一一映射的。假设有 $\boldsymbol{v},\boldsymbol{w} \in C(\boldsymbol{A})$，而且

$$\boldsymbol{v} = \sum_{\underline{s}} \boldsymbol{e}^i,$$

$$\boldsymbol{w} = \sum_{\underline{t}} \boldsymbol{e}^i,$$

其中 $f(\boldsymbol{v}) = f(\boldsymbol{w})$，亦即

$$\sum_{\underline{s'}} \boldsymbol{A}_{i*} = \sum_{\underline{t'}} \boldsymbol{A}_{i*}。$$

因为 $\boldsymbol{v} \neq \boldsymbol{w}$，我们可以假设存在一个 $p \in \underline{t} \backslash \underline{s}$。但是，因为 $\boldsymbol{w} \in C(\boldsymbol{A})$，存在一个 $k \in \underline{n}$，使得 $a_{pk} = 1$，而且 $\boldsymbol{A}_{*k} \leqslant \boldsymbol{w}$。因为 $p \in \underline{s'}$，必定有 $(f(\boldsymbol{v}))_k = 1$，这意味着存在一个 $q \in \underline{t'}$，使得 $a_{qk} = 1$。但是，因为 $\boldsymbol{A}_{*k} \leqslant \boldsymbol{w}$，这意味着 $\boldsymbol{e}^q \leqslant \boldsymbol{w}$。然而这是不可能的，因为 $q \in \underline{t'}$，这样就得出 $f(\boldsymbol{v}) \neq f(\boldsymbol{w})$。

因为存在一个从行空间到列空间内的一一映射，而 f 又是一一映射的，于是，我们完成了这一证明。

推论 设 $\boldsymbol{A}$ 和 f 与定理 6.2 中的相同，而 $\boldsymbol{v},\boldsymbol{w} \in C(\boldsymbol{A})$，那么 $\boldsymbol{v} \leqslant \boldsymbol{w}$，当且仅当 $f(\boldsymbol{v}) \geqslant f(\boldsymbol{w})$。

证明 必要性是明显的，因为 $\underline{s} \subset \underline{t}$，当且仅当 $\underline{s'} \supset \underline{t'}$。充分性可用证明 f 的一一对应性相同的方法予以证明。假设 $\boldsymbol{w} \nleqslant \boldsymbol{v}$，但是 $f(\boldsymbol{w}) \geqslant f(\boldsymbol{v})$，然后用完全相同的步骤证明。

根据上述推论，不失一般性，我们可以假定 f 是一个从 $R(\boldsymbol{A})$ 到 $C(\boldsymbol{A})$ 上的格的反同构。

命题 6.3 设 $\boldsymbol{A}_1,\boldsymbol{A}_2,\cdots,\boldsymbol{A}_k \in B_n$，并且设 $\boldsymbol{B} = \boldsymbol{A}_1\boldsymbol{A}_2\cdots\boldsymbol{A}_k$，那么对于所有的 i，都有 $|C(\boldsymbol{B})| = |R(\boldsymbol{B})| \leqslant |R(\boldsymbol{A}_i)| = |C(\boldsymbol{A}_i)|$。

证明 根据命题 6.2，对于任意 $\boldsymbol{M},\boldsymbol{N}$，都有 $|R(\boldsymbol{MN})| \leqslant |R(\boldsymbol{N})|$，以及 $|R(\boldsymbol{MN})| = |C(\boldsymbol{MN})| \leqslant |C(\boldsymbol{M})| = |R(\boldsymbol{M})|$。用数学归纳法即可证明本命题。

定义 6.23 设 $\boldsymbol{A} \in \boldsymbol{B}_{mn}$，我们用 $B_r(\boldsymbol{A})$ 表示 $R(\boldsymbol{A})$ 的唯一基底，这个基

底称为 $\boldsymbol{A}$ 的行基底。类似地,用 $B_c(\boldsymbol{A})$ 表示 $C(\boldsymbol{A})$ 的唯一基底,这个基底称为 $\boldsymbol{A}$ 的列基底。$B_r(\boldsymbol{A})$ 与 $B_c(\boldsymbol{A})$ 的基数称为 $\boldsymbol{A}$ 的行秩与列秩,可以用 $\rho_r(\boldsymbol{A})$ 与 $\rho_c(\boldsymbol{A})$ 表示。

应注意 $\rho_r(\boldsymbol{0})=\rho_c(\boldsymbol{0})=0$。一般来说,$\rho_r(\boldsymbol{A})\neq\rho_c(\boldsymbol{A})$,如果 $n>3$。还应指出,一个矩阵的行秩和列秩不因左乘和右乘一个排列矩阵而改变,这就是矩阵变换或矩阵变形。

例 6.8 如果

$$\boldsymbol{A}=\begin{pmatrix}0&1&0\\0&0&1\\1&0&1\end{pmatrix},$$

就有 $B_r(\boldsymbol{A})=\{(010),(001),(101)\}$, $B_c(\boldsymbol{A})=\{(001)^{\mathrm{T}},(100)^{\mathrm{T}},(011)^{\mathrm{T}}\}$,$\rho_r(\boldsymbol{A})=3$ 和 $\rho_c(\boldsymbol{A})=3$。

例 6.9 如果

$$\boldsymbol{A}=\begin{pmatrix}1&0&1&0\\0&1&1&0\\1&1&0&0\\1&0&0&0\end{pmatrix},$$

那么,$\rho_r(\boldsymbol{A})=4$,而 $\rho_c(\boldsymbol{A})=3$。

定义 6.24 格 L 的一个元素 x 称为并既约的(join-irreducible),如果由 $x\neq 0$ 和 $b\vee c=x$ 即可推出 $b=x$ 或 $c=x$。格 L 的一个元素称为交既约的(meet-irreducible),如果 x 不是最大元素,而且由 $b\wedge c=x$ 即可推出 $b=x$ 或 $c=x$。交既约的概念与并既约的概念是对偶的。

应当指出,如果 $\boldsymbol{A}\in B_{mn}$,那么 $B_r(\boldsymbol{A})$ 及 $B_c(\boldsymbol{A})$ 的元素刚好分别就是 $LaR(\boldsymbol{A})$ 及 $LaC(\boldsymbol{A})$ 的并既约元素。

应用 6.1(符号逻辑中的数字计算法) 莱德累(R. S. Ledley)用布尔矩阵来寻求一组给定的逻辑条件的前提解和推论解。假设 $E_t(A_1,A_2,\cdots,A_i;X_1,X_2,\cdots,X_k)$,$t=1,2,\cdots,r$ 是这些 A 和 X 的一组逻辑组合,这些组合都是真的，这就是一些方程式。一个前提解就是 A 和 X 的另外某一组逻辑组合，从它们为真可以推导出那些 E 为真。一个推论解就是 A 和 X 的某一组逻辑组合，它们为真可以由那些 E 为真推导出来。

莱德累考虑了形如 $F_u(f_1, f_2, \cdots, f_j; X_1, X_2, \cdots, X_k)$，$u=1,2,\cdots,s$ 的前提解和推论解，其中，这些 F 都是已知函数，而这些 f 都是那些 A 的未知函数。

根据 E，F 这些函数构造布尔矩阵 (e_{ab}) 和 (f_{ca})，其中指标 a 取 X 的所有可能值的集合，b 取 A 的所有可能值的集合，而 c 取 f 的所有可能值的集合。对于给定的 a，b，$e_{ab}=1$ 当且仅当对于 A 和 X 的那些值，所有的 E_t 都为真。对于给定的 a，c，$f_{ca}=1$ 当且仅当对于 X 和 f 的那些值，所有的 F_u 都为真。

这时，解函数 f 就可以由下列布尔矩阵积得出：

$$(f_{ca})(e_{ab})^{\mathrm{C}} = R^{\mathrm{C}} \quad （前提解），$$

$$(f_{ca})^{\mathrm{C}}(e_{ab}) = R^{\mathrm{C}} \quad （推论解），$$

其中 C 表示把所有的 0 改为 1 并把所有的 1 改为 0。

莱德累还证明了：解的个数以及诸如逻辑相关之类的性质都可以从 R 中得出。他把他的方法应用于酶化学中的复杂逻辑问题，并且证明他的方法也可以应用于遗传密码。

例 6.10 对方程 $A_1^{\mathrm{C}}X + A_1A_2X^{\mathrm{C}} = 0$，求形如 $X = f(A_1, A_2)$ 的前提解，我们有

$E =$

	(A_1,A_2)			
	(0,0)	(0,1)	(1,0)	(1,1)
$X=0$	1	1	1	0
$X=1$	0	0	1	1

	X	
	0	1
$f=0$	1	0
$f=1$	0	1

$R^{C}=FE^{C}=E^{C}=$

	00	01	10	11
$f=0$	0	0	0	1
$f=1$	1	1	0	0

因此

$R=$

	00	01	10	11
$f=0$	1	1	1	0
$f=1$	0	0	1	1

f 是 A 的函数这一条件意味着我们从 R 的每一列中选取一项。要使 f 是一个前提解,这些项必须是 1。

因此,我们有 f 的两种选取方法:

	0 0	0 1	1 0	1 1
$f=0$	*	*	*	
$f=1$				*

	0 1	0 1	1 0	1 1
$f=0$	*	*		
$f=1$			*	*

在第一种情况中,根据那些 X 的位置,除非 $A_1=A_2=1$,都有 $f=0$,因而 f 是 A_1A_2。在第二种情况中,除非 $A_1=1$,都有 $f=0$,因而 f 是 A_1。

我们的解就是 $x=A_1$ 和 $x=A_1A_2$。因为 $A_1^{C}A_1+A_1A_2A_1^{C}=0+0=0$ 和 $A_1^{C}(A_1A_2)+(A_1A_2)(A_1A_2)^{C}=0+0=0$,从这些解就能推出已给的方程。

例 6.11 假定希望做出一个电路,其输出 $E=(A_1^{C}A_3^{C}+A_2^{C}A_3)X_1^{C}X_2^{C}+(A_1^{C}A_3^{C}+A_1A_2)X_1X_2^{C}+(A_1A_3^{C}+A_2A_3)X_1^{C}X_2+(A_1A_2^{C}A_3^{C}+A_1^{C}A_2A_3)X_1X_2$。

设电路 F 的输出是 $f_1^{C}f_2^{C}X_2^{C}+f_1f_2^{C}X_2+f_1^{C}f_2\cdot(X_1X_2^{C}+X_1^{C}X_2)+f_1f_2X_1^{C}X_2^{C}$。

矩阵 $\boldsymbol{E}$ 是

$$\begin{pmatrix} 1 & 0 & 1 & 0 & 1 & 1 & 0 & 0 \\ 1 & 0 & 1 & 1 & 0 & 0 & 0 & 1 \\ 0 & 1 & 0 & 1 & 0 & 0 & 1 & 1 \\ 0 & 1 & 0 & 0 & 0 & 0 & 1 & 0 \end{pmatrix},$$

其中 $\boldsymbol{A}$ 的可能值已经按下列顺序排列了：

$$\begin{pmatrix} 0 & 1 & 0 & 1 & 0 & 1 & 0 & 1 \\ 0 & 0 & 1 & 1 & 0 & 0 & 1 & 1 \\ 0 & 0 & 0 & 0 & 1 & 1 & 1 & 1 \end{pmatrix},$$

而 $\boldsymbol{X}$ 的可能值则是按下列顺序排列的：

$$\begin{matrix} X_1 & X_2 \end{matrix}$$
$$\begin{pmatrix} 0 & 0 \\ 1 & 0 \\ 0 & 1 \\ 1 & 1 \end{pmatrix}。$$

矩阵 $\boldsymbol{F}$ 是

$$\begin{pmatrix} 1 & 1 & 0 & 0 \\ 0 & 0 & 1 & 1 \\ 0 & 1 & 1 & 0 \\ 1 & 0 & 0 & 0 \end{pmatrix},$$

其中 f 是按下列顺序排列的：

$$\begin{matrix} f_1 & f_2 \end{matrix}$$
$$\begin{pmatrix} 0 & 0 \\ 1 & 0 \\ 0 & 1 \\ 1 & 1 \end{pmatrix}。$$

矩阵 $\boldsymbol{R}_1$，即 $\boldsymbol{FE}^{\mathrm{C}}$ 的互补是

$$\begin{pmatrix}1&0&1&0&0&0&0&0\\0&1&0&0&0&0&1&0\\0&0&0&1&0&0&0&1\\1&0&1&0&1&1&0&0\end{pmatrix},$$

矩阵 $\boldsymbol{R}_2$,即 $\boldsymbol{F}^{\mathrm{C}}\boldsymbol{E}$ 的互补是

$$\begin{pmatrix}1&0&1&0&1&1&0&0\\0&1&0&0&0&0&1&0\\0&0&0&1&0&0&0&1\\0&0&0&0&1&1&0&0\end{pmatrix},$$

$\boldsymbol{R}_1$ 与 $\boldsymbol{R}_2$ 的交(写出各行的编号的各种可能性)是

$$\begin{matrix}f_1 & f_2\end{matrix}$$

$$\begin{pmatrix}0&0\\1&0\\0&1\\1&1\end{pmatrix}$$

$$\begin{pmatrix}1&0&1&0&0&0&0&0\\0&1&0&0&0&0&1&0\\0&0&0&1&0&0&0&1\\0&0&0&0&1&1&0&0\end{pmatrix},$$

1 的位置给出了f_1,f_2 的下列可能性。例如,在 $\boldsymbol{R}$ 的第一列中,只在第一行有一个 1,这就是$f_1=0$,$f_2=0$。在第二列中,只在第二行有一个 1,这就是$f_1=1$,$f_2=0$ 的情况。这样,

$$\begin{matrix}A_1\\A_2\\A_3\end{matrix}\begin{pmatrix}0&1&0&1&0&1&0&1\\0&0&1&1&0&0&1&1\\0&0&0&0&1&1&1&1\end{pmatrix}$$

f_1	0	1	0	0	1	1	1	0
f_2	0	0	0	1	1	1	0	1

在这个情况下，函数 f_1 和 f_2 是唯一的，它们可以写成 $f_1 = A_1 A_2^C + A_1^C A_3$ 和 $f_2 = A_1 A_2 + A_2^C A_3$。我们可以构造表示这些函数的电路。

3. 格林关系

我们已经提过，对于矩阵乘法，布尔矩阵形成一个半群，也就是说，结合律成立。这一点是基本的。在域上，许多矩阵有逆，因而一般线性群的研究是重要的。但是，我们以后将证明，在一个布尔代数上，只有排列矩阵是可逆的。对于绝大多数矩阵，不存在逆是一个很重要的事实。

这个事实在半群理论中也占有中心位置。需要有某种途径，使我们在诸如 $\boldsymbol{AX}=\boldsymbol{B}$，$\boldsymbol{XA}=\boldsymbol{B}$，$\boldsymbol{AXC}=\boldsymbol{B}$ 之类的方程的求解问题上能够知道究竟能做到何种程度。格林（Green）等价类就提供了这样一种途径。在 1951 年左右，格林在任意一个半群上定义了五种等价关系 R,L,H,D,J，这些关系可能是代数半群论中极为重要的概念。例如，关系 R 的定义是：$\boldsymbol{ARB}$ 当且仅当存在 $\boldsymbol{U},\boldsymbol{V}$，使得 $\boldsymbol{AU}=\boldsymbol{B}$，$\boldsymbol{BV}=\boldsymbol{U}$。一个与此等价的定义是：对于所有的 $\boldsymbol{D}$，$\boldsymbol{AX}=\boldsymbol{D}$ 有解当且仅当 $\boldsymbol{BX}=\boldsymbol{D}$ 有解。

对布尔代数而言，这五种等价关系可以用行空间和列空间的说法表达。这一节的最后一部分都是关于高等组合论方面的结果：确定各格林等价类的大小，并且证明 B_n 中的 D 一类的个数渐近地等于

$$\frac{2^{n^2}}{(n!)^2}。$$

定义 6.25　半群 S 的一个右（左）理想是一个子集合 X，它具有性质 $XS\subseteq X$（$SX\subseteq X$）。S 的由 X 产生的（双边）理想就是 $SXS\cup XS\cup SX$。主理想、主左理想和主右理想都以类似的方式定义。

定义 6.26　半群 S 的两个元素被称为是 L 等价的，如果由它们产生的 S 的主左理想相同。R 等价也可以相应地予以定义。L 等价关系与 R 等价关系的并用 D 表示，它们的交用 H 表示。两个元素称为 J 等价的，如果它们产生的双边主理想相同。这五种关系就是所谓的格林关系。

设 S 是一个半群。对于 $a,b\in S$，我们用 aLb 表示 a 和 b 产生相同的主左理想。其他关系用类似的方法定义。应注意，L 是一个右合同关系，即

aLb 意味着对于所有的 $c \in S$ 都有 $acLbc$。也应指出，R 是一个左合同关系，即 aRb 意味着对所有的 $c \in S$ 都有 $caRcb$。

在一个 D 类里的所有 H 类都有个数相同的元素。我们可以把一个 D 类里的各个 H 类排列成矩形的图式：

$$\begin{matrix} H_{11} & H_{12} & \cdots & H_{1n} \\ H_{21} & H_{22} & \cdots & H_{2n} \\ \vdots & \vdots & & \vdots \\ H_{m1} & H_{m2} & \cdots & H_{mn}, \end{matrix}$$

其中的各行都是 D 类中包含的 L 类，各列都是 D 类中包含的 R 类。一个 H 类对半群乘法而言是一个群，当且仅当它包含一个幂等元素 x（即 $x^2 = x$）。

下列 n 个结果是关于用行空间和列空间的说法对格林关系进行简单的代数刻画。

定义 6.27 一个向量 $\boldsymbol{v}$ 的权（weight）就是 $\boldsymbol{v}$ 中的非零元素的个数，记做 $w(\boldsymbol{v})$。$\boldsymbol{v}$ 的权有时候也称为向量 $\boldsymbol{v}$ 的秩。

引理 6.1 两个矩阵 $\boldsymbol{A}$,$\boldsymbol{B}$ 是 $L(R)$ – 等价的，当且仅当它们具有相同的行（列）空间。

证明 假定 $\boldsymbol{XA} = \boldsymbol{B}$ 且 $\boldsymbol{YB} = \boldsymbol{A}$，就有 $R(\boldsymbol{B}) \subseteq R(\boldsymbol{A})$，且 $R(\boldsymbol{A}) \subseteq R(\boldsymbol{B})$，因而 $R(\boldsymbol{A}) = R(\boldsymbol{B})$。假定 $R(\boldsymbol{B}) \subseteq R(\boldsymbol{A})$，那么，只要考虑 $\boldsymbol{B}$ 的每一行，我们就能找到一个 $\boldsymbol{X}$，使得$\boldsymbol{XA} = \boldsymbol{B}$。同样，我们可以找到一个 $\boldsymbol{Y}$，使得 $\boldsymbol{YB} = \boldsymbol{A}$。

引理 6.2 设 U 是 V_n 的任意一个子空间，而 f 是一个从交换半群 U 到 V_n 的同态映射，并满足 $f(\boldsymbol{0}) = \boldsymbol{0}$。那么，存在一个矩阵 $\boldsymbol{A}$，使得对所有的 $\boldsymbol{v} \in V_n$，$\boldsymbol{vA} = f(\boldsymbol{v})$。

证明 设 $S(i) = \{\boldsymbol{v} \in U \mid v_i = 1\}$。定义 A_{i*} 为$\inf\{f(\boldsymbol{v}) \mid \boldsymbol{v} \in S(i)\}$。我们来证明：对于所有的 $\boldsymbol{v} \in U$，$\boldsymbol{vA} = f(\boldsymbol{v})$。假定$(\boldsymbol{vA})_i = 1$，那么，对于某个 k，$v_k = 1$ 且 $a_{kj} = 1$。因此，对于所有的 $\boldsymbol{w} \in S(k)$，$(f(\boldsymbol{w}))_j = 1$，因为 $\boldsymbol{v} \in S(k)$，$(f(\boldsymbol{v}))_j = 1$。这就证明了 $\boldsymbol{vA} \leqslant f(\boldsymbol{v})$。

假定$(\boldsymbol{vA})_j=0$,那么,对于所有使 $v_k=1$ 的 k,我们有 $a_{kj}=0$。因此,对于所有使 $v_k=1$ 的 k,我们可以找到一个向量$\boldsymbol{x}(k)\in S(k)$,使$f(\boldsymbol{x}(k))_j=0$。但是,对于每一个使 $v_k=1$ 的 k,$(\sum \boldsymbol{x}(k))_k=1$。因而 $\sum \boldsymbol{x}(k)\geqslant \boldsymbol{v}$。因而又有 $\sum f(\boldsymbol{x}(k))=f(\sum \boldsymbol{x}(k))\geqslant f(\boldsymbol{v})$,因为对于每个 $kf(\boldsymbol{x}(k))_j=0$,$f(\boldsymbol{v})_j=0$。这就证明了 $\boldsymbol{vA}\geqslant f(\boldsymbol{v})$。

定理 6.3　B_n 中两个矩阵属于同一个 D 类,当且仅当它们的行空间作为格是同构的。

证明　一个矩阵的行空间就是这个矩阵作用在行向量上的象空间,而且,这样两个空间作为格是同构的,当且仅当它们作为交换半群是同构的。

假定 $\boldsymbol{ADB}$,设 $\boldsymbol{C}$ 能使得 $\boldsymbol{ALC}$ 且 $\boldsymbol{CRB}$,那么,$\boldsymbol{A}$,$\boldsymbol{C}$ 就有相同的在行向量上的象空间。设 $\boldsymbol{X}$,$\boldsymbol{Y}$ 能使 $\boldsymbol{CX}=\boldsymbol{B}$,且 $\boldsymbol{BY}=\boldsymbol{C}$,那么,我们就有映射 $f:V_n\boldsymbol{C}\to V_n\boldsymbol{B}$ 和映射$g:V_n\boldsymbol{B}\to V_n\boldsymbol{C}$。这两个映射是用 $\boldsymbol{X}$ 和 $\boldsymbol{Y}$ 右乘而给出的。我们知道fg 和 gf 都是恒同变换,所以,$\boldsymbol{B}$ 和 $\boldsymbol{C}$ 的象空间是同构的。因而,如果 $\boldsymbol{ADB}$,那么 $R(\boldsymbol{A})\approx R(\boldsymbol{B})$。

假设 $R(\boldsymbol{A})\approx R(\boldsymbol{B})$,设 h 是一个从 $V_n\boldsymbol{B}$ 到 $V_n\boldsymbol{B}$ 的同构映射。根据引理 6.2,我们就有矩阵 $\boldsymbol{XY}$,使得对于$\boldsymbol{v}\in V_n\boldsymbol{A}$,$\boldsymbol{vX}=h(\boldsymbol{v})$,而对于 $\boldsymbol{v}\in V_n\boldsymbol{B}$,$\boldsymbol{vY}=h^{-1}(\boldsymbol{v})$。因此,$\boldsymbol{XY}$ 是 $V_n\boldsymbol{A}$ 上的单位元素,而 $\boldsymbol{YX}$ 是 $V_n\boldsymbol{B}$ 上的恒等元素。于是,$\boldsymbol{A}=\boldsymbol{AXY}$ 且$V_n\boldsymbol{AX}=V_n\boldsymbol{B}$。因而,$\boldsymbol{ARAX}$ 且 $\boldsymbol{AXLB}$,所以 $\boldsymbol{ADB}$。这就证明了本定理。

定义 6.28　设 S 是一个半群,而 $a\in S$。我们定义:$L_a=\{b\in S\mid aLb\}$,$R_a=\{b\in S\mid aRb\}$,$H_a=\{b\in S\mid aHb\}$,$D_a=\{b\in S\mid aDb\}$,以及 $J_a=\{b\in S\mid aJb\}$。

定理 6.4　设 $\boldsymbol{A}\in B_n$,那么 $H_{\boldsymbol{A}}$ 的元素和 $R(\boldsymbol{A})$的格自同构是一一对应的。

证明　设 $\boldsymbol{\alpha}$ 是一个从 $R(\boldsymbol{A})$到 $R(\boldsymbol{A})$的自同构变换,那么,$\boldsymbol{A\alpha}$ 就给出一个从 V_n 到 V_n 的线性变换,这个变换把 $\boldsymbol{0}$ 变换到 $\boldsymbol{0}$。这个变换的矩阵就是 $\boldsymbol{B}$。矩阵 $\boldsymbol{A}$,$\boldsymbol{B}$ 的象空间都是 $R(\boldsymbol{A})$,因而它们是 L 等价的。根据引理 6.2,

存在矩阵 $\boldsymbol{X},\boldsymbol{Y}$,使得在 $R(\boldsymbol{A})$上方程 $\boldsymbol{X}=\boldsymbol{\alpha}$ 和 $\boldsymbol{Y}=\boldsymbol{\alpha}^{-1}$成立。于是,对于任意一个向量,$\boldsymbol{vAX}=\boldsymbol{vA\alpha}=\boldsymbol{vB}$ 与$\boldsymbol{vBY}=\boldsymbol{vB\alpha}^{-1}=\boldsymbol{vA\alpha\alpha}^{-1}=\boldsymbol{vA}$ 成立。因而 $\boldsymbol{AHB}$。这就定义了一个从 $R(\boldsymbol{A})$的自同构到 $\boldsymbol{A}$ 的 H 类的函数。两个不同的自同构导致两个不同的映射 $\boldsymbol{A\alpha}$,因而也导致不同的矩阵 $\boldsymbol{B}$。所以,这个函数是一一对应的。设 $\boldsymbol{B}$ 是 $\boldsymbol{A}$ 的 H 类中的任意一个矩阵,那么 $R(\boldsymbol{A})=R(\boldsymbol{B})$,而且存在矩阵 $\boldsymbol{X}$ 和 $\boldsymbol{Y}$,使得 $\boldsymbol{AX}=\boldsymbol{B}$ 和 $\boldsymbol{BY}=\boldsymbol{A}$。这意味着 $\boldsymbol{X}$ 和 $\boldsymbol{Y}$ 把 $R(\boldsymbol{A})$映射到它本身上去,而且 $\boldsymbol{X}$ 给出一个 $R(\boldsymbol{A})$的自同构。这就完成了定理的证明。

现在,我们给出一些关于不同的格林等价类的大小和数目的结果。

引理 6.3 从 n 个事物中取出 p 个作可重复的排列,但要求每个排列中都包含预先选出的 k 个事物,这样的排列的总数是

$$\sum_{i=0}^{k}(-1)^{i}\binom{k}{i}(p-i)^{n}。$$

证明 虽然根据引理中规定的法则,排列的种类可以直接进行分析,从而证明本引理,但是我们将采用母函数方法证明这个引理。

对于所说的情况,母函数是

$$\begin{aligned}&\left(t+\frac{t^{2}}{2!}+\cdots\right)^{k}\left(1+t+\frac{t^{2}}{2!}+\cdots\right)^{p-k}\\&=(\mathrm{e}^{t}-1)^{k}(\mathrm{e}^{t})^{p-k}\\&=\sum_{i=0}^{k}(-1)^{i}\binom{k}{i}\mathrm{e}^{(k-i)t}\mathrm{e}^{(p-k)t}\\&=\sum_{i=0}^{k}(-1)^{i}\binom{k}{i}\mathrm{e}^{(p-i)t},\end{aligned}$$

这样这个方程即可写成

$$\sum_{n=0}^{\infty}\sum_{i=0}^{k}(-1)^{i}\binom{k}{i}(p-i)^{n}\frac{t^{n}}{n!}。$$

一旦有了母函数,我们问题的答案就是$\frac{t^{n}}{n!}$的系数,也就是

$$\sum_{i=0}^{k}(-1)^{i}\binom{k}{i}(p-i)^{n}。$$

推论　对任意整数 $n!$，有

$$n! = \sum_{i=0}^{n} (-1)^i \binom{n}{i} (n-i)^n。$$

证明　从一组 n 个事物中作 n 个事物(可重复)的排列，同时还使事先选定的 n 个事物在每个排列中都至少出现一次，以上等式的右端就是这种排列的个数。但是，这样的排列刚好就是 n 个事物不重复的排列。

定理 6.5　如果 $\boldsymbol{A} \in B_n$，$\rho_r(\boldsymbol{A}) = s$，$\rho_c(\boldsymbol{A}) = t$，$|H_{\boldsymbol{A}}| = h$，而且 $|R(\boldsymbol{A})| = |C(\boldsymbol{A})| = p$，就有：

(1) $$|L_{\boldsymbol{A}}| = \sum_{i=0}^{s} (-1)^i \binom{s}{i} (p-i)^n,$$

$$|R_{\boldsymbol{A}}| = \sum_{i=0}^{t} (-1)^i \binom{t}{i} (p-i)^n;$$

(2) $D_{\boldsymbol{A}}$ 中的 L 类的个数是 $h^{-1}|R_{\boldsymbol{A}}|$，类似地，$D_{\boldsymbol{A}}$ 中的 R 类的个数是 $h^{-1}|L_{\boldsymbol{A}}|$，$H$ 类的个数等于 L 类的个数乘以 R 类的个数，即 $h^{-2}|L_{\boldsymbol{A}}||R_{\boldsymbol{A}}|$；

(3) $|D_{\boldsymbol{A}}| = h$(L 类的个数)(R 类的个数) $= h^{-1}|L_{\boldsymbol{A}}||R_{\boldsymbol{A}}|$。

证明　由格林等价类的结构和引理 6.3 可直接导出。

以下推论是定理 6.5 的直接推论。

推论　设 $\boldsymbol{A} \in B_n$，且 $\rho_r(\boldsymbol{A}) = \rho_c(\boldsymbol{A})$，那么，$|L_{\boldsymbol{A}}| = |R_{\boldsymbol{A}}|$，且 $D_{\boldsymbol{A}}$ 中 L 类的个数等于 $D_{\boldsymbol{A}}$ 中 R 类的个数。

由定理 6.5 容易看出，为了计算与 D 类有关的各种数值，了解其中的各个 H 类的大小是很重要的。

定理 6.6　对于矩阵 $\boldsymbol{A}$ 而言，设 $\boldsymbol{A}_o$ 是用下列方法从 $\boldsymbol{A}$ 得出的：把 $\boldsymbol{A}$ 的所有相关行和相关列以及除一个无关行和一个无关列之外的所有无关行和无关列都用零替换。这样，$\boldsymbol{A}D\boldsymbol{A}_o$，因而 $|\boldsymbol{H}_{\boldsymbol{A}}| = |\boldsymbol{H}_{\boldsymbol{A}_o}|$，而且 $\boldsymbol{H}_{\boldsymbol{A}_o} = \{\boldsymbol{P}\boldsymbol{A}_o | \boldsymbol{P}\boldsymbol{A}_o = \boldsymbol{A}_o\boldsymbol{Q}$ 对于某些排列矩阵 $\boldsymbol{P},\boldsymbol{Q}\}$。

证明　在 $\boldsymbol{A}$ 的行空间与 $\boldsymbol{A}_o$ 的行空间之间存在一个自然的同构，因而 $\boldsymbol{A}$ 与 $\boldsymbol{A}_o$ 是 D 等价的。因此，$|H_{\boldsymbol{A}}| = |H_{\boldsymbol{A}_o}|$。上面所说的矩阵集合与 $\boldsymbol{A}_o$ 既是 R

等价的也是 L 等价的,因而包含在 H_{A_o} 内。

反之,设 $\boldsymbol{X} \in H_{A_o}$,$\boldsymbol{X}$ 就有与 $\boldsymbol{A}_o$ 相同的行空间和列空间。假定 $\boldsymbol{X}_{i*} \neq \boldsymbol{0}$,但 $(\boldsymbol{A}_o)_{i*} = \boldsymbol{0}$,那么,$\boldsymbol{X}$ 的某一列的第 i 项就是非零的。但是,$\boldsymbol{A}$ 没有第 i 项非零的列,这就导致矛盾。

因此,$\boldsymbol{X}$ 不会有比 $\boldsymbol{A}_o$ 更多的非零行。但是,由于非零行都是互异的基底向量,$\boldsymbol{X}$ 必定包含 $\boldsymbol{A}_o$ 的所有非零行。所以,$\boldsymbol{X}$ 的各行是 $\boldsymbol{A}_o$ 各行的排列。因此,存在某个排列矩阵 $\boldsymbol{P}$,使得 $\boldsymbol{X} = \boldsymbol{P}\boldsymbol{A}_o$。同样,存在某个排列矩阵 $\boldsymbol{Q}$,使得 $\boldsymbol{X} = \boldsymbol{A}_o\boldsymbol{Q}$。这样就证明了本定理。

推论 如果 $\boldsymbol{A}$ 的行秩或列秩是 r,那么 $|H_A|$ 能整除 $r!$。

例 6.12 如果

$$\boldsymbol{A} = \begin{pmatrix} 1 & 0 & 0 & 0 \\ 0 & 1 & 0 & 0 \\ 1 & 0 & 1 & 0 \\ 1 & 0 & 0 & 1 \end{pmatrix},$$

那么,显然有 $\rho_r(\boldsymbol{A}) = \rho_c(\boldsymbol{A}) = 4$,而 $|H_A| = 2$。

设 $\boldsymbol{B}$ 表示一个 4×2^4 矩阵,其中的各列表示 $C(\boldsymbol{A})$ 所有可能的列向量,就有

$$\boldsymbol{AB} = \begin{pmatrix} 0 & 1 & 0 & 0 & 0 & 1 & 1 & 1 & 0 & 0 & 0 & 1 & 1 & 1 & 0 & 1 \\ 0 & 0 & 1 & 0 & 0 & 1 & 0 & 0 & 1 & 1 & 0 & 1 & 1 & 0 & 1 & 1 \\ 0 & 1 & 0 & 1 & 0 & 1 & 1 & 1 & 1 & 0 & 1 & 1 & 1 & 1 & 1 & 1 \\ 0 & 1 & 0 & 0 & 1 & 1 & 1 & 1 & 0 & 1 & 1 & 1 & 1 & 1 & 1 & 1 \end{pmatrix},$$

因而 $\boldsymbol{AB}$ 包含了正好 10 个互异的列向量。于是 $p = 10$。类似地,$\boldsymbol{B}^{\mathrm{T}}\boldsymbol{A}$ 包含正好 10 个互异的行向量,于是 $p = 10$。因此,

$$|D_A| = \frac{(10^n - 4(9)^n + 6(8)^n - 4(7)^n + 6^n)^2}{2}。$$

定理 6.7 设 $\boldsymbol{A}, \boldsymbol{B} \in B_n$。

(1) 如果 $\boldsymbol{A}L\boldsymbol{B}$,就有 $|C(\boldsymbol{A})| = |C(\boldsymbol{B})|$;

（2）如果 $\boldsymbol{A}R\boldsymbol{B}$，就有 $|R(\boldsymbol{A})| = |R(\boldsymbol{B})|$；

（3）如果 $\boldsymbol{A}D\boldsymbol{B}$，就有

$$|R(\boldsymbol{A})| = |R(\boldsymbol{B})| = |C(\boldsymbol{B})| = |C(\boldsymbol{A})|。$$

证明　根据定理 6.2 和引理 6.1 知，定理是显然的。

我们要给出一个渐近数，它在下面几种情况下出现：非正方矩阵的 D 类，对并运算闭合的子集合族，有限格的同构的类型。

定义 6.29　$\underline{n}$ 的子集合的族 $\underline{m}$ 称为一个可加空间，如果 $\phi \in \underline{m}$ 而且 $\underline{s} \cup \underline{t} \in \underline{m}$，对 $\underline{s}, \underline{t} \in m$ 均成立。两个这样的族是同构的，是指它们作为加法半群是同构的。

定义 6.30　一个格称为属于 (n,m) 型的，如果它是作为 V_n 中某个由 m 个元素的并运算而产生（除了对于 0）的一个子空间出现的。这就相当于说，这个格对并运算而言，除了 0 以外最多有 m 个生成元，也可以说，这个格对交运算而言，除了最大元素以外有 n 个生成元。

引理 6.4　设 n, m 按下列方式趋于无穷

$$\frac{\log n}{m} \to 0, \frac{\log m}{n} \to 0,$$

那么，在所有 $m \times n$ 矩阵中，同时有行秩为 m 而列秩为 n 的矩阵所占的百分比趋于 1。

证明　设 $r(i,j)$ 表示具有性质 $\boldsymbol{A}_{i*} \geqslant \boldsymbol{A}_{j*}$ 的矩阵的个数，而 $C(i,j)$ 表示具有性质 $\boldsymbol{A}_{*i} \geqslant \boldsymbol{A}_{*j}$ 的矩阵的个数。那么，对于固定的 $i \neq j$，我们有

$$\frac{r(i,j)}{k} = \left(\frac{3}{4}\right)^m, \frac{c(i,j)}{k} = \left(\frac{3}{4}\right)^m,$$

其中 $k = 2^{nm}$。因此，没有某一行大于或等于任意其他一行，而且也没有某一列大于或等于任意其他一列的矩阵的个数，至少是

$$\left[1 - (n^2 - n)\left(\frac{3}{4}\right)^m - (m^2 - m)\left(\frac{3}{4}\right)^n\right]2^{nm}。$$

所有这些矩阵的行秩都是 m，列秩都是 n。在已给的假设下，这个数除以 2^{mn} 将趋于 1。这样就完成了引理的证明。

根据这个引理,我们导出 D 类个数的渐近限。这就是说,对于两个行秩都是 n 的矩阵而言,如果它们是 L 等价的,它们就有相同的行空间和相同的行基底。但是行基底是由所有的行构成的,因此,其中一个矩阵的各行就是另一个矩阵的各行的一个排列。因此,$\boldsymbol{ALB}$ 当且仅当对于某一个排列矩阵 $\boldsymbol{A}=\boldsymbol{PB}$。类似地,$\boldsymbol{ARB}$ 当且仅当 $\boldsymbol{A}=\boldsymbol{BQ}$。因此,$\boldsymbol{ADB}$ 当且仅当 $\boldsymbol{A}=\boldsymbol{PBQ}$。所以,这些 D 类最多有 $n!\ m!$ 个。因而,这些行秩与列秩是 n 的元素的 D 类的个数。这意味着绝大多数 D 类至少有 $n!\ m!$ 个组元。

最后,我们将推导出一些与 $\boldsymbol{PXQ}=\boldsymbol{X}$ 的解有关的条件。是否 $\boldsymbol{X}$ 是一个投影平面,就意味着 $\boldsymbol{X}$ 有一个非恒等直射变换?这是一个尚未解决的问题。

引理 6.5 如果 $\boldsymbol{P}$ 或 $\boldsymbol{Q}$ 的循环的个数不超过 k,$\boldsymbol{PXQ}=\boldsymbol{X}$ 的解的个数分别不超过 2^{kn} 或 2^{km}。

证明 设 $\boldsymbol{P}$ 的循环的个数不超过 k。从每个循环中选出一行,并把它确定下来,这可以有 2^{kn} 种方法,这些行确定了其余各行。对 $\boldsymbol{Q}$ 而言也可作类似的论述。

引理 6.6 如果一个排列 P 至少有 k 个循环,它将能在 $\underline{m}$ 中固定至少 $m-2(m-k)$ 个数。

证明 如果固定了 i 个数,则 $i+2(k-i)\leqslant m$。

引理 6.7 设有一个排列群 G 作用在一个字母集合 S 上。如果对于 G 的某个元素 g 来说,g 固定了至少 $|S|-a$ 个字母,$a>0$,那么,就存在一个 $|S|-2a+1$ 个字母的集合,这些字母被 G 的每一个元素固定。

证明 G 在 S 上的作用给出 G 的一个排列矩阵表示 R。设 $O_1,O_2,\cdots,O_k,O_{k+1},\cdots,O_{k+t}$ 是包含在 S 中的群轨道,其中 $O_1O_2\cdots O_k$ 都只包含一个元素,其余的 O 则包含不止一个元素。相应于这样一个轨道分解,我们就有一个直和分解

$$R=R_1\oplus R_2\oplus\cdots\oplus R_k\oplus R_{k+1}\oplus\cdots\oplus R_{k+t}。$$

群表示论中的一个定理说:

$$\sum_{g \in G} T_r(g) = (k+t)|G|,$$

但是，对于任意一个 $g \in G$，$T_r(g) \geqslant |S| - a$，而且，若假定 $a > 0$，就有 $T_r(\theta) > |S| - a$，其中 $T_r(g)$ 表示 g 的迹，θ 表示 G 的单位元素。因此，$|S| - a > k + t$，然而 $|S| > k + 2t$，因此

$$|S| - a < k + \frac{|S| - k}{2}。$$

这样就能得出需要证明的不等式。

定理 6.8　设 n, m 以这样一种方式趋于无穷：$\frac{n}{m}$ 趋于一个非零常数，那么，$m \times n$ 布尔矩阵的 D 类的个数渐近地等于

$$\frac{2^{nm}}{n!\ m!}。$$

证明　根据引理 6.4 以及它的证明后边的那些考虑，我们只需要证明这个公式给出了渐近上界就够了。

设 $k = \sup\{\lim \frac{n}{m}, \lim \frac{m}{n}\}$。

第一种情形：D 类中包含某个 $\boldsymbol{X}$，满足 $\boldsymbol{PXQ} = \boldsymbol{X}$，其中 $\boldsymbol{P}$ 和 $\boldsymbol{Q}$ 是某两个矩阵，而且 $\boldsymbol{P}$ 中的循环的个数不超过 $m - (4k+1)\log m$（所有的对数都是以 2 为底的）。对于一组固定的 $\boldsymbol{P}, \boldsymbol{Q}$，只要 $\boldsymbol{P}$ 满足上述假设条件，那么，根据引理 6.5 最多有

$$2^{(m - (4k+1)\log m)n}$$

个 $\boldsymbol{X}$ 满足 $\boldsymbol{PXQ} = \boldsymbol{X}$。$\boldsymbol{P}, \boldsymbol{Q}$ 的可能性的个数不能超过 $n!\ m!$，所以，在这种情形中 $\boldsymbol{X}$ 的可能性的个数最多是

$$2^{(m - (4k+1)\log m)n} n!\ m!。$$

因此，包含至少一个这样的 $\boldsymbol{X}$ 的 D 类的个数最多是

$$2^{(m - (4k+1)\log m)n} n!\ m!,$$

这个数与

$$\frac{2^{nm}}{n!\ m!}$$

的比值趋于零。

第二种情形：D 类中包含某个 $\boldsymbol{X}$，满足 $\boldsymbol{PXQ}=\boldsymbol{X}$，其中 $\boldsymbol{P}$ 和 $\boldsymbol{Q}$ 是某两个矩阵，而且 $\boldsymbol{Q}$ 中的循环的个数不超过 $n-(4k+1)\log n$。这种情形可与第一种情形同样处理。

第三种情形：D 类中包含一个 $\boldsymbol{X}$，使 $\boldsymbol{PXQ}=\boldsymbol{X}$，其中 $\boldsymbol{P},\boldsymbol{Q}$ 不都是单位矩阵，但是 $\boldsymbol{PXQ}=\boldsymbol{X}$ 不成立，如果 $\boldsymbol{P}$ 中的循环的个数不超过 $m-(4k+1)\log m$ 或者 $\boldsymbol{Q}$ 中的循环的个数不超过 $n-(4k+1)\log n$。对于这样的 $\boldsymbol{X}$，选择一对 $\boldsymbol{P},\boldsymbol{Q}$，满足 $\boldsymbol{PXQ}=\boldsymbol{X}$，使得 $\sup\{m-\boldsymbol{P}$ 中的循环数，$n-\boldsymbol{Q}$ 中的循环数$\}$ 取极大值。设 s 表示这个极大值，我们有 $0<s<(4k+1)[\sup\{\log m,\log n\}]$。对于一个给定的 $\boldsymbol{X}$，集合$\{\boldsymbol{P}|\boldsymbol{PXQ}=\boldsymbol{X}$ 对某个 $\boldsymbol{Q}$ 成立$\}$形成一个群。根据引理6.6，这个群的每一个元素至少固定 $m-2s$ 个字母。因此，根据引理6.4，整个群将至少固定 $m-4s$ 个字母，也存在一个由 $\boldsymbol{Q}$ 所组成的群，这个群至少固定 $n-4s$ 个字母。

固定了 s，我们选择一个由 $4s$ 个字母所组成的集合，其中包含在$\{\boldsymbol{P}|\boldsymbol{PXQ}=\boldsymbol{Q}$ 对某个 $\boldsymbol{Q}$ 成立$\}$之下的未被固定的字母。这种选择的个数是 $\binom{m}{4s}$。对于$\{\boldsymbol{Q}|\boldsymbol{PXQ}=\boldsymbol{X}$ 对某个 $\boldsymbol{P}$ 成立$\}$的一个类似的集合，有 $\binom{n}{4s}$ 种选择方法。如果这些集合都已选择好了，我们就有 $(4s)!$ 种方法选择 $\boldsymbol{P}$ 来作用到它的集合上，而且有 $(4s)!$ 种方法选择 $\boldsymbol{Q}$ 来作用到它的集合上。一旦 $\boldsymbol{P},\boldsymbol{Q}$ 已选定，根据引理6.5，我们最多有

$$2^{nm-s(\min\{n,m\})}$$

种方法选择 $\boldsymbol{X}$。因此，对于给定的 s，最多有

$$\binom{m}{4s}\binom{n}{4s}(4s)!\ (4s)!\ 2^{nm-s(\min\{n,m\})}$$

种方法选择 $\boldsymbol{X}$，使之具有所需要的 s 值。然而，这些 $\boldsymbol{X}$ 并不都在不同的 D 类中。对于任意排列矩阵 $\boldsymbol{E},\boldsymbol{F},\boldsymbol{EXF}$ 也将在同一个 D 类中，而且有相同的 s 值。

对于一个给定的 $\boldsymbol{X}$,有多少个不同的矩阵 $\boldsymbol{EXF}$ 呢?我们有一个在这些矩阵上的由两个对称群的乘积形成的群作用把 $\boldsymbol{Y}$ 变成 $\boldsymbol{EYF}^{-1}$,其中 $\boldsymbol{F}^{-1}$ 表示 $\boldsymbol{F}$ 的逆。$\boldsymbol{X}$ 的迷向群的阶数是 $(4s)!\,(4s)!$,这可由以上关于使 $\boldsymbol{PXQ}=\boldsymbol{X}$ 的 $\boldsymbol{P},\boldsymbol{Q}$ 的选择的论述得出。因此,包含一个 $\boldsymbol{X}$ 的一个 D 类至少也包含

$$\frac{n!\ m!}{(4s)!\ (4s)!}$$

个具有相同的 s 值的不同的矩阵。因此,对于给定的 s,包含这种类型的矩阵的 D 类的个数最多是

$$\frac{m^{4s}n^{4s}2^{nm-s(\min\{n,m\})}(4s)!\ (4s)!}{n!\ m!},$$

对于任意的 s 值,这个个数最多就是

$$\max_{1\leqslant s\leqslant(4k+1)n_1}\frac{m^{4s}n^{4s}2^{nm-sn_2}(4s)!\ (4s)!\ (4k+1)\log n_1}{n!\ m!},$$

其中 $n_1=\max\{n,m\}$,$n_2=\min\{n,m\}$。这个数与

$$\frac{2^{nm}}{n!\ m!}$$

的比值趋于零。

第四种情形:所有的 $\boldsymbol{PXQ}$ 都不同,因而 D 类至少有 $n!\ m!$ 个元素。至少有

$$\frac{2^{nm}}{n!\ m!}$$

个这种类型的 D 类,这样就证明了本定理。

推论　设 k 是使 $\boldsymbol{PXQ}=\boldsymbol{X}$ 成立的矩阵 $\boldsymbol{X}$ 的个数,其中 $\boldsymbol{P},\boldsymbol{Q}$ 是某两个矩阵,而且不都是单位矩阵。那么,如果 $n,m\to\infty$,且使 $\frac{n}{m}$ 趋于一个非零常数,则

$$\frac{k}{2^{nm}}$$

趋于零。

定理 6.9 在引理 6.4 的假设之下，D 类的个数和 B_{mn} 中 D 类的个数分别渐近地等于

$$\frac{2^{nm}}{n!}\text{和}\frac{2^{nm}}{m!}。$$

证明 譬如对 R 类而言，对于列秩 k，只要选出一组 k 个列向量使之构成列基底，我们就得出一个上限

$$\binom{2^m}{n}+\binom{2^m}{n-1}+\cdots+\binom{2^m}{1},$$

这个数不超过

$$\binom{2^m}{n}\sum_{i=1}^{\infty}\left(\frac{n}{2^m-1}\right)^i,$$

这就给出了定理中的结果。其他各种情形也可用类似的方法证明，这样就完全证明了本定理。

应能看出，上述结果同时也给出带有 m 个生成元（不只是同构类）的 V_n 的子空间的个数。

4. 秩与组合集合论

秩的概念对布尔代数上的矩阵而言,其重要性不亚于对域上的矩阵的重要性。我们还记得,一个矩阵的行(列)秩就是一个行(列)基底中行(列)向量的个数。然而,对于维数大于 3 的矩阵,行秩不一定等于列秩。还有第三种秩的概念,即沙因秩(Schein rank),这种秩也很重要。对于任意一个 k,沙因秩不大于 k 的矩阵形成一个双边半群理想。这个性质对行秩和列秩都不成立,尽管行秩和列秩都是 D 类的不变量。在这一节里,我们将探讨这三种秩概念之间的精确关系。从概念上来说,主要的结果是定理 6.10。然而,具体计算与克莱特曼(D. Kleitman)在组合集合论方面的比较高深的工作有关(在这方面一般性的问题尚未解决)。我们还将考虑组合集合论与布尔向量集合之间的其他关系。第一遍阅读时,读者可以只阅读定理 6.10 的证明,其余的所有证明都可以越过不读。

在本节中我们将指出,布尔矩阵的秩与组合集合论之间存在着密切的关系。本节中的若干结果可以用组合集合论的语言予以解释。

定义 6.31　对于向量 $\boldsymbol{v},\boldsymbol{w}$ 而言,符号 $c(\boldsymbol{v},\boldsymbol{w})$ 表示矩阵 (v_iw_j),这种矩阵称为交互向量(cross-vectors)。

可以看出,对于一个矩阵 $\boldsymbol{A}$ 而言,$\rho_r(\boldsymbol{A})=1$ 当且仅当 $\rho_c(\boldsymbol{A})=1$,当且仅当存在某两个向量 $\boldsymbol{v},\boldsymbol{w}$,使 $(a_{ij})=(v_iw_j)$。

下列定义是沙因给出的。

定义 6.32　一个矩阵 $\boldsymbol{A}$ 的沙因秩 $\rho_s(\boldsymbol{A})$ 就是和数为 $\boldsymbol{A}$ 的交互向量的最小个数。

例 6.13　如果

$$\boldsymbol{A}=\begin{pmatrix}1&1&0&0\\1&1&1&0\\0&1&1&1\\0&0&1&1\end{pmatrix},$$

就有 $\rho_r(\boldsymbol{A})=\rho_c(\boldsymbol{A})=4$，但 $\rho_s(\boldsymbol{A})=3$。

定义 6.33 最大秩函数（maximum rank function），此处用 $\rho_f(n)$ 表示，就是 V_n 的一个子空间的最大可能秩。

如何计算最大可能秩是极值集合论（extremal set theory）中的一个问题。

定理 6.10 对任意一个矩阵 $\boldsymbol{A}$，都有 $\rho_s(\boldsymbol{A})\leqslant\rho_r(\boldsymbol{A})\leqslant\rho_f(\rho_s(\boldsymbol{A}))$ 和 $\rho_s(\boldsymbol{A})\leqslant\rho_c(\boldsymbol{A})\leqslant\rho_f(\rho_s(\boldsymbol{A}))$。

证明 设 $B_r(\boldsymbol{A})=\{\boldsymbol{v}_1,\boldsymbol{v}_2,\cdots,\boldsymbol{v}_k\}$，设 $\boldsymbol{M}_i$ 是这样一个矩阵：它的第 j 行是 $\boldsymbol{v}_i$ 当且仅当 $\boldsymbol{v}_i$ 小于或等于 $\boldsymbol{A}$ 的第 j 行。于是，

$$\boldsymbol{A}=\sum_{i=1}^{k}\boldsymbol{M}_i,$$

这表明 $\rho_s(\boldsymbol{A})\leqslant k=\rho_r(\boldsymbol{A})$。另一方面，设

$$\boldsymbol{A}=\sum_{i=1}^{k}\boldsymbol{M}_i,$$

其中各个 $\boldsymbol{M}$ 都是非零的交互向量。设 $\boldsymbol{v}_i$ 是 $\boldsymbol{M}_i$ 的一个非零行向量，于是 $R(\boldsymbol{A})$ 包含在由这些 $\boldsymbol{v}_i$ 张成的空间中，由 $\boldsymbol{v}_1,\boldsymbol{v}_2,\cdots,\boldsymbol{v}_k$ 生成的空间是 V_n 的一个商空间。因此，$R(\boldsymbol{A})$ 是 V_n 的一个子空间的同态象。这个子空间的秩必定至少与 $R(\boldsymbol{A})$ 的秩一样大，因为生成集的象仍然给出了生成元的一个集合。于是 $\rho_r(\boldsymbol{A})\leqslant\rho_f(\rho_s(\boldsymbol{A}))$。根据对称性可以得出第二个不等式，这就证明了本定理。

应当指出，对于非零矩阵的沙因秩还有两个如下的等价定义：(i) ρ_s 是使 $\boldsymbol{A}$ 等于一个 $m\times\rho_s$ 矩阵与一个 $\rho_s\times n$ 矩阵的积的最小整数；(ii) ρ_s 是使 $R(\boldsymbol{A})$ 被包含在一个由 ρ_s 个向量张成的空间中的最小的整数 s。

还应当指出，对于一个正则矩阵，关系式 $\rho_r=\rho_c=\rho_s$ 将可由以后的一些结果导出。对于一个其行空间是一个模格的矩阵，$\rho_r=\rho_c$，这个结果可由迪尔沃思（R. P. Dilworth）的一个结果导出。对于 (2^n_n) 维的矩阵 $\boldsymbol{A}=(a_{ij})$，如果 $a_{ij}=0$ 当且仅当 $i\neq j$，那么这个矩阵就有行秩 (2^n_n)，列秩 (2^n_n)，但 $\rho_s\leqslant 2n$。对于这一结果，我们的扼要证明如下：设 $\boldsymbol{A}$ 的各行和各列的下标按照 $\underline{2n}$ 的

所有 n 阶子集进行标记。令 S_k 是所有包含数 k 的上述子集所构成的类，$k=1,2,\cdots,2n$。设 $\boldsymbol{B}_k=(b_{ij})$ 是这样的矩阵：$b_{ij}=1$ 当且仅当 $i\in S_k, j\notin S_k$，那么 $\boldsymbol{A}$ 就是这些秩为 1 的矩阵 $\boldsymbol{B}_k$ 的和。

定理 6.11　设 p_1,p_2,p_3 是这样一些正整数：$p_1\leqslant\rho_f(p_2)$，$p_2\leqslant\rho_f(p_3)$，$p_3=\min\{p_1,p_2\}$，那么对于任意一个 $n\geqslant\max\{p_1,p_2\}$，存在一个矩阵 $\boldsymbol{A}\in B_n$，使得 $\rho_r(\boldsymbol{A})=p_1$，$\rho_c(\boldsymbol{A})=p_2$，$\rho_s(\boldsymbol{A})=p_3$。

证明　根据对称性，假设 $p_1\leqslant p_2$。设 $\{\boldsymbol{v}_1,\boldsymbol{v}_2,\cdots,\boldsymbol{v}_{p_2}\}$ 是 V_{p_1} 中的 p_2 个无关向量的一个集合。设 $\boldsymbol{A}_o$ 是一个其第 i 列是 $\boldsymbol{v}_i$ 的矩阵，那么，$\boldsymbol{A}_o$ 就是一个列秩为 p_2 的 $p_1\times p_2$ 矩阵。如果 $\boldsymbol{A}_o$ 的沙因秩比 p_1 小，我们就把 $\boldsymbol{A}_o$ 写为 $\boldsymbol{A}_1\boldsymbol{A}_2$，其中 $\boldsymbol{A}_2$ 是一个行数较少而列秩仍为 p_2 的矩阵。按这个办法继续做下去，我们又得到一个列秩为 p_2 且具有 p_2 个列的矩阵 $\boldsymbol{A}_3$，使其沙因秩 q 等于其行数，而且这两个数都不超过 p_1。如果我们在这个矩阵上添加 p_2-q 行，它的列秩既不能大于也不能小于 p_2。

我们将用数学归纳法证明以下假设：对于 $q\leqslant t\leqslant p_2$，存在一个 $t\times p_2$ 矩阵，其列秩为 p_2 而沙因秩为 t。假定这个假设对 $t=k$ 成立。设 $\boldsymbol{A}_4$ 是这样一类 $k\times p_2$ 矩阵中最小的一个。假定存在 k 个向量 $\boldsymbol{b}_i$，使得由这些 $\boldsymbol{b}_i$ 张成的空间以由 $\boldsymbol{A}_4$ 的各行 $\boldsymbol{a}_i$ 张成的空间为真子集合。设 $\boldsymbol{B}$ 是以 $\boldsymbol{b}_i$ 为第 i 行的矩阵，那么，$\boldsymbol{B}$ 的沙因秩就是 k。而且，由于对某个 $\boldsymbol{C}$ 有 $\boldsymbol{CB}=\boldsymbol{A}_4$，$\boldsymbol{B}$ 的列秩就是 p_2。如果存在这些 $\boldsymbol{b}$ 的一个集合 S_1，使得集合 $S_2=\{\boldsymbol{a}_i\mid$ 对于某个 j，$\boldsymbol{a}_i\geqslant\boldsymbol{b}_j\}$ 的元素个数比 S_1 少，S_1 就能够用 S_2 代替而给出一个小于 k 的沙因秩。因此，根据匹配理论（matching theory），对每个 i 都存在一个匹配 $\boldsymbol{b}_i\rightarrow\boldsymbol{a}_{\pi(i)}$，使得 $\boldsymbol{b}_i\leqslant\boldsymbol{a}_{\pi(i)}$。对 $\boldsymbol{B}$ 的各行施加一个排列，我们就得到一个矩阵 $\boldsymbol{M}$，使得 $\boldsymbol{M}\leqslant\boldsymbol{A}_4$，而且 $\boldsymbol{M}$ 的沙因秩为 k，列秩为 p_2。根据 $\boldsymbol{A}_4$ 的极小性，有 $\boldsymbol{M}=\boldsymbol{A}_4$。这就与子空间的真包含的假设发生矛盾。

设 $\boldsymbol{u}$ 是一个向量，它在每个使 $a_i=1$ 的 i 处都有一个零。对于 $k<p_2$，我们可以选择一个非零的 $\boldsymbol{u}$。设 $\boldsymbol{A}_5$ 是一个把 $\boldsymbol{u}$ 作为一行添加到 $\boldsymbol{A}_4$ 上而得出的矩阵，那么，$\boldsymbol{A}_5$ 的列秩为 p_2，且沙因秩至少是 k。假定 $\boldsymbol{A}_5$ 的沙因秩是 k，

那么,就存在 k 个向量 $\boldsymbol{v}_1,\boldsymbol{v}_2,\cdots,\boldsymbol{v}_k$,使得 $\boldsymbol{v}_1,\boldsymbol{v}_2,\cdots,\boldsymbol{v}_k$ 所张成的空间包含 $a_1,a_2,\cdots,a_k$ 和 u_k。由于上面关于$b_1,b_2,\cdots,b_k$ 的说法,现在不可能了,那么这些 $\boldsymbol{v}$ 就一定等于这些 a,只不过次序不一定相同而已。但这时将不可能用这些 $\boldsymbol{v}$ 来表示 u_k,因而 $\boldsymbol{A}_5$ 的沙因秩就是 $k+1$。这样就证明了原假设。添加上一些 0 行和 0 列就证明了本定理。

例 6.14 可以证明 $\rho_f(n)\leqslant 2\rho_f(n-1)$,以及对 1,2,3,4 这四个数,$\rho_f(n)$的值分别是 1,2,4,7。

定理 6.12 对于任意一个整数 $k\leqslant n-1$,$\rho_f(n)\geqslant\binom{n-1}{k}+\rho_f(n-1)$。

证明 设$\{\boldsymbol{v}_1,\boldsymbol{v}_2,\cdots,\boldsymbol{v}_r\}$是 V_{n-1} 中 $r=\rho_f(n-1)$个无关向量的一个集合。设$\boldsymbol{u}_1,\boldsymbol{u}_2,\cdots,\boldsymbol{u}_r$ 是在 $\boldsymbol{v}_i$ 的分量中添加最后一个 0 分量而得到的 V_n 中的向量。设 S 是 V_n 中恰好有 $k+1$ 个 1 分量,而且最后一个分量也是 1 的所有向量的集合。这时,$S\cup\{\boldsymbol{u}_1,\boldsymbol{u}_2,\cdots,\boldsymbol{u}_r\}$就是 V_n 中的一个无关向量集,其中向量的个数就是定理中不等式右端的数。

克莱特曼在较弱的假设条件下证明了不等式

$$\rho_f(n)\leqslant\left(1+\frac{1}{\sqrt{n}}\right)\binom{n}{\left[\frac{n}{2}\right]}。$$

他所用的假设是:集合中没有任何两个向量的和是另外一个向量,其中$[x]$表示不超过 x 的最大整数。为了说明他的证明方法,我们证明他的结果的一个较弱的形式。

定理 6.13 设 V 是 V_n 的一个子集合,V 中的向量的权只取两个值 a 和 b,而且 V 中没有任何一个向量是 V 中其他向量的和,那么

$$|V|\leqslant\max\left\{\binom{n}{b}+\frac{b-a}{b}\binom{n}{a},\binom{n}{a}\right\},$$

其中假定 $a<b$。

证明 设 S 是所有向量对$(\boldsymbol{u},\boldsymbol{v})$的集合,其中$\boldsymbol{u},\boldsymbol{v}\in V_n$,$\boldsymbol{u}\leqslant\boldsymbol{v}$,而且 $\boldsymbol{u}$ 的权是 a,$\boldsymbol{v}$ 的权是 b。对于每个 $\boldsymbol{v}\in V$,有

$$\sum_{u<v} u<v,$$

于是存在一个 $k\in \underline{n}$，使得 $v_k=1$，且

$$W=\Big(\sum_{u<v} \boldsymbol{u}\Big)_k=0,$$

其中 W 是 V 中所有小于 $\boldsymbol{v}$ 的向量 $\boldsymbol{u}$ 的和的第 k 个分量。向量 $\boldsymbol{v}$ 大于权为 a 的 $\binom{b}{a}$ 个向量。然而，这些向量中只有 $\binom{b-1}{a}$ 个可能包含在 V 中，这是因为对于那些在 S 中权为 a 且小于 $\boldsymbol{v}$ 的向量而言，第 k 个分量一定是零。因此，对于固定的 $\boldsymbol{v}\in V$，在 S 中所有可能的 $(\boldsymbol{u},\boldsymbol{v})$ 对中，有 $\boldsymbol{u}\in V$ 的向量对所占的比率充其量不过是

$$\frac{\binom{b-1}{a}}{\binom{b}{a}}=\frac{b-a}{a}。$$

设 $n_a(n_b)$ 是 V 中权为 $a(b)$ 的向量的个数，那么，其较低元素在 V 中的对的个数是 $n_a\binom{n-a}{b-a}$，其较高元素在 V 中而其较低元素不在 V 中的对的个数至少是

$$\Big(1-\frac{b-a}{b}\Big)n_b\binom{b}{a},$$

S 中的对的总数是 $\binom{n}{b}\binom{n}{a}$。因此，

$$\binom{n}{b}\binom{n}{a}\geqslant n_a\binom{n-a}{b-a}+n_b\binom{b}{a}\frac{a}{b},$$

$$1\geqslant\frac{n_a}{\binom{n}{a}}+\frac{n_b}{\binom{n}{b}}\ \frac{a}{b},$$

我们还有

$$0\leqslant n_a\leqslant\binom{n}{a},0\leqslant n_b\leqslant\binom{n}{b}。$$

通过一个不长的线性规划计算，即可证明从以上各关系式即可导出定

理的结果。至此证明完毕。

对于奇数的 n,克莱特曼基本上用以下方法得出一个下限:

$$\left(1+\frac{1}{n}\right)\binom{n}{\left[\frac{n}{2}\right]}。$$

对于 $k\in\underline{n}$,设 $w\left(\left[\frac{n}{2}\right]\right)$ 由全部权为 $\left[\frac{n}{2}\right]$ 且满足下列条件的向量 $\boldsymbol{u}$ 所组成:

$$\sum_{i=0}^{n-1} iu_i \equiv k(\bmod n)。$$

这样,在 $w\left(\left[\frac{n}{2}\right]\right)$ 中,任意两个向量都至少有四个分量不同。因此,$w\left(\left[\frac{n}{2}\right]\right)$ 中没有两个向量其和数的权恰好是 $\left[\frac{n}{2}\right]+1$。所以,$w\left(\left[\frac{n}{2}\right]\right)$ 连同所有权为 $\left[\frac{n}{2}\right]+1$ 的向量形成一个可能的集合 V。在 n 个 $w\left(\left[\frac{n}{2}\right]\right)$ 集合中,至少有一个包含

$$\frac{1}{n}\binom{n}{\left[\frac{n}{2}\right]}$$

个元素,这是由于这些集合的并有

$$\binom{n}{\left[\frac{n}{2}\right]}$$

个元素。

为简短起见,我们令 $m=\frac{n}{2}$。对于偶数的 n,我们可以得到一个类似的下限:

$$\binom{n}{m}+\frac{1}{n}\binom{n}{m-1}$$

$$=\binom{n}{m}\left(1+\frac{1}{n}+\frac{1}{n(n+2)}\right)。$$

如果我们把这个下限与定理 6.12 结合起来，对于$n=2k+1$，我们就能得到一个改进的下限：

$$\binom{2k}{k}+\binom{2k}{k}\left(1+\frac{1}{2k}-\frac{1}{k(k+2)}\right)$$
$$=\binom{n}{m}\left(1+\frac{3}{2n}-o(n^{-2})\right)。$$

定义 6.34　一个半序集合的一个反链（antichain）就是这样一个子集合：在这个子集合中没有一个比这个子集合中所有其他元素都大的元素。

我们要提到，确定$\rho_f(n)$的问题可以与已经研究过很多的在一个半序集合中寻求最大反链的问题发生关系。

定义 6.35　对于$2^{\underline{n}}$的一个子集合 S 和一个使得 $h(X)\in X$ 对所有 X 成立的函数 $h:S\to\underline{n}$ 来说，$p(S,h)$是这样一个半序集合：它的元素是在序关系 $X<Y$ 之下的 S 的元素。这个序关系的定义是：$X<Y$ 当且仅当 $X\subset Y$，而且 $h(Y)\in X$。用 $g(S,h)$ 表示 $p(S,h)$ 中最大反链的势。

命题 6.4　$\rho_f=\max\limits_{S,h} g(S,h)$。

证明　设 T 是这样一个集合：T 中没有一个集合是 T 中的一些真正更小的集合的并。那么，令 S 为 T，并且设 h 是任意一个这样的函数：对于每个 X，有

$$h(X)\in X\setminus\cup Y,$$
$$Y\in T,$$
$$Y\subset X,$$

这时，$|T|\leqslant g(S,h)$。因此，$\max\limits_{S,h} g(S,h)\geqslant T$。

反之，对于任意 S,h，设 T 是 $p(S,h)$ 中势最大的反链。于是，T 中没有一个集合 X 是 T 中的较小的集合的并，因为没有较小的集合能包含 $h(x)$。

定理 6.14　在 V_n 中存在一个大小是 $\rho_f(n)$ 的无关向量集合，其中没有权大于$\frac{n+1}{2}$的向量，而且最多有一个权为 1 的向量。

证明　设 S 是 V_n 中的一个$|S|=\rho_f(n)$的无关向量集合，它满足这样的

条件:S 中的向量的最大权是尽可能小的。设这个最大权是 b,并设 $a=b-1$。设 T 由 S 中权为 a 和 b 的向量,以及 V_n 中权为 a 并且是 S 中的向量之和的所有向量所组成。于是,T 也是一个无关向量集合。把定理 6. 13 应用到 T 上,我们就有

$$\binom{n}{a} \geqslant \binom{n}{b} + \frac{b-a}{b}\binom{n}{a},$$

其中假定 $b > \frac{n+1}{2}$。因此,在这种情况下,$|T| \leqslant \binom{n}{a}$,因而我们就可以这样修改 S:把 S 中权为 a,b 的向量用 V_n 中所有权为 a 而又不是 S 中权较小的向量之和的向量代替。由于 $|T| \leqslant \binom{n}{a}$,这样做不会减小 S 的大小,但能降低 S 中的向量的最大权数。这个矛盾表明,S 中向量的最大权数不可能超过 $\frac{n+1}{2}$。

如果在 S 中权为 1 的向量的个数多于一,我们就可以用(100)和(110)代替(100)和(010)的办法降低这个个数。这样就证明了本定理。

定理 6.15 前几个 $\rho_f(n)$ 的值由下表给出:

n	1	2	3	4	5	6
$\rho_f(n)$	1	2	4	7	13	24

证明 对于 $n=1,2,3$,这是很容易看出的。我们可以利用前一个定理以及下面的克莱特曼不等式

$$\sum_{k=j}^{2j} \frac{n_k}{\binom{n}{k}} \cdot \frac{j}{k} \leqslant 1, j=1,2,\cdots,\left[\frac{n}{2}\right],$$

其中 n_k 表示集合中权为 k 的向量的个数。

对于 $n=4$,这个结果可由前一定理直接得出。

对于 $n=5$,不等式中有一个给出 $3n_2+2n_3 \leqslant 30$。因此,对于 $n_4=n_5=0$,14 至多可能以下列两种方式实现:

n_1	n_2	n_3
1	3	10
1	4	9

第一种情况是不可能的,因为任意三个权为 2 的向量至少有一个权为 3 的并。假定第二种情况成立,我们有四个权为 2 的向量,而它们的并的权是 3。这四个向量中的某一个将不会比这个并小。因此,它将是与其他向量相脱离的,因而这四个向量就是(11000),(00110)(00101),(00011),顶多是排列次序不同。然而,没有一种办法添加一个权为 1 的向量而不引进附加的权为 3 的并。所以,$\rho_f(5)=14$ 是不可能的。

对于 $n=6$,由这一不等式和上面的定理知:对于 $\rho_f(n)\geqslant 25$,只能容许下列几种可能性:

n_1	n_2	n_3
1	5	20
0	5	20
1	4	20
1	5	19
1	6	18

采用处理 $n=5$ 的同样方法,前四种可能性都可以排除掉。假定我们有 1,6,18 这个情况。假定权为 2 的向量中的一个与其他相脱离,那么,其余的就是 V_4 中的五个权为 2 的向量的一个集合。这是从 V_4 的全部权为 2 的向量中减去一个向量而形成的集合,然而,这是不可能发生的情况。所以,每个权为 2 的向量都是一个和数的一项,这个和数是两个权为 3 的并中间的一个。因而,六个权为 2 的向量刚好就是全部权为 2 的向量减去权为 3 的那些并中间的一个。如果权为 3 的那些并有互相重叠的部分,我们将会有一个附加的权为 3 的并。因此,权为 3 的那些并都是互相脱离的。所以,权为 2 的向量就是(110000),(011000),(101000),(000011),(000110),(000101),顶多排列次序不同。没有办法添加一个权为 1 的向量而不给出另一个权为 3 的并。这个矛盾证明了 $\rho_f(6)=24$,即上面罗列的向量连同

所有权为 3 的向量，除(111000)与(000111)外给出了一个有 24 元素的无关集合。证明完毕。

组合集合论中与向量有关的另一个有趣问题是由斯皮纳尔(E. Sperner)引理所回答的。由$\underline{n}$的子集构成的集类中，有一类具有这样的性质：这个集类中的任意一个子集都不被这个集类中另外某个子集所包含。这种集类中最大的一个就是由恰好包含$\left[\frac{n}{2}\right]$个元素的全体子集构成的集类。斯皮纳尔引理断言：没有比这个集类更大的集类。这个引理是斯皮纳尔于 1928 年证明的。在那以后，又出现了几种另外的证明。下面我们把斯皮纳尔引理表达成布尔向量形式。这种表达形式是金基恒与劳什(Rausch)给出的。

定理 6.16(斯皮纳尔)　从 V_n 中取出一个向量集合，使得这个集合中没有任何一个向量小于另外某一个向量。这种向量集合最大的大小就是

$$\binom{n}{\left[\frac{n}{2}\right]}。$$

证明　令 $S_{w(k)}$ 表示 V_n 中权为 k 的向量的集合。我们按下列方式定义一个从 $S_{w(k)}$ 到 $S_{w(k-1)}$ 的函数 g：对于 $S_{w(k)}$ 中的一个向量 $\boldsymbol{v}$，令 a_i 表示 $\boldsymbol{v}$ 中第 i 个 1 以前的 0 的个数，令 p 为与

$$\sum_{i=1}^{k} a_i \pmod k$$

合同(congruent)的最小正整数。

令 $g(\boldsymbol{v})$ 是把 $\boldsymbol{v}$ 中的第 p 个 1 改成 0 而得到的向量。假定 $g(\boldsymbol{v}) = g(\boldsymbol{v}')$，于是 $\boldsymbol{v}$ 和 $\boldsymbol{v}'$中的每一个都与 $g(\boldsymbol{v})$相同，除了在一个位置上的 0 被 1 替换了之外。假定这种替换在 $\boldsymbol{v}$ 中发生在 x 位置上，在 $\boldsymbol{v}'$中发生在 y 位置上。这样，位置 y 一定是 $\boldsymbol{v}'$中第 p'个 1 的位置。如果我们用 $a_i(\boldsymbol{v})$ 和 $a_i(\boldsymbol{v}')$ 来记两个向量中的 a 以示区别(根据对称性，假设 $y > x$)，那么 $a_i(\boldsymbol{v}) = a_i(\boldsymbol{v}')$，除非 $p \leqslant i \leqslant p'$，$1 + a_i(\boldsymbol{v}) = a_{i-1}(\boldsymbol{v})$。对 $p < i \leqslant p'$，有 $a_p(\boldsymbol{v}) = x - p$，

以及$a_p'(\boldsymbol{v}')=y-p'$。把这些方程相加，即得

$$\sum_{i=1}^{k} a_i(\boldsymbol{v})+(p'-p)-(x-p)+(y-p')=\sum_{i=1}^{k} a_i(\boldsymbol{v}'),$$

$$\sum_{i=1}^{k} a_i(\boldsymbol{v})+y-x=\sum_{i=1}^{k} a_i(\boldsymbol{v}'),$$

$$p-x\equiv p'-y(\bmod k),$$

$$x-p\equiv y-p'(\bmod k)。$$

由于位置 x 是 $\boldsymbol{v}$ 中第 p 个 1 的位置，$x-p$ 是 $\boldsymbol{v}$ 中这个位置前的 0 的个数，一个向量中第 p 个 1 以前的 0 的个数必定合同于另外向量中第 p 个 1 以前的 0 的个数。这两个数的差 z 比每一个向量中位置 p 和位置 p'之间的 0 的个数多 1，因而 $z\equiv 0(\bmod k)$，$1\leqslant z\leqslant n-k$，这是因为总共只有 $n-k$ 个 0。对于 $n-k<k$，这是一个矛盾，因此 g 是一一对应的。

现在令 C 为向量的规模最大的一个反链。如果我们把 g 应用到 C 中权数最高的那些向量上去，只要这个权数 $k>n-k$，我们就得到一个新的反链，这个反链的元素个数与原来的反链相同。重复这个做法，我们即可保证在反链中的一个向量的最高权数不再大于$\left[\frac{n}{2}\right]$。对权数最低的那些向量应用一个与 g 对偶的函数，我们就能保证不会出现权数小于$\left[\frac{n}{2}\right]$的向量。因此，C 的大小最多是

$$\binom{n}{\left[\frac{n}{2}\right]},$$

这样就证明了本定理。

我们接着来推广一个由图兰(P. Turán)给出的著名定理，这个定理通常所说的是：有 n 个顶点而没有三角形的图中，边的条数的最大值①。这个最大值就相当于这样一些权为 k 的向量的最小个数，使得每个权为$k+1$的

① 图兰定理的通常说法是：有 n 个顶点而没有三角形的图最多有$\left[\frac{n^2}{4}\right]$条边。

向量都至少大于其中一个权为 k 的向量。设 $T(n,k)$ 是满足上述条件的这个最小个数。图兰定理包括并推广了 $k=2$ 的情况。

命题 6.5 对于固定的 k，$\dfrac{T(n,k)}{\binom{n}{k}}$ 对 n 而言是非减的。

证明 设 $M_{w(k)}$ 是这样一些有 $n+1$ 个分量且权为 k 的向量的最小集合，使得每个权为 $k+1$ 的向量都大于这个集合中至少一个向量。对于 $i=1,2,\cdots,n+1$，设 $V_0=\{\boldsymbol{v}\in M_{w(k)} \mid v_i=0\}$，而 $V_1=\{\boldsymbol{v}\in M_{w(k)} \mid v_i=1\}$。我们有

$$\sum_{i=1}^{n+1} |V_1| = k|M_{w(k)}|,$$

这是因为在上式左端，$M_{w(k)}$ 的每个元素都被计算了 k 次。因此，

$$\max_i |V_1| \geqslant \frac{k}{n+1}T(n+1,k)。$$

另一方面，$|V_0|\geqslant T(n,k)$，而 $T(n+1,k)=|V_1|+|V_0|$，因而

$$\frac{n+1-k}{n+1}T(n+1,k)\geqslant T(n,k),$$

这样就得出命题中的结论。

定理 6.17 设 $g(k)=\lim\limits_{n\to\infty}\dfrac{T(n,k)}{\binom{n}{k}}$，那么对 k 而言就有渐近不等式 $g(k)\leqslant\dfrac{\log k}{k}$。

证明 我们把各分量的集合分成尽可能相等的 j 个组 $c_1,c_2,\cdots,c_j$。对于一个权为 k 的向量 $\boldsymbol{v}$，设 c_i 是它在 c_i 中的 1 分量的个数。设 S 是这样一些权为 k 的向量的集合，使得或者某个 $c_i=0$，或者 $\sum ic_i\equiv d(\bmod j)$。对任意一个 d，对于任何一个权为 $k+1$ 的向量，这个集合至少包含一个小于它的向量，因为如果这个权为 $k+1$ 的向量在某个 c_i 中有 1 分量，我们就拿掉它的 1 分量中的任意一个。如果它在每个 c_i 中都至少有一个 1 分量，只要从各自的 c_i 中拿掉一个 1 分量，我们就能使得所有的 $\sum ic_i$ 值关于模 j

合同。

适当选择 d，我们就可以假定使 $\sum ic_i \equiv d(\bmod j)$ 的向量的个数小于或等于 $\frac{1}{j}\binom{n}{k}$；使某个 $c_i=0$ 的向量的个数小于或等于 $j\binom{n-q}{k}$，这里 $q=\left[\frac{n}{j}\right]$。

从渐近的意义上说，

$$g(k) \leqslant \frac{1}{j}+j\left(1-\frac{1}{j}\right)^k \simeq \frac{1}{j}+j\mathrm{e}^{\frac{-k}{j}},$$

取 $j=\left[\frac{k}{\log k}\right]$ 就得出本定理。

卢瑟福(D. E. Rutherford)与布莱斯(T. S. Blyth)以特征值和特征向量的语言研究了 k－函数超图(k-function hypergraph)。

5. 特征向量

虽然在域上的矩阵理论中,特征值与特征向量起着很重要的作用,但在布尔矩阵理论中,它们的作用就是非常次要的了。

格林恩(C. Greene)提到,上述定理可以用任意布尔代数上的矩阵的特征值与特征向量来解释。我们将首先局限于 β_0 中讲述关于它们的结果,然后,我们再把这些结果推广到任意一个包含 β_0 的交换半环上去。

定义 6.36 一个交换半环 R_1 上的一个矩阵 $\boldsymbol{A}$ 的一个特征向量就是这样一个向量 $\boldsymbol{x}$:对于某个 $\lambda \in R_1$,$\boldsymbol{xA} = \lambda \boldsymbol{x}$,或者对于某个 $\lambda \in R_1$,$\boldsymbol{Ax} = \lambda \boldsymbol{x}$,元素 λ 称为相应的特征值。

在 β_0 这种情况下,$\boldsymbol{x}$ 是 $\boldsymbol{A}$ 的一个行特征向量,当且仅当 $\boldsymbol{xA} = \boldsymbol{0}$ 或 $\boldsymbol{xA} = \boldsymbol{x}$。对这两种情况,我们将分别称为 0 - 特征向量和 1 - 特征向量。

引理 6.8 设 $\boldsymbol{A} \in B_n$,而且 $m > n$,那么 $(\boldsymbol{A} + \boldsymbol{A}^2)^m = (\boldsymbol{A} + \boldsymbol{A}^2)^m \boldsymbol{A}$。

证明 因为 $(\boldsymbol{A} + \boldsymbol{A}^2)^m = \boldsymbol{A}^m + \cdots + \boldsymbol{A}^{2m}$ 和 $(\boldsymbol{A} + \boldsymbol{A}^2)^m \boldsymbol{A} = \boldsymbol{A}^{m+1} + \cdots + \boldsymbol{A}^{2m+1}$,所以,只要证明 $\boldsymbol{A}^m \leqslant \boldsymbol{A}^{m+1} + \cdots + \boldsymbol{A}^{2m+1}$ 和 $\boldsymbol{A}^{2m+1} \leqslant \boldsymbol{A}^m + \cdots + \boldsymbol{A}^{2m}$ 就够了。假定 $a_{ij}^{(m)} = 1$,这时就存在一个序列 $i(1), i(2), \cdots, i(m-1)$,使得 $a_{i,i(1)}, a_{i(1),i(2)}, \cdots, a_{i(m-1),j}$ 都是 1。因为 $m \geqslant n$,在 $i, i(1), \cdots, i(m-1), j$ 这些整数中,必定有某一对数相等。譬如说,假定 $i(r)$ 与 $i(s)$ 相等,其中 $s > r$。我们就取序列 $i, i(1), \cdots, i(r), \cdots, i(s), i(r+1), \cdots, i(s), i(s+1), \cdots, i(m-1), j$。于是,$a_{ij}^{(m+s-1)} = 1$。幂次 $s - r$ 至少是 1 且不大于 m(即使在 i, j 是相等对的情况也如此)。因此,$m + 1 \leqslant m + r - s \leqslant 2m$。所以,$(\boldsymbol{A} + \boldsymbol{A}^2)^m \boldsymbol{A}$ 的 (i,j) 项等于 1。这就证明了 $\boldsymbol{A}^m \leqslant \boldsymbol{A}^{m+1} + \boldsymbol{A}^{m+2} + \cdots + \boldsymbol{A}^{2m+1}$。

设 $\boldsymbol{v} \in V_n$,就有

$$\boldsymbol{0} \leqslant \boldsymbol{vA}^m \leqslant \boldsymbol{v}(\boldsymbol{A}^m + \boldsymbol{A}^{m+1}) \leqslant \cdots \leqslant \boldsymbol{v}(\boldsymbol{A}^m + \cdots + \boldsymbol{A}^{2m+1}),$$

如果这一个链中的所有元素都互不相等,那么 V_n 就会包含一个由 $m + 2 > m + 1$ 个向量构成的链。但这是不可能的,所以,在这个链中必有某一对向

量是相等的。譬如假定

$$\boldsymbol{v}(\boldsymbol{A}^m+\cdots+\boldsymbol{A}^{m+s})=\boldsymbol{v}(\boldsymbol{A}^m+\cdots+\boldsymbol{A}^{m+s+1}),$$

这样

$$\boldsymbol{v}\boldsymbol{A}^{m+s+1}\leqslant\boldsymbol{v}(\boldsymbol{A}^m+\cdots+\boldsymbol{A}^{m+s}),$$

因而还有

$$\boldsymbol{v}\boldsymbol{A}^{m+s+2}\leqslant\boldsymbol{v}(\boldsymbol{A}^{m+1}+\cdots+\boldsymbol{A}^{m+s+1}),$$

用数学归纳法可得

$$\boldsymbol{v}\boldsymbol{A}^{2m+1}\leqslant\boldsymbol{v}(\boldsymbol{A}^m+\cdots+\boldsymbol{A}^{2m})。$$

由于 $\boldsymbol{v}$ 是任意的，$\boldsymbol{A}^{2m+1}\leqslant\boldsymbol{A}^m+\cdots+\boldsymbol{A}^{2m}$。这就证明了本定理。

定理 6.18　设 $\boldsymbol{A}\in B_n$，就有：

（1）$\boldsymbol{A}$ 的 0－特征向量的集合是 V_n 的一个子空间，其基底为 $\{\boldsymbol{e}_i|\boldsymbol{A}_{i*}=\boldsymbol{0}\}$；

（2）$\boldsymbol{A}$ 的 1－特征向量的集合是 V_n 的一个子空间，其基底为 $B_r((\boldsymbol{A}+\boldsymbol{A}^2)^m)$，对于 $m\geqslant n$；

（3）设 $\boldsymbol{x}\in V_n$，设 $M(\boldsymbol{x},\lambda)=\{\boldsymbol{A}\in B_n|\boldsymbol{x}\boldsymbol{A}=\lambda\boldsymbol{x}\}$，设 $M(\boldsymbol{x})=M(\boldsymbol{x},0)\setminus M(\boldsymbol{x},1)$，那么，$M(\boldsymbol{x},0)$，$M(\boldsymbol{x},1)$ 和 $M(\boldsymbol{x})$ 都是 B_n 的子半群；

（4）$M(\boldsymbol{x},0)$ 中的最大矩阵是 $\boldsymbol{Z}=(z_{ij})$，其中 $z_{ij}=1$ 当且仅当 $x_i=0$；

（5）$M(\boldsymbol{x},1)$ 中的最大矩阵是 $\boldsymbol{W}=(w_{ij})$，其中 $w_{ij}=x_i^c+x_j$。

证明　定理的(1)可以用计算方法证明，(3)(4)(5)这三部分也一样。

对于(2)，我们首先证明 $\boldsymbol{x}\boldsymbol{A}=\boldsymbol{x}$ 当且仅当 $\boldsymbol{x}(\boldsymbol{A}+\boldsymbol{A}^2)^m=\boldsymbol{x}$。如果 $\boldsymbol{x}\boldsymbol{A}=\boldsymbol{x}$，那么，对任意 i 都有 $\boldsymbol{x}\boldsymbol{A}^i=\boldsymbol{x}$。这意味着，$\boldsymbol{x}(\boldsymbol{A}+\boldsymbol{A}^2)^m=\boldsymbol{x}$。假定 $\boldsymbol{x}(\boldsymbol{A}+\boldsymbol{A}^2)^m=\boldsymbol{x}$，这时由引理 6.8 有

$$\boldsymbol{x}\boldsymbol{A}=\boldsymbol{x}(\boldsymbol{A}+\boldsymbol{A}^2)^m\boldsymbol{A}=\boldsymbol{x}(\boldsymbol{A}+\boldsymbol{A}^2)^m=\boldsymbol{x}。$$

其次，引理 6.8 意味着 $(\boldsymbol{A}+\boldsymbol{A}^2)^m\boldsymbol{A}^i=(\boldsymbol{A}+\boldsymbol{A}^2)^m$ 对任意 i 成立，这表示 $(\boldsymbol{A}+\boldsymbol{A}^2)^m$ 是幂等的。对于任意一个幂等矩阵 $\boldsymbol{E}$，我们有 $\boldsymbol{x}\boldsymbol{E}=\boldsymbol{x}$ 当且仅当 $\boldsymbol{x}\in R(\boldsymbol{E})$。因此，$\{\boldsymbol{x}|\boldsymbol{x}\boldsymbol{A}=\boldsymbol{x}\}$ 与 $R((\boldsymbol{A}+\boldsymbol{A}^2)^m)$ 相同。所以，$B_r((\boldsymbol{A}+\boldsymbol{A}^2)^m)$ 给出一个基底。我们要指出，根据转置的对称性，上述定理对于列特征向量也同样成立。

6. 二次方程

这里我们将考虑布尔矩阵的二次方程。作为一种特殊情况,如何求一个布尔矩阵的平方根还是一个著名的尚未解决的问题。我们将证明,当 n 趋近于无穷大时,一个随机布尔矩阵有一个平方根的解的概率趋近于零。而且,我们将给出平方根和立方根的特例。一个布尔矩阵方程有解的充分但不必要的条件是:同样的方程对于实数的 0 - 1 矩阵可解。这个理论已在组合数学中被广泛地研究过,例如在投射平面的理论中,我们将叙述一些关于实数的 0 - 1 矩阵的二次方程的初等结果。顺便说明,本节中的内容对本书的其余部分并不是必需的。

设

$$\boldsymbol{A}\boldsymbol{A}^{\mathrm{T}}=\boldsymbol{J}, \tag{6.1}$$

$$\boldsymbol{A}^2=\boldsymbol{J}, \tag{6.2}$$

$$\boldsymbol{A}^2=\boldsymbol{J}\ominus\boldsymbol{I}, \tag{6.3}$$

其中 $\boldsymbol{J}\ominus\boldsymbol{I}$ 表示这样一个矩阵:主对角线下方的项均为 0,其他项均为 1。这里将考虑两种类型的矩阵乘法:在 β_0 上的乘法和在 R 上的乘法。

命题 6.6 设 $\boldsymbol{A}$ 是以实数为元素的矩阵,方程 $\boldsymbol{A}\boldsymbol{A}^{\mathrm{T}}=\boldsymbol{J}$ 的所有的解都具有这样的性质:$\boldsymbol{A}$ 的每一行都等于范数为 1 的同一个向量。

证明 设各行用 $\boldsymbol{u}_i$ 表示,那么 $\boldsymbol{u}_i\boldsymbol{u}_j=1=\boldsymbol{u}_i\boldsymbol{u}_i$。根据赫尔德(Hölder)不等式即可引出这个结果。

应注意,每个布尔解,如果看成 β_0 上的一个矩阵,也是这种形式。

命题 6.7 对于通常的矩阵乘法,对 $n>1$ 的情形,方程(6.3)在 $\{0,1\}$ 上不存在解。

证明 设 $\boldsymbol{A}=(a_{ij})$。如果 $\boldsymbol{A}^2=\boldsymbol{J}\ominus\boldsymbol{I}$ 成立,首先可以证明 $a_{11}=1, a_{i1}=0, i=2,\cdots,n$。采用分块矩阵的性质和上述同样方法,可以得到 $a_{ii}=0, a_{ji}=0, i<j, i=2,\cdots,n$。考虑 a_{12},如果 $a_{12}=0$,那么 $(\boldsymbol{A}^2)_{12}=0$;如果 $a_{12}=1$,那么

$(A^2)_{12}=2$，均与假设矛盾。

定义 6.37　如果 $A^2=B$，那么方阵 A 就称为 B 的平方根。

对于布尔代数上或域上的一个给定的矩阵，至今还没有一个通用的准则可以用来判断这个矩阵是否有平方根。对于存在平方根的情况，迄今为止也还没有一种很快的方法把它求出来。

德奥里维拉(De Oliveira)提出了一种求布尔矩阵的平方根的方法。

定义 6.38　B_n 的一串矩阵 $A_1,A_2,\cdots,A_n$ 称为一个可接受系统(admissible system)是指：(i)没有一个 A_i 恒等于零；(ii)在每个 A_i 中，所有的非零行都有相同的和；(iii)A_k 的第 i 行为零当且仅当 A_i 的第 k 列为零。

定理 6.19　如果布尔矩阵 B 没有零行或零列，那么，B 的平方根与和为 B 的可接受系统之间存在一个一一对应。为了从一个可接受系统 A_i 得到一个平方根 C，只要令 C 的第 j 行为 A_j 的任一个非零行即可。

证明　假定 A_i 是一个可接受系统，并且有

$$\sum_{i=1}^{n} A_i=B。$$

设 C 是按照定理所讲的方式定义的，那么，$C_{ik}\neq 0$ 的充分必要条件是 A_i 的某一行的第 k 项不等于零，这等价于 A_i 的第 k 列不为零，即 A_k 的第 i 行不为零。而 $C_{kj}\neq 0$ 的充分必要条件是，A_k 的某一行的第 j 项不等于零，这等价于 A_k 的第 j 列不为零。因此，$C_{ik}C_{kj}\neq 0$ 当且仅当 A_k 的第 i 行和第 j 列均不为零，这等价于 A_k 的(i,j)项等于 1，因此，

$$C_{ij}^{(2)}=\sum_{k}(A_k)_{ij},C^2=B。$$

假定 C 是 B 的平方根。设$(A_k)_{ij}=C_{ik}C_{kj}$，由于 B 没有零行或零列，C 也一定如此。所以，对于每一个 i 而言，A_i 都是非零的。这些 A 的集合构成一个可接受系统。因此，$\sum(A_k)_{ij}=\sum C_{ik}C_{kj}=C_{ij}^{(2)}=b_{ij}$。由此可知，系统的和数等于 B。

可以验证，根据 A_i 构造 C 和根据 C 构造 A_i，这两个过程是互逆的，因而就给出了一一对应。

定理 6.19 对于实数域是成立的。设(S,f,g)是一个三元组，其中 S 是一个集合，f 是从笛卡儿乘积 $S\times S$ 的一个子集合 X 到 S 内的一个映射，g 是从笛卡儿积 $S\times S\times\cdots\times S$($n$ 次)的一个子集合 Y 到 S 内的一个映射。假定 S 至少包含称为 0 和 1 的两个元素，这两个元素分别用 θ 和 α 表示，并使得$(\theta,\alpha),(\theta,\theta),(\alpha,\theta),(\alpha,\alpha)\in X$，而且$f(\theta,\alpha)=f(\alpha,\theta)=f(\alpha,\alpha)=\theta$，$f(\alpha,\alpha)=\alpha$。如果 $s_1,s_2,\cdots,s_n\in S,(s_1,s_2,\cdots,s_n)\in Y$，而且$(s_i,s_j)\in X$，令 $s_1+s_2+\cdots+s_n=g(s_1,s_2,\cdots,s_n)$和 $s_is_j=f(s_i,s_j)$。在适当的条件下，我们可以用一种自然的方式定义 S 上两个 $n\times n$ 矩阵的乘积以及 n 个矩阵的和。因此，定理 6.19 在结构(S,f,g)中成立。

定义 6.39 设

$$\boldsymbol{P}=\begin{pmatrix}0&1&0&\cdots&0&0\\0&0&1&\cdots&0&0\\\vdots&\vdots&\vdots&&\vdots&\vdots\\0&0&0&\cdots&0&1\\1&0&0&\cdots&0&0\end{pmatrix}\in P_n。$$

如果 $\boldsymbol{A}=c_0\boldsymbol{I}+c_1\boldsymbol{P}+c_2\boldsymbol{P}^2+\cdots+c_{n-1}\boldsymbol{P}^{n-1}$，其中 $\boldsymbol{I}=\boldsymbol{P}^0$，并对每个 i，$c_i\in\beta_0$，我们就说 $\boldsymbol{A}\in B_n$ 是一个循环矩阵(circulant)。

定理 6.20 布尔矩阵 $\boldsymbol{J}\ominus\boldsymbol{I}$ 有一个平方根当且仅当它的维数至少是 7 或是 1。

证明 设 $\boldsymbol{M}$ 是 $\boldsymbol{J}\ominus\boldsymbol{I}$ 的一个维数小于 7 的平方根。于是，$\boldsymbol{M}$ 的所有对角项都是零，而且对于每一对 i,j，m_{ij}和 m_{ji}中至少有一个是 1。因此，对每个 i 而言，三元集合$\{i\}$，$\{j|m_{ij}=1\}$，$\{j|m_{ji}=1\}$互不相同。因而，后两个集合中的一个最多有两个元素。需要时可对 $\boldsymbol{M}$ 加以转置，我们可以假设第三个集合最多有两个元素。

如果$\{j|m_{ji}=1\}=\{a,b\}$，那么 $m_{ai}=1$，而且对于$j\neq a,b$，$m_{ji}=0$。因为所有的对角项都是零，所以还有$i\neq a$和 $i\neq b$。由于 $\boldsymbol{M}^2=\boldsymbol{J}\ominus\boldsymbol{I}$，我们有 $\sum m_{ax}m_{xi}=1$。但是，这个和数中的唯一的非零项是 $m_{ab}m_{bi}$，所以$m_{ab}=1$。

同样有 $\sum m_{bx}m_{xi}=1$。这个和数中的仅有的非零项是 $m_{ba}m_{ab}$，所以 $m_{ab}=m_{ba}=1$。但这意味着 $m_{aa}^{(2)}=1$，而这是错误的。同样的，对于 $\{j|m_{ji}=1\}=\{a\}$ 的情况，又可以推出 $\{j|m_{ji}=1\}=\varnothing$，这也是不可能的，除非维数是 1。

对于 n 值较大的情况，有一些循环矩阵是 $\boldsymbol{J}\ominus\boldsymbol{I}$ 的平方根。如果 S 是一个循环矩阵 $\boldsymbol{M}$ 的最后一行中的 1 的集合，$\boldsymbol{M}^2=\boldsymbol{J}\ominus\boldsymbol{I}$ 当且仅当 $\{a+b|a,b\in S\}$ 包括除 0 以外的每一个模 n 的同余类中的那些数。

如果 n 是奇数并且至少是 9，$S=\{1,2,\cdots,\left[\frac{n}{2}\right]-2,\left[\frac{n}{2}\right],\left[\frac{n}{2}\right]+2\}$ 就行了。如果 $n=7$，$S=\{1,2,4\}$ 就行了。

如果 n 是偶数并且至少是 12，令 $S=\left\{1,2,\cdots,\frac{n}{2}-3,\frac{n}{2}-1,\frac{n}{2}+2\right\}$。对于 $n=8,10$，我们采用一种不同的构造方法，如图 6.3 所示。其中，顶端和底端的对角块都是 1×1 的，而边缘块正如标出的那样完全是 1 或者完全是 0，中央部分的四个块都是循环的。对于 $n=8$ 和 $n=10$，我们可以用计算的方法求出适用的循环块。

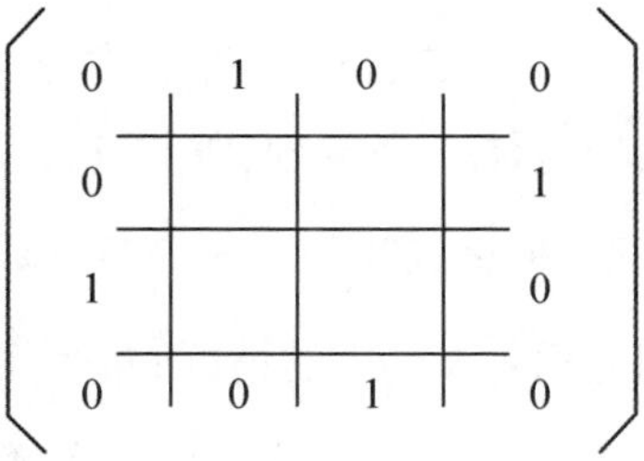

图 6.3

对于 $n=7$，如果不考虑排列的差别，$\boldsymbol{M}$ 是唯一的。然而，对于更大的 n，这个性质并不成立。证明完毕。

定理 6.21　当维数至少是 30 时，布尔矩阵 $\boldsymbol{J}\ominus\boldsymbol{I}$ 有一个对称而且循环的立方根。

证明　用 n 表示维数。如果 $n\equiv k(\bmod 5)$，$k=0,1,3$，取这样的循环矩

阵:它的最后一行中的 1 的位置,对于满足 $5x+3<\frac{n}{2}$的非负整数 x 而言,同余于 ±1, $\pm(5x+3)$。

如果 $n=10x+17$,取这样的循环矩阵:在它的最后一行中,1 的位置是 $1,3,8,\cdots,3+5(x-1),3+5x,5+5x,10+5x,n-(10+5x),\cdots,n-1$。

如果 $n\equiv4(\mathrm{mod}\ 5)$,取这样的循环矩阵:在它的最后一行中,1 的位置是 $1,3,8,\cdots,3+5(x-1),3+5x,5+5x,10+5x,n-(10+5x),\cdots,n-1$,其中 x 是使 $3+5x<\frac{n}{3}$的最大整数。这就证明了本定理。

下面我们将证明:当 n 趋于无穷大时,一个随机布尔矩阵有一个平方根的概率趋于零。

定义 6.40 我们用随机布尔矩阵这个名词表示这样一个随机变量:它以概率 2^{-n^2} 取 B_n 中的某一个矩阵为其实现值。

定义 6.41 设 X 是一个可以取 m 个互异的值 $X_1,X_2,\cdots,X_m$ 的随机变量。它取这些值的概率分别是 $p_1,p_2,\cdots,p_m$。那么,X 的熵(entropy)就是

$$\sum_{i=1}^{m} p_i \log p_i 。$$

我们将使用关于熵的这样一个定理:如果 $Y_1,Y_2,\cdots,Y_k$ 是不一定互相独立的任意一组随机变量,那么,$(Y_1,Y_2,\cdots,Y_k)$ 的熵小于或等于 Y_i 的熵的和数。我们把这个定理应用到 $k=n^2$ 的情况,每个 Y_i 是一个随机布尔矩阵的一个特定的项,并且 $(Y_1,Y_2,\cdots,Y_k)$ 是(用一种不同于寻常的方式写出的)布尔矩阵本身。

引理 6.9 如果 $i\neq j$,$\boldsymbol{A}^2$ 的 (i,j) 项是 1 的概率为 $1-\left(\frac{5}{8}\right)\left(\frac{3}{4}\right)^{n-2}$;如果 $i=j$,这个概率就是 $1-\left(\frac{1}{2}\right)\left(\frac{3}{4}\right)^{n-1}$。这里,所有的布尔矩阵服从等概率分布。

证明 如果 $i\neq j$,我们可假定 $i,j=1,2$。这时,把 $\boldsymbol{A}$ 分划成

$$\begin{pmatrix} \boldsymbol{A}_1 & \boldsymbol{A}_2 & \boldsymbol{A}_3 \\ \boldsymbol{A}_4 & \boldsymbol{A}_5 & \boldsymbol{A}_6 \\ \boldsymbol{A}_7 & \boldsymbol{A}_8 & \boldsymbol{A}_9 \end{pmatrix},$$

其中 $\boldsymbol{A}_1$ 和 $\boldsymbol{A}_5$ 是 1×1 矩阵，而 $\boldsymbol{A}_9$ 是一个 $(n-2)\times(n-2)$ 矩阵。然后，根据 $\boldsymbol{A}_2=\boldsymbol{0}$ 或 $\boldsymbol{A}_2=\boldsymbol{1}$，分两种情况考虑。

对于 $i=j$，假定 $(i,j)=(1,1)$，把 $\boldsymbol{A}$ 分划成四个块。这样就证明了本引理。

定理 6.22　一个随机的 $n\times n$ 布尔矩阵是一个平方的概率是 $o\left(n\left(\frac{3}{4}\right)^n\right)$。

证明　根据引理 6.9，$\boldsymbol{A}^2$ 的一个特定项的熵是 $o\left(n\left(\frac{3}{4}\right)^n\right)$。所以，随机变量 $\boldsymbol{A}^2$ 的熵就是 $o\left(n^3\left(\frac{3}{4}\right)^n\right)$。对于 $n\times n$ 矩阵集合上的任意一个随机变量，这个变量的每个可能值的概率至少是 2^{-n^2}。这意味着，如果 $n\times n$ 矩阵集合上的一个随机变量有 m 个可能值，它的熵至少是 $(m-1)n^2 2^{-n^2}$（考虑定义熵的和数，即可得出这个结论）。因此，随机变量 $\boldsymbol{A}^2$ 可以取最多 $o\left(n\left(\frac{3}{4}\right)^n 2^{n^2}\right)$ 个值。这就证明了本定理。

我们现在来考虑方程(6.2)，假定所用的是通常的矩阵乘法。这些结果都是熟知的。

定理 6.23　如果方程(6.2)在 $\{0,1\}\subset\mathbf{Z}$ 上有解，那么解的维数必定是某个整数 k 的平方，而且，每一行或每一列的和数都是 k。

证明　假定 $\boldsymbol{AJ}=\boldsymbol{JA}$，这就意味着所有的行和所有的列都有着相同的和数 S，而且 $\boldsymbol{AJ}=S\boldsymbol{J}$。这时，只要分析一下 $\boldsymbol{A}^2\boldsymbol{J}$，就能证明 S^2 等于 $\boldsymbol{J}$ 的维数。这就证明了本定理。

把 $\boldsymbol{A}$ 分划为 k^2 个 $k\times k$ 块的做法常常是很方便的。可以用下列方法给出一个解：令 $a_{xk+y,zk+w}=1$ 当且仅当 $x+1=w$，其中 $x,z\in\{0,1,\cdots,n-1\}$，

而 $y,w\in \underline{n}$。

引理 6.10 设 $\boldsymbol{A}$ 是方程(6.2)在$\{0,1\}\subset\mathbf{Z}$上的一个解,那么,通过一个排列矩阵可以得到 $\boldsymbol{A}$ 的某个变形,它具有下列性质:当 $z=0,x+1=w$,以及当 $y=1,x+1=w$时,$a_{xk+y,zk+y}=1$。

证明 由于 $\boldsymbol{A}$ 的本征值是 $k,0,\cdots,0,T_r\boldsymbol{A}=k$。选择对角项非零的一个列,通过变形把这一列移为第一列,于是(1,1)项是1。再通过一个排列矩阵把第一行固定,而这一列中的其他 k 个非零项被移到位置 $2,3,\cdots,k$ 上去。然后,把第二列的1移到位置 $k+1,k+2,\cdots,2k$上去,以此类推。在这个过程中,先前的位置都固定不动。因此,前 a 列就有了所要求的形式:

$$\begin{pmatrix}1&0&0&\cdots&0\\1&0&0&\cdots&0\\1&0&0&\cdots&0\\0&1&0&\cdots&0\\0&1&0&\cdots&0\\0&1&0&\cdots&0\\0&0&1&\cdots&0\\0&0&1&\cdots&0\\\vdots&\vdots&\vdots&&\vdots\end{pmatrix}。$$

现在,用这些列乘每一行,于是在每一块中每一行都只有一个非零项。余下的变形只影响块内部的位置,把每一块变到它自己上去,用这种变形,我们可以把第一行的项安置到恰当位置上去。用第一行相乘,就能证明在第 $1,k+1,2k+1,\cdots,(k-1)k+1$ 行中的1的位置都是相异的。然后,把第一行中的1固定,把第$k+1$行中的1移到它们的位置上去,等等。

定理 6.24 具有引理6.10形式的每一个解都是由一个三元积(tertiary product)$f(a,b,c)$产生出来的:只要把(a,b)和$(c,f(a,b,c))$规定为1的位置就可以了。这样一个三元积能给出一个解 $\boldsymbol{A}$ 当且仅当$f(x,f(a,b,x),d)$对任意 a,b,d 来说都是 x 的一一对应的函数。一个解是标准解的变形当

且仅当 $\boldsymbol{A}\boldsymbol{A}^{\mathrm{T}}$ 的所有项或者等于 0 或者等于 a。

证明　定理的第一部分是说,在每一块中的任意一行上恰好有一个 1。这可由前 a 列相乘而得到。定理最后一部分的假设意味着,$\boldsymbol{A}$ 的任意多行或者相同或者相分离。把这一点与引理 6.10 的形式相结合,就意味着解是标准的。定理的第二部分可用计算方法证明。证明完毕。

第7章

布尔表示的极小化

1. 基本概念

只依赖于当前时刻 n 个输入、一个输出的电路叫做开关电路或组合电路,作为函数就叫做开关函数。记

$$Q=\{0,1\},Q^n=\underbrace{Q\times Q\times\cdots\times Q}_{n个},$$

则将 Q^n 映入 Q 的映射 f 称为 n 元开关函数,即定义在一切 n 塔 $\underline{x}=(x_1,x_2,\cdots,x_n)$,$x_i\in Q$ 上的取值 0 或 1 的函数为

$$f:Q^n\to Q \text{ 或 } f(x_1,x_2,\cdots,x_n)。$$

例如,n 级移位寄存器的反馈逻辑 C_f,间接法中的外部逻辑 C_g 都是 n 元开关函数。考虑 2^{2^n} 个 n 元开关函数(即全体)组成的集合 Φ,其通过"与""或""非"三种门后的输出,用数学的语言讲就是在 Q 上引进三个运算:逻辑乘"∧"、逻辑和"∨"、逻辑补"/",如下表。

∧	0	1
0	0	0
1	0	1

∨	0	1
0	0	1
1	1	1

/	
0	1
1	0

这里"∧""∨"是二元函数,"/"是一元函数。我们看到∧表和二元域

F_2 中的乘法表一致,故 $x_1 \wedge x_2 = x_1 \cdot x_2$,即逻辑乘与二元域中的数乘可不加区别。又对 $f \in \Phi, g \in \Phi$,定义

$$(f \wedge g)(\underline{x}) = f(x) \wedge g(\underline{x}),$$
$$(f \vee g)(\underline{x}) = f(x) \vee g(\underline{x}),$$
$$(f')(\underline{x}) = (f(\underline{x}))',$$

其中 $\underline{x} \in Q^n$。

容易验算下列规律成立:

L_1.(幂等律)$f \vee f = f$, $f \wedge f = f$;

L_2.(交换律)$f \vee g = g \vee f$, $f \wedge g = g \wedge f$;

L_3.(结合律)$(f \vee g) \vee h = f \vee (g \vee h)$, $(f \wedge g) \wedge h = f \wedge (g \wedge h)$;

L_4.(吸收律)$f \vee (f \wedge g) = f$, $f \wedge (f \vee g) = f$;

L_5.(分配律)$f \vee (g \wedge h) = (f \vee g) \wedge (f \vee h)$, $f \wedge (g \vee h) = (f \wedge g) \vee (f \wedge h)$;

L_6.(互补律)$f \vee f' = 1$, $f \wedge f' = 0$;

L_7.(德·摩根法则)$(f \wedge g)' = f' \vee g'$, $(f \vee g)' = f' \wedge g'$。

我们看到,除去 L_6 外,将左边一列的 $\vee$、$\wedge$ 互换就得出右边的一系列等式;而在 L_6 中,当交换 $\vee$、$\wedge$ 的同时也交换 1,0[注意这是 Φ 中的 0 与 1,即 $f(\underline{x})$ 恒取 0 或 1 者,称为常值函数]也如此,这种现象称为对偶原理。

考虑一个集合(如单位圆)及其所有的子集合,以及它们的交($\cap$)、并($\cup$)、补($/$),$L_1 \sim L_7$ 均成立[此时 1 取作全空间,即单位圆,0 取作空集($\varnothing$),可作图验证]。

一般地,我们有下列定义:若集合 B 中的元素含于 $L_1 \sim L_7$,则称 B 对 $\wedge$、$\vee$、$/$构成一个布尔代数(0,1 是 B 中的定元)。

我们称 $\wedge$、$\vee$、$/$为布尔积、和、补运算(或称逻辑乘、加、反运算),特别地,在开关函数中常称为或、与、非。

将开关函数的小项表示中的模 2 和“$\oplus$”改为“$\vee$”,就得到了它的布尔表示,用到小项值恰一点上为 1,从而模 2 和与布尔和相等。一般地,布尔

表示是指由基本开关函数

$$e_i(\underline{x}) = x_i$$

（简记为 x_i）与常值函数 0,1 经过有限步布尔运算的表达式。布尔表达式显然不唯一，这由观察常值函数立得。

基本函数或其补的布尔积称为布尔单项式，其因子个数称为这个单项式的次数（记为 $\partial°$）。如 x_1x_2，x_1x_3' 均可看成 $n(n\geqslant 3)$ 的布尔单项式，$\partial°(x_1x_2) = \partial°(x_1x_3') = 2$，约定 $\partial°(0) = \partial°(1) = 0$。

布尔单项式的布尔和称为布尔多项式，如小项表示的布尔和。

2. 极小化问题

布尔表示的极小化问题,就是寻求它的最简单的多项式表示(即寻求最少与门及最少抽头的网络)。详言之,设f的多项式表示为$p(\underline{x})$,即

$$f(x_1,x_2,\cdots,x_n)=p(\underline{x}),$$

$$p(\underline{x})=\bigvee_{i=1}^{N}\mu_i(\underline{x})\bigvee_{i=N+1}^{M}\mu_i(\underline{x}),$$

$$\partial^\circ\mu_i\geqslant 2,i=1,2,\cdots,N,$$

$$\partial^\circ\mu_i=1,i=N+1,N+2,\cdots,M,$$

又设$f(\underline{x})$的任一多项式表示为$Q(\underline{x})$,而

$$Q(\underline{x})=\bigvee_{i=1}^{U}\nu_i(\underline{x})\bigvee_{i=U+1}^{\overline{V}}\nu_i(\underline{x}),$$

$$\partial^\circ\nu_i\geqslant 2,i\leqslant U;\partial^\circ\nu_i=1,U<i\leqslant\overline{V},$$

则

$$N\leqslant U。$$

更进一步,当$N=U$时还有

$$\sum_{i=1}^{M}\partial^\circ\mu_i\leqslant\sum_{i=1}^{V}\partial^\circ\nu_i,$$

则称p是f的极小化表示。

易见这与寻求最简单、最经济的网络密切相关,虽然它们有所区别。

$\varphi(\underline{x})=1$ 的原象组成的集合为$\varphi^{-1}(1)$,即

$$\varphi^{-1}(1)=\{\underline{x}\mid\varphi(\underline{x})=1,\underline{x}\in Q^n\},$$

则如前的f,p,μ 含于

$$f^{-1}(1)=p^{-1}(1)=\bigcup_{i=1}^{N}\mu_i^{-1}(1)。$$

换言之,$\mu_i^{-1}(1)\subset f^{-1}(1)$,而$\cup\mu_i^{-1}(1)$覆盖$f^{-1}(1)$。更进一步,考虑$n$元布尔代数的一个单项$\mu(\underline{x})$,可记为

$$\mu(\underline{x})=x_1^{\alpha_1}x_2^{\alpha_2}\cdots x_n^{\alpha_n},$$

式中α_i 记为1,0,*,视x_i,或$\overline{x}_i$,或均不出现而定,这里的*表示任取值

0,1。显见

$$\mu^{-1}(1)=\{\underline{x}\mid x_i=\alpha_i\}。$$

换言之,三元集 $Q^*=\{0,1,*\}$ 上的 n 塔 $\underline{\alpha}=(\alpha_1,\alpha_2,\cdots,\alpha_n)$ 与 Q^n 中的立方体 $\mu^{-1}(1)$ 是一一对应的,故称 $\underline{\alpha}$ 为立方体的坐标表示,也记这个立方体为 $\underline{\alpha}$。和通常一样,称 α_i 为立方体 α 的第 $i(i=1,2\cdots,n)$ 个坐标,又称 $*$ 出现的次数为 α 的维数,记为 $\dim\underline{\alpha}$。为简便起见,亦可略去 $\underline{\alpha}$ 的向量标记,记立方体为 α,称 n—$\dim\alpha$ 为 α 的补维数,简记为 $\overline{\dim}\,\alpha$。

n 塔 α 亦可视为单项式 $\mu(\underline{x})$ 的指数组,和前相仿,α_i 亦称为 μ 的坐标表示。于是,μ 与 $\mu^{-1}(1)$ 有相同的坐标表示(我们称 μ 为立方体 α 的特征函数,记为 χ_2,显然有 $\partial°\mu=\overline{\dim}\,\alpha$)。

这样一来,布尔多项式表示的极小化问题就化成了求集合的极小覆盖的问题。下面是精确的表述。

我们用 $K_\gamma(F)$ 表示 Q^n 中给定集合 F 中的所有 γ 维立方体:

$$K(F)=\bigcup_{\gamma=0}^{n}K_\gamma(F)。$$

设 α 是 $K(F)$ 中的立方体。若 $K(F)$ 中不存在真包含 α 的立方体,则称 α 是 $K(F)$ 的极大立方体。

$F\subset\gamma$,设 $F\subset K(\gamma)$,则称 γ 是 F 的立方体覆盖。F 中全部立方体的集合显然是 F 的一个覆盖,以 $M(F)$ 记一个极大立方体覆盖(可能不唯一)。

D 表示 $f(x_1,x_2,\cdots,x_n)$ 的无关点集[即 $D\subset Q^n$,当 $\underline{x}\in D$ 时,$f(\underline{x})$ 取值任意]。

取 $F=f^{-1}(1)$,记 $F^*=F\cup D,\gamma\subset F^*,F\subset K(\gamma)$,则称 γ 为具有无关点集 D 的 $f(x_1,x_2,\cdots,x_n)$ 的立方体覆盖,简称 γ 是 f 的覆盖。

记

$$\mu(\gamma)(\underline{x})=\bigvee_{\alpha\in\gamma}z_\alpha(\underline{x}),$$

$$f(x_1,x_2,\cdots,x_n)\equiv g(x_1,x_2,\cdots,x_n)\pmod D\Leftrightarrow$$

$$f(\underline{x})=g(\underline{x}),\underline{x}\in Q^n\backslash D\Leftrightarrow$$

$$f^{-1}(1)\backslash D = g^{-1}(1)\backslash D。$$

注意 $Q^n\backslash D = (\varphi^{-1}(1)\backslash D)\cup(\varphi^{-1}(0)\backslash D)$即得。

定理 7.1　γ 是 f 的覆盖 $\Leftrightarrow f(\underline{x}) \equiv \mu(\gamma)(\underline{x})(\mathrm{mod}\ D)$。

证明　$\mu^{-1}(\gamma)(1) = \bigcup_{\alpha\in\gamma} x_\alpha^{-1}(1) = \bigcup_{\alpha\in\gamma}\alpha$,

而由图 7.1,

$$F^* \supset \bigcup_{\alpha\in\gamma}\alpha \supset F = f^{-1}(1),$$

故覆盖 $\Leftrightarrow f^{-1}(1)\backslash D = \mu^{-1}(\gamma)\backslash D$。

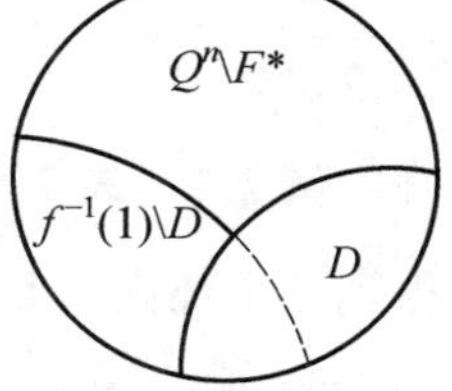

图 7.1

定理 7.2　$f(x_1, x_2, \cdots, x_n)$ 的极小覆盖 γ 由 $K(F^*)$中的极大立方体所组成。

证明　(用反证法)设 $C\in\gamma$, C 在 $K(F^*)$中非极大,即有 $C \subsetneqq D \in K(F^*)$。用代替的 C 得到 f 的另一覆盖,而$\overline{\dim}\ C > \overline{\dim}\ D$,即相应于 γ 的总次数非极小。

这样,f 的极小覆盖 γ,只需在大大缩小了范围的 $M(F^*)$中去寻找。

3. $M(F^*)$的求法

3.1 卡诺图法

当 $n\leqslant 4$ 时,最方便的办法是卡诺图法,我们仅就 $n=4$ 的情形加以讨论。

例 7.1 表 7.1 所列值 $f(\underline{x})$ 略去不看,将上下边粘贴,左右边粘贴,就得到一个环面。此时,Q^4 中的一、二、三维立方体分别是图中具有公共边的两个零维、一维、二维立方体,如 ∗011, ∗0∗1, ∗0∗∗ 分别是(0011, 1011)[简记为(3,11)],[(3,11),(1,9)]及{[(3,11),(1,9)],[0,8],[2,10]}。

表 7.1

x_1x_2	x_3x_4			
	0 0	0 1	1 1	1 0
0 0	1		1	
0 1	∗	∗	∗	∗
1 1			1	
1 0	∗	∗	∗	∗

本例中,

$$f^{-1}(1)=\{0,3,15\},$$

$$D=\{4,5,6,7,8,9,10,11\},$$

故 $M(F^*)$中不含三维立方体。而所有二维立方体是 01∗∗,10∗∗,∗∗11,不在上述二维立方体中的一维立方体是 0∗00, ∗000。

例 7.2 由表 7.2 知,

$$M(F^*)=\{**11,*1*1,001*,010*,1000\}。$$

表 7.2

x_1x_2	x_3x_4			
	0 0	0 1	1 1	1 0
0 0			1	*
0 1	1	*	1	
1 1		1	*	
1 0	*		1	

例 7.3　设 $f(\underline{x})$ 的卡诺图如表 7.3 所示：

表 7.3

1	1	*	1
1		1	1
		1	
1	1	*	

则

$$M(F^*)=\{00**,**11,0*1*,*00*,\\ *0*1,0**0\}。$$

3.2 制表法

当 $n>4$ 时，卡诺图法无效。

观察卡诺图法寻求极小覆盖的基本点，就是将相邻的体加以合并。将此原则应用于 $n\geqslant5$ 的情形，就得到了制表法。我们将这两种方法统称为并体法。

称恰有一个坐标分量互补的两个 r 维体为紧邻体。显然，它们的并集就是一个 $r+1$ 维的体。如 $(01*0)\cup(11*0)=(*1*0)$，且任何一个 $r\geqslant1$ 维的体总可以分成两个紧邻体，于是依序合并一切 $r=0,1,\cdots,n$ 的紧邻体就得出 $M(F^*)$。

注意到两个紧邻体中 1 的个数恰好差一个，就得如下的制表法。

1. 列出 $F^* = F \cup D$ 中的一切 0 维体（点），并从上到下依点中 1 的个数分组排列。

2. 依序合并 $r = 0, 1, \cdots$ 维紧邻体（仅在相邻组中出现，为清楚起见将已合并的紧邻体在标记列注明"✓"）。在所有紧邻体均合并完毕后，一切没有标记的体就组成 $M(F^*)$。

例如

$$f: Q^5 \to Q,$$

$$F = \{0, 2, 4, 6, 12, 16, 18, 19, 30\},$$

$$D = \{7, 8, 10, 11, 13, 14, 29\}。$$

表 7.4 中，$r = 0$（2 以后略去 0 不记，标记栏在构作表 7.5 时补填入，以下各表类同）。

表 7.4

C	x_1	x_2	x_3	x_4	x_5	标记
0	0	0	0	0	0	✓
2				1		✓
4			1			✓
8		1				✓
16	1					✓
6			1	1		✓
10		1		1		✓
12		1	1			✓
18	1			1		✓
7			1	1	1	✓
11		1		1	1	✓
13		1	1		1	✓
14		1	1	1		✓
19	1	0	0	1	1	✓
29	1	1	1		1	✓
30	1	1	1	1		✓

表 7.5 中，$r=2$。

表 7.5

C	x_1	x_2	x_3	x_4	x_5	标记
(0,2)				*		✓
(0,4)			*			✓
(0,8)		*				✓
(0,16)	*					✓
(2,6)			*	1		✓
(2,10)		*		1		✓
(2,18)	*			1		✓
(4,6)			1	*		✓
(4,12)		*	1			✓
(8,10)		1		*		✓
(8,12)		1	*			✓
(16,18)	1			*		✓
(6,7)			1	1	*	
(6,14)		*	1	1		✓
(10,11)		1		1	*	
(10,14)		1	*	1		✓
(12,13)		1	1		*	
(12,14)		1	1	*		✓
(18,19)	1			1	*	
(13,29)	*	1	1	*	1	
(14,30)	*	1	1	1		

表 7.6 中，$r=2$。

表 7.6

C	x_1	x_2	x_3	x_4	x_5	标记
(0,2,6,4)			*	*		✓
(0,2,8,10)		*		*		✓
(0,2,16,18)	*			*		
(0,4,12,18)		*	*			✓
(2,6,10,14)		*	*	1		✓
(4,6,12,14)		*	1	*		✓
(8,10,12,14)		1	*	*		✓

表 7.7 中，$r=3$。

表 7.7

C	x_1	x_2	x_3	x_4	x_5	标记
(0,2,6,4,8,10,12,14)		*	*	*		

故

$$M(F^*)=\{0011*,0101*,0110*,1001*,*1101,*1110,*00*0,0***0\}。$$

3.3 直接法

将并体法稍加变化，即可不经真值表，而直接从一个布尔多项式表示求出 $M(F^*)$。

如果两个立方体恰有一个坐标分量互补，而其余分量或者相同，或者有一个是任意的（即为 *），则称此两体为交邻体。

在 $Q^*=\{0,1,*\}$ 中定义求交运算⊗，即

$$q \otimes q'=\begin{cases} q, q=q', \\ *, q\neq q', \end{cases}$$

称 α,β 对应分量求交而得的体为 α 与 β 的交积，记为$\alpha\otimes\beta$，又用 $\alpha\times\beta$ 专记交邻体的交积。

显然有

$$\alpha\times\beta\not\subset\alpha,\alpha\times\beta\not\subset\beta,\alpha\times\beta\subset(\alpha\cup\beta)。$$

定理 7.3　若 $\tau\not\subset\alpha,\tau\not\subset\beta,\tau\subset\alpha\cup\beta$，则：

（1）α,β 是交邻体；

（2）$\tau\subset\alpha\times\beta$。

证明　可设

$$\alpha=a_1a_2\cdots a_{r_1}b_1b_2\cdots b_{r_2}c_1c_2\cdots c_{r_3}\underbrace{*\cdots*}_{r_4个}\underbrace{*\cdots*}_{r_5个},$$

$$\beta=\bar{a}_1\bar{a}_2\cdots\bar{a}_{r_1}b_1b_2\cdots b_{r_2}\underbrace{*\cdots*}_{r_3个}d_1d_2\cdots d_{r_4}\underbrace{*\cdots*}_{r_5个},$$

$$\tau=t_1t_2\cdots t_{r_1}t_{r_1+1}\cdots t_{r_1+r_2}\cdots t_n,n=\sum_{i=1}^{5}r_i。$$

1. $t_1=t_2=\cdots=t_{r_1}=*$，否则可设 $t_1=a_1$，故 τ 中任一点 $\underline{x}$ 均不属于 β，但 $\tau\subset\alpha\cup\beta$，故 $\tau\subset\alpha$，与题设矛盾。

2. $r_1>0$，否则，$t_{r_1+i}=b_i,i=1,2,\cdots,r_2$。由 $\tau\not\subset\alpha$ 知 $r_3>0$，且有某个 i，$t_{r_2+i}=\bar{c}_i$。同理有某 $j,t_{r_3+j}=\bar{d}_j$，此时 τ 中点

$$b_1\cdots b_{r_2}\cdots\bar{c}_i\cdots\bar{d}_j\cdots t_n\notin\alpha\cup\beta,$$

与题设矛盾。

3. $r_1=1$，否则 $r_1\geqslant 2$，τ 中点

$$\bar{a}_1a_2t_3\cdots t_n\in\tau\backslash(\alpha\cup\beta)=\varnothing。$$

综合 1,2,3，就证明了(1)。

下证(2)，即 $t_{r_2+i}=c_i,i=1,2,\cdots,r_3,t_{r_3+j}=d_j,j=1,2,\cdots,r_4$，否则可设有某个 i，令 $t_{r_2+i}=*$ 或 $\bar{c}_i$，则 τ 中点

$$a_1b_1\cdots b_{r_2}\cdots\bar{c}_i\cdots t_n\in\tau\backslash(\alpha\cup\beta)=\varnothing,$$

这不可能。原命题得证。

定理 7.4　设 $F^*\subset Q^n$，γ 是 F^* 的立方体覆盖，则 $\gamma=M(F^*)$ 的充分必要条件是：

(1) γ 中的立方体 α,β 互不包含；

(2) 若 α,β 是交邻体,则 γ 中有 τ,

$$\tau\supset\alpha\times\beta。$$

证明 对(1),$\gamma=M(F^*)$由极大立方体组成,故 α,β 互不包含。更进一步,交积 $\alpha\times\beta$ 中的点均在 γ 中,含于 $\tau\in\gamma$。

再证必要性。只需证明 $K(F^*)$中任意 l 维立方体均包含在 γ 的某个立方体之中[此时,由(1)知 $\gamma=M(F^*)$]。今对 l 归纳。

当 $l=0$ 时,由 γ 为覆盖得证。

设 $\tau\in K(F^*)$,$\dim\tau=l\geqslant1$,将 τ 分为紧邻体得

$$\tau=\tau_1\cup\tau_2,\dim\tau_i=l-1,i=1,2,$$

由归纳假设,

$$\tau_1\subset\alpha,\tau_2\subset\beta,\alpha\cup\beta\subset\gamma。$$

若 $\tau\subset\alpha$ 或 β,证明完毕;否则 $\tau\not\subset\alpha,\tau\not\subset\beta$,但 $\tau\subset\alpha\cup\beta$。由定理 7.3 及(2),$\tau\subset\alpha\times\beta\subset\gamma$。即证。

定理 7.4 表明,从 F^* 的任一立方体覆盖 γ 出发,合并包含关系,加入 γ 中交邻体的交积,经有限步[$M(F^*)$中元素有限]就得到 $M(F^*)$。

检查 γ 中的体 α,β 有无包含关系或交邻关系的一个办法是下列事实:取 $\alpha\otimes\beta$ 满足

$$\alpha\otimes\beta=\alpha\Leftrightarrow\alpha>\beta,$$

$$(\alpha\otimes\beta\text{ 中})0\otimes1=*\text{ 的个数为 }1\Leftrightarrow\alpha,\beta\text{ 是交邻体。}$$

例如 $$f:x\otimes^5\to Q,$$

$$f\equiv x_1'x_5'\vee x_2'x_3'x_5'\vee x_1x_2'x_3'x_4\vee x_1x_2x_3x_4x_5'(\bmod D),$$

$$D=\{00111,010*1,0101*,01*10,*1101\}。$$

在表 7.8 中,由 $\gamma=\bigcup_{i=1}^{9}\gamma_i$ 表示 $M(F^*)$。

表 7.8

i	γ_i					源于	含于
1	0	*	*	*	0		
2	*	0	0	*	0		
3	1			1	*		
4	1	1	1	1			γ_{10}
5			1	1	1		γ_{11}
6		1		*			γ_1
7		1		1	*		
8		1	*	1			γ_1
9	*	1	1		1		
10	*	1	1	1		$\gamma_1\times\gamma_4$	
11			1	1	*	$\gamma_1\times\gamma_5$	
12		1	1		*	$\gamma_1\times\gamma_9$	

制表过程如下：

检查 γ_1 与 γ_2　　没有包含、交邻关系(简记无)

γ_1 与 γ_3 交邻　$\gamma_1\times\gamma_3\subset\gamma_2$

γ_1 与 γ_4 交邻　$\gamma_1\times\gamma_4\not\subset\gamma_j, j=1,2,\cdots,9$，记为 $\gamma_{10}\supset\gamma_4$

γ_1 与 γ_5 交邻　$\gamma_1\times\gamma_5\not\subset\gamma_j, j=1,2,\cdots,10$，记为 $\gamma_{11}\supset\gamma_5$

γ_1 与 γ_6 包含

γ_1 与 γ_7 无

γ_1 与 γ_8 无

γ_1 与 γ_9 交邻　$\gamma_1\times\gamma_9\not\subset\gamma_j, j=1,2,\cdots,11$，记为 γ_{12}

重复上面的过程 γ_i 与 $\gamma_j, i\neq j, i,j=1,2,6,7,9,10,11,12$，均无关系，得

$$M(F^*)=\bigcup_{i\neq4,5,6,8}\gamma_i\,,$$

即

$$M(F^*)=\{0***0, *00*0, 1001*, 0101*, *1101, *1110, 0011*, 0110*\}。$$

此即上节中同一开关函数的结果，相比之下，本节方法简单多了。这正是由于已知一个覆盖的关系。

4. 对极大立方体集合 $M(F^*)$ 的处理

这节的主要目的是从开关函数 f 的所有极大立方体集合 $M(F^*)$ 去求得 f 的极小覆盖，从而得到 f 的极小布尔多项式表示。

具体做法如下。

1. 列出极大立方体的表。

设开关函数 f 的集合 $F=f^{-1}(1)$ 由 N 个元素所组成，f 的所有极大立方体的集合 $M(F^*)$ 由 N 个元素所组成。我们列一个有 $M+2$ 行、$N+2$ 列的表。在第 1 列的第 2 行到第 $M+1$ 行记入 $M(F^*)$ 的 M 个元素，在第 1 行的第 2 列到第 $N+1$ 列记入 F 的 N 个元素。对于 $C\in M(F^*)$ 所在行称为 C 行，对于 $P\in F$ 所在列称为 P 列。α_{CP} 表示表中 C 行 P 列位置的内容，即

$$\alpha_{CP}=\begin{cases}1, 当\ F\in C,\\0, 当\ P\in C。\end{cases}$$

第 $N+2$ 列和 $M+2$ 行分别是标记列和标记行。我们把这个表去掉第 1 行和第 1 列及第 $M+2$ 行和第 $N+2$ 列，剩下的部分称为开关函数 f 的关联矩阵。

例 7.4 对 5 元开关函数 f，它的定义由 3.2 制表法的例子给出。在 3.2 中已求得 $M(F^*)$，f 的极大立方体的表如表 7.9 所示。

表 7.9

$M(F^*)$	F									标记
	0	2	4	6	12	16	18	19	30	
0 0 1 1 *				1						
0 1 0 1 *										
0 1 1 0 *					1					
1 0 0 1 *							1	1		
* 1 1 0 1										
* 1 1 1 0									1	

续表 7.9

$M(F^*)$	F									标记
	0	2	4	6	12	16	18	19	30	
* 0 0 * 0	1	1				1	1			
0 * * * 0	1	1	1	1	1					
标记										

表 7.9 中的空白位置表示 0。

2. 求出 f 的第一次化简表。

观察表 7.9，F 中元素 4，16，19，30 所对应的列只有一个 1，其余全是 0。这说明，这些列所对应的 f 中的元素只包含在 $M(F^*)$ 的一个极大立方体之中，当然这样的极大立方体在 f 的覆盖中是必不可少的。在表 7.9 中，必不可少的极大立方体为集合{1001 *，* 1110，* 00 * 0，0 * * * 0}。一般说来，先在 f 的关联矩阵中找出只有一个 1 的列，为清楚起见，可将这样的 1 圈起，然后将这样的 1 的相应行的极大立方体构成集合，用 $E(f)$ 表示。$E(f)$ 中的元素在 f 的极小覆盖中是必不可少的，再把 $E(f)$ 所包含的 F 中元素的集合记为 B。把 $E(f)$ 中元素在标记列标记为"△"，把 B 中元素在标记行标记为"✓"。表 7.9 经过这样的过程化为表 7.10。

表 7.10

$M(F^*)$	F									标记
	0	2	4	6	12	16	18	19	30	
0 0 1 1 *				1						
0 1 0 1 *										
0 1 1 0 *					1					
1 0 0 1 *							1	①		△
* 1 1 0 1										
* 1 1 1 0									①	△
* 0 0 * 0	1	1				①	1			△
0 * * * 0	1	1	①	1	1					△
标记	✓	✓	✓	✓	✓	✓	✓	✓	✓	

在此例中，F 中元素全被标记，表明 $B=F$，即 $E(f)$ 已经构成了 f 的一个极小覆盖。但在一般情况下，$B\neq F$，$E(f)$ 不构成 f 的极小覆盖，因此为求 f 的极小覆盖，还需要再从 $M(F^*)\backslash E(f)$ 中找出某些极大立方体。

例 7.5 开关函数 f 的极大立方体的表如表7.11所示。

表 7.11

$M(F^*)$	F											标记
	1	3	10	11	12	15	18	19	21	23	26	
0 * 1 * *					①	1						△
* 0 1 * *									①	1		△
0 0 * * 1	①	1										△
0 * * 1 1		1		1		1						
* 0 * 1 1		1						1		1		
* * 0 1 1		1		1				1				
0 1 * 1 *			1	1		1						
* 1 0 1 *			1	1							1	
1 0 * 1 *							1	1		1		
1 * 0 1 *							1	1			1	
1 1 0 * 1												
标记	✓	✓			✓	✓			✓	✓		

由表 7.11 得

$$E(f)=\{0*1**,*01**,00**1\},$$

$$B=\{1,3,12,15,21,23\}。$$

观察表 7.11，110 * 1 所对应的行全为 0，说明它不含有 F 中任何一点（即它只包含无关点）。这样的立方体在 f 的极小覆盖中是不应出现的，我们把对应全 0 行的立方体称为无用立方体。在极大立方体的表中，去掉 $E(f)$ 中的立方体及其相应的行，去掉 B 中的点及其相应的列，去掉无用立方体及其相应的行，便得到一个新表，称新表为 f 的第一次化简表。

例 7.5 的第一次化简表如表 7.12 所示。

表 7.12

M_1	F_1 10	11	18	19	26	标记
0 * * 1 1		1				✓
* 0 * 1 1				1		✓
* * 0 1 1		1		1		
0 1 * 1 *	1	1				✓
* 1 0 1 *	1	1			1	
1 0 * 1 *			1	1		✓
1 * 0 1 *			1	1	1	
标记		✓		✓		

标记的行与列有下面的解释。

开关函数的极小覆盖由 $E(f)$ 及 F_1 在 M_1 中的极小覆盖所组成。下面的工作就是求出 F_1 在 M_1 中的极小覆盖,从而得到 f 的极小覆盖。

3. 求出 f 的第二次化简表。

观察表 7.12 中 F_1 的元素 10 和 11 所对应的两列,有性质

$$\alpha_{C_{10}} \leqslant \alpha_{C_{11}}, \forall C \in M_1,$$

即在 M_1 中的立方体,若包含点 10,必包含点 11。这时,F_1 在 M_1 中的极小覆盖与 $F_1 \setminus \{11\}$ 在 M_1 中的极小覆盖相同。这时又可以将表化简。一般说来,对于 $S, T \in F_1$,若

$$\alpha_{CS} \leqslant \alpha_{Ct}, \forall C \in M_1,$$

则说 S 与 T 是相关点对,t 是可删点,F_1 在 M_1 中的极小覆盖与 $F_1 \setminus \{t\}$ 在 M_1 中的极小覆盖相同。如在表 7. 12 中,18 和 19 是相关点对,19 是可删点。对表中可删点在标记行加标记"✓"。

再观察表 7. 12 中立方体 $C_1 = 0 * * 11$,$C_2 = * * 011$,所对应的行具有性质

$$\alpha_{C_1 P} \leqslant \alpha_{C_2 P}, \forall P \in F_1,$$

即 F_1 中的点若被 C_1 包含,必被 C_2 包含,而且 $\dim C_1 = \dim C_2$。这时,可认

为 F_1 在 M_1 中的极小覆盖不包含 C_1。因为，如果在极小覆盖中含有 C_1，可用 C_2 代替 C_1，所得覆盖仍是极小覆盖。一般说来，对于 $C,D \in M_1$，若满足

$$\alpha_{CP} \leqslant \alpha_{DP}, \forall P \in F_1,$$

$$\dim C = \dim D,$$

则称 C 与 D 是相关立方体，C 为可删立方体。如在表 7.12 中，∗0∗11 与 ∗∗011 是相关立方体，∗0∗11 是可删立方体；10∗1∗ 与 1∗01∗ 也是相关立方体，10∗1∗ 是可删立方体。在标记列将可删立方体加以标记"✓"。在第一次化简表中，去掉被标记的行与列，即去掉可删点与它对应的行，去掉可删立方体和它对应的列，得到一个新的极大立方体表，称为 f 的第二次化简表。对第二次化简表求极小覆盖就是第一次化简表的一个极小覆盖。第二次化简表如表7.13所示。

表 7.13

M_2	F_2			标记
	10	18	26	
∗ ∗ 0 1 1				
∗ 1 0 1 ∗	①		1	△
1 ∗ 0 1 ∗		①	1	△
标记	✓	✓	✓	

4. 对第二次化简表重复步骤 2 与 3，或者得到极小覆盖，或者对表不能再化简。

在表 7.13 中，重复步骤 2，得到 $E_1(f)=\{$∗101∗，1∗01∗$\}$，$B_1=\{10,18,26\}$，有 $B_1=F_2$，于是得到 F 在 $M(F^*)$ 中的极小覆盖 γ。γ 由 $E(f)$ 及 $E_1(f)$ 所组成，即由标记为"△"的立方体所组成：

$$\gamma=\{0*1**,*01**,00**1,*101*,1*01*\}。$$

再看一个例子，它将产生这一步的第二种情况，即步骤 2 与 3 对表不能再化简。

例 7.6 $f: Q^5 \to Q$。

对表 7.14 反复执行步骤 2 与 3 之后得表 7. 15。

表 7.14

$M(F^*)$	F								标记
	0	4	12	16	24	28	29	31	
0 0 * 0 0	1	1							
* 0 0 0 0	1			1					
0 * 1 0 0		1	1						
1 * 0 0 0				1	1				
* 1 1 0 0			1			1			
1 1 * 0 0					1	1			
1 * 0 1 1									✓
1 1 1 0 *						1	1		✓
1 1 * 1 1								1	✓
1 1 1 * 1							1	①	△
标记							✓	✓	

表 7.15

M_1	F_1						标记
	0	4	12	16	24	28	
0 0 * 0 0	1	1					
* 0 0 0 0	1			1			
0 * 1 0 0		1	1				
1 * 0 0 0				1	1		
* 1 1 0 0			1			1	
1 1 * 0 0					1	1	
标记							

对表 7.15，步骤 2 与 3 不起作用了，我们称这种表为循环表。

5. 循环表的处理

5.1 分枝方法

分枝方法的主要思想是，将循环表想办法化成非循环表，然后再采用步骤 2 与 3。为讨论方便起见，引进一些概念。

设 F 表示循环表的点的集合，M 表示循环表的极大立方体的集合。

定义 7.1 对循环表中 F 的点 P，说 P 是 r 阶点，如果 P 恰属于 M 中的 r 个极大立方体，即 $\sum_{C\in M}\alpha_{CP}=r$，点 P 的阶用符号表示为 $\text{Order}(P)=r$。

显然，循环表中每一点的阶都大于或等于 2。取一阶为最小的点 P，设 $\text{Order}(P)=r$，即点 P 含在 M 的 r 个立方体之中，设这 r 个立方体为 $C_1,C_2,\cdots,C_r$。对于 $P\in C_i(i=1,2,\cdots,r)$ 这 r 种情况，分别进一步讨论。对于每种情况分别求极小覆盖，最后再比较这 r 个结果，选出一个极小的，即为所求。

在表 7.15 中，F 的各点的阶均为 2。取 $P=0$ 为最小阶的点。P 包含在 $C_1=00*00$ 和 $C_2=*0000$ 之中，分两种情况进行讨论。

①设 $P\in C_1=00*00$，得到表 7.16。

表 7.16

M	F						标记
	0	4	12	16	24	28	
0 0 * 0 0	①	1					△
* 0 0 0 0				1			✓
0 * 1 0 0		1	1				✓
1 * 0 0 0				1	1		△
* 1 1 0 0			1			1	△
1 1 * 0 0					1	1	✓
标记	✓	✓	✓	✓	✓	✓	

对表 7.16 反复执行步骤 2 与 3，得到 F 在 M 中的覆盖

$$\delta=\{00*00,1*000,*1100\}。$$

②设 $P \in C_2 = *0000$，得到表 7.17。

表 7.17

M	F						标记
	0	4	12	16	24	28	
0 0 * 0 0		1					✓
* 0 0 0 0	①			1			△
0 * 1 0 0		①	1				△
1 * 0 0 0				1	1		✓
* 1 1 0 0			1			1	✓
1 1 * 0 0					①	1	△
标记	✓	✓	✓	✓	✓	✓	

对表 7.17 反复执行步骤 2 与 3，得到 F 在 M 中的覆盖

$$\delta' = \{ *0000, 0*100, 11*00 \}。$$

通过表 7.16 和表 7.17 求得的覆盖 δ 与 δ' 均为表 7.17 的极小覆盖。由此例也可看到，极小覆盖并不唯一。

一般说来，用分枝方法把循环表打破后还可能出现新的循环表。对新的循环表再重复用分枝方法，最后便可求得极小覆盖。

5.2　布尔代数方法

F 与 M 的意义同 5.1。布尔代数方法的基本思想就是求出 F 在 M 中的一切覆盖，而后找出 F 在 M 中的极小覆盖。

为方便起见，令

$$F = \{P_1, P_2, \cdots, P_m\},$$

$$M = \{C_1, C_2, \cdots, C_l\}, \alpha_{C_iP_j} = \alpha_{ij},$$

$$i = 1, 2, \cdots, m; j = 1, 2, \cdots, l。$$

对于 $\underline{x} \in Q^l, \underline{x} = (x_1, x_2, \cdots, x_l)$ 可定义 M 的一个子集合 r_x，即

$$r_x = \{C_j \in M \mid x_j = 1\},$$

于是可以定义一个 l 元开关函数 g，即

$$g:Q^l \to Q,$$

$$g(\underline{x})=\begin{cases}1, 如果 r_x 覆盖 F,\\ 0, 如果 r_x 不覆盖 F。\end{cases}$$

如果求出 $g(\underline{x})$ 的集合 $g^{-1}(1)$，便可得到 F 的一切覆盖。

为求出 $g(\underline{x})$ 的表达式，再引进 m 个 l 元开关函数 g_k，$k=1,2,\cdots,m$，即

$$g_k:Q^l \to Q,$$

$$g_k(\underline{x})=\begin{cases}1, 如果 r_x 覆盖点 P_k,\\ 0, 如果 r_x 不覆盖点 P_k,\end{cases}$$

显然有

$$g(\underline{x})=g_1(\underline{x})g_2(\underline{x})\cdots g_m(\underline{x})。$$

下面求 $g_k(\underline{x})$ 的布尔表达式。

由定义知，$g_k(\underline{x})=1$ 当且仅当 r_x 覆盖 P_k，当且仅当 r_x 中有一个立方体覆盖 P_k，即存在一个整数 j，使得 $x_j=1$，$\alpha_{jk}=1$。于是，

$$g_k(\underline{x})=\bigvee_{\alpha_{jk}=1} x_j。$$

由 $g=g_1g_2\cdots g_m$，可得 $g(x)$ 的布尔多项式表示。$g(x)$ 的布尔多项式表示中的每一个单项式对应着 F 在 M 中的一个覆盖，比较这些覆盖，便得到一个极小覆盖。

例如，对表 7.15 进行布尔代数方法的处理：

$$g_1(x)=x_1 \vee x_2,$$

$$g_2(x)=x_1 \vee x_4,$$

$$g_3(x)=x_2 \vee x_3,$$

$$g_4(x)=x_4 \vee x_5,$$

$$g_5(x)=x_3 \vee x_6,$$

$$g_6(x)=x_5 \vee x_6,$$

$$g(x)=(x_1 \vee x_2)(x_1 \vee x_4)(x_4 \vee x_5)(x_2 \vee x_3)(x_3 \vee x_6)(x_5 \vee x_6)$$

$$= x_1x_3x_5 \vee x_2x_4x_6 \vee x_1x_4x_5x_6 \vee$$
$$x_1x_3x_4x_6 \vee x_2x_3x_4x_5。$$

显然,在 $g(x)$ 的布尔多项式中,次数高的单项式对应的覆盖不是极小覆盖。因此,我们只需比较次数最低的单项式所对应的覆盖。

在 $g(x)$ 中,$x_1x_3x_5$ 对应的是 C_1, C_4, C_5,即为前面所求的 δ;x_2, x_4, x_6 对应的是 C_2, C_3, C_6,即为前面所求的 δ'。

到现在为止,对于开关函数的多项式表示的极小化算法已完全给出。对于开关函数的多项式表示的对偶表示(在其多项式表示中,把"∨"用"∧"代替,把"∧"用"∨"代替,得到对偶表示),其极小化问题可利用补函数将其化为多项式表示来讨论,这里不作详细叙述了。

第8章

偏序集上的相似关系与社会福利函数

1. 偏序集上的相似关系

相似关系是一种关系,它按某种方式与一个偏序关系相联系。一个相似关系是一个自反的、对称的二元关系 R,并且如果有 xRy,而且 z 在偏序中介于 x 和 y 之间,那么有 xRz 和 zRy。与 $\underline{n}$ 上通常的序相联系的相似关系矩阵在主对角线上是满的。例如,布尔矩阵

$$\begin{pmatrix} 1 & 1 & 0 & 0 \\ 1 & 1 & 1 & 0 \\ 1 & 1 & 1 & 1 \\ 0 & 0 & 1 & 1 \end{pmatrix}$$

是一个相似关系的矩阵。有限线性序集合上的相似关系已是大家所熟知的,但是对于两个线性序集合的乘积上的相似关系就知之甚少了。我们还将给出一个偏序集上半序关系的数目的估计,这里所说的偏序集是一个笛卡儿乘积。

定义 8.1　设 P 是一个有限偏序集,xPy 表示在这一偏序关系中 $x<y$,

则 P 上的一个相似关系是一个自反的、对称的二元关系 R，并且如果有 xRy, xPy, xPz, zPy，那么有 xRz, zRy。

罗杰斯(D. G. Rogers)证明了在一个有 m 个元素的线性序集合上，相似关系数为 C_m，即第 m 个卡塔兰数(Catalan number)，亦即

$$C_m = \frac{1}{m+1}\binom{2m}{m}。$$

我们考虑在一个任意有限偏序集中的相似关系数，并且证明这个数可以用一个有关的偏序集上反链的数目来表示。这些结果是由金基恒和劳什得到的。

此外，我们还给出了在下列偏序集上相似关系的数目的估计：一个是所有 m 分量布尔向量的偏序集 V_m；另一个是由一个固定的偏序集和一个线性序集的乘积构成的偏序集。

定义 8.2 设 $<L$ 是基础集 P 上的一个线性序，它加细了 P 的偏序关系。偏序集 $S_q(P)$ 的定义如下：$S_q(P)$ 的元素是所有满足 $x<Ly$ 的有序对 $(x, y)\in P$，我们说 $(x, y)\leqslant(w, z)$ 是指 $w\hat{P}x, x\hat{P}y, y\hat{P}z$，其中 $\hat{P}$ 是集 P 的偏序结构中的小于或等于关系(可以验证这个关系是自反的、反对称的和传递的)。

我们将给出一个 $S_q(P)$ 的定义，它不依赖于线性序 $<L$。

定义 8.3 $S_q(P)$ 的元素是满足 $x\neq y$ 的所有无序对 (x, y)。我们说 $(x, y)\leqslant(w, z)$，当且仅当下列条件之一成立：(1) $w\hat{P}x, x\hat{P}y, y\hat{P}z$；(2) $w\hat{P}y, y\hat{P}x, x\hat{P}z$；(3) $z\hat{P}x, x\hat{P}y, y\hat{P}w$；(4) $z\hat{P}y, y\hat{P}x, x\hat{P}w$。

定义 8.4 一个偏序集中的一个理想 K 是一个子集合，使得对 $x\in K$，$y\leqslant x$，有 $y\in K$。

定义 8.5 一个偏序集中的一个反链 C 是一个子集合 C，使得对任何 $x, y\in C$，有 $x\nless y$。

定理 8.1 设 P 是一个偏序集，设 $<L$ 是使 P 上的偏序关系成为线性关系的一个加细，那么，对于 P 上任何相似关系 R，满足 $x<Ly$ 和 xRy 的有序

对(x,y)的集合是$S_q(P)$中的一个理想。反之,设K是$S_q(P)$中的任何理想,设R是一个二元关系,xRy当且仅当$x=y$或$(x,y)\in K$或$(y,x)\in K$,则R是一个相似关系。这两个映射在P上的相似关系和$S_q(P)$中的理想之间建立了一个一一对应关系。

证明 第一个论断是由相似关系的定义得出的。设K是$S_q(P)$中的一个理想。定理中所定义的关系R将是自反的和对称的。设xRy,xPy,xPz,zPy,那么$x<Ly$,所以$(x,y)\in S_q(P)$。同样,$(x,z),(z,y)\in S_q(P)$,且在$S_q(P)$中,有$(x,y)>(x,z)$和$(z,y)<(x,y)$。因此,$(x,z),(z,y)\in K$。所以有xRz和zRy。

定理中给出的两个映射是互逆的,所以就建立了一个一一对应关系。

我们看到,在一个偏序集上,理想和反链之间存在一个一一对应关系,因为每一个理想的所有极大元可以构成一个反链。

推论 一个偏序集P上的相似关系数等于$S_q(P)$上的反链数。

我们能够把$S_q(P)$分成两部分。

定义 8.6 设S_1是$S_q(P)$的一个子集,它由所有使xPy不成立的元素对(x,y)所组成。设S_2是$S_q(P)$的一个子集,它由所有满足xPy的元素对(x,y)所组成。S_1的元素称为不可比对,而S_2的元素称为可比对。没有一个S_1的元素能够大于或是小于$S_q(P)$的任何元素。

两个偏序集的基数和是偏序集的不相交并集的自然观念,所以$S_q(P)=S_1+S_2$,其中S_1,S_2被看做继承了P的偏序结构的偏序集。

推论 设S是偏序集P中不可比元素的集合,设P'是倒换P的序关系所得到的偏序集,设T表示所有满足aPb的元素对(a,b)所组成的$P'\times P$的偏序子集,这时P上的相似关系的数目是$2^{|S|}$乘以T上的反链的数目。

证明 偏序集的基数和其中的反链数目是各个被加的偏序集中反链数目的积。可以验证T确实是$P'\times P$的偏序子集。

注 当设$(x_1,x_2,\cdots,x_m)\leqslant(y_1,y_2,\cdots,y_m)$是指对于每个$i,x_i\leqslant y_i$时,集合$V_m$就可以是一个偏序集。

命题 8.1　V_m 中不可比对的数目为

$$2^{2m-1}-3^m+2^{m-1}。$$

证明　满足 $\boldsymbol{u}\leqslant\boldsymbol{v}$ 的$(\boldsymbol{u},\boldsymbol{v})$对的数目是 3^m,使 $\boldsymbol{u}=\boldsymbol{v}$ 的$(\boldsymbol{u},\boldsymbol{v})$对的数目是 2^m,因此$(\boldsymbol{u},\boldsymbol{v})$可比对的数目是 3^m-2^m,V_m 中全部对的数目为$\binom{2^m}{2}$。

命题 8.2　设 S 记为偏序集$\{a,b,1\}$,在 S 中 $x>y$ 是指 $x=1$ 和 $y=a$ 或 $y=b$,这时 $S_q(V_m)$的由可比对所组成的偏序子集与 S^m 的一个偏序子集同构,这个偏序子集是由至少含有一个 1 元素的 m 元组所组成的。

证明　$S_q(V_m)$的由可比对构成的偏序子集具有所有这样的向量对$(\boldsymbol{u},\boldsymbol{v})$,它们满足 $\boldsymbol{u}<\boldsymbol{v}$,并且具有下列序关系:$(\boldsymbol{u}',\boldsymbol{v}')\leqslant(\boldsymbol{u},\boldsymbol{v})$当且仅当 $\boldsymbol{u}\leqslant\boldsymbol{u}'\leqslant\boldsymbol{v}'\leqslant\boldsymbol{v}$,它是满足 $\boldsymbol{u}\leqslant\boldsymbol{v}$ 的所有向量对$(\boldsymbol{u},\boldsymbol{v})$的偏序集的子集。而这个偏序集恰与 S 的 m 次幂同构,因为可以设 S 中的 1 元素表示 $u_i=0,v_i=1$。所以,没有 1 元素当且仅当 $\boldsymbol{u}=\boldsymbol{v}$。

命题 8.3　V_m 上的相似关系的数目至少是

$$2^{2^{2m-1}-3^m+2^{m-1}}\binom{m}{\left[\frac{m}{3}\right]}2^{m-\left[\frac{m}{3}\right]}。$$

证明　前三项来自定义 8.6 的推论和命题 8.1。恰有$\left[\frac{m}{3}\right]$个 1 的所有 m 元组组成的 S^m 的子集是 S^m 中的一个反链,这个反链包含在至少有一个 1 元素的 m 元组这个偏序子集中。它的任何子集都给出一个 T 中的反链,其中 T 就是定义 8.6 的推论中的 T,这就给出了上面式子中的最后一项。

注　偏序集 S^m 有一个大的对称群。根据克莱特曼、埃德贝格(M. Edelberg)和卢贝尔(D. Lubell)的结果,可以证明

$$\binom{m}{\left[\frac{m}{3}\right]}2^{m-\left[\frac{m}{3}\right]}$$

是 S^m 中最大反链的大小。

设 P 是一个固定的、有限的偏序集，L_n 记为一个有 n 个点的线性序集。设 $n_P(a,b)$ 是满足 P 上偏序关系$a\leqslant b$的有序对(a,b)的数目。

命题 8.4 $P\times L_n$ 中不可比对的数目最多不过是 2 的

$$\binom{|P|n}{2}+n_P(a,b)\binom{n+1}{2}+|P|^n$$

次幂。

证明 可根据下列事实得到：满足 $a\leqslant b$ 的有序对$(a,b)\in P\times L_n$ 的数目是 $n_P(a,b)\binom{n+1}{2}$。

命题 8.5 $P\times L_n$ 上相似关系的数目至多为

$$\binom{|P|n}{2}-n_P(a,b)\binom{n+1}{2}+|P|n+n_P(a,b)(\log_2 c_{n+1}),$$

其中 c_{n+1}是第 $n+1$ 个卡塔兰数。

证明 略。

引理 8.1 设 $n_{\underline{n}}(f)$ 是从 $\underline{n}$ 到它本身的对所有 x 来说满足 $x+d\geqslant f(x)\geqslant x$ 的非降函数 f 的数目。当固定 d 时，$n_{\underline{n}}(f)=\lambda_1^{n+0(n)}$，其中 λ_1 是$(d+1)\times(d+1)$的(0,1)矩阵 $\overline{\boldsymbol{M}}$ 的最大特征值，这里

$$\boldsymbol{M}=\begin{pmatrix}1&1&0&\cdots&0\\1&1&1&\cdots&0\\1&1&1&\cdots&0\\\vdots&\vdots&\vdots&&\vdots\\1&1&1&\cdots&1\end{pmatrix}。$$

证明 设 $n_{\underline{n}}(f,r)$ 为从 $\underline{n}$ 到$\underline{n+d}$的这样一些非降函数的数目：它们对于每个 x 来说，满足 $x+d\geqslant f(x)\geqslant x$，并且对于 $r=0,1,\cdots,d$, $f(n)=n+r$，那么

$$\sum_{r=0}^{d} n_{\underline{n-d}}(f,r)\leqslant n_{\underline{n}}(f)\leqslant \sum_{r=0}^{d} n_{\underline{n}}(f,r)。$$

因此，这就足以证明对每个 r，$n_{\underline{n}}(f,r)=\lambda_1^{n+0(n)}$。

这里有一个递推关系：

$$n_{\underline{n+1}}(f,r) = \sum_{i=0}^{r+1} n_{\underline{n}}(f,i),$$

因此，通过将$(n_{\underline{n}}(f,0), n_{\underline{n+1}}(f,1), \cdots, n_{\underline{n+1}}(f,d))$乘上引理8.1中所给的矩阵的转置，可得到$(n_{\underline{n+1}}(f,0), n_{\underline{n+1}}(f,1), \cdots, n_{\underline{n+1}}(f,d))$。因为$\lim\limits_{k\to\infty} \boldsymbol{M}^k > \boldsymbol{0}$，所以它的第 n 次幂中的每个元素具有形如 $\lambda_1^{n+0(n)}$ 的形式。因此，对每个 r 来说，$n_{\underline{n}}(f,r)$也将具有这种形式。

注　我们注意到，在证明上述引理中，矩阵的特征值已知为

$$4\cos^2\frac{2k\pi}{2d+b}。$$

定理 8.2　$P\times L_n$ 上的相似关系的数目是

$$\begin{bmatrix} |P|n \\ 2 \end{bmatrix} - n_P(a,b)\begin{bmatrix} n+1 \\ 2 \end{bmatrix} + |P|n + 2n_P(a,b)n + 0(n)。$$

证明　设 S_1, S_2, S_3 分别表示由元素(a,b,c,d)组成的$(P\times L_n)'\times(P\times L_n)$的三个偏序子集。

(1) 对 S_1 来说，满足$(a,b)<(c,d)\in P\times L_n$；

(2) 对 S_2 来说，满足$(a,b)\leqslant(c,d)\in P\times L_n$；

(3) 对 S_3 来说，满足 $a\leqslant c\in P, b<d\in L_n$。

所以，S_3 是 S_1 的全偏序子集，S_1 是 S_2 的全偏序子集。这里 S'表示颠倒 S 的序关系所得到的偏序集。

命题8.5证明了存在一个这种形式的上界。为得到下界，我们只需证明偏序集 S_3 上反链的对数至少是$2n_P(a,b)n+\mathrm{o}(n)$。偏序集 S_3 是 $S_q(L_n)$ 和 $n_P(a,b)$个元素的偏序集的乘积。为简单起见，设 $k=n_P(a,b)$。把后面那个偏序加细成一个线性序 L，我们得到的结果是：$S_q(L_n)\times L_k$ 上的每一个反链给出 S_3 上的一个反链。$S_q(L_n)\times L_k$ 上的反链一一对应于从 $\underline{n}$ 到它本身的非降函数的 k 元组$(f_1, f_2, \cdots, f_k)$，其中这些函数对所有的 x 和使不等式有意义的所有 i 来说，满足$f_i(x)\geqslant x$ 和$f_{i+1}(x)\geqslant f_i(x)$。

对任何 $h>0$,选择足够大的 d,使得引理 8.1 中所考虑的特征值 $\lambda_1 > 4-h$。从引理 8.1 可得到:存在一个数 t,当 $n>t$ 时,从 $\underline{n}$ 到它本身的、对所有 x 来说,满足 $x+jd \geqslant g(x) \geqslant \min\{x+(j-1)d, n\}$ 的非降函数 g 的数目至少是 $(4-2h)^n$,其中 j 是从 1 到 k 的任意数。因此,使得 $x+jd \geqslant f_i(x) \geqslant \min\{x+(j-1)d, n\}$ 的 k 元组 $(f_1, f_2, \cdots, f_k)$ 的数目至少是 $(4-2h)^{kn}$。于是,对于所有的 $n>t$, $S_q(L_n) \times L_n$ 上的反链的数目是 $(4-2h)^{kn}$。因为 h 是任意的,所以, $S_q(L_n) \times L_n$ 上的反链数大于或等于 $4^{kn+o(n)}$ 的某个函数,这就证明了这一定理。

在结束这一节时,我们将提出半序的概念,它也与卡塔兰数有关。

定义 8.7 半序是一个非自反的、传递的二元关系 R,满足:(1)若有 xRy 和 sRt,则有 xRt 或 sRy;(2)若有 xRy 和 yRz,则对所有的 w 来说,有 wRz 或 xRw。

定理 8.3 一个非自反的布尔矩阵 $\boldsymbol{A}$ 是一个半序矩阵,当且仅当存在一个置换矩阵 $\boldsymbol{P}$,使 $\boldsymbol{P}^{\mathrm{T}}\boldsymbol{A}\boldsymbol{P}=\boldsymbol{B}$ 满足 $b_{ii}=0$, $\boldsymbol{B}^2 \leqslant \boldsymbol{B}$,并且对 $i<j$ 来说,有 $\boldsymbol{B}_{i*} \leqslant \boldsymbol{B}_{j*}$ 和 $\boldsymbol{B}_{*i} \geqslant \boldsymbol{B}_{*j}$。

证明 把半序关系的第一个条件用于任何矩阵,可以得到:按照布尔向量的通常的偏序结构,这个矩阵的所有的行和列都具有线性序结构。即对于所有的 $\boldsymbol{A}_{i*}, \boldsymbol{A}_{j*}$,要么 $\boldsymbol{A}_{i*} \leqslant \boldsymbol{A}_{j*}$,要么 $\boldsymbol{A}_{j*} \leqslant \boldsymbol{A}_{i*}$。因为如果有 $\boldsymbol{A}_{i*} \nleqslant \boldsymbol{A}_{j*}$ 和 $\boldsymbol{A}_{j*} \leqslant \boldsymbol{A}_{i*}$,我们就有 s, t,使得 $a_{is}=1, a_{js}=0, a_{jt}=1, a_{is}=0$。这就违背了第一个条件。

我们将接着证明,如果 $\boldsymbol{A}_{i*} < \boldsymbol{A}_{j*}$,那么 $\boldsymbol{A}_{*i} \geqslant \boldsymbol{A}_{*j}$。假定 $\boldsymbol{A}_{*i} < \boldsymbol{A}_{*j}$,设 s, t 使得 $a_{is}=0, a_{js}=1, a_{ti}=0, a_{tj}=1$,那么,从 $a_{tj}=1$ 和 $a_{js}=1$,根据第二个条件,对所有的 h 来说,要么 $a_{th}=1$,要么 $a_{hs}=1$。设 $h=i$,我们就得到了一个矛盾的结果。因此,如果 $\boldsymbol{A}_{i*} < \boldsymbol{A}_{j*}$,那么 $\boldsymbol{A}_{*i} \geqslant \boldsymbol{A}_{*j}$。同样,如果 $\boldsymbol{A}_{*i} > \boldsymbol{A}_{*j}$,那么 $\boldsymbol{A}_{i*} \leqslant \boldsymbol{A}_{j*}$。

定义关系 Q 为: iQj 当且仅当 $\boldsymbol{A}_{i*} < \boldsymbol{A}_{j*}$ 或 $\boldsymbol{A}_{*i} > \boldsymbol{A}_{*j}$,则 Q 是非自反的和传递的,所以是一个严格的偏序。选择一个置换 $\boldsymbol{P}$,使 $\boldsymbol{P}\boldsymbol{A}\boldsymbol{P}^{\mathrm{T}}$ 的非零元素严格地处在主对角线的上部,也就是说 $i\boldsymbol{P}Q\boldsymbol{P}^{\mathrm{T}}j$ 意味着 $i<j$。设 $\boldsymbol{B}=\boldsymbol{P}\boldsymbol{A}\boldsymbol{P}^{\mathrm{T}}$,

则 $i>j$ 是指 $\boldsymbol{iPQPj}$ 不成立，这又意味着 $\boldsymbol{A}_{\pi(i)*} \geqslant \boldsymbol{A}_{\pi(j)*}$ 和 $\boldsymbol{A}_{*\pi(i)} \leqslant \boldsymbol{A}_{*\pi(j)}$，其中 π 使得 $\boldsymbol{P}_{i,\pi(i)}=1$，即 $\boldsymbol{B}_{i*} \leqslant \boldsymbol{B}_{j*}$ 和 $\boldsymbol{B}_{*i} \geqslant \boldsymbol{B}_{*j}$。这就证明了必要性。

如果 $\boldsymbol{B}$ 满足给定条件，$\boldsymbol{B}$ 将是一个半序关系矩阵，$\boldsymbol{A}$ 也将是一个半序关系矩阵。定理到此证毕。

斯科特(D. Scott)和苏普斯(P. Suppes)证明了一个有限集上的二元关系 R 是一个半序，当且仅当存在一个实值函数 f，使得 xRy 的充分必要条件是 $f(x) \geqslant f(y)+1$。这一定理的其他证明是由斯科特、苏普斯、津斯(J. Zinnes)、拉宾诺维奇(Rabinovitch)给出的。

定理 8.4　$\underline{n}$ 上的二元关系 R 是一个半序，当且仅当存在一个 $\underline{n}$ 的置换 π 和一个从 $\underline{n}$ 到 $\underline{n}$ 的非降函数 g，使得对于每个 x，有 $g(x) \geqslant x$，并且 xRy 当且仅当 $\pi(x) > g(\pi(y))$。

证明　略。

推论 1　半序的同构类与从 $\underline{n}$ 到 $\underline{n}$ 的对于每个 x 满足 $f(x) \geqslant x$ 的非降函数 f 一一对应。

推论 2　$\underline{n}$ 上的半序存在 C_n 个同构类，其中 C_n 是第 n 个卡塔兰数。

2. 一般偏序集上的联结关系

联结关系(connective relation)也是与偏序有关的、对称的、自反的二元关系。但是对联结关系来说,如果 xRy,而且 a,b 之一介于 x,y 之间,另一个不介于 x,y 之间,那么 aRb 不成立。因此,既然相似关系已经被提出来讨论了,联结关系在这里就不能不谈谈。下面是一个联结关系的矩阵:

$$\begin{pmatrix} 1 & 0 & 0 & 1 \\ 0 & 1 & 1 & 0 \\ 0 & 1 & 1 & 0 \\ 1 & 0 & 0 & 1 \end{pmatrix}。$$

对于一个线性序集合来说,相似关系和联结关系之间存在着一个一一对应关系。而一般说来,这是不对的。不过,我们将建立与上一节类似的结果。

定义 8.8 设 P 是一个有限的偏序集,xPy 表示在偏序中的关系 $x \leqslant y$。P 上的二元关系 R 是一个联结关系,当且仅当 R 是自反的、对称的,并且只要 $xPz, zPy, yPw, x \neq y, y \neq w$ 和 xRy,我们就有 zRw。

如果 P 是一个线性序集合,罗杰斯已经证明了联结关系、平面押韵格式(planar rhyming schemes)和相似关系之间存在一一对应关系。在一个 n 元的线性序集合上,这三种类型中的任何一种关系的数目是 C_n,即第 n 个卡塔兰数。这些关系不仅在数学中很有用,而且在经济学中也有应用。

我们首先证明:对于任意的偏序集来说,联结关系和相似关系之间的一一对应关系并不成立。下面的结果是由金基恒、罗杰斯和劳什所得到的。

命题 8.6 设 P 是在 $n+m+1$ 个元素 $x_1, x_2, \cdots, x_n, y, z_1, z_2, \cdots, z_m$ 上的偏序集,我们说 $a > b$ 是指 a 是某个 x_i,b 是 y 或是某个 z_j,或者 a 是 y,b 是某个 z_j。这时,P 上的联结关系数是

$$2^{t-n} - 2^{t-n-m} + 2^{t-n-m}(1+2^{-m})^n,$$

其中 $t = \left[\begin{matrix} n+m+1 \\ 2 \end{matrix}\right]$。

证明　数 t 是 P 的元素的无序对的个数。作为一个联结关系的条件与下面的说法是等价的：如果 $(x_i, y) \in R$，那么没有一对 (y, z_j) 或 (x_i, z_j) 属于 R，其中 R 与定义 8.8 给出的一样。

不包含形为 (x_i, y) 的元素对的联结关系的个数为 2^{t-n}。恰恰具有 s 对这种形式的元素对的联结关系数为

$$\begin{bmatrix} n \\ s \end{bmatrix} 2^{t-n-m-sm},$$

求和就证明了这一命题。

我们注意到，在这个公式中，n，m 是不对称的，但是，对于相似关系来说，相应公式应该是对称的。

在上一节中，我们估计了在某些偏序集上的相似关系数。首先，我们将证明，对于这些偏序集上的联结关系来说，这些估计是成立的。

定义 8.9　如果 D 是一个二元关系，集合 S 相对于 D 来说是一个无关集（independent set），是指对任何 $x, y \in S$，xDy 不成立。

定义 8.10　如果 D 是 $S_q(P)$ 上的二元关系，$(x, y)D(a, b)$ 是指下列各条件之一成立：

(1) xPa，aPy，yPb 和 $y \neq b$；

(2) yPa，aPx，xPb 和 $x \neq b$；

(3) xPb，bPy，yPa 和 $y \neq a$；

(4) yPb，bPx，xPa 和 $x \neq a$。

定理 8.5　设 R 是一个联结关系，S 是满足 $(x, y) \in R$ 的无序对 $(x, y) \in S_q(P)$ 的集合，则 S 是一个 D - 无关集合；反之，设 S 是任一 D - 无关集合，$(x, y) \in R$ 是指 $x = y$ 或 $(x, y) \in S$，则二元关系 R 是一个联结关系。

证明　可由定义 8.8 和定义 8.9 推导得出。

推论　设 S_1 是在一个偏序集 P 中不可比对的集合，设 S_2 是 P 中可比对的集合。这时，P 上的联结关系数是 $2^{|S_1|}$ 乘上 S_2 的 D - 无关子集数。

证明　把不可比对加到 S 的任何子集上，对它是不是一个独立集合没

有影响。

命题 8.7 V_m 上的联结关系数至少是

$$2^{2^{2m-1}}-3^m+2^{m-1}+C_m-1,$$

其中 C_m 是 $(1+x+x^2)^m$ 中 x^m 的系数。

证明 设 K 是所有满足关系 $x \leqslant y$ 的有序对 $(x,y)\in V_m$ 的集合，$S_q(V_m)$ 中可比对的集合 H 可以看成由元素对 (x,y) 所构成的 K 的子集，其中 $x<y$。我们也可以把 K 看成集合 $(0,0),(0,1),(1,1)$ 的第 m 次幂。对于满足 $j>0$ 和 $i=k$ 的所有的 i,j,k 来说，i 分量，j 分量 k 分量分别为 $(0,0)$，$(0,1)$，$(1,1)$ 的元素的 K 的子集。当 $j>0$ 和 $i=k$ 时，它们是 D－独立的，且包含在 H 的象中。这个集的基数是 C_m-1 或 C_m。

下面考虑与一个线性序的积。

定理 8.6 $P\times L_n$ 上的联结关系数，可被下式整除：

$$2^{\left[\begin{smallmatrix}|P|n\\2\end{smallmatrix}\right]-np(a,b)\left[\begin{smallmatrix}n+1\\2\end{smallmatrix}\right]+|P|n},$$

且至多为

$$2^{\left[\begin{smallmatrix}|P|n\\2\end{smallmatrix}\right]-np(a,b)\left[\begin{smallmatrix}n+1\\2\end{smallmatrix}\right]+|P|n+np(a,b)(\log_2 C_{n+1})},$$

其中 C_{n+1} 是第 $n+1$ 个卡塔兰数。

证明 上述第一部分可以通过计算 $P\times L_n$ 中不可比的对数来证明。

设 T_1 表示 $P\times L_n$ 中可比对的集合，设 T_2 表示有序对 (a,b) 的集合，其中 $(a,b)\in P\times L_n$，并满足 $a\leqslant b$。

为了证明定理的第二部分，只要证明 T_1 的 D－无关集合数最多为

$$\mathrm{C}_{n+1}^{np(a,b)}$$

就足够了。T_1 上的关系 D 可以扩展为 T_2 上的关系，其中 $(a,b)D(c,d)$ 是指：$a\leqslant c\leqslant b<d$。设 Q 为 T_2 上的一个关系，$((P_1,n_1),(P_2,n_2))Q((P_3,n_3),(P_4,n_4))$ 是指：$P_1=P_3, P_2=P_4, n_1\leqslant n_3\leqslant n_2<n_4$，其中 $P_i\in P, n_i\in L_n$。这时，每个 D－无关集合将是 Q－无关集合。

在关系 Q 下，T_2 分裂成集合 M 的 $n_P(a,b)$ 个摹本的一个不相交的并

集。集合 M 是由元素对(n_1, n_2)所组成的，其中 $n_1 \leqslant n_2$。在这个不相交的并集上，Q 是这样定义的：$(n_1, n_2)Q(n_3, n_4)$当且仅当 $n_1 \leqslant n_3 \leqslant n_2 < n_4$。如果我们把所有的元素对$(n_1, n_2)$对应于$(n_1, n_2+1)$，我们就得到了 $S_q(L_{n+1})$中的一个 D－独立集合。根据罗杰斯的结果，在 $S_q(L_{n+1})$中的 D－独立集合数等于 C_{n+1}。这就证明了这一定理。

为了建立一个好的下界，必须考虑两个集合 $S_q(L_{n+1})$和 M 的不相交并集。在这个并集上，D 不是一个受它两部分限制的不相交并集。为清楚起见，我们考虑由(a,b,c)三元组构成的集合 S_T，其中 $1 \leqslant a \leqslant b \leqslant n, c=0$ 或$c=1$。我们在 S_T 中定义一个关系 D，$(a,b,c)D(a',b',c')$当且仅当 $a \leqslant a' \leqslant b \leqslant b'$和 $c \leqslant c'$。这时，希望计算 S_T 中的 D－独立对的数目。这个数小于或等于$(C_n)^2$，因为如果我们要求在 D 的定义中 $c=c'$，那么这个数将恰恰就是$(C_n)^2$。

为了研究 S_T，我们将应用一些适合于平面押韵格式的一些几何语言。$\underline{n}$ 上的一个联结关系 R 可以通过在任何两个具有 R 关系的数之间画一段弧来表示。这些弧不能相交，也不能相遇，除非有一个数是这两段弧的共同的右端点。例如，图 8.1 表示一个联结关系。如果能在 1，2，3，4，5 的左端加一个元素 0，并从 0 到 i 画一段弧，其结果将是一个联结关系，那么我们就说数 i 是开的。通常至少有一个开数，就是链中最大的那一个。

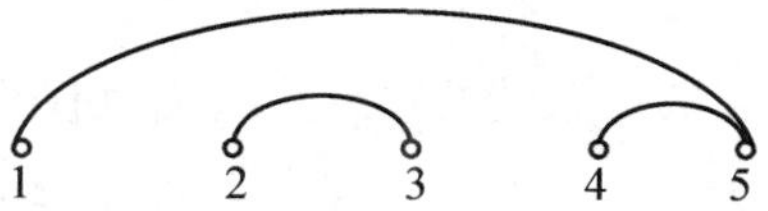

图 8.1

对 S_T，我们有一对这样的图，例如图 8.2。这在 S_T 中是允许的，即使 $c=0$ 和 $c=1$ 的图互相交换，其结果将不是一个联结关系。

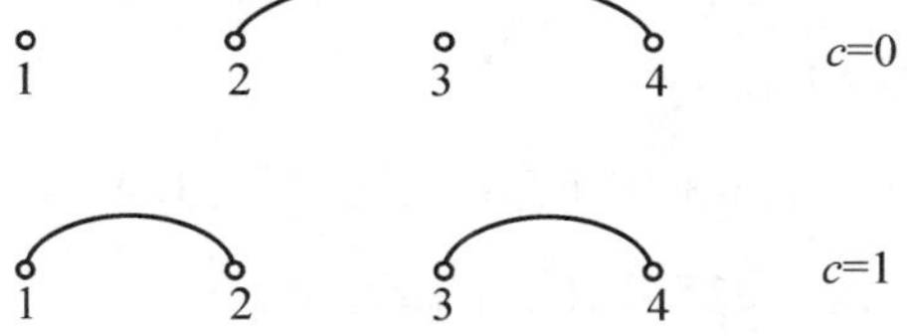

图 8.2

下面我们来考虑,到底有多少种途径可以通过加两个0的方法把一个图加以扩展。下面的0能被联系到任何i,这个i对图来说是开的(我们称这样的i为s－开)。上面的0能被联系到任何j,使$j \geqslant i$,而且j在两个图中都是开的(我们称它为t－开)。

我们给每一对图配一个用t和s组成的字,这个字给出t－开和s－开数字的序列。例如,对上面的图,我们给出字st,因为数2是s－开,数4是t－开。这里,t－开和s－开数字的实际值可以不考虑。

我们接着要问,如果加一个0来扩展一对图,什么样的联系图的字的扩展是可能的呢?如果没有箭头从0画出来,其效果是给这个字增加t。如果在图中只有一个箭头从0画出来,那么t被变成s,而且在这个字中,原来t的左边都改为s。如果从0到i画一个下部的箭头,且从0到j画一个上部的箭头,$j \geqslant i$,那么在这个字中所有出现在i左边的字母全删去,而且所有出现在j左边的字母都改成s。因此,我们证明了下面的结果。

命题8.8 从字t开始,经过$n-1$步的一连串步骤,每次加一个t,然后删掉某个字右边的所有字母,接着把某个t右边的所有字母变成s。计算所得到的字数,如果一个字已经由k种方法得到,那么计算这个字k次。这个数就是S_T的D－独立子集数。

这个过程也可以用矩阵来表示。我们给一个无限维矩阵的行和列用t,s组成的字来加指数,它的最右端的字母是t,当且仅当j可以由i用加t、删掉所有的字母以及把某个字右边的所有的字改为s的方法得到。我们在位置(i,j)处引进一个1。设$\boldsymbol{W}$是由此而得到的矩阵。设$\boldsymbol{v}$是一个向量,在位置t处是1,其他地方是0。这时,$\boldsymbol{v}\boldsymbol{W}^{n-1}$的权等于$S_T$的$D$－独立子集数。

如果我们能够得到$\boldsymbol{W}$的有限子阵的最大特征值的极限,或者我们能够找到$\boldsymbol{W}$本身的一个特征值,对这个特征值来说,$\boldsymbol{W}$有一个非负的特征向量,都可能有助于取代引理8.1。

在结束这一节以前,我们应该指出,施赖德(J. A. Schreider)曾经从各种各样序关系的观点出发研究了数学的语言学。

3. 经济学中的应用

由于集团和个人的偏爱关系，二元关系在经济学中是相当重要的。一个市场的动态取决于各个参与者的财源和偏爱，而且货物布置的好坏也是由个人的偏好来衡量的。这些想法涉及博弈论，这里，局中人对不同支付的偏爱是至关重要的。这还涉及政策科学，这时选举方法必须在某种程度上反映选举人的偏好。

在经济学中，个人的偏爱关系经常由弱序关系来表示，弱序关系是自反的、传递的和完备的关系。这些关系是拟序关系，它们的等价类是线性序。

通常，集团的偏爱要求是传递的和自反的，有时也要求是完备的。此外，集团的偏爱应是柏雷多式的（如果集团中的每个人都更喜欢 x 而不是 y，那么这个集团的偏爱就是 x）、非独裁的，或者说，集团对 x，y 二者择一的选择应当仅仅取决于集团中各个人对这两个对象的偏爱。阿罗（K. Arrow）证明了，对于多于两个被选对象的情况，如果个人的偏爱的所有组合是允许的话，那么这种集团偏爱关系就不存在。

吉巴特（A. Gibbard）和舍特尔斯韦特（M. Satterthwaiter）又证明了，每一个至少有三种不同被选对象作为函数值的非独裁的社会选择函数是可操纵的。这意味着，对于个人偏爱的某种组合，有人必须改变他的实际偏爱，才可以得到一个比较满意的选择对象作为这个集团的选择。

我们将在这里证明：如果我们允许选择一个以上的对象，而且在子集之中按某种方法定义偏好，就不需要如此了。基莱（J. Kelly）曾经做了类似的工作，吉巴特也曾经把他的理论推广到买彩票的问题上。实际上，这意味着可操纵性对于多于一个元素的集合和选择单独一个对象可能是同一个规则。

定义 8.11　设 X 是包含 n 个元素的一个集合。偏好关系（preference relation）是 X 上的一个二元关系 R，它满足：(1) 对所有 x 来说，$(x,x) \in R$；

(2)如果$(x,y)\in R$和$(y,z)\in R$,那么$(x,z)\in R$;(3)对于所有的(x,y)来说,或者是$(x,y)\in R$,或者是$(y,x)\in R$。

这样的关系能够解释如下:$(x,y)\in R$意味着当事人认为x至少和y一样好,其中$x,y\in X$。因此,一个线性序是一种偏好关系R,而且还满足反对称性。这就是说,X上的一个线性序可以简单地看成把X的元素排列成为第一、第二、第三……第n。

定义 8.12 设E是X上的一个等价关系,设R_E是E的等价类的集合上的一个(偏好)关系。在关系E之下,R_E的膨胀(inflation)是X上的关系R,$(X,Y)\in R$,当且仅当$(\bar{x},\bar{y})\in R_E$,其中$\bar{x}$表示x的等价类。关系E有时称为R的无差别关系(indifference relation)。对X上的关系P,$(x,y)\in P$是指:$(x,y)\in R$,但是$(x,y)\notin E$,这个关系叫做严格偏好(strict preference)。

下面的命题说明了布尔矩阵和偏好关系之间的一种联系,这个结果是由金基恒和劳什得到的。

命题 8.9 布尔矩阵$\boldsymbol{A}$是一个偏好关系的矩阵,当且仅当:(1)$\boldsymbol{A}^2=\boldsymbol{A}$;(2)$\boldsymbol{A}+\boldsymbol{A}^{\mathrm{T}}=\boldsymbol{J}$。

证明 计算一下即可得证。

命题 8.10 X上的严格偏好关系P,其矩阵$\boldsymbol{B}=(\boldsymbol{A}^{\mathrm{T}})^{\mathrm{C}}$,其中$\boldsymbol{A}$是偏好关系$R$的矩阵。反之,$\boldsymbol{A}=(\boldsymbol{B}^{\mathrm{T}})^{\mathrm{C}}$。矩阵$\boldsymbol{B}$是一个严格偏好关系的矩阵,当且仅当:(1)$\boldsymbol{B}\odot\boldsymbol{B}^{\mathrm{T}}=\boldsymbol{0}$;(2)$(\boldsymbol{B}^{\mathrm{C}})^2=\boldsymbol{B}^{\mathrm{C}}$。这里"$\odot$"是按元素的乘积。

证明 设$\boldsymbol{M}$记为等价关系E的矩阵,则$\boldsymbol{B}\odot\boldsymbol{A}^{\mathrm{T}}=\boldsymbol{B}\odot\boldsymbol{A}\odot\boldsymbol{A}^{\mathrm{T}}=\boldsymbol{B}\odot\boldsymbol{M}=\boldsymbol{0}$。因此,$\boldsymbol{B}\leqslant(\boldsymbol{A}^{\mathrm{T}})^{\mathrm{C}}$。同时

$$\begin{aligned}\boldsymbol{B}+\boldsymbol{A}^{\mathrm{T}}&=\boldsymbol{B}+(\boldsymbol{M}+\boldsymbol{B})^{\mathrm{T}}\\&=\boldsymbol{B}+\boldsymbol{M}+\boldsymbol{B}^{\mathrm{T}}\\&=\boldsymbol{B}+\boldsymbol{M}+\boldsymbol{M}^{\mathrm{T}}+\boldsymbol{B}^{\mathrm{T}}\\&=(\boldsymbol{B}+\boldsymbol{M})+(\boldsymbol{M}+\boldsymbol{B})^{\mathrm{T}}\\&=\boldsymbol{A}+\boldsymbol{A}^{\mathrm{T}}=\boldsymbol{J}。\end{aligned}$$

因此，$\boldsymbol{B}=(\boldsymbol{A}^{\mathrm{T}})^{\mathrm{C}}$，这意味着 $\boldsymbol{A}=(\boldsymbol{B}^{\mathrm{T}})^{\mathrm{C}}$。因此，应用这些表达式，本命题的(1)和(2)就与命题 8.9 的(1)和(2)等价。

下面的命题是定义 8.12 的直接结果。

命题 8.11　设 R 是 X 上的一个偏好关系，设 E 是一个二元关系。如果 $(x,y)\in E$ 是指 $(x,y)\in R$，而且 $(y,x)\in R$，那么 E 是一个等价关系，R 是在 E 下的一个线性序的膨胀。反之，一个线性序的每一个膨胀是一个偏好关系。

定义 8.13　设 P_x 记为 X 上偏好关系的集合，设 P_x^k 记为 X 上偏好关系的所有有序的 k 元组的集合，则一个社会福利函数(social welfare function)就是一个从 P_x^k 到 P_x 的函数，其中 $k\in \underline{n}$。

因此，如果 f 是一个社会福利函数，对于 k 个当事者的偏爱 $P_1,P_2\cdots,P_k$ 的任何集合来说，f 将给出这一集团的偏爱。

用布尔矩阵理论的术语来说，设 A_n 记为所有满足以下条件的布尔矩阵 $\boldsymbol{A}\in B_n$ 的集合：(1) $\boldsymbol{A}\odot\boldsymbol{A}^{\mathrm{T}}=\boldsymbol{0}$；(2) $(\boldsymbol{A}^{\mathrm{C}})^2=\boldsymbol{A}^{\mathrm{C}}$。设 A_n^k 记为 A_n 的所有有序的 k 元组的集合，则一个社会福利函数等价于一个从 A_n^k 到 A_n 的函数。我们将用 $(A(1),A(2),\cdots,A(k))$ 来表示 A_n^k 的一个典型的元素。

下面我们用布尔矩阵来提出著名的阿罗不可能性定理。这个结果是由金基恒和劳什得到的。

定理 8.7　对于 $n\geqslant 3$ 来说，没有一个社会福利函数 f 在线性序矩阵的所有 n 元组上满足下列条件：

(1)（柏雷多原理）矩阵 $f(A(1),A(2),\cdots,A(k))$ 大于或等于 $A(1),A(2),\cdots,A(k)$ 的按元素的乘积，小于或等于它们的按元素的和；

(2)（不相关的选择的独立性）假定对某些 i,j 来说，$A(m)_{ij}=A'(m)_{ij}$，其中 $m=1,2,\cdots,k$，则 $f(A(1),A(2),\cdots,A(k))$ 和 $f(A'(1),A'(2),\cdots,A'(k))$ 具有相同的同等 (i,j) 个元素；

(3)（非独裁的）对所有的 m 来说，函数 f 不是函数 $(A(1),A(2),\cdots,A(k))\to A(m)$。

证明可参考卢斯(R. D. Luce)和雷法(H. Raiffa)的文章。下面的两种方法是显然的,用它们可以找到某些类似社会福利函数的东西:(1)把上面的条件减弱;(2)要求f仅仅定义在一个A_n^k的子集上。布莱克(D. Black)、稻田(K. Inada)、沃德(B. Ward)、森(A. K. Sen)、鲍曼(V. J. Bowman)和科兰托尼(C. S. Colantoni)曾经提出过合适的A_n^n的子集。例如,布莱克证明了对于奇数个选举者来说,多数表决制是单峰偏好子集上的一个社会福利函数。

定义 8.14 $\underline{n}$上的一个偏好关系是单峰的(single peaked),当且仅当对于任何$i,j,k\in\underline{n}$,其中$i<j<k$,或者是所有三种被选择对象没有差别,或者是j严格地比其他任何一个更被偏爱。

从几何上来看,如果人们根据大小和确定被选对象序关系的图上的等级来安排被选择对象的话,那么结果曲线将上升到一极大值,然后下降。

对于有三个被选对象的情况,加曼(M. B. Garman)和卡米恩(M. H. Kamien)证明了吉尔伯德(G. Guilbaud)的猜想;当n趋于无穷大时,不具有过半数取胜者的概率趋于0.087 7…。

看来,定理8.7的第一个和第三个条件是必不可少的,而第二个条件的必要性就不那么明显了。例如,有三个当事人和三个被选对象的情况,其中当事人a把被选对象排为123,当事人b排为231,当事人c排为312。由于对称性,集团的偏爱矩阵应当是

$$\begin{pmatrix}1 & 1 & 1\\ 1 & 1 & 1\\ 1 & 1 & 1\end{pmatrix}。$$

如果不相干的被选对象的独立性成立,那么关于1,2的结果和a:123;b:213;c:123的情况一样。因此,在后一种情况下,很自然地可将1当作集团的偏爱。有一种替代的方法已经被证明是满意的,它假定没有一个当事人能够操纵决策,也就是为得到一个更好的社会决策,他必须改变自己的偏爱。当然,这种事情发生在民主政体中,一个具有极端观点的选举者可能会

这样选；好像他真正喜爱的是一个更受群众欢迎的候选人，这个候选人比较倾向于他的主张。有些研究者最近已经证明，关于不可操纵的社会选择函数的不可能性定理。

另一个可能不是必要的条件是，f 的象是传递的，就是说，集团喜欢 x 胜过喜欢 y。这可以这样理解：如果仅仅面对 x 和 y，那么集团将选择 x。因此，如上所述，所有其他的被选对象可能是有关的。

因此，从某种程度上来说，考虑社会福利函数还不如考虑下面的函数来得自然。

定义 8.15　被选择对象 X 的一个集合上的选择函数（choice function），是指一个从 X 的子集到 X 的子集的映射 g，且对于所有 $S\subset X$ 来说，有 $g(S)\subset S$。

定义 8.16　设 S_x^k 记为 X 上反对称偏爱关系的 k 元组的集合。对于 k 个当事人和有 n 个被选择对象的集合 X，一个社会选择函数（social choice function），是指从 S_x^k 到 X 上选择函数的集合的一个映射（我们假定反对称性仅仅为了证明定理 8.8，除此之外没有理论上的原因）。

社会选择函数代表被选对象的 $g(S)$，当集团面对被选对象的一个子集合 S 时，$g(S)$ 就是集团认为最好的对象。集团对于 $g(S)$ 中所喜爱的被选对象是一致的（他们被当作第一位的整体看待）。实际上，当 S 非空时，$g(S)$ 也是非空的。常要求 g 仅仅定义在 X 的所有子集的全体的一个子集上。

定义 8.17　设 R 是 X 上的一个偏好关系。从 X 到 R 的函数 h 称为 X 上权的非降系统（nondecreasing system of weight），是指：只要 $(x,y)\in R$，$h(x)\geqslant h(y)$。设 $S,T\subset X$，则 S 被 * – 偏好（strictly*-preferred）胜过 T，当且仅当对每个权的非降系统 $h(x)$ 来说，S 的一个元素的平均权比 T 的一个元素的平均权大。

设 X 是被选对象的一个集合，m 为一个正整数，设 mX 记为一个 $m|X|$ 阶的集合。我们把 mX 看成包含 X 的每个被选对象的 m 份摹本的集合。

对于 X 上的一个偏好关系 R,可以这样定义 mX 上的一个偏好关系:赋予被选对象的摹本具有和这个被选对象同样的序。对于 X 的一个子集 S 和一个整数 $0<r\leqslant m$,记 rS 为 X 的任何一个子集,这个子集恰恰包含 S 中每个被选对象的 r 个摹本。

命题 8.12 * - 偏好关系是自反的和传递的。对于任何 $r,S>0$,S 被 * - 偏好胜过 T,当且仅当 rS 被 * - 偏好胜过 rT。假设 $|S|=|T|$,则 S 被 * - 偏好胜过 T,当且仅当存在一个一对一的从 S 到 T 之上的函数 ψ,使得对每个 R 有 $(x,\psi(x))\in R$。

证明 第一个论断可由 * - 偏好的定义得证,关于 rS 和 rT 的论断也可从定义得证。假设 $|S|=|T|$,同时 S 被 * - 偏好胜过 T。把 S 和 T 的元素排一个序,使得如果 x 是严格地被偏好胜过 y,那么 x 就放在 y 的前面。设 ψ 是从 S 到 T 的函数,对于每个 i,它将 S 的第 i 个元素对应于 T 的第 i 个元素。假设对某个 $x(x,\psi(x))\in R$,我们对所有满足 $(z,\psi(x))\in R$ 的元素 $z\in X$ 指派权数为 1,而对 X 的所有其他元素指派权数为 0,则 S 的平均权数小于 T 的平均权数,这是矛盾的。所以,如果 S 被 * - 偏好胜过 T,那么满足 $(x,\psi(x))\in R$ 的函数 ψ 是存在的。反之,根据定义,如果存在一个 ψ,那么 S 被 * - 偏好胜过 T。

定义 8.18 一个社会选择函数是非独裁的(nondictatorial),是指:它不是单独某个当事人选择的函数。

定义 8.19 X 的一个子集 S 严格地被 * - 偏好胜过 X 的子集 T,是指 S 被 * - 偏好胜过 T,但是 T 不被 * - 偏好胜过 S。

定义 8.20 一个社会选择函数满足柏雷多条件(Pareto condition),是指:只要 $S\subset Y$,同时存在 $T\subset Y$,使得集团中的每个人都 * - 偏好 T 胜过 S,而且有人严格地 * - 偏好 T 胜过 S,就有 $g(Y)\neq S$,其中 $Y\subset X$。

定义 8.21 一个社会选择函数不能被操纵(nonmanipulable),是指:如果不存在一个当事人 i 和 X 的一个子集 Y,使得如果所有其他的当事人都是诚实的,而 i 用某种方法歪曲了他的偏爱,则由此产生的集合 $g(Y)$ 将严格地* - 偏好胜过每个人都是诚实的所得的集合。

定义 8.22　一个社会选择函数对于所有的当事人是对称的，是指：在任何置换 π 之下，用 $A(\pi(1)), A(\pi(2)), \cdots, A(\pi(k))$ 替代 $A(1), A(2), \cdots, A(k)$，它是不变的。

定义 8.23　一个社会选择函数对于所有的被选择对象是对称的，当且仅当对任何置换矩阵 $\boldsymbol{P}$，$g(\boldsymbol{P}^{\mathrm{T}}A(1)\boldsymbol{P}, \cdots, \boldsymbol{P}^{\mathrm{T}}A(k)\boldsymbol{P}) = \pi(A(1), A(2), \cdots, A(k))$，其中 π 是这样的置换：它使得 $P_i\pi(i) = 1$，其中 $i = 1, 2, \cdots, n$。

定理 8.8　设 $Y \subset X$，对任何至少有两个当事人的集合来说，存在一个社会选择函数，它是柏雷多的、非独裁的、可操纵的、非空的（$Y \neq \varnothing$），对于当事人和被选对象都是对称的。特别地，取 $g(Y)$ 为所有的 $a \in Y$ 就是这样的一个函数，其中 a 满足：存在某个当事人，不能把 Y 中的任何其他元素严格地排在 a 的上面。

证明　可以验证：这个社会选择函数是非独裁的，当 $Y \neq \varnothing$ 时是非空的，并且对于当事人和被选对象是对称的。下面我们将证明它是柏雷多的。若相反，假设存在一个偏好 $(A(1), A(2), \cdots, A(k))$ 的集合，X 的子集 Y，以及一个 Y 的子集 S，使每个当事人* - 偏好 S 胜过 $g(Y)$。假设 x 是被选对象，它在某个当事人的表上排行第一，也就是 $x \in g(Y)$，那么当这个当事人* - 偏好 S 胜过 Y 时，x 必须在 S 中。因此，$g(Y) \subset S$。由命题 8.12，$|S|g(Y)$ 将被每个当事人* - 偏好胜过 $|g(Y)|S$。但是，如果 $|S| > g(Y)$，那么 $|g(Y)|S$ 将包含 X 的少于 $|S|g(Y)$ 个摹本，当事人就不能* - 偏好 $|g(Y)|S$ 胜过 $|S|g(Y)$。因此，$|S| = |g(Y)|$。所以 $S = g(Y)$，使得对于任何一个人来说，S 都不是严格地被* - 偏好胜过 $g(Y)$。这就证明了柏雷多条件。

现在我们来证明，这个给定的社会选择函数是不能被操纵的。假定当事人 i 谎报了他的偏好后能得到一个严格的* - 偏好选择集合，那么他必须在 Y 的元素中改变他当作第一选择的提名，否则 $g(Y)$ 不能被改变。但是，如果他这样做的话，就不能得到一个* - 偏好集。定理由此得证。

下面是满足这一定理的某些其他社会选择函数。

(1) 设 $g(R)$ 如定理 8.8 中所设,除非当事人中的大多数喜欢 Y 中的某个对象胜过 Y 中的所有其他对象。在这种情况下,选择大多数当事人喜欢的对象作为社会选择函数。

(2) 设 $g(Y)$ 如定理 8.8 中所设,除非存在两个对象,其中每一个对象都被超过 $\frac{1}{3}$ 的选择者所喜爱胜过 Y 中的所有其他对象。在这种情况下,选择由第二个对象所构成的集合作为社会选择函数。

(3) 设 $g(Y)$ 是 Y 中这样一些被选对象的集合,它们在任何人关于 Y 中的对象的表中都不是最不重要的,除非这个集合是空的。如果这个集合是空的,那么取 $g(Y)=Y$。

把上面的结果推广到下面的情况是很困难的。这里,当事人的偏好不是反对称的,也就是当事人可以这样说:这几个对象我一样喜欢。例如,如果我们有两个当事人 a,b 和三个对象 1,2,3,且排序为

a	b
1,2	1,3
3	2

则 $g(\{1,2,3\})=\{1,2,3\}$ 不满足柏雷多条件,因为 $g(\{1,2,3\})=\{1\}$ 对两个当事人来说都是严格的 * - 偏好。

我们可以采用 * - 偏好的一个不同的定义,也就是可以假定每个当事人有他自己的权数系统,他完全根据集合的平均权做出他喜欢某个集合胜过其他集合的抉择。这个情况已由吉巴特在买彩票问题上的一个定理讨论过了。

米尔金(B. G. Mirkin)也曾经在社会选择的研究中利用布尔矩阵,特别用它来说明三元集合上的各种序关系。

4. 霍尔关系

在结束这章的时候，我们将简单地提一下另一种重要的序关系，称为霍尔关系。霍尔关系在组合论、运筹学和布尔矩阵理论中是非常重要的。

定义 8.24　设 $X=\{x_1,x_2,\cdots,x_m\}$，设 $X_1,X_2,\cdots,X_n$ 是 X 的子集。一个相异代表组（system of distinct representative, SDR）是一个序列 $s_1,s_2,\cdots,s_n$，使得对于每个 i，$s_i\in X_i$，以及 $i\neq j$ 时，$s_i\neq s_j$。

定义 8.25　X 上的二元关系 H 是一个霍尔关系，当且仅当集合 x_1H，$x_2H,\cdots,x_nH$ 有一个 SDR。

关于 SDR 的参考文献可以参看赖塞和伯格的文章。

一个布尔矩阵 $\boldsymbol{A}$ 是一个霍尔矩阵，当且仅当它是霍尔关系的矩阵，当且仅当对某些置换矩阵 $\boldsymbol{P}$ 有 $\boldsymbol{A}\geqslant\boldsymbol{P}$。这立即可得出结论：霍尔矩阵构成一个半群。金基恒在这个半群中以 L,R,H,D,J 类为特征发现了它们的基数，并证明了幂等的霍尔矩阵与拟序一一对应。

金基恒和劳什又把 SDR 与半群的结构联系了起来。考虑一个矩阵 $\boldsymbol{A}$ 的里斯矩阵半群，它具有 0 元素和群 $G=\{1\}$。当一个布尔矩阵 $\boldsymbol{B}$ 被看成 H 类的一个集合时，它可以表示一个子半群的充分必要条件是 $\boldsymbol{BAB}\leqslant\boldsymbol{B}$。他们证明了这个结果。

定理 8.9　假定当 $\boldsymbol{A}$ 的所有列被看成 $\underline{n}$ 的子集时，$\boldsymbol{A}$ 有一个相异代表组 SDR，假定 $\boldsymbol{A}$ 没有一行或一列包含少于两个 1，那么对于满足 $\boldsymbol{BAB}\leqslant\boldsymbol{B}$ 的矩阵 $\boldsymbol{B}$，它必须包含 nm 个 1 或至多有 $nm-n$ 个 1，这里 m 是 $\boldsymbol{A}$ 的列数。

证明略。

第9章

渐近形式与信息的散布

我们现在来介绍布尔矩阵的幂的渐近形式(asymptotic forms)。这里所说的一个给定矩阵的幂的渐近形式,本质上是指在它所有的幂的渐近展开过程中,对于零元位置的完整描述。

这里所讨论的有限阶矩阵渐近形式的特征,是由关系理论的研究所提出来的。我们先讨论这种渐近形式在图论方面的特征。

在这一章中,我们将从几个不同的角度来讨论一个矩阵的幂级数。当我们用不同的方法处理同一个对象时,不可避免地会有一些重合的部分。第4节的定理9.28给出了有关矩阵渐近形式的结果的概括介绍。我们以一些应用作为本章的结束,包括:社会学中的小群体结构、聚类、有限状态的非确定性自动机、信息的散布,以及继电器组合电路设计。

1. 图论特征

在这一节中，我们研究如何使用矩阵来获取有关图的连通性方面的信息。回顾前文知，一个有向图和一个布尔矩阵实际上是同样的概念。在这里，我们将假设所有的图都是有向图。

这一节的结果取自哈拉里、诺曼和卡特赖特的著作。

定义 9.1　一个图的可达性矩阵是指这样的一个矩阵 $\boldsymbol{R}$，它的元素 $r_{ij}=1$ 可以通过一系列有向边从顶点 V_i 到达顶点 V_j（每一个顶点都被看成可以从它自身到达自身）。

定义 9.2　一个图中的一条道路（path）是指：由不同顶点 $V_0, V_1, \cdots, V_n$ 所组成的一个序列，使得对于每一个 i，$i=0,1,2,\cdots,n-1$，图中都存在从 V_i 到 V_{i+1} 的有向边。

命题 9.1　对于给定的邻接矩阵 $\boldsymbol{A}$，可达性矩阵 $\boldsymbol{R}$ 可以通过公式 $\boldsymbol{R}=(\boldsymbol{I}+\boldsymbol{A})^{p-1}$ 得到，其中 p 是这个图中顶点的个数，而矩阵的运算是布尔矩阵的运算。

证明　在布尔矩阵代数中，

$$(\boldsymbol{I}+\boldsymbol{A})^{p-1}=\boldsymbol{I}+\boldsymbol{A}+\cdots+\boldsymbol{A}^{p-1},$$

并且从 V_i 出发通过一条长度为 k 的有向边序列可以到达 V_j 的充分必要条件是 $\boldsymbol{A}^k$ 的第 i 行第 j 列元素为 1。这个元素为 1 是指：存在一个序列 i_1，$i_2,\cdots,i_{k+1}$，使得 $a_{i_1i_2}a_{i_2i_3}\cdots a_{i_ki_{k+1}}=1$。

注　还有 k - 可达性矩阵 $\boldsymbol{R}_k$，它的第 i 行第 j 列元素为 1 的充分必要条件是存在一条从 V_i 到 V_j 的长度小于或等于 k 的有向路。由此，$\boldsymbol{R}_k=(\boldsymbol{I}+\boldsymbol{A})^k$。

定义 9.3　一个图是强连通的（strongly connected），是指：对于任意两个顶点 V_i 和 V_j，从 V_i 到 V_j 是可到达的。一个图是弱连通的（weakly connected），是指：当不考虑边的方向时，从任何一个顶点到其他顶点都有路。一个图是单向连通的（unilaterally connected），是指：对于它的任意两个顶点,可以从其中的一个到达另一个(用布尔矩阵的术语来说,一个图是单向连通的是指:$\boldsymbol{R}+\boldsymbol{R}^{\mathrm{T}}=\boldsymbol{J}$,其中 $\boldsymbol{R}$ 是它的可达性矩阵)。

定义 9.4 一个图的强支(strong components),是指:它们是强连通的子图,并且不被任何其他的强连通子图真包含。

命题 9.2 对于任意 i,包含 V_i 的强支是使$(\boldsymbol{R}\odot\boldsymbol{R}^{\mathrm{T}})_{ij}=1$ 的那些点组成的,其中"⊙"记为元素相乘(element-wise product)。

定义 9.5 一个图 C 的凝聚(condesation)C^* 是一个图,它的顶点同 C 的所有强支有一一对应关系,使得在 C^* 中有一条从 V_i 到 V_j 的边当且仅当在 C 中有一条有向边从第 i 个强支中的某个点到第 j 个强支中的某个点。

如果顶点是按这样一种方法排序的,使得在同一个强支中的顶点是互相紧挨的,那么 C^* 的邻接矩阵可以根据强支和对于 C 的邻接矩阵进行分块而得到,即:将每个至少包含一个 1 的块用 1 来代替,将每个全为 0 的块用 0 来代替(除此之外,C^* 的主对角线元素全部假设为 0)。

定义 9.6 一个图的点基(point basis)是一个极小的点集,从这些点出发可以到达图中的每一个点。一个点反基(point contrabasis)是这样的一个极小的点集,使得从图中的任何一点出发,这个点集中至少有一个点是可以到达的。一个源(source)是图中的一个点,从这一点出发可以到达图中的每一个点。一个汇(sink)是图中的一个点,从图中任何一点出发都可以到达这一点。

定理 9.1 从组成 C^* 的一个点基的那些强支中的每一个里面取一个点,便组成了 C 的一个点基。C^* 只有唯一的一个点基。C^* 的一个点在这个基中,当且仅当在 C^* 中它所相应的一列的和为 0。

证明 第一个结论可以从定义 9.5 和定义 9.6 中得到。可达性关系使得 C^* 成为一个偏序集,并且一个点属于 C^* 的点基当且仅当它是此偏序集的一个极大元。在图 C^* 中没有任何有向边是进入这点的,这就证明了定理。

定义 9.7 图的顶点的一个集合 V 是一个基本集(fundamental set),是指:存在某个点上的 V,从它出发 V 的每一点都是可达的;并且不存在这样的顶点 V,从它出发可以到达真包含 V 的某个集合 S。一个点被称为原点,(origin)是指:从它出发基本集的每一个点都是可达的。与此对偶的概念是反基本集(contrafundamental set)和终点(terminus)。

定理 9.2　一个集合是点基,当且仅当它由所有的基本集的原点所组成。

我们再来考察回顾凝聚 C^*。C^* 中一个点是一个原点,当且仅当它是那个偏序集中的极大元,即它在一个点集中。

定理 9.3　顶点 V_i 是某个基本集的原点,当且仅当可达性矩阵 $\boldsymbol{R}$ 的第 i 列中 1 的数目等于矩阵 $\boldsymbol{R}\odot\boldsymbol{R}^{\mathrm{T}}$ 的第 i 列中 1 的数目。如果 V_i 是一个原点,那么在矩阵 $\boldsymbol{R}$ 的第 i 行中,元素为 1 的位置所对应的顶点组成了 V_i 的基本集。

第一个条件意味着 V_i 仅仅从它的强支中的其他点出发才是可达的,这就是说,这一强支是 C^* 中的一个极大点。第二个条件等价于基本集是从 V_i 出发的可以达到的所有的点。

注　应当注意,一个图是强连通的,当且仅当它的可达性矩阵是一个全一矩阵。

命题 9.3　图 G 的包含顶点 V_i 的弱支是由矩阵 $\boldsymbol{R}_W=(\boldsymbol{I}+\boldsymbol{A}+\boldsymbol{A}^{\mathrm{T}})^{p-1}$ 的第 i 行中元素为 1 的顶点所组成的集合,其中 $\boldsymbol{A}$ 是图 G 的邻接矩阵。

图的连通性的一个总的标记可以通过连通性矩阵 $\boldsymbol{C}$ 来表示。

(1) $C_{ij}=0$ 是指:即使不考虑边的方向,从 V_i 到 V_j 也没有道路;

(2) $C_{ij}=1$ 是指:如果不考虑边的方向,从 V_i 到 V_j 有一条道路,但是没有一条有向的路;

(3) $C_{ij}=2$ 是指:从 V_i 和 V_j 中的一个到另一个存在一条有向的路,但是反过来却没有;

(4) $C_{ij}=3$ 是指:存在一条有向的路从 V_i 到 V_j,也存在一条有向的路从 V_j 到 V_i。

矩阵 $\boldsymbol{C}$ 是这样确定的：如果 V_i 和 V_j 在同一个弱支中，那么 $C_{ij}=r_{ij}+r_{ji}+1$（按整数加法），否则 $C_{ij}=0$。这里 r_{ij}是可达性矩阵 $\boldsymbol{R}$ 中的元素。

定义 9.8 一个有向图的距离矩阵 $\boldsymbol{D}$（distance matrix）是这样一个矩阵：它的元素 d_{ij}是从 V_i 到 V_j 的最短的有向路的长度。

有一个办法确定距离矩阵 $\boldsymbol{D}$，即

$$d_{ii}=0, d_{ij}=\infty,$$

当且仅当 $r_{ij}=0$，否则 d_{ij}是 S 中最小的数，其中 S 是使得邻接矩阵 $\boldsymbol{A}$ 的第 S 次幂中第 i 行第 j 列元素为 1 的正整数。

另一个公式是

$$\boldsymbol{D}=k\boldsymbol{R}_{\infty}-\boldsymbol{R}_0-\boldsymbol{R}_1-\cdots-\boldsymbol{R}_{k-1},$$

其中 k 是使得 $\boldsymbol{R}_k=\boldsymbol{R}$ 的最小整数，$\boldsymbol{R}_{\infty}$ 是这样的一个矩阵，它是由 $\boldsymbol{R}$ 把其中的 0 换成∞ 而得到的，并且其中的运算是整数运算。另外，还存在一个与动态规划有关的非布尔的方法。

通过矩阵 $\boldsymbol{D}$，从 V_i 到 V_j 的最短路径也可以被确定了。一个顶点 V_k 在这条最短路径上的充分必要条件是：$d_{ik}+d_{kj}=d_{ij}$。

定理 9.4 设 $\boldsymbol{M}_G^n$ 是由图 G 确定的一个矩阵，其元素(i,j)是从顶点 V_i 到 V_j 的长度为 n 的路的数目。设 $\boldsymbol{A}$ 是 G 的邻接矩阵，G_j 是 G 的一个子图，它的邻接矩阵是由 G 的邻接矩阵的第 j 行和第 j 列都换成零所得到的，那么，矩阵 $\boldsymbol{M}_G^n$ 的第 j 列等于矩阵乘积$(\boldsymbol{M}_{G_j}^{n-1})\boldsymbol{A}$ 的第 j 列。

在这样的列中第 j 个元素的相等性：$\boldsymbol{M}_G^n$ 的元素(j,j)是零，那么，在矩阵乘积$(\boldsymbol{M}_{G_j}^{n-1})\boldsymbol{A}$ 的第 j 列中，第 j 个元素也是零。

第 $i(i\neq j)$个元素的相等性：设 $V=V_i\cdots V_t$ 是长度为 $n-1$ 的一条道路，并且假设在 G 中存在边 V_tV_j，那么，$V_i\cdots V_tV_j$ 是一条道路的充分必要条件是 V_j 不在 V 中，也就是说 V 在 G_j 中是一条路。反之，G 中长度为 n 的每一条路也是能用这种方法表示的。这个表示的矩阵解释就是这里所谈的相等性。

2. 收敛矩阵和振荡矩阵

在这一节，我们介绍矩阵幂的渐近形式的种种性质。我们将从渐近形式的图论特征谈起，这些工作属于罗森布莱特（Rosenblatt）。

定义 9.9　一个矩阵 $\boldsymbol{A} \in B_n (n \geqslant 2)$ 是收敛的（convergent，指它的幂），是指在序列 $\{\boldsymbol{A}^k \mid k=1,2,\cdots\}$ 中存在 $\boldsymbol{A}$ 的一个幂 $\boldsymbol{A}^m$，使得 $\boldsymbol{A}^m=\boldsymbol{A}^{m+1}$，并称矩阵 $\boldsymbol{A}$ 收敛于矩阵 $\boldsymbol{A}^m$。一个矩阵 $\boldsymbol{A}$ 是振荡的（oscillatory，指它的幂），是指在序列 $\{\boldsymbol{A}^k \mid k=1,2,\cdots\}$ 中存在 $\boldsymbol{A}$ 的一个幂 $\boldsymbol{A}^m$，使得 $\boldsymbol{A}^m=\boldsymbol{A}^{m+1}$，其中 m 是使得这个式子成立的大于 1 的最小整数。一个矩阵是本原的，是指对于某个 m，有 $\boldsymbol{A}^m=\boldsymbol{J}$。

由此可知，对于一个收敛的矩阵 $\boldsymbol{A}$，所有的矩阵元素 $a_{ij}^{(k)}$ 都一定有其极限值。然而，在一个周期矩阵的所有的幂中，其矩阵元素的某个子集一定在数值上是周期的，而其余的可能具有极限值。因此，为了方便起见，对任何一个矩阵 $\boldsymbol{A}$，只要它在 $\boldsymbol{A}$ 的幂序列中出现无限多次，我们就将它看成一个极限矩阵（limit matrix）。对于一个矩阵 $\boldsymbol{A} \in B_n$，它的幂序列中不同矩阵的个数至多为 2^r，其中 $r=n^2$。这样，$\boldsymbol{A}$ 一定或者是有限收敛的，或者是有限振荡的。

引理 9.1　一个收敛的布尔矩阵收敛于一个幂等矩阵。

注　收敛矩阵分为三种类型：(1)本原矩阵，它收敛于全一矩阵；(2)幂零矩阵，它收敛于零矩阵；(3)收敛于不同于全一矩阵和零矩阵的一个幂等矩阵。

我们将要用到关于有限循环半群的下列结果。

定理 9.5　设 S 是一个具有生成元 a 的有限的循环半群，设 k 是使得 $a^k=a^{k+m}$ 的最小正整数，其中 m 为某个正整数，设 d 是使得 $a^k=a^{k+d}$ 的最小正整数，那么，$\{a^x \mid x \geqslant k\}$ 是一个阶为 d 的循环群。如果 a^e 是这个群的单位元，那么，d 可以整除 e。

下面我们证明一个结论,它实质上由罗森布莱特用图论的术语证明,并由施瓦兹(Schwarz)用关系理论的术语证明,可能还有其他人做了证明。

定义 9.10 布尔矩阵 $\boldsymbol{A}$ 的振荡周期(period of oscillation),是指满足 $\boldsymbol{A}^k=\boldsymbol{A}^{k+d}$ 的最小正整数 d,其中 k 为某一个正整数。对于某个正整数 d,满足 $\boldsymbol{A}^k=\boldsymbol{A}^{k+d}$ 的最小正整数 k,被称为矩阵 $\boldsymbol{A}$ 的指数(index)。

定义 9.11 如果对于矩阵 $\boldsymbol{A}\in B_n$,存在矩阵 $\boldsymbol{P}\in P_n$,使得

$$\boldsymbol{PAP}^{\mathrm{T}}=\begin{pmatrix}\boldsymbol{B} & \boldsymbol{0}\\ \boldsymbol{C} & \boldsymbol{D}\end{pmatrix},$$

其中 $\boldsymbol{B},\boldsymbol{D}$ 是方阵,那么,称 $\boldsymbol{A}$ 为可分解的(decomposable),否则称 $\boldsymbol{A}$ 为不可分解的(indecomposable)。如果存在 $\boldsymbol{P},\boldsymbol{Q}\in P_n$,使得

$$\boldsymbol{PAQ}=\begin{pmatrix}\boldsymbol{B} & \boldsymbol{0}\\ \boldsymbol{C} & \boldsymbol{D}\end{pmatrix},$$

其中 $\boldsymbol{B},\boldsymbol{D}$ 是方阵,这时,$\boldsymbol{A}$ 是部分可分解的(partly decomposable),否则 $\boldsymbol{A}$ 就是完全不可分解的(fully indecomposable)。

注 应当注意,一个矩阵 $\boldsymbol{A}\in B_n$ 是不可分解的,当且仅当不存在 $\underline{n}$ 的一个非空真子集 $\underline{m}$,使得 $a_{ij}=0$,只要 $i\in\underline{m},j\in\underline{n}\backslash\underline{m}$。如果 $\boldsymbol{A}$ 是周期的,那么 $\boldsymbol{A}$ 或者是可以分解的,或者是部分可分解的(这可以由下面的引理 9.5 得到)。

命题 9.4 一个布尔矩阵 $\boldsymbol{A}$ 是不可分解的,当且仅当对于任意 $i,j\in\underline{n}$,存在某个序列 $i_1,i_2,\cdots,i_k$,使得 $a_{ii_1}=1,a_{i_1i_2}=1,\cdots,a_{i_kj}=1$(包括空序列,即 $a_{ij}=1$)。

证明 假设这个条件成立,并设 $\underline{m}$ 使得对于 $i\in\underline{m},j\in\underline{n}\backslash\underline{m},a_{ij}=0$。令 $\underline{m},\underline{n}\backslash\underline{m}$ 是非空的,设 $x\in\underline{m},y\in\underline{n}\backslash\underline{m}$,设 $i_1,i_2,\cdots,i_k$ 是一个链,使得 $a_{xi_1},\cdots,a_{i_ky}$ 都等于 1,设 i_j 是上述链在 $\underline{m}$ 的最后一个元,那么,$a_{i_ji_{j+1}}=1$,而 $i_j\in\underline{m}$,$i_{j+1}\notin\underline{m}$,这是矛盾的。

假设不存在这样的子集 $\underline{m}$,固定 x。设 S 是这样的所有 $y\in\underline{n}$ 的集合,对于它存在一个链 $i_1,i_2,\cdots,i_k$,具有 $a_{xi_1}=1,\cdots,a_{i_ky}=1$。

如果 $S\neq \underline{n}$,设 $z\notin S$。如果 $S=\varnothing$,那么 $\underline{m}=\{x\}$ 给出了 $\boldsymbol{A}$ 的一个分解,因此令 $S\neq\varnothing$。假设存在 $w\in S$,使得 $a_{wz}=1$,那么,设 $i_1,i_2,\cdots,i_k$ 是从 x 到 W 的一个序列,具有 $a_{xi_1}=\cdots=a_{i_kw}=1$。这样,$z\in S$,这是矛盾的。于是,对于任意 $w\in S,z\notin S,a_{wz}=\phi$,$S$ 给出了 A 的一个分解。这和我们的假设没有这样的 $\underline{m}$ 存在矛盾。因此,对于所有的 x,$S=\underline{n}$。因此,命题中的条件是对的。

定义 9.12 如果 $\boldsymbol{A}\in B_n$,$x,y\in\underline{n}$,序列 $i_1,i_2,\cdots i_r$,其中 $i_j\in\underline{n}$,对于 $\boldsymbol{A}$ 是一个从 x 到 y 的连接序列(connecting sequence),是指:$a_{xi_1}=\cdots=a_{i_ji_{j+1}}=\cdots=a_{i_ry}=1$。这时,这个连接序列的长度为 $r+1$。如果$a_{xy}=1$,我们认为 ϕ 是从 x 到 y 的长度为 1 的连接序列。

引理 9.2 设 $\boldsymbol{A}^e$ 是一个不可分解的布尔矩阵的一个幂等的幂,那么,$\boldsymbol{A}^e\geqslant\boldsymbol{I}$。

证明 设 $i\neq j$,设 S_1,S_2 分别是从 i 到 j 和从 j 到 i 的连接序列,那么,S_2,i,S_1 就构成了从 j 到 j 的一个连接序列。设它的长度为 m,那么,这个连接序列的存在意味着 $a_{jj}^{(m)}=1$。于是,$a_{jj}^{(em)}=1$。但是,因为 $\boldsymbol{A}^e$ 是幂等的,所以,$\boldsymbol{A}^{em}=\boldsymbol{A}^e$。这就证明了对任意 j,$a_{jj}^{(e)}=1$。

引理 9.3 设 K 是不可分解矩阵 $\boldsymbol{A}$ 的指数,设 t 是一个不小于 K 的整数。如果对于某个 t,有 $a_{ii}^{(t)}=1$,那么,对于所有的 j,都有 $a_{jj}^{(t)}=1$。

证明 假设 $a_{ii}^{(t)}=1,t\geqslant K$,我们可以找到从 1 到 1 的一个连接序列 S,使得 n 中的每一个数都在 S 中的某一个地方出现。为此,首先寻找一个从 1 到 2 的连接序列,然后寻找从 2 到 3 的连接序列,等等。最后,把这些序列连在一起,就组成了 S。设 r 是 S 的长度。

设 $\boldsymbol{A}^e$ 是 $\boldsymbol{A}$ 的一个幂等的幂。把 e 个 S 连在一起,并且在 S 中出现 i 的地方插入一个长度为 t 的连接序列。因为 $a_{ii}^{(t)}=1$,这样的序列是存在的。我们考察这样的一个长度为 $er+t$ 的连接序列。

因为连接序列存在,我们可以把它写成 S_1,j,S_2。那么,重新排列这个连接序列,得到 S_2,j,S_1,这个序列把 j 和 j 连接起来了。于是,$a_{jj}^{(er+t)}=1$。

但是,因为$\boldsymbol{A}^e$是幂等的,t是不小于指数K的整数,因此,$\boldsymbol{A}^{(er+t)}=\boldsymbol{A}^t$。

引理 9.4 设$\boldsymbol{A}$是一个布尔矩阵,K和t是引理9.3中所给出的整数。如果$\boldsymbol{A}^t\geqslant\boldsymbol{I}$,那么,$\boldsymbol{A}^t$是幂等的。

证明 由定理9.5,对于$t\geqslant K$,$\boldsymbol{A}^t$是一个循环子群中的元素。因此,存在某个m,使得$\boldsymbol{A}^{tm}=\boldsymbol{A}^t$。但是,如果$\boldsymbol{A}^t\geqslant\boldsymbol{I}$,那么$\boldsymbol{A}^t\leqslant\boldsymbol{A}^{zt}\leqslant\cdots\leqslant\boldsymbol{A}^{mt}$。这样,所有这些不等式都必须是等式,于是,$\boldsymbol{A}^t$是幂等的。

引理 9.5 如果$\boldsymbol{A}$是一个不可分解的布尔矩阵,那么,$\{x\mid x>0$,且对于某个$i,a_{ii}^{(x)}=1\}$的最大公因子等于$\{x\mid x\geqslant K$,且对于某个$i,a_{ii}^{(x)}=1\}$的最大公因子。

证明 设$\boldsymbol{A}^e$是$\boldsymbol{A}$的一个幂等的幂。如果$a_{ii}^{(x)}=1$,那么,$a_{ii}^{(x+e)}=1$,其中$x+e>e\geqslant K$,而$\{x,\cdots,e,\cdots\}$的最大公因子等于$\{x+e,\cdots,e,\cdots\}$的最大公因子。

引理 9.6 设$\boldsymbol{A}$是一个不可分解的布尔矩阵,d是$\boldsymbol{A}$的振荡周期。对于$y=0,1,\cdots,d-1$,设S_y是数x的集合,使得存在从1到x的长度关于模d与y同余的连接序列,那么,S_y构成了$\underline{n}$的一个分划。并且,如果$a_{ij}=1,i\in S_y$,那么,$j\in S_z$,其中$z\equiv y+1\pmod d$。

证明 $\boldsymbol{A}$的不可分解性意味着在$\underline{n}$中的每一个S_y中,当$y\neq w$时,$S_y\cap S_w\neq\varnothing$。设$i\in S_y\cap S_w$,设$S_1$是从1到$i$的一个连接序列,长度为$t_1\equiv y\pmod d$,并且设$S_2$是长度为$t_2\equiv w\pmod d$的从1到$i$的一个连接序列,设$S_3$是从$i$到1且长度为$t_3$的连接序列,其中$t_3\geqslant k$,$k$为$\boldsymbol{A}$的指数,那么,$S_1,i,S_3$和$S_2,i,S_3$是从1到1的长度分别为$t_1+t_3$和$t_2+t_3$的连接序列。于是,$a_{11}^{(t_1+t_3)}=a_{11}^{(t_2+t_3)}=1$。由引理9.3和引理9.4知,$\boldsymbol{A}^{(t_1+t_3)}$和$\boldsymbol{A}^{(t_2+t_3)}$是幂等的。由定理9.5,$d\mid(t_1+t_3)$,并且$d\mid(t_2+t_3)$,但$t_2$和$t_1$并不是关于模$d$同余的,矛盾。因此,当$y\neq w$时,$S_y\cap S_w=\varnothing$,并且$S_y$是$\underline{n}$的一个分划。

如果$a_{ij}=1$,并且$i\in S_y$,我们能找到一个从1到i的连接序列,其长度为其个数$m\equiv y\pmod d$,那么,把j加到这个序列上就得到了一个从1到j的长度为$m+1$的连接序列。

定理 9.6　设 $\boldsymbol{A}$ 是一个不可分解的布尔矩阵，$\boldsymbol{A}$ 的振荡周期 d 是使得 $a_{ii}^{(x)}=1$ 的所有整数 x 的最大公因数。存在一个排列矩阵 $\boldsymbol{P}$，使得 $\boldsymbol{PAP}^{\mathrm{T}}$ 能写成形式

$$\begin{pmatrix} \boldsymbol{0} & \boldsymbol{A}_1 & \boldsymbol{0} & \cdots & \boldsymbol{0} \\ \boldsymbol{0} & \boldsymbol{0} & \boldsymbol{A}_2 & \cdots & \boldsymbol{0} \\ \boldsymbol{0} & \boldsymbol{0} & \boldsymbol{0} & \cdots & \boldsymbol{0} \\ \vdots & \vdots & \vdots & & \vdots \\ \boldsymbol{A}_d & \boldsymbol{0} & \boldsymbol{0} & \cdots & \boldsymbol{0} \end{pmatrix},$$

这里的 $\boldsymbol{A}_i$ 是某些确定的矩阵，$\boldsymbol{0}$ 是零矩阵，行的划分和列的划分是相同的。

证明　定理的第一部分可由引理 9. 5 及引理9. 2 ~ 9. 4得到。

因为 S_y 是 $\underline{n}$ 的一个分划，我们可以选择一个排列 π，使得 π 作用到 $1,2,\cdots,|S_0|$ 上得到集合 S_0，π 作用到 $|S_0|+1,\cdots,|S_0|+|S_1|$ 上得到集合 S_1，等等。其中，S_y 见引理 9. 6。设 $\boldsymbol{PAP}^{\mathrm{T}}$ 是由排列 π 所得到的。事实上，仅当 $i\pi\in S_y, j\pi\in S_w$ 时，才有 $(\boldsymbol{PAP}^{\mathrm{T}})_{ij}=1$，其中 $w\equiv y+1 \pmod d$，而这恰是指：i,j 是在上面所列出的矩阵中某个 $\boldsymbol{A}_h(1\equiv h\leqslant d)$ 所处的位置。因此，$\boldsymbol{PAP}^{\mathrm{T}}$ 即是所要求的形式。

应当注意，$\boldsymbol{A}$ 的振荡周期可以由相应的 $G_{\boldsymbol{A}}$ 来确定。在上述定理中所提到的最大公因数，即是 $G_{\boldsymbol{A}}$ 中所有闭合的路的长度的最大公因数，这里所说的闭合的路是指：顶点的序列 $V_0,V_1,\cdots,V_r$，其中 $V_0=V_r$，并且对于任意 $i=0,1,\cdots,r-1$，存在从 V_i 到 V_{i+1} 的边。这里我们可以不去看每一个闭合回路，而仅仅考察那些相应于不同的顶点的极小闭合回路，因为每一个闭合回路都可以被分解为一些极小回路，以及在这些回路上的重复运动。

如果 $\boldsymbol{A}$ 是可分解的，那么，可以知道它的振荡周期是那些不可分解的子矩阵的振荡周期的最小公倍数，而它们恰是 $G_{\boldsymbol{A}}$ 的所有强支的邻接矩阵。

定义 9.13　图的一个圈(cycle)是一个顶点序列 $V_0,V_1,\cdots,V_r$，其中 $V_0=V_r$，而其余的所有顶点是不同的，并且对于 $i=0,1,\cdots,r-1$，都存在从 V_i

到 V_{i+1} 的有向边。

定理 9.7 如果 $\boldsymbol{A}\in B_n$，它所相应的图是 G_A，那么，$\boldsymbol{A}$ 收敛于 $\boldsymbol{0}$ 的充分必要条件是 G_A 不包含圈。

证明 一般来说，$\boldsymbol{A}^r$ 的元素(i,j)为 1 当且仅当存在一个长度严格为 r 的、从顶点 i 到顶点 j 的边序列。如果在 G_A 中没有圈，那么，在每一个这样的边序列中，顶点都一定是不同的。于是，就没有一个边的序列长度可以大于 $n-1$，因此，$\boldsymbol{A}^n=\boldsymbol{0}$。

如果存在一个圈，那么，这个圈的重复出现就可以给出一个足够长的边序列，于是，$\boldsymbol{A}$ 就没有一个幂是 $\boldsymbol{0}$。

下面，我们将介绍矩阵幂的渐近形式的理论特征。

定义 9.14 一个矩阵 $\boldsymbol{PAP}^{\mathrm{T}}$ 是三角形的(triangular form)，其中 $\boldsymbol{P}\in P_n$，是指它的形式为

$$\begin{pmatrix} \boldsymbol{A}_{11} & \boldsymbol{0} & \cdots & \boldsymbol{0} \\ \boldsymbol{A}_{21} & \boldsymbol{A}_{22} & \cdots & \boldsymbol{0} \\ \vdots & \vdots & & \vdots \\ \boldsymbol{A}_{k1} & \boldsymbol{A}_{k2} & \cdots & \boldsymbol{A}_{kk} \end{pmatrix},$$

其中主对角线上的矩阵都是方阵，并且 $k\geqslant 2$。子矩阵 $\boldsymbol{A}_{ii}$ 称为 $\boldsymbol{A}$ 的组成成分(constituents)。

定理 9.8 如果 $\boldsymbol{A}\in B_n$ 是一个 k 分块三角矩阵，并且 $\boldsymbol{A}$ 中至少存在一个组成成分等于非单位排列矩阵，那么，$\boldsymbol{A}$ 是周期的。

证明 $\boldsymbol{A}$ 的 r 次幂的组成成分中将含有定理中所说的那个排列矩阵的 r 次幂。因为这一部分是绝不会不变的，所以，$\boldsymbol{A}^r$ 作为一个矩阵将不收敛。

定义 9.15 一个矩阵 $\boldsymbol{A}\in B_n$ 被称为 k - 分块可分划的(k-block partitionable)，是指：如果存在 $\boldsymbol{P}\in P_n$，使得 $\boldsymbol{PAP}^{\mathrm{T}}$ 为

$$\begin{pmatrix} \boldsymbol{A}_{11} & \boldsymbol{A}_{12} & \cdots & \boldsymbol{A}_{1k} \\ \boldsymbol{A}_{21} & \boldsymbol{A}_{22} & \cdots & \boldsymbol{A}_{2k} \\ \vdots & \vdots & & \vdots \\ \boldsymbol{A}_{k1} & \boldsymbol{A}_{k2} & \cdots & \boldsymbol{A}_{kk} \end{pmatrix},$$

其中每一个组成成分都是方阵，且 $k \geqslant 0$。

定义 9.16 一个矩阵 $\boldsymbol{A} \in B_n$ 被称为行非空的（或列非空的）(row nonempty 或 column nonempty)，是指：$\boldsymbol{A}$ 的每一行（或每一列）至少包含一个 1。

定理 9.9 设 $\boldsymbol{A} \in B_n$ 是一个 k - 分块可分划的矩阵。如果存在一个周期矩阵 $\boldsymbol{B}$，其阶数 $m > 2$，使得：如果 $\boldsymbol{A}_{ij} \neq \boldsymbol{0}$，则 $b_{ij} = 1$；如果 $\boldsymbol{A}_{ij} = \boldsymbol{0}$，则 $b_{ij} = 0$。并且，或者所有的非零子矩阵 $\boldsymbol{A}_{ij}$ 是行非空矩阵，或者所有的非零子矩阵 $\boldsymbol{A}_{ij}$ 是列非空矩阵，那么，$\boldsymbol{A}$ 是周期的。

证明 假设所有非空子矩阵 $\boldsymbol{A}_{ij}$ 是行非空的矩阵。我们将建立如下的归纳假设，$\boldsymbol{A}$ 具有性质

$$b_{ij}^{(t)} = \begin{cases} 1\text{，如果}(\boldsymbol{A}^t)_{ij}\text{是行非空的，} \\ 0\text{，如果}(\boldsymbol{A}^t)_{ij} = \boldsymbol{0}\text{，} \end{cases}$$

其中 t 是正整数。

这一假设在 $t = 1$ 时是真的。假设它在 $t = m$ 时也是真的，那么

$$b_{ij}^{(m+1)} = \sum b_{ik}^{(m)} b_{kj}, (\boldsymbol{A}^{m+1})_{ij} = \sum (\boldsymbol{A}^m)_{ik} \boldsymbol{A}_{kj}\text{。}$$

如果 $b_{ij}^{(m+1)} = 0$，那么，对于每一个 k，或者 $b_{ik}^{(m)} = 0$，或者 $b_{kj} = 0$。根据归纳假设，对于每一个 k，或者 $(\boldsymbol{A}^m)_{ik} = \boldsymbol{0}$，或者 $\boldsymbol{A}_{kj} = \boldsymbol{0}$。于是，$(\boldsymbol{A}^{m+1})_{ij} = \boldsymbol{0}$。

设 $\boldsymbol{M} = \boldsymbol{ST}$ 是两个行非空布尔矩阵的乘积。对于任意 i，$\boldsymbol{S}$ 的第 i 行将在某个位置 (i, j) 处包含一个 1，那么，$m_{ik} \geqslant S_{ij} t_{ik} > 0$。于是，对于任意 i，$M_i^* \neq 0$，并且，这样的 $\boldsymbol{M}$ 是一个行非空的矩阵。

假设 $b_{ij}^{(m+1)} = 1$，使得对于某个 k，$b_{ik}^{(m)} = 1$ 和 $b_{kj} = 1$，那么，$(\boldsymbol{A}^m)_{ik}$ 和 $\boldsymbol{A}_{kj}$ 是行非空的矩阵，这就使得 $(\boldsymbol{A}^m)_{ij} \geqslant (\boldsymbol{A}^m)_{ik} \boldsymbol{A}_{kj}$ 将是一个行非空的矩阵。这就完成了归纳证明。因为 $\boldsymbol{B}$ 毕竟不是不变的，因此，$\boldsymbol{A}$ 也不是不变的。

命题 9.5 如果 $\boldsymbol{A} \in B_n$ 是可分解的，并且是非振荡的，那么，$\boldsymbol{A}$ 收敛到某个幂等矩阵 $\boldsymbol{E}$，使得 $\boldsymbol{0} \leqslant \boldsymbol{E} < \boldsymbol{J}$。

证明 如果 $\boldsymbol{A}$ 是非振荡的，那么，它有极限 $\boldsymbol{L}$。如果

$$\boldsymbol{A}^t = \boldsymbol{L}, \boldsymbol{A}^{t+1} = \boldsymbol{A}^{t+2} = \cdots = \boldsymbol{A}^{2t} = \boldsymbol{L}^2,$$

其中 t 是一个正整数，这样 $\boldsymbol{L}$ 就是一个幂等矩阵。如果 $\boldsymbol{A}$ 是可分解的，那么，这一分解也同样适用于 $\boldsymbol{L}$，于是$\boldsymbol{L}<\boldsymbol{J}$。

命题 9.6　如果 $\boldsymbol{A}\in B_n$，那么 $\boldsymbol{A}$ 收敛于 $\boldsymbol{0}$ 的充分必要条件是存在 $\boldsymbol{P}\in P_n$，使得 $\boldsymbol{PAP}^{\mathrm{T}}$ 等于一个严格的下三角矩阵（strictly lower triangular matrix）。

定义 9.17　一个矩阵 $\boldsymbol{A}\in B_n$ 被称为行非空的分块排列矩阵（row non-empty and block permutation matrix），是指：(1)$\boldsymbol{A}$ 是 k－分块可分划的；(2)存在一个阶数 $m\geqslant 2$ 的非单位的排列矩阵 $\boldsymbol{P}$，使得当 $\boldsymbol{A}_{ij}$是一个行非空矩阵时，$P_{ij}=1$；当 $\boldsymbol{A}_{ij}=\boldsymbol{0}$ 时，$P_{ij}=0$。

命题 9.7　如果 $\boldsymbol{A}\in B_n$ 是一个行非空矩阵，那么，$\boldsymbol{A}$ 收敛于 $\boldsymbol{J}$，当且仅当 $\boldsymbol{A}$ 既不是可分解的又不是行非空的分块排列矩阵。

证明　先证必要性。如果 $\boldsymbol{A}$ 是可分解的，那么，$\boldsymbol{A}$ 的所有的幂将是可分解的。于是，$\boldsymbol{A}$ 是不能收敛于 $\boldsymbol{J}$ 的。如果 $\boldsymbol{A}$ 是行非空的分块排列矩阵，那么，由定理 9.9 知，$\boldsymbol{A}$ 是周期的。

再证充分性。假设 $\boldsymbol{A}$ 是不可分解的，如果振荡周期大于 1，那么，根据定理 9.6，$\boldsymbol{A}$ 是 k－分块可分划的。

$$\boldsymbol{PAP}^{\mathrm{T}}=\begin{pmatrix}\boldsymbol{0} & \boldsymbol{A}_{12} & \boldsymbol{0} & \cdots & \boldsymbol{0}\\ \boldsymbol{0} & \boldsymbol{0} & \boldsymbol{A}_{23} & \cdots & \boldsymbol{0}\\ \vdots & \vdots & \vdots & & \vdots\\ \boldsymbol{0} & \boldsymbol{0} & \boldsymbol{0} & \cdots & \boldsymbol{A}_{k-1,k}\\ \boldsymbol{A}_{k1} & \boldsymbol{0} & \boldsymbol{0} & \cdots & \boldsymbol{0}\end{pmatrix},$$

因为 $\boldsymbol{A}$ 是不可分解的，这个矩阵必须是行非空的。一个不可分解的并且又不是一个行非空的分块排列矩阵，它的振荡周期为 1，于是，它收敛于 $\boldsymbol{J}$。

现在，我们用非负矩阵的语言来重述一下上面这个结果。

注　我们可以用一个显而易见的方法，使一个 n 阶的非负矩阵和一个布尔矩阵联系起来，即使得：当 $a_{ij}>0$ 时，$b_{ij}=1$；否则，$b_{ij}=0$。用这种表现方法可以清楚地看出：对于 $\boldsymbol{A}$ 的有限次幂 $\boldsymbol{A}^p$ 和 $\boldsymbol{B}$ 的有限次幂 $\boldsymbol{B}^p$，$b_{ij}^{(p)}=1$

当且仅当 $a_{ij}^{(p)}>0$。

定义 9.18　如果 $\boldsymbol{A}$ 是一个 n 阶的非负方阵，$\boldsymbol{B}$ 是它的布尔矩阵表现，那么，$G_{\boldsymbol{B}}(\boldsymbol{A})$ 就是 $\boldsymbol{A}$ 的图。

定义 9.19　图 G 的一个子图 H 是一个 m 阶的循环网络，是指：H 包含了 G 中的 m 个点（$m>0$），并且，H 中的每一个点都和 H 的所有的点相连通。

定理 9.10　如果 $\boldsymbol{A}$ 是一个 n 阶非负矩阵（$n\geqslant 2$），那么，$\boldsymbol{A}$ 是不可分解的，当且仅当图 $G_{\boldsymbol{B}}(\boldsymbol{A})$ 是一个循环网络。

证明　如果我们把 $G_{\boldsymbol{B}}(\boldsymbol{A})$ 的点的标号和 $\boldsymbol{A}$ 的行与列的标号联系起来，很清楚，$\boldsymbol{A}$ 是不可分解的，当且仅当 $G_{\boldsymbol{B}}(\boldsymbol{A})$ 的每一点和 $G_{\boldsymbol{B}}(\boldsymbol{A})$ 的所有点都相连通。于是，$G_{\boldsymbol{B}}(\boldsymbol{A})$ 就是一个循环网络。

我们顺便强调一下，这些概念的对应对于不可分解的非负方阵的标准型来说是很显然的。

定义 9.20　两个阶数相同的布尔（非负）矩阵 $\boldsymbol{A}$ 和 $\boldsymbol{B}$ 具有相同的零模式（zero pattern）是指：当 $b_{ij}=0$ 时，$a_{ij}=0$，并且反之，当 $a_{ij}=0$ 时，$b_{ij}=0$。

定义 9.21　一个非负方阵和一个行非空矩阵（行非空分块排列矩阵）具有相同的零模式，那么，它就被称为广义行非空矩阵（generalized row non-empty matrix）（广义行非空分块排列矩阵）。

定理 9.11　如果 $\boldsymbol{A}$ 是一个 n 阶非负方阵（$n\geqslant 2$），并且是一个广义行非空的矩阵，那么，$\boldsymbol{A}$ 是本原的当且仅当 $\boldsymbol{A}$ 既不是可分解的，又不是一个广义行非空分块排列矩阵。

证明　这一证明可从下面这个事实得到：同阶的布尔矩阵和非负矩阵之间存在一个同态映射。

定理 9.12　设 $\boldsymbol{A}$ 是任一布尔矩阵，那么，存在一个排列矩阵 $\boldsymbol{P}$ 和 $\boldsymbol{PAP}^{\mathrm{T}}$ 的一个分划（对行和列是相同的），使得 $\boldsymbol{A}$ 的对角线上的块或者是不可分解的，或者是零，并且主对角线以上的块都是零。假设 $\boldsymbol{A}$ 是周期的，并且 $\boldsymbol{A}$ 的第 (i,i) 块或 (j,j) 块是非零的，那么，$\boldsymbol{A}^m$ 的第 (i,j) 块等于 $(\boldsymbol{A}^{m-1})_{ii}\boldsymbol{A}_{ij}$，

或者等于 $\boldsymbol{A}_{ij}(\boldsymbol{A}^{m-1})_{jj}$。如果 $\boldsymbol{A}$ 是周期的，并且是不可分解的，那么，存在一个排列矩阵 $\boldsymbol{Q}$ 和 $\boldsymbol{QAQ}^{\mathrm{T}}$ 的一个分划（对行和列是相同的），使得 $\boldsymbol{QAQ}^{\mathrm{T}}$ 具有形式

$$\begin{pmatrix} \boldsymbol{0} & \boldsymbol{J}_1 & \boldsymbol{0} & \cdots & \boldsymbol{0} \\ \boldsymbol{0} & \boldsymbol{0} & \boldsymbol{J}_2 & \cdots & \boldsymbol{0} \\ \boldsymbol{0} & \boldsymbol{0} & \boldsymbol{0} & \cdots & \boldsymbol{0} \\ \vdots & \vdots & \vdots & & \vdots \\ \boldsymbol{J}_d & \boldsymbol{0} & \boldsymbol{0} & \cdots & \boldsymbol{0} \end{pmatrix},$$

其中 $\boldsymbol{J}_d$ 是全一矩阵。

证明 $(\boldsymbol{I}+\boldsymbol{A})^n$ 是自反的幂等矩阵，因此也是一个拟序关系矩阵。由把拟序加细成相同等价类上的线性序的方法，可以把一个拟序关系矩阵变成所要求的形式，而且如果 $\boldsymbol{P}$ 是把 $(\boldsymbol{I}+\boldsymbol{A})^n$ 变成所要求形式的一个置换矩阵，那么，$\boldsymbol{P}$ 也将会变成所要求的形式。这就证明了定理的第一部分。

设 $\boldsymbol{A}$ 是周期的，$\boldsymbol{A}$ 的第 (i,i) 块是非零的。对于任意 m，设 k 使得 $\boldsymbol{A}^{m+k}=\boldsymbol{A}$，那么，我们有

$$(\boldsymbol{A}^m)_{ij}\geqslant(\boldsymbol{A}^{m-1})_{ii}\boldsymbol{A}_{ij},\boldsymbol{A}_{ij}\geqslant(\boldsymbol{A}^k)_{ii}(\boldsymbol{A}^m)_{ij}。$$

由这些不等式，对于任意 $x>1$，有

$$(\boldsymbol{A}^m)_{ij}\geqslant(\boldsymbol{A}^{k+m-1})_{ii}(\boldsymbol{A}^m)_{ij}\geqslant(\boldsymbol{A}^{x(k+m-1)})_{ii}(\boldsymbol{A}^m)_{ij},$$

其中，第三个不等式是由第一个不等式通过归纳得到的。因为 $\boldsymbol{A}_{ii}$ 是非零的，由定理的前一部分知，它将是不可分解的。因此，对于某个 $x>1$，$(\boldsymbol{A}^x)_{ii}\geqslant\boldsymbol{I}$。这意味着上面的不等式是个等式。这样证明了定理的第二部分。

设 $\boldsymbol{A}$ 是周期的和不可分解的，并且周期为 d。由定理 9.6，$\boldsymbol{A}$ 可以写成

$$\begin{pmatrix} \boldsymbol{0} & \boldsymbol{A}_1 & \boldsymbol{0} & \cdots & \boldsymbol{0} \\ \boldsymbol{0} & \boldsymbol{0} & \boldsymbol{A}_2 & \cdots & \boldsymbol{0} \\ \boldsymbol{0} & \boldsymbol{0} & \boldsymbol{0} & \cdots & \boldsymbol{0} \\ \vdots & \vdots & \vdots & & \vdots \\ \boldsymbol{A}_d & \boldsymbol{0} & \boldsymbol{0} & \cdots & \boldsymbol{0} \end{pmatrix},$$

其中,第 i 块表示 G_A 的这样一些顶点,它们可以通过一条从第 d 块中的顶点 v_0 出发的、长度关于 d 与 i 同余的边的序列到达,G_A 是 $\boldsymbol{A}$ 所相应的图。因为 $\boldsymbol{A}$ 具有周期 d,所以 $\boldsymbol{A}^d=\boldsymbol{A}^d+\boldsymbol{A}^{2d}+\cdots$。因为在同一块中的任意两个顶点可以用一条长度能被 d 整除的边序列连起来(根据不可分解性,它们是可以被一条边序列连起来的,如果它的长度不能被 d 整除,那么,这两个顶点就会在不同的块里),所以等式右边的主对角线上的块中没有零元素。于是,$\boldsymbol{A}^d$ 是不同维的全一矩阵的直和,这表明 $\boldsymbol{A}=\boldsymbol{A}^d\boldsymbol{A}\boldsymbol{A}^d$ 具有所要求的形式。

下面我们介绍特殊的布尔矩阵的本原性。

正如我们已经知道的,每一个循环矩阵 $\boldsymbol{C}$ 可以被写成

$$\boldsymbol{C}=\boldsymbol{C}_0\boldsymbol{I}+\boldsymbol{C}_1\boldsymbol{P}+\boldsymbol{C}_2\boldsymbol{P}^2+\cdots+\boldsymbol{C}_{n-1}\boldsymbol{P}^{n-1},$$

删去 $\boldsymbol{C}_i\in B_0$,并定义 $\boldsymbol{P}^0=\boldsymbol{I}$,我们有

$$\boldsymbol{C}=\boldsymbol{P}^{i_1}+\boldsymbol{P}^{i_2}+\cdots+\boldsymbol{P}^{i_m},$$

其中 $0\leqslant i_1<\cdots<i_m\leqslant n-1$。

定理 9.13　一个循环矩阵 $\boldsymbol{C}\in B_n$ 是本原的,当且仅当 g. c. d. $(i_2-i_1,i_3-i_1,\cdots,i_m-i_1,n)=1$。

证明　记 $\boldsymbol{C}=\boldsymbol{P}^{i_1}(\boldsymbol{I}+\boldsymbol{P}^{i_2-i_1}+\cdots+\boldsymbol{P}^{i_m-i_1})=\boldsymbol{P}^{i_1}\boldsymbol{T}$,其中 $\boldsymbol{T}$ 的含义是显然的。我们有

$$\boldsymbol{C}^j=\boldsymbol{P}^{ji_1}\boldsymbol{T}^j,$$

因为 $\boldsymbol{P}^{ji_1}$ 仅仅是对于 $\boldsymbol{T}^j$ 的行与列重新排列。我们得出结论:$\boldsymbol{C}^j=\boldsymbol{J}$ 当且仅当 $\boldsymbol{T}^j=\boldsymbol{J}$。

因为 $\boldsymbol{I}\leqslant\boldsymbol{T}$,$\boldsymbol{T}$ 是本原的,当且仅当 $\boldsymbol{J}=\boldsymbol{T}+\boldsymbol{T}^2+\cdots+\boldsymbol{T}^n$。为了方便起见,上面的等式可写成

$$\sum_{k=1}^{r}\boldsymbol{T}^k=\boldsymbol{J},$$

对于任意 $r\geqslant n$。因此,$\boldsymbol{T}$ 是本原的,当且仅当对于任意 $r\geqslant n$,有

$$\sum_{k=1}^{r}(\boldsymbol{I}+\boldsymbol{P}^{i_2-i_1}+\cdots+\boldsymbol{P}^{i_m-i_1})^k=\boldsymbol{J}。\tag{9.1}$$

注意：$\boldsymbol{I}+\boldsymbol{P}+\cdots+\boldsymbol{P}^{n-1}=\boldsymbol{J}$ 和左边的每个被加项都是重要的，即删去任意 $\boldsymbol{P}^{i}(0\leqslant i\leqslant n-1)$，其和就不再等于 $\boldsymbol{J}$。

把 $(\boldsymbol{I}+\boldsymbol{P}^{i_2-i_1}+\cdots+\boldsymbol{P}^{i_m-i_1})^k$ 逐项相乘展开，利用加法的幂等性和 $\boldsymbol{P}^n=\boldsymbol{I}$，式(9.1)的左边最后变成 $\boldsymbol{P}$ 的不同幂的和。而式(9.1)成立，当且仅当其左边包含每个幂 $\boldsymbol{P}^k(k=0,1,\cdots,n-1)$ 作为它的被加项。因为这个表达式一定包含 $\boldsymbol{I}$，我们可以这样叙述：式(9.1)成立，当且仅当对于任意整数 $t=1,2,\cdots,n-1$，存在非负整数 $x_{2k},x_{3k},\cdots,x_{mk}$，使得

$$x_{2k}(i_2-i_1)+x_{3k}(i_3-i_1)+\cdots+x_{mk}(i_m-i_1)\equiv t(\bmod n),$$

而

$$x_2(i_2-i_1)+x_3(i_3-i_1)+\cdots+x_m(i_m-i_1)\equiv 1(\bmod n)$$

有解 $x_{21},x_{31},\cdots,x_{m1}$，当且仅当

$$\text{g. c. d.}\,(i_2-i_1,i_3-i_1,\cdots,i_m-i_1,n)=1。$$

另一方面，如果这个条件是满足的，那么，对于任意 $t=2,3,\cdots,n-1$，

$$y_2(i_2-i_1)+y_3(i_3-i_1)+\cdots+y_m(i_m-i_1)\equiv t(\bmod n)$$

具有解 $y_{2t},y_{3t},\cdots,y_{mt}$（只要设 $y_{2t}=tx_{21},\cdots,y_{mt}=tx_{m1}$ 就足够了）。这就证明了这个定理。

接下来把上面的结果作一些推广。

定理 9.14 设有布尔矩阵

$$\boldsymbol{C}=\begin{pmatrix}0&0&0&\cdots&0&b_0\\1&0&0&\cdots&0&b_1\\0&1&0&\cdots&0&b_2\\\vdots&\vdots&\vdots&&\vdots&\vdots\\0&0&0&\cdots&1&b_{n-1}\end{pmatrix},$$

设 $0 \leqslant j_1 < \cdots < j_t \leqslant n-1$ 是矩阵 $\boldsymbol{C}$ 最后一列中 1 元素的位置的全体，设 $\boldsymbol{A} = \boldsymbol{C}^{i_1} + \boldsymbol{C}^{i_2} + \cdots + \boldsymbol{C}^{i_k}$，那么，$\boldsymbol{A}$ 是本原的当且仅当 $b_0 = 1$，并且

$$\mathrm{g.c.d}(i_2 - i_1, \cdots, i_k - i_1, j_2 - 1, \cdots, j_t - 1) = 1。$$

定理 9.15　设 $n \geqslant 5$ 是一个奇数，设 $\boldsymbol{A} \in B_n$ 是这样的一个矩阵，它使得

$$a_{12} = a_{23} = \cdots = a_{m-1,m} = a_{1m} = 1,$$

并且

$$a_{2,m+1} = a_{m+1,m+2} = \cdots = a_{2m-4,2m-3} = a_{2m-3,1} = 1,$$

其余元素均为零，其中 $n = 2m-3$，那么，$\boldsymbol{A}, \boldsymbol{A}^2, \cdots, \boldsymbol{A}^n$ 中没有一个是完全不可分解的。

证明　设 $\boldsymbol{V}_1$ 记为仅仅在位置 4 上为 1 的向量，设 $\boldsymbol{V}_2$ 记为仅仅在位置 $m+1$ 上为 1 的向量。

那么，对于 $i = 1, 2, \cdots, n$，$\boldsymbol{V}_1 \boldsymbol{A}^i$ 是一个这样的向量序列，它的 1 元素在位置

$$5, \cdots, 1, 2, \{3, m+1\}, \cdots, \{1, 2\}$$

上，并且对于 $i = 1, 2, \cdots, n$，$\boldsymbol{V}_2 \boldsymbol{A}^i$ 是这样的一个向量序列，它的 1 元素在位置

$$m+2, \cdots, 1, 2, \{3, m+1\}, \cdots, \{1, 2\}$$

上。于是，对于 $i = 1, 2, \cdots, n$，$(\boldsymbol{V}_1 + \boldsymbol{V}_2)\boldsymbol{A}^i$ 的权小于或等于 $\boldsymbol{V}_1 + \boldsymbol{V}_2$ 的权。因此，$\boldsymbol{A}, \boldsymbol{A}^2, \cdots, \boldsymbol{A}^n$ 不是完全不可分解的。

3. 本原矩阵

在这一节中,我们将更细致地研究本原矩阵。首先,我们证明,当 $n \to \infty$ 时,一个随机布尔矩阵是完全不可分解的概率趋于 1。因为每个完全不可分解的矩阵是本原的,这就得出了大多数大的布尔矩阵是本原的。计算所有霍尔矩阵的个数是一个尚未解决的问题,但是,我们的方法产生了一个估计值。

定义 9.22 一个矩阵 $\boldsymbol{A} \in B_n$ 是所谓 r - 可分解的(r-decomposable),当且仅当存在非空集合 $\underline{s}, \underline{t} \subset \underline{n}$,使得 $a_{ij}=0$,其中 $i \in \underline{s}, j \in \underline{t}$,并且 $|\underline{s}| + |\underline{t}| = n+1-r$。很清楚,一个 0 - 可分解的矩阵就是一个完全不可分解的矩阵。设 $\mathrm{Dec}(B_n^r)$ 记为 B_n 中所有 r - 可分解的矩阵的全体。

定理 9.16

$$2n \sum_{i=0}^{r} \begin{bmatrix} n \\ i \end{bmatrix} 2^{n^2-n} + 2\begin{bmatrix} n \\ 2 \end{bmatrix}\begin{bmatrix} n \\ r+1 \end{bmatrix} 2^{n^2-2(n-r-1)} +$$

$$2\begin{bmatrix} 2n \\ n-r+1 \end{bmatrix} 2^{n^2-3(n-r-2)} \geqslant |\mathrm{Dec}(B_n^r)| \geqslant$$

$$2\begin{bmatrix} n \\ 1 \end{bmatrix} \sum_{i=0}^{r} \begin{bmatrix} n \\ i \end{bmatrix} 2^{n^2-n} - 2\begin{bmatrix} n \\ 2 \end{bmatrix} \sum_{j=0}^{r} \sum_{i=0}^{r} \begin{bmatrix} n \\ i \end{bmatrix}\begin{bmatrix} n \\ j \end{bmatrix} 2^{n^2-2n} -$$

$$n^2 \sum_{i=0}^{r} \sum_{j=0}^{r} \begin{bmatrix} n \\ i \end{bmatrix}\begin{bmatrix} n \\ j \end{bmatrix} 2^{n^2-2n+1}。$$

证明 设 $M(S,T)$ 是所有这样的矩阵 $\boldsymbol{A} \in B_n$ 的集合,它具有 $a_{ij}=0$,其中 $i \in S \subset \underline{n}, j \in T \subset \underline{n}$,且 $|S| + |T| = n-r+1$。于是 $|M(S,T)| = 2^{n^2-|S||T|}$,而 $\mathrm{Dec}(B_n^r)$ 就是所有这样的集合 $M(S,T)$ 的并。

我们将把所有的 $M(S,T)$ 根据 S,T 中元素的数目进行分类。

情况 1:$|S|=1$ 或 $|T|=1$;

情况 2:$|S|=2$ 或 $|T|=2$,且都不是 1;

情况 3：$|S|\geqslant 3$ 并且 $|T|\geqslant 3$。

在情况 1 中，首先考虑集合 S,T，其中 $|S|=1$。对于一个固定的 k，$\bigcup_{S=\{k\}} M(S,T)$ 是所有这样的 n 阶矩阵，其第 k 行至少包含 $n-r$ 个零。如果这一行具有 i 个 1 元素，其中 $i\leqslant r$，我们就可以有 $\begin{bmatrix} n \\ i \end{bmatrix}$ 种分配方式，并且可以有 2^{n^2-n} 种方式选择其他元素。于是

$$\left|\bigcup_{S=(k)} M(S,T)\right| = \sum_{i=0}^{r} \begin{bmatrix} n \\ i \end{bmatrix} 2^{n^2-n},$$

于是

$$\left|\bigcup_{|S|=1} M(S,T)\right| \leqslant n \sum_{i=0}^{r} \begin{bmatrix} n \\ i \end{bmatrix} 2^{n^2-n},$$

由对称性知

$$\left|\bigcup_{|T|=1} M(S,T)\right| \leqslant n \sum_{i=0}^{r} \begin{bmatrix} n \\ i \end{bmatrix} 2^{n^2-n}。$$

在情况 2 中，集合 S,T 可以有 $\begin{bmatrix} n \\ 2 \end{bmatrix}\begin{bmatrix} n \\ r+1 \end{bmatrix}$ 种方法来选择，其中 $|T|=2$。于是

$$\left|\bigcup_{\text{情况2}} M(S,T)\right| \leqslant 2\begin{bmatrix} n \\ 2 \end{bmatrix}\begin{bmatrix} n \\ r+1 \end{bmatrix} 2^{n^2-2(n-r-1)}。$$

在情况 3 中，$|M(S,T)|$ 将小于或等于 $2^{n^2-3(n-r-2)}$。选择集合 S,T 的方式小于

$$\sum_{j=0}^{r} \begin{bmatrix} n \\ j \end{bmatrix}\begin{bmatrix} n \\ n+1-r-j \end{bmatrix} = \begin{bmatrix} 2n \\ n+1-r \end{bmatrix},$$

于是

$$\left|\bigcup_{\text{情况3}} M(S,T)\right| \leqslant 2\begin{bmatrix} 2n \\ n+1-r \end{bmatrix} 2^{n^2-3(n-r-2)},$$

这就证明了第一个不等式。

为了证明第二个不等式，我们只需考虑情况 1。设

$$M_k = |\bigcup_{S=\{k\}} M(S,T)|, N_k = |\bigcup_{T=\{k\}} M(S,T)|,$$

那么

$$|M_k| = \sum_{i=0}^{r} \begin{bmatrix} n \\ i \end{bmatrix} 2^{n^2-n} = |N_k|。$$

对于 $p \neq q$，有

$$|M_p \cap M_q| = \sum_{i=0}^{r} \sum_{j=0}^{r} \begin{bmatrix} n \\ i \end{bmatrix} \begin{bmatrix} n \\ j \end{bmatrix} 2^{n^2-2n}。$$

首先选择第 p 行中的 1 元素，然后选择第 q 列中的 1 元素，再选择其余的元素。于是，根据这个容斥（inclusion-exclusion）公式的前两项，第二个不等式成立（这两项对任何元素的计数都不超过一次）。类似地，这个不等式的最后一项，可来自 $|M_p \cap N_q|$。

注 从定义 9.22 可以注意到 r - 可分解性这一概念，对于 R 上的（0，1）矩阵也是一样的。因此，定理 9.16 中的渐近结果，对于 R 上的 $n \times n$ 阶（0，1）矩阵也是成立的。

推论 1 对于固定的 r，r - 可分解的布尔矩阵的个数渐近等于

$$2n\begin{bmatrix} n \\ r \end{bmatrix} 2^{n^2-n}。$$

推论 2 对于固定的 r，r - 可分解的布尔矩阵的个数是

$$2^{n^2}\left(1 - 0\left(\frac{n^{r+1}}{n^2}\right)\right)。$$

推论 3 当 $n \to \infty$ 时，非负矩阵中完全不可分解的矩阵所占的比例趋于 1。

推论 4 当 $n \to \infty$ 时，本原的布尔矩阵所占的比例趋于 1。

设 Q_n 表示所有这样的布尔矩阵：它们包含一个置换矩阵和一个不在这个置换矩阵中的 1 元素。于是，$\boldsymbol{A} \in Q_n$ 当且仅当对于任意 $\boldsymbol{P}, \boldsymbol{Q} \in P_n$，有 $\boldsymbol{PAQ} \in Q_n$。

设 $\boldsymbol{E}(i,j)$ 表示元素 (i,j) 为 1，其余元素为 0 的布尔矩阵。

命题 9.8　如果 $\boldsymbol{P}+\boldsymbol{E}(i,j)\in Q_n$，其中 $\boldsymbol{P}\in P_n$，那么，$\boldsymbol{P}+\boldsymbol{E}(i,j)$ 是本原的当且仅当：(1) $\boldsymbol{P}$ 是一个 n - 循环置换；(2) $d_{\boldsymbol{P}}(V_j,V_i)+1$ 和 n 互素，其中 V_i,V_j 是 $\boldsymbol{P}$ 所相应的图中的两个顶点，$\boldsymbol{E}(i,j)$ 相应于从 V_i 到 V_j 的一条弧，$d_{\boldsymbol{P}}(V_j,V_i)$ 是在图 $\boldsymbol{P}$ 上从 V_j 到 V_i 的有向距离的长度，即使得 $V_j\boldsymbol{P}^m=V_i$ 的最小的 m。

证明　由定理 9.6 知，一个矩阵是本原的，其充分必要条件是它们所相应的图是强连通的，并且，图中所有极小圈的长度的最大公因数是 1。

假设 $\boldsymbol{P}$ 包含不止一个循环置换，那么，在 $\boldsymbol{P}$ 所相应的图中添加进去一条，或者连接了一个圈中的两个顶点，或者从一个圈到另一个圈。因此，$\boldsymbol{P}+\boldsymbol{E}(i,j)$ 所对应的图是弱连通的，而不是强连通的。

因此，可以假设 $\boldsymbol{P}$ 是一个 n - 循环置换。在 $\boldsymbol{P}+\boldsymbol{E}(i,j)$ 所相应的图中存在两个极小圈：长度为 n 的圈 $\boldsymbol{P}$ 和长度为 $d_{\boldsymbol{P}}(V_j,V_i)+1$ 的圈 $a\to b\to b\boldsymbol{P}\to\cdots\to a$。于是，这两个极小圈长度的最大公因子是 1 的充分必要条件是 $\boldsymbol{P}+\boldsymbol{E}(i,j)$ 是本原的。

注　应当注意：如果 $\boldsymbol{P}$ 是一个 n - 循环置换，$\boldsymbol{P}+\boldsymbol{E}(a,a)$ 和 $\boldsymbol{P}+\boldsymbol{E}(a,a\boldsymbol{P}^2)$ 将总是本原的。

命题 9.9　Q_n 中的元素 $\boldsymbol{P}_1+\boldsymbol{E}(a,b)$ 和 $\boldsymbol{P}_2+\boldsymbol{E}(c,d)$ 的乘积属于 Q_n，当且仅当 $c=a\boldsymbol{P}_1$，$a=b\boldsymbol{P}_2$。

证明　为使这个乘积属于 Q_n，$\boldsymbol{P}_1\boldsymbol{E}(c,d)$ 必须等于 $\boldsymbol{E}(a,b)\boldsymbol{P}_2$。因此，$\boldsymbol{E}(c\boldsymbol{P}_1^{\mathrm{T}},d)=\boldsymbol{E}(a,b\boldsymbol{P}_2)$。这时，$\boldsymbol{E}(a,b)\boldsymbol{E}(a,d)=\boldsymbol{0}$，因为若不然应有 $b=c=a\boldsymbol{P}_1$，这与 Q_n 的定义矛盾。于是，这个乘积属于 Q_n 当且仅当 $c=a\boldsymbol{P}_1$，$d=b\boldsymbol{P}_2$。

定理 9.17　设 S 是所有形如 $\boldsymbol{A}_1\boldsymbol{A}_2\cdots\boldsymbol{A}_k$ 的矩阵乘积所构成的集合，其中 $\boldsymbol{A}_1,\boldsymbol{A}_2,\cdots,\boldsymbol{A}_k$ 是 Q_n 中的任意 k 个本原的元素，并且，其乘积 $\boldsymbol{A}_1\boldsymbol{A}_2\cdots\boldsymbol{A}_k$ 仍然属于 Q_n，那么，对于 n 是偶数，有 $S=Q_n$；对于 n 是奇数，S 是 Q_n 中所有置换矩阵属于 n 阶交错群的元素的全体。

证明　我们首先研究这样一些元素 $\boldsymbol{T}+\boldsymbol{E}(a,b)$，其中 $\boldsymbol{T}$ 是一个 3 - 循

环置换。这时，我们假设 $n \geqslant 6$。

设

$$\boldsymbol{P}=(123\cdots n),\boldsymbol{Q}=(1324\cdots n)^{-1}=(n\cdots 4231),$$

那么

$$(\boldsymbol{P}+\boldsymbol{E}(5,5))(\boldsymbol{Q}+\boldsymbol{E}(6,4))=(132)+\boldsymbol{E}(5,4),$$

并且等式左边的两个元素都是本原的。因为 Q_n 中的元素经置换矩阵变换得到的共轭元素仍在 Q_n 中，所以 S 包含所有形如 $(abc)+\boldsymbol{E}(d,e)$ 的矩阵，其中 a,b,c,d,e 是互不相同的。

对于 $n=5$，这时，可以有

$$(\boldsymbol{P}+\boldsymbol{E}(4,4))(\boldsymbol{Q}+\boldsymbol{E}(5,2))=(132)+\boldsymbol{E}(4,2),$$

等式左边的两个元素都是本原的。由它在置换矩阵变换下的共轭元素以及转置就可给出所有形如 $(abc)+\boldsymbol{E}(d,e)$ 的矩阵，其中 d 和 e 中有一个等于 a,b,c 中的一个元素，并且其余元素是互不相同的。

对于 $n=4$，可以有

$$(\boldsymbol{P}+\boldsymbol{E}(2,2))(\boldsymbol{Q}+\boldsymbol{E}(3,3))=(132)+\boldsymbol{E}(2,3),$$

等式左边的两个矩阵都是本原的。可以给出所有形如 $(abc)+\boldsymbol{E}(d,e)$ 的元素，其中 $d\neq e$，d,e 都是 a,b,c 中的元素，并且置换 (abc) 不会使得 d 变为 e。

对于 $n=3$，有

$$(\boldsymbol{P}+\boldsymbol{E}(1,3))(\boldsymbol{Q}+\boldsymbol{E}(2,1))=(132)+\boldsymbol{E}(1,1),$$

等式左边的两个矩阵都是本原的。它给出了所有形如 $(abc)+\boldsymbol{E}(d,d)$ 的矩阵，其中 d 是 a,b,c 中的一个。于是，对于 $n\geqslant 3$，所有的矩阵 $(abc)+\boldsymbol{E}(d,e)$ 都能由本原矩阵的乘积形式得到，其中 $d(abc)\neq e$。因此，这种形式的矩阵的全体都在 S 中。

假设我们有一个乘积 $(\boldsymbol{P}+\boldsymbol{E}(a,b))(\boldsymbol{Q}+\boldsymbol{E}(a\boldsymbol{P},b\boldsymbol{Q}))$，那么，$a\boldsymbol{P}\neq b$ 等价于 $(a\boldsymbol{P})\boldsymbol{Q}\neq b\boldsymbol{Q}$，也等价于 $a(\boldsymbol{PQ})\neq b\boldsymbol{Q}$。于是，如果 $\boldsymbol{E}(a,b)$ 跑遍所有允许对，上述的乘积也在 Q_n 中，并且其 $\boldsymbol{E}$ 项也跑遍所有的允许对。于是从 3－循环置换，我们可以得到 Q_n 中所有置换矩阵在交错群中的元素。

如果 n 是奇数,因为 n – 循环置换也在交错群中,而交错群中的元素又都是可以通过乘积形式得到的置换矩阵,所以定理得证。如果 n 是一个偶数,我们可以得到所有形如 $\boldsymbol{H}+\boldsymbol{E}(a,b)$ 的元素,其中 $\boldsymbol{H}$ 是 $(n-1)$ – 循环置换。

设

$$\boldsymbol{P}'=(1234\cdots n),$$
$$\boldsymbol{Q}'=(1234\cdots(n-1))^{-1}=((n-1)\cdots4321),$$

那么

$$\begin{aligned}&(\boldsymbol{P}'+\boldsymbol{E}(1,1))(\boldsymbol{Q}'+\boldsymbol{E}(2,n-1))\\&=(n(n-1))+\boldsymbol{E}(1,n-1),\end{aligned}$$
$$(\boldsymbol{P}'+\boldsymbol{E}(n,n))(\boldsymbol{Q}'+\boldsymbol{E}(1,n))=(n(n-1))+\boldsymbol{E}(n,n),$$
$$(\boldsymbol{P}'+\boldsymbol{E}(1,3))(\boldsymbol{Q}'+\boldsymbol{E}(2,n))=(n(n-1))+\boldsymbol{E}(1,2)。$$

于是,通过共轭和转置,我们可以得到一切形如 $(ab)+\boldsymbol{E}(d,e)$ 的矩阵,其中 $d(ab)\neq e$。

采用如同前面 3 – 循环置换所采用的办法,推理得知,我们可以得到 Q_n 中的所有元素。对于 $n=2$ 的情况,定理可以通过直接寻找所需要的乘积来证明。

下面,我们概述一下关于幂等矩阵的一些结果。

引理 9.7　(1) 具有强连通图的幂等矩阵,等于全一矩阵。

(2) 设 $\boldsymbol{E}$ 是一个幂等矩阵,那么,存在置换矩阵 $\boldsymbol{P}$,使得 $\boldsymbol{PEP}^{\mathrm{T}}$ 是一个分块三角矩阵,其中每一块或者完全是 1,或者完全是 0。

(3) 写成上述形式后,对于每一行,或者只有在主对角线上有一个 1 元素,或者存在另一行小于或等于它。

(4) 写成上述形式后,如果在主对角线上有零元素,那么 $\boldsymbol{E}$ 的秩小于 n;如果这些块中有一块不是 1×1 阶的,$\boldsymbol{E}$ 的秩也小于 n。

(5) 如果不在主对角线上的两个 1 元素分别位于 (a,b) 和 (b,d),那么,在主对角线外的位置 (a,d) 上也是 1。

(6) 如果写成分块三角后，所有的块都是 1×1 阶的，并且这个幂等矩阵不是单位阵，但在每行每列上都至少有一个 1 元素，那么，存在一个置换矩阵 $\boldsymbol{P}$，使得 $\boldsymbol{PEP}^{\mathrm{T}}$ 仍然是三角形矩阵，并且它所包含的 1 元素的布局为以下这些布局中的一种：

①
$$(i,i)$$
$$(i+1,i)(i+1,i+1)$$

②
$$(i,i)$$
$$(i+1,i)$$
$$\vdots$$
$$(j,i)(j,i+1)\cdots(j,i+1)$$

③
$$(j,j)$$
$$\vdots$$
$$(i,j)$$
$$(i+1,j)\cdots(i+1,i)(i+1,i+1)$$

证明 (1) 可由定理9.6得出，并且它的极小圈的长度的最大公因数是1。

(2) 把这个图中的强支和所有不属于这些强支而本身可以看成一块的那些顶点一起作为矩阵的块。然后，在这个块集上定义一个偏序关系 $S_i<S_j$。$S_i<S_j$ 是指：存在从 S_j 的一个元素到 S_i 的一个元素的一条有向边。排列这些块，使得 $i<j$ 时，$S_i\nless S_j$。首先选择所有的极小块，然后选择那些仅仅和极小块有联系的块，如此进行下去就得到了一个分块三角形。

幂等矩阵的图论特征是：如果存在从 i 到 j 的一条有向通道，那么这条路的长度就是1，这表明矩阵中所有的块或者完全由 1 元素所组成，或者完全由 0 元素所组成。

(3) 如果在主对角线外位置 (i,j) 上有一个 1 元素，那么 $\boldsymbol{E}_{i*}\geqslant\boldsymbol{E}_{j*}$。如果主对角线外没有 1 元素，那么这个结论显然也是对的。

(4) 可以看出，主对角线上为 0 的最下面一行和它上面的那些行是相关的。

(5) 可以直接从矩阵方程 $\boldsymbol{E}^2=\boldsymbol{E}$ 得出。

(6) 设(a,b)是任意一个不在主对角线上的元素。因为对于所有的 n,$\boldsymbol{E}^n=\boldsymbol{E}$,所以存在任意长的序列$(a,a_1)$,$(a_1,a_2)$,…,$(a_{n-1},b)$,其中每一对所相应的位置都是一个 1 元素。因为这个序列长度为 n,必定存在某一对(a_i,a_{i+1}),有 $a_i=a_{i+1}$。于是我们知道,在位置(a,a_i),(a_i,a_i)和(a_i,b)上是 1 元素,这里 a_i 可以等于 a,或者 a_i 等于 b。

现在我们考虑 $\boldsymbol{E}$ 中的这样一些位置(a,b),它们不在主对角线上,并且是 1 元素,它们还具有一种极小性:对于 $c\leqslant a,d\geqslant b$,在位置$(c,d)$上不是 1 元素,除非$(c,d)=(a,b)$,或者它在主对角线上。如果存在不在主对角线上的 1 元素,必定存在具有这种极小性的位置。

情况 1:在位置(a,a),(b,b)上是 1 元素。对 $\boldsymbol{E}$ 矩阵进行置换变换,$x\to x$ 除非 $b\leqslant x\leqslant a$;$b\to b$;$a\to b+1$;$c\to c+1$ 当 $b<c<a$。这时三角形将是继续保持的,并且得到布局①的形式。

情况 2:在位置(a,a)上是 1,在位置(b,b)上是 0。因为在每一行上至少存在一个 1,所以必定存在一个位置(b,c),在它上面是 1 元素。取 c 为最小的情况,假设(c,c)的元素不是 1,那么由上述可知,必定存在一个 x,$b>x>c$,使得在位置(b,x),(x,x)和(x,c)上是 1。这和 c 为最小的假设矛盾,因此元素(c,c)为 1。由于元素(a,b)和(b,c)是 1,元素(a,c)也是 1,同样进行上面的那种置换可以得到布局②的形式。

情况 3:元素(a,a)是 0,元素(b,b)是 1,这就可以得到布局③。

情况 4:位置(a,b)和(b,b)都是 0。因为存在 x,$a>x>b$,使得在位置(a,x),(x,x)和(x,b)上是 1,所以(a,b)不是极小的,这就证明了(6)。

本定理全部证毕。

定义 9.23 一个非奇异的布尔矩阵是偶的(even)或奇的(odd),是指它所包含的置换是偶的或奇的。

设 $\mathrm{Pmt}(B_n)$记为 B_n 的由所有本原矩阵生成的子半群。

引理 9.8 Pmt(B_n)在以下任何一种运算下都变为它本身：

(i) $\boldsymbol{A} \to \boldsymbol{PAP}^{\mathrm{T}}$，其中 $\boldsymbol{P} \in P_n$；

(ii) $\boldsymbol{A} \to \boldsymbol{A}^{\mathrm{T}}$；

(iii) $\boldsymbol{A} \to \boldsymbol{PAQ}$，如果 $\boldsymbol{A}$ 有某一行大于或等于另一行，有某一列大于或等于另一列，并且如果 n 是奇数，$\boldsymbol{PQ}$ 是偶的；

(iv) 行运算：$\boldsymbol{A}_{i*} \to \boldsymbol{A}_{i*}$，$\boldsymbol{A}_{j*} \to \boldsymbol{A}_{j*} + \boldsymbol{A}_{k*}(i \neq j)$，$k$ 为某个数。

另外，如果 Pmt(B_n)中的一个矩阵的元素全部用矩阵代替，其中 1 元素用全为 1 的矩阵代替，0 元素用全为 0 的矩阵代替，使得最后结果是一个分块矩阵，这个矩阵将属于相应维数的 Pmt(B_n)。

证明 (i)和(ii)以及最后一段叙述可以由 Pmt(B_n)的生成元，即本原矩阵的定义得到。

(iii)令 $\boldsymbol{P}'$是和 $\boldsymbol{P}$ 一样进行行置换，但同时把某一行加到比它大的那一行上去，令 $\boldsymbol{Q}'$也是和 $\boldsymbol{Q}$ 一样进行列置换，但同时把某一列加到比它大的那一列上去，因此 $\boldsymbol{PAQ} = \boldsymbol{P}'\boldsymbol{A}\boldsymbol{Q}'$，并且 $\boldsymbol{P}'$，$\boldsymbol{Q}'$属于 Q_n。

(iv)由定理 9.17，这里的行运算相当于乘上一个矩阵 $\boldsymbol{Q}$，它的置换矩阵取为单位阵。

定理 9.18 (1) 如果一个非奇异的矩阵不是一个置换矩阵，并且当 n 是奇数时，它是偶的，那么它属于 Pmt(B_n)[当 n 是奇数时，也有某些奇的非奇异矩阵属于 Pmt(B_n)]。

(2) 一个幂等矩阵属于 Pmt(B_n)，当且仅当它在每一行、每一列上都有 1 元素，并且它不是单位阵。

证明 我们首先证明(2)。根据共轭性，我们可以假设 $\boldsymbol{A}$ 可以写成引理 9.7 所给出的分块三角形，其中 $\boldsymbol{A}$ 是幂等矩阵，并且假设它的所有的块都是 1×1 阶的，同时满足引理 9.7(6)中所给出的一种布局形式。

设 $\boldsymbol{P} = (n(n-1)\cdots 1)$ 是一个置换，它把 $\boldsymbol{A}$ 的最下面一行移到了顶上，其他行都向下移了一行。我们将证明 $\boldsymbol{PA}$ 是本原的。

首先我们证明 $\boldsymbol{PA}$ 的图是强连通的。考虑图 $\boldsymbol{PA}$ 上从顶点 V_1 可以到达的所有点。矩阵 $\boldsymbol{A}$ 是幂等的三角形矩阵，在它的每一行、每一列上至少有一个 1 元素。因此，$a_{nn}=1$。于是在图 $\boldsymbol{PA}$ 上，V_n 是从 V_1 可达的顶点。假设 $V_{n-1},\cdots,V_k$ 也是从 V_1 出发可以到达的顶点，其中 $k>1$。在列 $\boldsymbol{A}_{*k-1}$ 上应该有一个 1 元素，设 $a_{m,k-1}=1$，其中 $n\geqslant m\geqslant k$，那么在图 $\boldsymbol{PA}$ 上从 V_1 可以到达 V_m，因此也可以到达 V_{k-1}。因此，从 V_1 可以到达所有的顶点。

下面我们考虑图 $\boldsymbol{PA}$ 上所有可以到达 V_1 的顶点。因为 $\boldsymbol{A}$ 上每行都有 1，因此 $a_{11}=1$。于是在图 $\boldsymbol{PA}$ 上，从 V_2 可以到达 V_1。假设从 $V_k,V_{k-1},\cdots,V_2$ 可以到达 V_1。在 $\boldsymbol{A}_{k*}$ 行上应有一个元素 a_{km} 为 1，其中 $k\geqslant m$。于是在图 $\boldsymbol{PA}$ 上，从 V_k 到 V_m 有一条有向路，因此，从 V_k 到 V_1 也有一条有向路。这样，从任何一个顶点都可到达 V_1。故图 $\boldsymbol{PA}$ 是强连通的。

最后，要注意在前述的三种布局中，任何一个都表明所有圈的长度的最大公因子是 1。

例如第二种布局，从 V_{j+1} 到 V_i 有两条路，一条长为 1，另一条长为 2，因此 $\boldsymbol{PA}$ 是本原的。

由引理 9.8(iii)，$\boldsymbol{A}$ 是包含在 $\mathrm{Pmt}(B_n)$ 中的。再应用引理 9.8(iii) 知，满足条件(i)的所有非奇异矩阵都属于 $\mathrm{Pmt}(B_n)$。

当 n 是奇数时，奇非奇异矩阵是本原的一个例子如下：

$$\begin{pmatrix}1&0&0&0&0\\1&1&0&0&0\\1&1&1&0&0\\1&1&1&1&0\\1&1&1&1&1\end{pmatrix}\begin{pmatrix}0&0&0&0&1\\0&0&0&1&0\\1&0&0&0&0\\0&1&0&0&0\\0&0&1&0&0\end{pmatrix}=\begin{pmatrix}0&0&0&0&1\\0&0&0&1&1\\1&0&0&1&1\\1&1&0&1&1\\1&1&1&1&1\end{pmatrix}。$$

定理证毕。

例 9.1　设

$$\boldsymbol{A}=\begin{pmatrix}1&0&0&0\\0&1&1&0\\0&0&1&1\\0&1&0&1\end{pmatrix},$$

那么 $A \notin \mathrm{Pmt}(B_4)$，因为对于它的任何一种因子分解，其因子中必有一个是置换矩阵。

例 9.2 设

$$A=\begin{pmatrix}0&1&1\\1&0&0\\1&0&0\end{pmatrix},$$

那么 $A \notin \mathrm{Pmt}(B_3)$，因为把它进行因子分解，使得其因子矩阵的每一行、每一列都至少有一个 1 元素，这些因子中必有一个和它同步，和它同步的矩阵没有一个是本原的。

柯尼希(König)定理说：每一个霍尔矩阵都大于或等于某一个置换矩阵，即所有极小的霍尔矩阵是置换矩阵。极小的完全不可分解矩阵称为几乎可分解的矩阵(nearly decomposable)，并且它们的形式是比较复杂的。

定义 9.24 一个布尔矩阵是几乎可分解的，是指：它是完全不可分解的，并且每一个小于它的矩阵都是部分可分解的。

定理 9.19 一个完全不可分解的矩阵是几乎可分解的，当且仅当对于每个 i，或者它的第 i 行的和为 2，或者它的第 i 列的和为 2。在任一几乎可分解的矩阵中，没有全为 1 的 2×2 阶的矩形块存在。一个 $n\times n$ 阶的几乎可分解的矩阵的权重介于 $2n$ 和 $3n-3$ 之间。每一个几乎可分解的布尔矩阵是与具有如下形式的矩阵同步的，其中 $\boldsymbol{H}$ 也是一个几乎可分解的矩阵，除非 $\boldsymbol{H}$ 是1×1阶的，$\boldsymbol{H}$ 中的元素(a,b)是 0，并且当 $h_{ib}=1$ 时，$\boldsymbol{H}_{i*}$ 的行和是 2；当 $h_{aj}=1$ 时，$\boldsymbol{H}_{*j}$的列和是 2。反之，任何这样的矩阵都是几乎可分解的。

定义 9.25 非负实数上的矩阵称为双随机的(doubly stochastic)，是指：它所有的行和与列和都是 1。

每一个双随机矩阵是置换矩阵的凸和。于是，这个问题可以简化成为对于能够表示成为置换矩阵和的矩阵的研究。

定理 9.20 一个布尔矩阵 $\boldsymbol{A}$ 是置换矩阵的和，当且仅当存在置换矩阵 $\boldsymbol{P},\boldsymbol{Q}$，使得 $\boldsymbol{PAQ}$ 是完全不可分解的矩阵的直和。

证明　我们首先证明,完全不可分解的矩阵是置换矩阵的直和。这等价于证明,对于一个完全不可分解矩阵,如果 $a_{ij}=1$,那么 a_{ij} 进入某个非零的对角积。这也等价于这么一个事实:如果我们删掉第 i 行和第 j 列,就得到了一个霍尔矩阵。假设不是这样的,那么在被删改了的矩阵中,我们就会有一个全为 0 的 $r\times s$ 阶的矩形块,其中 $r+s=n$,这是由柯尼希定理得知的。但是矩阵 $\boldsymbol{A}$ 不是一个完全不可分解的矩阵,这是矛盾的。于是,每一个完全不可分解的矩阵都是置换矩阵的和。同样,每一个完全不可分解的矩阵的直和是置换矩阵的和。这就证明了充分性。

假设 $\boldsymbol{A}$ 是一个置换矩阵的和,这样置换矩阵 $\boldsymbol{P},\boldsymbol{Q}$ 使得 $\boldsymbol{PAQ}$ 具有的相加项最多,并且使得在每一个被加项中我们具有如下的分块形,其中 $\boldsymbol{A}_{ii}$ 是不可分解的或者是零:

$$\begin{pmatrix} \boldsymbol{A}_{11} & \boldsymbol{0} & \cdots & \boldsymbol{0} \\ * & \boldsymbol{A}_{22} & \cdots & \boldsymbol{0} \\ \vdots & \vdots & & \vdots \\ * & * & \cdots & \boldsymbol{A}_{kk} \end{pmatrix}。$$

这是可以做到的,或者取 $\boldsymbol{A}$ 的图中的所有强支,或者用施瓦兹的关于布尔矩阵渐近形式的结果,或者采用归纳法和不可分解的矩阵的定义。因为 $\boldsymbol{PAQ}$ 是置换矩阵的和,$\boldsymbol{PAQ}$ 的某个幂必然是自反的。于是,$\boldsymbol{PAQ}$ 中没有一个主对角线上的块可以是零。设 $\boldsymbol{B}=\boldsymbol{PAQ}$,当 $b_{ij}=1$ 时,必有某个置换矩阵 $\boldsymbol{T}\leqslant\boldsymbol{B}$,使得 $t_{ij}=1$。设 m 使得 $\boldsymbol{T}^m=\boldsymbol{T}^{-1}$,其中 $\boldsymbol{T}^{-1}$ 是指 $\boldsymbol{T}$ 的逆,那么 $\boldsymbol{B}^m\geqslant\boldsymbol{T}^{-1}$,于是 $B_{ji}^{(m)}=1$。这说明,上面的所有标以"$*$"号的块都是零。

于是,$\boldsymbol{PAQ}$ 是不可分解的矩阵的直和。假设某个加项不是完全不可分解的,那么,我们可以限制 $\boldsymbol{P},\boldsymbol{Q}$ 仅仅作用到这一个加项上,使这个加项具有形式

$$\begin{pmatrix} \boldsymbol{A}_{11} & \boldsymbol{0} \\ * & \boldsymbol{A}_{22} \end{pmatrix},$$

由上证明可知“ * ”必是零。那么,原来选择的 $\boldsymbol{P}$,$\boldsymbol{Q}$ 就并不产生最多的被加项,这是矛盾的。因此,完成了这个定理的证明。

定义 9.26 一个问题是 NP 的(nondeterministic polynomial),粗略地说就是,它的任何一个解法不能经过一个多项式次的算法被证明是有效的。一个问题 x 是 NP 完全的,是指:x 是 NP 的,并且如果 x 能够用一个多项式次的算法解决,那么任何一个 NP 问题就也都能用多项式次的算法解决了。一般认为,NP 完全问题不能用一个多项式次的算法解决。

琼特(M. Tchuente)已经证明下面这个问题是 NP 完全的:对于给定的 $\boldsymbol{A},\boldsymbol{B} \in B_n$,确实存在 $\boldsymbol{P},\boldsymbol{Q} \in P_n$,使得 $\boldsymbol{PAQ}$ 是小于或等于 $\boldsymbol{B}$ 的布尔矩阵的乘积。

4. 布尔矩阵的幂级数

在前面几节,我们主要研究了布尔矩阵的周期和循环的幂。这里,我们将注意到指数的问题。

定义 9.27　二元关系 R 的幂序列 $R,R^2,R^3,\cdots$ 组成了一个半群,如果 k 是使得 R^k 等于无限多个 R 的幂的最小正整数,那么,由 R^k 的不同幂所组成的集合是一个群,它是一个循环群。这个群的阶数记为 d,并被称为 R 的振荡周期。这个群的生成元记为 g,于是这个群的所有元素为 $g,g^2,\cdots,g^d$。这个群记为 $G_r(R)$。

注　上面这个定义中,如果用"布尔矩阵"代替"二元关系",定义仍然可以有意义,于是我们以后可把施瓦兹的结果转为布尔矩阵的相应结果。

定义 9.28　设 $\boldsymbol{A}\in B_n$,矩阵 $\boldsymbol{A}+\boldsymbol{A}^2+\boldsymbol{A}^3+\cdots$($\boldsymbol{A}$ 的所有不同幂的和)称为 $\boldsymbol{A}$ 的传递闭包。设 $T_c(\boldsymbol{A})$ 记为 $\boldsymbol{A}$ 的传递闭包。

命题 9.10　设 $\boldsymbol{A}\in B_n$,则 $T_c(\boldsymbol{A})=\boldsymbol{A}+\boldsymbol{A}^2+\cdots+\boldsymbol{A}^n$。

证明　在 $T_c(\boldsymbol{A})$ 的图上,两个顶点 i 和 j 通过一条边相连通的充分必要条件是,在某个 $\boldsymbol{A}^i$ 的图上有一条边把它们连起来,也就是说,在 $\boldsymbol{A}$ 的图上存在某个边的序列把顶点 i 和 j 连起来。因为我们可以假设这个边的序列包含每个顶点至多一次,所以在这两个顶点之间的边的序列的长度就必然小于或等于 n。这就是说,这两个顶点在 $\boldsymbol{A}^i$ 的图上是相连的,而 $i\leqslant n$。

定义 9.29　一个图 G 是 W_G^t 图,是指对于 G 的任意两个顶点 V_1 和 V_2,在 G 中确实存在一条从 V_1 到 V_2 的路径,它的长度 c 满足 $s\leqslant c\leqslant t$。

这个定义等价于方程 $\boldsymbol{A}^s+\boldsymbol{A}^{s+1}+\cdots+\boldsymbol{A}^t=\boldsymbol{J}$,其中 $\boldsymbol{A}$ 是 G 的邻接矩阵。

命题 9.11　存在一个 $n\times n$ 阶布尔矩阵 $\boldsymbol{A}$ 使得 $\boldsymbol{A}^s+\boldsymbol{A}^{s+1}+\cdots+\boldsymbol{A}^t=\boldsymbol{J}$ 的充分必要条件是 $n=d^s+d^{s+1}+\cdots+d^t$,d 为某一整数,并且:(1)$t=s,d\geqslant 1,n=d^s$;(2)$t=s+1,d\geqslant 1,n=d^s+d^t$;(3)$t\geqslant s+2,d=1,n=t-s+1$;(4)$t\geqslant s=0,d=0,n=1$。在(3)和(4)中,实际上只有图 G_{t-s+1} 和 G_1,其中

G_{t-s+1}是 $t-s+1$ 个顶点上的单独一个有向圈，G_1 是只有一个顶点没有边的图。

B_n 的任意子集是一个偏序集。B_n 的许多重要的子集在这种偏序结构之下构成一个格，即对于任意两个元素都存在最小上界和最大下界。例如，自反矩阵、对称矩阵以及这些矩阵的任意组合。对于上述的每一个例子，最大下界是通过交得到的，最小上界则是所有大于或等于给定矩阵对的交。由所有幂等的布尔矩阵所组成的集合也是一个格。

定理 9.21 对于 B_n 中的幂等矩阵 $\boldsymbol{E}_1,\boldsymbol{E}_2,\cdots,\boldsymbol{E}_k$，$T_c(\boldsymbol{E}_1+\boldsymbol{E}_2+\cdots+\boldsymbol{E}_k)$是幂等的，并且是 $\boldsymbol{E}_1,\boldsymbol{E}_2,\cdots,\boldsymbol{E}_k$ 的上确界。矩阵 $\boldsymbol{E}_1\odot\boldsymbol{E}_2\odot\cdots\odot\boldsymbol{E}_k$ 的幂收敛于 $\boldsymbol{E}_1,\boldsymbol{E}_2,\cdots,\boldsymbol{E}_k$ 的下确界 $\boldsymbol{E}$，其中 $\boldsymbol{E}$ 也是幂等的。

证明 因为 $T_c(\boldsymbol{E}_1+\boldsymbol{E}_2+\cdots+\boldsymbol{E}_k)$是传递闭包，因此它是传递的：

$$T_c^2(\boldsymbol{E}_1+\boldsymbol{E}_2+\cdots+\boldsymbol{E}_k)\leqslant T_c(\boldsymbol{E}_1+\boldsymbol{E}_2+\cdots+\boldsymbol{E}_k)。$$

对于式子

$$T_c(\boldsymbol{E}_1+\boldsymbol{E}_2+\cdots+\boldsymbol{E}_k)=\sum\boldsymbol{E}_i+(\sum\boldsymbol{E}_i)^2+\cdots,$$

我们把等式两边取平方，将会有各种可能的形为 $\boldsymbol{E}_{i_1}^{k_1}\boldsymbol{E}_{i_2}^{k_2}\cdots\boldsymbol{E}_{i_r}^{k_r}$ 的式子出现，这个式子等于 $\boldsymbol{E}_{i_1}\boldsymbol{E}_{i_2}\cdots\boldsymbol{E}_{i_r}$。于是 $T_c(\boldsymbol{E}_1+\boldsymbol{E}_2+\cdots+\boldsymbol{E}_k)$中的每一项都有 $T_c^2(\boldsymbol{E}_1+\boldsymbol{E}_2+\cdots+\boldsymbol{E}_k)$中的一项和它相等，即

$$T_c^2(\boldsymbol{E}_1+\boldsymbol{E}_2+\cdots+\boldsymbol{E}_k)\geqslant T_c(\boldsymbol{E}_1+\boldsymbol{E}_2+\cdots+\boldsymbol{E}_k),$$

得到

$$T_c^2(\boldsymbol{E}_1+\boldsymbol{E}_2+\cdots+\boldsymbol{E}_k)=T_c(\boldsymbol{E}_1+\boldsymbol{E}_2+\cdots+\boldsymbol{E}_k),$$

对于每一个 i，$T_c(\boldsymbol{E}_1+\boldsymbol{E}_2+\cdots+\boldsymbol{E}_k)\geqslant\boldsymbol{E}_i$。任何一个大于或等于 $\boldsymbol{E}_i$ 的传递关系必然大于或等于 $\boldsymbol{E}_1+\boldsymbol{E}_2+\cdots+\boldsymbol{E}_k$，也大于或等于 $T_c(\boldsymbol{E}_1+\boldsymbol{E}_2+\cdots+\boldsymbol{E}_k)$，这就证明了定理的第一个结论。

传递矩阵的交是传递的，因此 $\boldsymbol{F}=\boldsymbol{E}_1\odot\boldsymbol{E}_2\odot\cdots\odot\boldsymbol{E}_k$ 是传递的，且 $\boldsymbol{F}^2\leqslant\boldsymbol{F}$。于是，$\boldsymbol{F}$ 的幂组成了一个递减的链 $\boldsymbol{F}\geqslant\boldsymbol{F}^2\geqslant\boldsymbol{F}^3\geqslant\cdots$。这个链必然会终止，使得 $\boldsymbol{F}$ 的幂最后都等于一个矩阵 $\boldsymbol{E}$。由定义，$\boldsymbol{E}$ 是幂的极限，并且它是

幂等的。

因为 $\boldsymbol{E}$ 总是小于或等于 $\boldsymbol{F}$ 的，所以也总是小于或等于 $\boldsymbol{E}_i$。设 $\boldsymbol{H}$ 是任意一个小于或等于每个 $\boldsymbol{E}_i$ 的幂等矩阵，则 $\boldsymbol{H}\leqslant\boldsymbol{F}$。$\boldsymbol{H}$ 是幂等的，故 $\boldsymbol{H}\leqslant\boldsymbol{F}^k$ 对任意 k 成立。于是，$\boldsymbol{H}\leqslant\boldsymbol{E}$。定理证毕。

以下这些结果是属于施瓦兹的，其中一部分也曾由罗森布莱特得到。

定理 9.22　对于任意 $\boldsymbol{A}\in B_n$，存在一个最小的整数 r，使得 $\boldsymbol{A}^r\in\mathrm{Idem}(B_n)$；存在一个最小的整数 t，使得 $\boldsymbol{A}^t$ 是传递的。因此：

(i) 只要 $\boldsymbol{A}^s$ 是传递的，则有 $d|s$，其中 d 是 A 的振荡周期；

(ii) $\boldsymbol{A}^r$ 是群 $G_r(\boldsymbol{A})$ 中仅有的传递矩阵（参看定义 9.27）；

(iii) 总有 $t\geqslant\dfrac{r}{n}$；

(iv) 如果 $t<r$，则 $\boldsymbol{A}^r\leqslant\boldsymbol{A}^t\odot\boldsymbol{A}^{t+d}\odot\cdots\odot\boldsymbol{A}^{r-d}$。

证明　我们首先证明(ii)。如果 $\boldsymbol{A}^r\in G_r(\boldsymbol{A})$，并且它是传递的，那么存在某个 m，使得 $(\boldsymbol{A}^r)^m=\boldsymbol{A}^r$。由传递性，我们有 $\boldsymbol{A}^r\geqslant\boldsymbol{A}^{2r}\geqslant\cdots\geqslant\boldsymbol{A}^{mr}$，于是所有这些不等号应该是等号，这就是说 $\boldsymbol{A}^r\in\mathrm{Idem}(B_n)$。但是，$G_r(\boldsymbol{A})$ 作为一个群只有唯一一个幂等元。

(i) 如果 $\boldsymbol{A}^s$ 是传递的，那么 $\boldsymbol{A}^{sm}$ 也是传递的，其中 m 为任意正整数。对于任意足够大的 m，$\boldsymbol{A}^{sm}$ 必然在群 $G_r(\boldsymbol{A})$ 中，于是它也必然是幂等的。由定理 9.5，对于任意足够大的 m，有 $d|sm$，于是 $d|s$。

(iii) 对于任意向量 $\boldsymbol{V}$，我们有

$$\boldsymbol{VA}^t\geqslant\boldsymbol{VA}^{2t}\geqslant\cdots\geqslant\boldsymbol{VA}^{nt}\geqslant\boldsymbol{VA}^{(n+1)t},$$

但是在 V_n 中，任意严格的递减链至多只有 n 项。因此，最后一个不等号应是等号。这意味着，对于任意 $\boldsymbol{V}$，$\boldsymbol{VA}^{nt}=\boldsymbol{VA}^{2nt}$。于是，$\boldsymbol{A}^{nt}\in\mathrm{Idem}(B_n)$，即 $r\leqslant nt$。

(iv) 因为 $\boldsymbol{A}^t\geqslant\boldsymbol{A}^{2t}\geqslant\cdots\geqslant\boldsymbol{A}^{mt}$，由(ii)知，对于足够大的 m，有 $\boldsymbol{A}^{mt}=\boldsymbol{A}^r$。于是 $\boldsymbol{A}^t\geqslant\boldsymbol{A}^r$。同时有 $\boldsymbol{A}^{t+d}\geqslant\boldsymbol{A}^{r+d}=\boldsymbol{A}^r\boldsymbol{A}^d=\boldsymbol{A}^r$，等等，即证明了这一定理。

命题 9.12　对于任意 $\boldsymbol{A}\in B_n$，$\boldsymbol{g}+\boldsymbol{g}^2+\cdots+\boldsymbol{g}^d=(\boldsymbol{A}+\boldsymbol{A}^2+\cdots+\boldsymbol{A}^n)^n$，其

中 $\boldsymbol{g}$ 如定义 9.27 所给出。

下面我们来研究布尔矩阵各次幂的同一行所构成的序列的性质。假设 $\boldsymbol{e}_i\boldsymbol{A},\boldsymbol{e}_i\boldsymbol{A}^2,\cdots$是矩阵 $\boldsymbol{A},\boldsymbol{A}^2,\cdots$的第 i 行所构成的序列,其中 $\boldsymbol{e}_i$ 是第 i 个分量为 1、其余分量为 0 的 n 阶行向量。

记号 设 k_i 是使向量 $\boldsymbol{e}_i\boldsymbol{A}^{k_i}$等于序列中无限多个元素的最小整数,设 d_i 是使得 $\boldsymbol{e}_i\boldsymbol{A}^{k_i+d_i}=\boldsymbol{e}_i\boldsymbol{A}^{k_i}$成立的最小正整数。

命题 9.13 d 是所有 d_i 的最小公倍数。

证明 从行的角度来看,由 $\boldsymbol{A}^k=\boldsymbol{A}^{k+d}$,我们得到 $k\geqslant k_i$ 对每个 i 成立。进而有 $\boldsymbol{e}_i\boldsymbol{A}^{p+q}=\boldsymbol{e}_i\boldsymbol{A}^p$成立的充分必要条件是 $p\geqslant k_i$ 和 $d_i\mid q$。于是,d_i 必须能整除 d。从行的角度来看,我们可以发现,对于 $p=\max k_i, q=\text{I. c. m. } d_i$,方程 $\boldsymbol{A}^{p+q}=\boldsymbol{A}^p$ 成立。

命题 9.14 设 $\boldsymbol{A}\in B_n$,并且 $\boldsymbol{A}+\boldsymbol{A}^2+\cdots+\boldsymbol{A}^n$ 的第(i,i)个元素是 1,则 d_i 是所有使得 $\boldsymbol{A}^m$ 的第(i,i)个元素为 1 的这样的 m 的最大公因数。

证明 设 p 满足 $a_{ii}^{(p)}=1$,那么对于任意足够大的 q,$\boldsymbol{e}_i\boldsymbol{A}^p\boldsymbol{A}^q\geqslant\boldsymbol{e}_i\boldsymbol{A}^q$。于是,$\boldsymbol{e}_i\boldsymbol{A}^q\leqslant\boldsymbol{e}_i\boldsymbol{A}^{p+q}\leqslant\cdots\leqslant\boldsymbol{e}_i\boldsymbol{A}^{d_ip+q}$,只要 q 足够大。但由 d_i 的定义,所有这些不等号都应该是等号,因此 $\boldsymbol{e}_i\boldsymbol{A}^q=\boldsymbol{e}_i\boldsymbol{A}^{p+q}$,只要 q 足够大。于是,$d_i\mid p$。

同时,如果 p 是这样一个整数,并且它足够大,那么 $p+d_i$ 也满足 $a_{ii}^{(p+d_i)}=1$。于是,d_i 是所有这样的整数的最大公因数。

定理 9.23 如果 $\boldsymbol{A}\in B_n$,并且 $\boldsymbol{A}+\boldsymbol{A}^2+\cdots+\boldsymbol{A}^n$ 的第(i,i)个元素是 1,那么 $K_i\leqslant(n-1)^2+1$,同时$d_i\leqslant n$。

证明 第二个结论可由命题9.14 得到。设 S 是 $\boldsymbol{e}_i\boldsymbol{A}$ 的权,设 h 是满足 $\boldsymbol{e}_i\leqslant\boldsymbol{e}_i\boldsymbol{A}^h$ 的最小正整数。

情况 1:设 $h=n,s=1$,并设

$$V(m)=\sum_{j=1}^{m}\boldsymbol{e}_i\boldsymbol{A}^j, m=1,2,\cdots,n,$$

则 $V(1)\leqslant V(2)\leqslant\cdots\leqslant V(n)$。假设对某个 $m\leqslant n-1$,有 $V(m)=V(m+1)$,那么

$$\boldsymbol{e}_i\boldsymbol{A}^{m+1} \leqslant \sum_{j=1}^{m} \boldsymbol{e}_i\boldsymbol{A}^j,$$

$$\boldsymbol{e}_i\boldsymbol{A}^{m+2} \leqslant \sum_{j=2}^{m} \boldsymbol{e}_i\boldsymbol{A}^j + \boldsymbol{e}_i\boldsymbol{A}^{m+1} \leqslant \sum_{j=1}^{m} \boldsymbol{e}_i\boldsymbol{A}^j,$$

这样 $V(m+t)=V(m)$，其中 t 为大于 0 的任何整数。于是，$\boldsymbol{e}_i \leqslant \boldsymbol{e}_i\boldsymbol{A}^m$，$h \leqslant n-1$。这和我们所假设的情况是矛盾的，因此 $V(m)<V(m+1)$。这就是说，$V(m+1)$ 所包含的 $V(m)$ 没有的 1 元素不能超过一个，或者说有严格的上升链 $V(1)<V(2)<\cdots<V(n)$。

对于这种情况，我们的假设是 $\boldsymbol{e}_i \leqslant \boldsymbol{e}_i\boldsymbol{A}^n$，因此如果 $\boldsymbol{e}_i\boldsymbol{A}^n$ 只有一个 1，那么 $\boldsymbol{e}_i=\boldsymbol{e}_i\boldsymbol{A}^n$。这样，$k_i=1$，并且定理的结论是对的。

因此，我们可以假设 $\boldsymbol{e}_i\boldsymbol{A}^n$ 的权大于 1。设 p 是满足 $\boldsymbol{e}_i\boldsymbol{A}^p$ 权数大于 1 的最小正整数。根据我们对于 S 的假设，有 $p \geqslant 2$。因为 $V(p)$ 只能含有一个 $V(p-1)$ 所没有的 1 元素，任何其他的 1 元素一定包含在某些 $\boldsymbol{e}_i\boldsymbol{A}^{p-t}$ 中，其中 $0<t<p$。因为 p 是最小的，$\boldsymbol{e}_i\boldsymbol{A}^{p-t}$ 只含有这一个 1 元素，因此，$\boldsymbol{e}_i\boldsymbol{A}^{p-t} \leqslant \boldsymbol{e}_i\boldsymbol{A}^p$。于是，

$$\boldsymbol{e}_i\boldsymbol{A}^{p-t} \leqslant \boldsymbol{e}_i\boldsymbol{A}^p \leqslant \cdots \leqslant \boldsymbol{e}_i\boldsymbol{A}^{p+(n-1)t},$$

这个链的长度为 $n+1$，因此，不是所有的不等号都是严格不等的。于是有 $\boldsymbol{e}_i\boldsymbol{A}^{p+qt}=\boldsymbol{e}_i\boldsymbol{A}^{p+ct}$，其中 $q \leqslant n-2$。因此，

$$k_i \leqslant p+qt \leqslant n+(n-2)(n-1)。$$

情况 2：$S>1$ 或 $h<n$。在系列

$$\boldsymbol{e}_i\boldsymbol{A} \leqslant \boldsymbol{e}_i\boldsymbol{A}^{h+1} \leqslant \cdots \leqslant \boldsymbol{e}_i\boldsymbol{A}^{(n-s+1)h+1}$$

中有 $n-s+2$ 个项，其第一个向量权为 s，因此，不是所有的不等号都是严格不等的，这样就有 $\boldsymbol{e}_i\boldsymbol{A}^{qh+1}=\boldsymbol{e}_i\boldsymbol{A}^{ch+1}$，其中 $q \leqslant n-s$。那么，

$$k_i \leqslant qh+1 \leqslant (n-s)h+1 \leqslant (n-1)^2+1。$$

定理证毕。

命题 9.15　如果 $\boldsymbol{A} \in B_n$，$\boldsymbol{A}+\boldsymbol{A}^2+\cdots+\boldsymbol{A}^n$ 的第 (i,i) 个元素是 0，那么 $k_i \leqslant (n-2)^2+2$。

证明 设 S 是 $\boldsymbol{e}_i\boldsymbol{A}$ 中 1 元素的集合，设 $\boldsymbol{A}'$为由 $\boldsymbol{A}$ 删去第 i 行第 i 列后得到的$(n-1)\times(n-1)$阶矩阵，则 $\boldsymbol{A}$ 作用到向量 $\boldsymbol{e}_j$ 和 $\boldsymbol{A}'$作用到相应的向量效果是一样的，其中 $j\in S$。根据定理 9.23，我们可以有 $k_j\leqslant(n-2)^2+1$。从 S 的定义可以得出 $k_i\leqslant\max\limits_{j\in S}k_j+1$。

定理 9.24 对于任意矩阵 $\boldsymbol{A}\in B_n$，$k\leqslant(n-1)^2+1$，其中 k 是使得 $\boldsymbol{A}^{k+p}=\boldsymbol{A}^k$ 对于某个正整数 p 能够成立的最小正整数。

证明 可从命题 9.13、定理 9.23 和命题 9.15 得到。

定理 9.25 设 $\boldsymbol{A},\boldsymbol{B},\boldsymbol{C}\in B_n$，并且 $\boldsymbol{A}=\boldsymbol{BC}$。设 P 是 $R(c)$ 的一个基，可以看成一个偏序集。设$|P|=r$，s 是 P 中反链的最大可能的长度，则 $\boldsymbol{A}$ 的指数小于或等于$(r-1)s+1$。

证明 对于一个向量 $\boldsymbol{v}$，设 $k(\boldsymbol{v})$是满足 $\boldsymbol{vA}^{k(\boldsymbol{v})+p(\boldsymbol{v})}=\boldsymbol{vA}^{k(\boldsymbol{v})}$ 的最小正整数，$p(\boldsymbol{v})$为某一正整数。如果当 $k=\max\{k(\boldsymbol{v})\mid\boldsymbol{v}\in P\}$时，$p=\prod\limits_{\boldsymbol{v}\in P}p(\boldsymbol{v})$，那么$\boldsymbol{AA}^{k+p}=\boldsymbol{AA}^k$。这是因为 $\boldsymbol{A}$ 中的各行都包含在 $R(c)$中。因此，$\boldsymbol{A}$ 的指数小于或等于 $\max\{k(\boldsymbol{v})\mid\boldsymbol{v}\in P\}+1$。

下面我们用一个图来表示矩阵 $\boldsymbol{A}$，这个图的顶点是 P 中的所有元素，从 $\boldsymbol{x}$ 到 $\boldsymbol{y}$ 有一条有向边当且仅当 $\boldsymbol{xA}\geqslant\boldsymbol{y}$。这样，$\boldsymbol{xA}$ 就等于所有这样一些顶点的和，这些顶点都是由 $\boldsymbol{x}$ 引出来的一条有向边的终点。类似地，$\boldsymbol{xA}^i$ 是所有从 $\boldsymbol{x}$ 出发可以通过一条长为 i 的有向边序列到达的所有顶点的和。

情况 1：存在从 $\boldsymbol{x}$ 出发到达大于或等于 $\boldsymbol{x}$ 的顶点的边序列，其中 $\boldsymbol{x}\in P$。

设 S 是这种边序列中长度最短的一条。设 $a\leqslant s$ 是 S 的长度，$\boldsymbol{x}\leqslant\boldsymbol{xA}^a\leqslant\cdots\leqslant\boldsymbol{xA}^{ar}$。这个链具有 $r+1$ 个元，但对于 $R(c)$的一个基只有 r 个元，因此，在 $R(c)$中不存在一个非零向量链，它是严格单调上升的，并且有多于 r 个元。于是，上述不等号中有一些应是等号。这意味着最后一个不等号应为等号，即 $\boldsymbol{xA}^{a(r-1)}=\boldsymbol{xA}^{ar}$。因此，

$$k(\boldsymbol{x})\leqslant a(r-1)\leqslant s(r-1)。$$

我们还可以假设 S 的长度比 s 大，那么根据定义，在 S 中存在 $\boldsymbol{v},\boldsymbol{w}$，它

们都位于 S 中第 $s+1$ 个元之前，并且可设 $\boldsymbol{v}<\boldsymbol{w}$，若不然 $\boldsymbol{v}=\boldsymbol{w}$ 便使 S 缩短了。

设 $\boldsymbol{v}\boldsymbol{A}^b\geqslant\boldsymbol{v}$，$\boldsymbol{v}\leqslant\boldsymbol{v}\boldsymbol{A}^b\leqslant\cdots\leqslant\boldsymbol{v}\boldsymbol{A}^{br}$，我们又可知道其中有些不等号应为等号。特别地，$\boldsymbol{v}\boldsymbol{A}^{b(r-1)}=\boldsymbol{v}\boldsymbol{A}^{br}$。设 $\boldsymbol{x}\boldsymbol{A}^c\geqslant\boldsymbol{v}$，$\boldsymbol{v}\boldsymbol{A}^h\geqslant\boldsymbol{x}$，那么

$$\boldsymbol{x}\boldsymbol{A}^{c+b(r-1)}\geqslant\boldsymbol{v}\boldsymbol{A}^{b(r-1)},\tag{9.2}$$

$$\boldsymbol{v}\boldsymbol{A}^{b(r-1)+c+h}\geqslant\boldsymbol{x}\boldsymbol{A}^{b(r-1)+c},\tag{9.3}$$

从这些不等式可得出

$$\boldsymbol{v}\boldsymbol{A}^{b(r-1)+c+h}\geqslant\boldsymbol{v}\boldsymbol{A}^{b(r-1)}。$$

假设这些不等号是严格不等的，那么也有

$$\boldsymbol{v}\boldsymbol{A}^{b(r-1)+(c+h)i}>\boldsymbol{v}\boldsymbol{A}^{b(r-1)},$$

其中 i 为任意正整数。如果 i 恰为 b 的某个倍数，那么 $\boldsymbol{v}\boldsymbol{A}^{b(r-1)+i(c+h)}=\boldsymbol{v}\boldsymbol{A}^{b(r-1)}$，产生矛盾。因此，$\boldsymbol{v}\boldsymbol{A}^{b(r-1)+c+h}=\boldsymbol{v}\boldsymbol{A}^{b(r-1)}$。由式(9.2)和(9.3)知，$\boldsymbol{x}\boldsymbol{A}^{c+b(r-1)}=\boldsymbol{v}\boldsymbol{A}^{b(r-1)}$。于是，$\boldsymbol{x}\boldsymbol{A}^{c+b(r-1)+b}=\boldsymbol{x}\boldsymbol{A}^{c+b(r-1)}$。这样就可得到

$$k(\boldsymbol{x})\leqslant c+b(r-1)\leqslant s-1+(s-1)(r-1)\leqslant s(r-1)。$$

情况 2：没有从 $\boldsymbol{x}$ 出发到达大于或等于 $\boldsymbol{x}$ 的边序列存在。

设 $\boldsymbol{x}_i$ 为满足以下条件的点：(1)存在一条从 $\boldsymbol{x}$ 到 $\boldsymbol{x}_i$ 的路，并且对于这条路中位于 $\boldsymbol{x}_i$ 前的任意元素 $\boldsymbol{y}$，都不存在 $j>0$，使得 $\boldsymbol{y}\boldsymbol{A}^j\geqslant\boldsymbol{y}$；(2)对于 $\boldsymbol{x}_i$，存在一个 $j>0$，使得 $\boldsymbol{x}\boldsymbol{A}^j\geqslant\boldsymbol{x}_i$。

设 t 为这种路的长度。由前一情况的讨论知，$k(\boldsymbol{x}_i)\leqslant(r-t-1)s$，因为我们可以不去考虑这条路上位于 $\boldsymbol{x}_i$ 前面的所有的 $\boldsymbol{y}$，而且对于 $q\geqslant r$，$\boldsymbol{x}\boldsymbol{A}^q=\sum\boldsymbol{x}_i\boldsymbol{A}^{q-t}$。于是有

$$k(x)\leqslant\max\{t+k(\boldsymbol{x}_i),r\}。$$

这样，除非 $r=1$ 或 $s=1$，都有 $k(\boldsymbol{x})\leqslant(r-1)s$。如果 $r=1$ 或 $s=1$，这个定理可以单独讨论。

注　设 $\mathbf{R}^*$ 是由所有非负实数所组成的集合。如通常所做的一样，借

助于半环上的自同态 $\mathbf{R}^* \to \{0,1\}$，使得当且仅当 $x \neq 0$ 时 $x \to 1$，于是上述结果就给出了非负矩阵零型的一些性质。

记号 设 $\boldsymbol{A} \in B_n$，设 $s(\boldsymbol{A})$ 记为从 1 到 n 中这样一些整数 i 的全体，它使得 $\boldsymbol{A}_{i*}$ 或 $\boldsymbol{A}_{*i}$ 中有某个元素为 1。

下面这些结果是属于施瓦兹的。

定义 9.30 一个矩阵 $\boldsymbol{A} \in B_n$ 是所谓射影可约矩阵(projection reducible)，是指：$s(\boldsymbol{A})$ 是两个不相交的集合 s_1 和 s_2 的并，其中只要 $(i,j) \in s_1 \times s_2$，就有 $a_{ij} = 0$，否则 $\boldsymbol{A}$ 被称为射影不可约矩阵。

例 9.3 设

$$\boldsymbol{A} = \begin{pmatrix} 1 & 0 \\ 0 & 0 \end{pmatrix},$$

则 $\boldsymbol{A}$ 是射影不可约矩阵。

命题 9.16 一个矩阵 $\boldsymbol{A} \in B_n$，当且仅当使得 $\boldsymbol{A} + \boldsymbol{A}^2 + \cdots + \boldsymbol{A}^n$ 的元素 (i,j) 为 1 的那些 i,j 的集合是集合 $s(\boldsymbol{A}) \times s(\boldsymbol{A})$。

定义 9.31 两个布尔矩阵称为不相交的(disjoint)，是指：不存在 i,j，使得两者的元素 (i,j) 都为 1。

命题 9.17 任意布尔矩阵 $\boldsymbol{A}$ 都能写成不相交的矩阵的和的形式：$\boldsymbol{A}_1 + \boldsymbol{A}_2 + \cdots + \boldsymbol{A}_m + \boldsymbol{B}$，其中 $\boldsymbol{A}_i$ 是小于或等于 $\boldsymbol{A}$ 的极大的射影不可约矩阵，$\boldsymbol{B}$ 或者是零矩阵或者不大于或等于任一射影不可约矩阵，而且这一分解对于每个被加项的阶数来说是唯一的。

注 这相当于把这个布尔矩阵写成分块三角形

$$\begin{pmatrix} \mathbf{0} & \mathbf{0} & \mathbf{0} & \mathbf{0} \\ * & \boldsymbol{A}_1 & \mathbf{0} & \mathbf{0} \\ * & * & \boldsymbol{A}_2 & \mathbf{0} \\ * & * & * & \mathbf{0} \end{pmatrix},$$

其中 $\boldsymbol{B}$ 为 $\boldsymbol{A}$ 中用星号标出的区域，否则为 $\mathbf{0}$。

命题 9.18 一个矩阵 $\boldsymbol{A} \in B_n$ 是射影不可约矩阵，当且仅当使得 $g +$

$g^2+\cdots+g^d$ 的元素(i,j)不为零的那些(i,j)的集合是集合 $S(\boldsymbol{A})\times S(\boldsymbol{A})$。

命题 9.19　如果 $\boldsymbol{A}\in B_n$ 是一个射影不可约矩阵，那么 $g,g^2,\cdots,g^d$ 是两两不相交的。

命题 9.20　如果 $\boldsymbol{A}\in B_n$ 是射影不可约的，那么任意 d 个相连的幂 $\boldsymbol{A}^i$，$\boldsymbol{A}^{i+1},\cdots,\boldsymbol{A}^{i+d-1}$是两两不相交的。

命题 9.21　如果 $\boldsymbol{A}\in B_n$ 是射影不可约的，那么 d 是所有使得 $\boldsymbol{A}^p$ 具有非零主对角线元素的那些 p 的最大公因数。

命题 9.22　如果 $\boldsymbol{A}\in B_n$ 是射影不可约的，并且 t 是使得 $\boldsymbol{A}^t$ 的元素(i,i)为 1 的最小的整数，那么 d 是所有这些 t 的最小公倍数。

罗森布莱特用图论的方法证明了和命题 9.21，9.22相类似的结果。

命题 9.23　对于任何对称的布尔矩阵 $\boldsymbol{A}$，$d\leqslant 2$。

命题 9.24　如果 $\boldsymbol{A}\in B_n$ 是对称的、射影不可约的，并且 $n\geqslant 3$，那么：(i)如果 $d=1$，有 $k\leqslant 2n-2$；(ii)如果 $d=2$，有 $k\leqslant n-2$。

命题 9.25　如果 $\boldsymbol{A}\in B_n$ 是对称的、射影不可约的，那么：(i)如果 $n>3$ 且 $d=1$，有 $k\leqslant 2n-4$；(ii)如果 $n>3$ 且 $d=2$，有 $k\leqslant 2n-6$；(iii)如果 $n=3$，有$k\leqslant 2$；(iv)如果 $n=2$，有 $k=1$。

普尔曼考虑了序列$\{\boldsymbol{A}_1\}$，$\{\boldsymbol{A}_1\boldsymbol{A}_2\}$，$\{\boldsymbol{A}_1\boldsymbol{A}_2\boldsymbol{A}_3\}$，$\cdots$的收序性，其中$\{\boldsymbol{A}_1,\boldsymbol{A}_2,\cdots,\boldsymbol{A}_m,\cdots\}$为任意矩阵序列。这些部分积在非平稳的马尔可夫链的研究中所起的作用和幂在平稳过程的研究中所起的作用是一样的。假设 $\boldsymbol{A}_m$ 的第(i,j)个元素为 1 当且仅当时刻 $m-1$ 的状态 j 可能转移到时刻 m 的状态 i，那么矩阵 $\boldsymbol{A}_1\boldsymbol{A}_2\cdots\boldsymbol{A}_m$ 的元素(i,j)为 1 当且仅当零时刻的状态 j 可能在时刻 m 转移到状态 i。

命题 9.26　如果 $\boldsymbol{A}_1,\boldsymbol{A}_2,\cdots,\boldsymbol{A}_m\in B_n$，那么存在指数 t 和列 $\boldsymbol{C}_1,\boldsymbol{C}_2,\cdots,\boldsymbol{C}_s$，使得对于所有的 $m\geqslant t$：(i)每个 $\boldsymbol{C}_i$ 是 $\boldsymbol{A}_1\boldsymbol{A}_2\cdots\boldsymbol{A}_m$ 的一列；(ii)$\boldsymbol{A}_1\boldsymbol{A}_2\cdots\boldsymbol{A}_m$ 的每列都是$\{\boldsymbol{C}_1,\boldsymbol{C}_2,\cdots,\boldsymbol{C}_s\}$的一个子集的和。

证明　$C(\boldsymbol{A}_1\boldsymbol{A}_2\cdots\boldsymbol{A}_m)$满足

$$C(\boldsymbol{A}_1)\supset C(\boldsymbol{A}_1\boldsymbol{A}_2)\supset C(\boldsymbol{A}_1\boldsymbol{A}_2\boldsymbol{A}_3)\supset\cdots,$$

这个链必含有一个极小元 $C(\boldsymbol{A}_1\boldsymbol{A}_2\cdots\boldsymbol{A}_t)$。于是,$\boldsymbol{C}_1,\boldsymbol{C}_2,\cdots,\boldsymbol{C}_s$ 是 $C(\boldsymbol{A}_1\boldsymbol{A}_2\cdots\boldsymbol{A}_t)$ 的一个列基。这就证明了这个命题。

幂是可交换矩阵乘积的特殊情况。如果我们进一步假设这些 $\boldsymbol{A}_k$ 是两两可交换的,可以强化上面这一命题的结论。

定理 9.26 如果 $\{\boldsymbol{A}_1,\boldsymbol{A}_2,\cdots,\boldsymbol{A}_m,\cdots\}$ 是一系列 $n\times n$ 阶的两两可交换的布尔矩阵,那么存在一个 $s\times s$ 阶的置换矩阵序列 $\{\boldsymbol{Q}_1,\boldsymbol{Q}_2,\cdots\}$ 和一个指数 t,使得对于任意 $m\geqslant t$,有

$$\boldsymbol{A}_1\boldsymbol{A}_2\cdots\boldsymbol{A}_t-\boldsymbol{A}_m=\boldsymbol{B}\boldsymbol{Q}_{m-t}\cdots\boldsymbol{Q}_2\boldsymbol{Q}_1\boldsymbol{C},$$

其中 $\boldsymbol{B}$ 为某一 $n\times s$ 阶矩阵,$\boldsymbol{C}$ 为某一 $s\times n$ 阶矩阵(与 m 无关),并且 $\boldsymbol{C}=[\boldsymbol{ID}]\boldsymbol{T}$,其中 $\boldsymbol{T}\in P_n$。

证明 由命题 9.26 知,存在一个 $n\times s$ 阶矩阵 $\boldsymbol{B}$、置换矩阵 $\boldsymbol{T}_m$ 和指数 t,使得

$$\boldsymbol{A}_1\boldsymbol{A}_2\cdots\boldsymbol{A}_t\cdots\boldsymbol{A}_m=\boldsymbol{B}[\boldsymbol{ID}_m]\boldsymbol{T}_m。$$

设 $\boldsymbol{S}_m=\boldsymbol{A}_1\boldsymbol{A}_2\cdots\boldsymbol{A}_t\cdots\boldsymbol{A}_m,\boldsymbol{C}=[\boldsymbol{ID}]\boldsymbol{T}$,其中 $\boldsymbol{D}=\boldsymbol{D}_m,\boldsymbol{T}=\boldsymbol{T}_m$。我们首先证明,当 $m>t$ 时,乘以每个 $\boldsymbol{A}_m$ 只是把 $\boldsymbol{B}$ 的所有列向量置换一下。

$\boldsymbol{B}$ 的所有的列对于 $\boldsymbol{A}_1\boldsymbol{A}_2\cdots\boldsymbol{A}_{m-1}=\boldsymbol{S}_{m-1}$ 是一组列基。因为所有的 $\boldsymbol{A}_i$ 是可交换的,有 $\boldsymbol{S}_{m-1}\boldsymbol{A}_m=\boldsymbol{A}_m\boldsymbol{S}_{m-1}=\boldsymbol{S}_m$。于是,$\boldsymbol{A}_m$ 乘以 $\boldsymbol{S}_{m-1}$ 的所有列向量,其结果包含了 $\boldsymbol{S}_m$ 的一组列基。因此,$\boldsymbol{A}_m$ 作用到 $\boldsymbol{S}_{m-1}$ 的列基向量上,其结果也包含了 $\boldsymbol{S}_m$ 的一组列基。这样,$\boldsymbol{A}_m$ 乘以 $\boldsymbol{B}$ 的所有列所得到的向量集包含了 $\boldsymbol{B}$ 的所有列。因为 $\boldsymbol{B}$ 的列向量是互不相同的,乘以 $\boldsymbol{A}_m$ 只是简单地把 $\boldsymbol{B}$ 的列向量置换一下。

因此,$\boldsymbol{A}_m\boldsymbol{B}=\boldsymbol{B}\boldsymbol{F}_m$,$\boldsymbol{F}$ 为某个 $S\times S$ 阶置换矩阵。于是,对每个 $k\geqslant 1$,设 $\boldsymbol{Q}_k=\boldsymbol{F}_{t+k}$,我们可得到

$$\boldsymbol{S}_{t+1}=\boldsymbol{A}_{t+1}\boldsymbol{S}_t=\boldsymbol{A}_{t+1}\boldsymbol{B}\boldsymbol{C}=\boldsymbol{B}\boldsymbol{Q}_1\boldsymbol{C},$$

$$\boldsymbol{S}_{t+2}=\boldsymbol{A}_{t+2}\boldsymbol{S}_{t+1}=\boldsymbol{A}_{t+2}\boldsymbol{B}\boldsymbol{Q}_1\boldsymbol{C}=\boldsymbol{B}\boldsymbol{Q}_2\boldsymbol{Q}_1\boldsymbol{C},$$

$$\vdots$$

$$\boldsymbol{S}_m=\boldsymbol{A}_m\boldsymbol{S}_{m-1}=\boldsymbol{A}_m\boldsymbol{B}\boldsymbol{Q}_{m-t-1}\cdots\boldsymbol{Q}_2\boldsymbol{Q}_1\boldsymbol{C}=\boldsymbol{B}\boldsymbol{Q}_{m-t}\cdots\boldsymbol{Q}_2\boldsymbol{Q}_1\boldsymbol{C},$$

这就完成了证明。

普尔曼还研究了矩阵的无限乘积的性质，矩阵的这种无限乘积形式在非齐次的马尔可夫链的研究中会遇到。

下面这个定理综述了布尔矩阵渐近形式的最重要的一些结果。

定理 9.27　设 $\boldsymbol{A}$ 是一个布尔矩阵，$G_{\boldsymbol{A}}$ 是它的图。

（1）$\boldsymbol{A}$ 是幂零的当且仅当 $G_{\boldsymbol{A}}$ 不包含圈，也当且仅当存在一个置换矩阵 $\boldsymbol{P}$，使得 $\boldsymbol{PAP}^{\mathrm{T}}$ 在主对角线上和主对角线上方没有 1 元素。

（2）$\boldsymbol{A}$ 收敛于 $\boldsymbol{J}$ 当且仅当 $G_{\boldsymbol{A}}$ 是强连通的，并且 $G_{\boldsymbol{A}}$ 的所有圈的长度的最大公因数是 1。

（3）$\boldsymbol{A}$ 的周期是 $G_{\boldsymbol{A}}$ 的所有强支所相应的矩阵的周期的最小公倍数。

（4）一个强连通矩阵的周期是它的图中所有圈的长度的最大公因数。周期为 P 的强连通矩阵可以写成如下分块形式：

$$\begin{pmatrix} \mathbf{0} & \boldsymbol{A}_1 & \mathbf{0} & \cdots & \mathbf{0} \\ \mathbf{0} & \mathbf{0} & \boldsymbol{A}_2 & \cdots & \mathbf{0} \\ \mathbf{0} & \mathbf{0} & \mathbf{0} & \cdots & \mathbf{0} \\ \vdots & \vdots & \vdots & & \vdots \\ \boldsymbol{A}_d & \mathbf{0} & \mathbf{0} & \cdots & \mathbf{0} \end{pmatrix}。$$

（5）$\boldsymbol{A}$ 是不可分解的当且仅当 $G_{\boldsymbol{A}}$ 是强连通的。

（6）一个周期的强连通矩阵能够写成如上分块形式，其中每一个 $\boldsymbol{A}_i$ 都完全由 1 元素所组成。

（7）任一矩阵都能写成分块形式，其主对角线上或者是零或者是不可分解的矩阵，主对角线上方的块都是零。

（8）设 $\boldsymbol{A}$ 是一个周期矩阵，并被写成(7)中所说的分块形。设 $\boldsymbol{A}_{ij}$是 $\boldsymbol{A}$ 的一块，与它相应的主对角线上的块 $\boldsymbol{A}_{ii}$或 $\boldsymbol{A}_{jj}$中有一个是非零的。那么，$\boldsymbol{A}^n$ 的第(i,j)块分别为$(\boldsymbol{A}_{ii})^{n-1}\boldsymbol{A}_{ij}$或$(\boldsymbol{A}_{ij})(\boldsymbol{A}_{jj})^{n-1}$。

（9）如果 $\boldsymbol{A}$ 是一个 $n\times n$ 阶矩阵，那么 $\boldsymbol{A}$ 的指数至多为$(n-1)^2+1$。

借助下面的算法，人们可以发现，任意大的矩阵$\boldsymbol{A} \in B_n$的振荡周期是$o(n^3(\log n))$阶的。

算法 设P是一个大于或等于$(n-1)^2+1$的素数，把P写成二进制形式。重复进行平方运算，计算出所需要的$\boldsymbol{A}$的2^r次幂，并把它们乘在一起得到$\boldsymbol{A}^P$。$\boldsymbol{A}$的周期就是$\boldsymbol{A}^P$的周期，而$\boldsymbol{A}^P$是周期性的。

按如下的方法确定$\boldsymbol{A}^P$的图的强支：对$\boldsymbol{I}+\boldsymbol{A}^P$重复进行平方运算，直至得到$\boldsymbol{I}+\boldsymbol{A}^P$的一个高于$n$次的幂$\boldsymbol{B}$，那么$\boldsymbol{B} \odot \boldsymbol{B}^{\mathrm{T}}$是一个强连通的等价关系的矩阵，其中“$\odot$”表示按元素的乘积。

然后求相应于$\boldsymbol{A}^P$的图的所有强支的子矩阵$\boldsymbol{A}_{kk}$。$\boldsymbol{A}_{kk}$的周期是$\boldsymbol{A}_{kk}$中所有不同行的数目。这个数是容易得到的，因为$\boldsymbol{A}_{kk}$的各行或者是相等的，或者1元素的集合不相重叠，那么$\boldsymbol{A}$的周期就是所有$\boldsymbol{A}_{kk}$的周期的最小公倍数。

5. 应用

这一节的目的是想指出借助于布尔矩阵描述问题、解决问题的各种方法。因此，我们将介绍各种各样的应用，使读者熟悉使用布尔矩阵解决科学和工程中问题的技巧。

第一个应用是讨论关于一小群人中间的某种关系，如：友好、认识、共处、影响、互不妨碍，等等。这些关系都将给出这群人的集合上的一个二元关系，即这些人相互之间具有某种关系的有序对。研究人员可以通过这个二元关系矩阵来寻找这群人中间的一个有用的子集。其中一个办法就是，研究表现这个二元关系的布尔矩阵（关系 R 上的矩阵）的幂。

卢斯和佩里考虑过下面这个社会问题：在 n 个人组成的一群人中，我们可以把两两之间的某种关系写成一个 $n \times n$ 阶的(0,1)矩阵。例如，在矩阵中第(i,j)个位置上是 1 当且仅当第 i 个人可以和第 j 个人联系。

定义 9.32　一个团（clique），是指一群人中具有下述性质的极大子群：对于所有的 $i \neq j$，第 i 个人相对于第 j 个人都有关系。

记号　假设没有人相对于他自己有关系，则主对角线元素都为零。设 $\boldsymbol{A}$ 是一个关系矩阵，$\boldsymbol{S}$ 是这样一个矩阵：$S_{ij}=1$ 当且仅当 $a_{ij}=1$ 并且 $a_{ji}=1$。因此，$\boldsymbol{S}$ 是对称关系的子矩阵。

命题 9.27　第 i 个人属于某个团，当且仅当 $\boldsymbol{S}^3$ 的主对角线上第 i 个元素不是零。

在下面两个定理中，我们把 $\boldsymbol{S}^3$ 看成 $\boldsymbol{S}$ 的立方，而 $\boldsymbol{S}$ 是非负实数矩阵而不是布尔矩阵。

定理 9.28　如果在 $\boldsymbol{S}^3$ 中，主对角线上有 7 个元素值为$(t-2)(t-1)$，而主对角线上其余元素都为零，那么这 7 个成员组成了一个团，并且它是仅有的一个团。反过来也成立。

证明略。

定理 9.29 如果一个元素 i 被包含在 m 个团里，其中第 k 个团中成员个数记为 t_k，并且存在 h_k 个无序对，其中 $\{a,b\}$ 对于第 k 个团以及排在它前面的那些团都是共有的，且满足 $i \neq a, i \neq b$，那么

$$S_{ii}^{(3)} = \sum_{k=1}^{m} [(t_k - 1)(t_k - 2) - 2h_k]。$$

证明 这些数 $S_{ii}^{(3)}$ 是包含在某个团中的三元素集 $\{i,a,b\}$ 的个数的两倍。这种集合在第 k 个团中的个数为

$$\frac{(t_k - 1)(t_k - 2)}{2},$$

这个集合也被包含在这些团的前面那些团中，当且仅当元素对 $\{a,b\}$ 也是如此。于是，在第 k 个团中第一次出现这种集合的数目为

$$\frac{(t_k - 1)(t_k - 2)}{2} - h_k。$$

因此，这种集合的总数为上式两倍的和。

许多研究人员用图论的方法研究过这些思想。

例 9.4 设 $\boldsymbol{A}$ 是

$$\begin{array}{c} \\ 1 \\ 2 \\ 3 \\ 4 \\ 5 \\ 6 \\ 7 \\ 8 \end{array}\begin{array}{c} \begin{array}{cccccccc} 1 & 2 & 3 & 4 & 5 & 6 & 7 & 8 \end{array} \\ \begin{pmatrix} 0 & 1 & 1 & 0 & 0 & 0 & 1 & 0 \\ 1 & 0 & 1 & 1 & 0 & 0 & 1 & 0 \\ 1 & 1 & 0 & 0 & 0 & 1 & 1 & 0 \\ 0 & 0 & 0 & 0 & 0 & 0 & 0 & 0 \\ 0 & 0 & 1 & 0 & 0 & 0 & 0 & 0 \\ 0 & 0 & 0 & 1 & 0 & 0 & 0 & 0 \\ 1 & 1 & 1 & 0 & 0 & 0 & 0 & 0 \\ 1 & 0 & 0 & 0 & 0 & 1 & 0 & 0 \end{pmatrix} \end{array},$$

那么 $\boldsymbol{S}$ 是

$$\begin{pmatrix} 0 & 1 & 1 & 0 & 0 & 0 & 1 & 0 \\ 1 & 0 & 1 & 0 & 0 & 0 & 1 & 0 \\ 1 & 1 & 0 & 0 & 0 & 0 & 1 & 0 \\ 0 & 0 & 0 & 0 & 0 & 0 & 0 & 0 \\ 0 & 0 & 0 & 0 & 0 & 0 & 0 & 0 \\ 0 & 0 & 0 & 0 & 0 & 0 & 0 & 1 \\ 1 & 1 & 1 & 0 & 0 & 0 & 0 & 0 \\ 0 & 0 & 0 & 0 & 0 & 1 & 0 & 0 \end{pmatrix},$$

$\boldsymbol{S}^2$ 是

$$\begin{pmatrix} 3 & 2 & 2 & 0 & 0 & 0 & 2 & 0 \\ 2 & 3 & 2 & 0 & 0 & 0 & 2 & 0 \\ 2 & 2 & 3 & 0 & 0 & 0 & 2 & 0 \\ 0 & 0 & 0 & 0 & 0 & 0 & 0 & 0 \\ 0 & 0 & 0 & 0 & 0 & 0 & 0 & 0 \\ 0 & 0 & 0 & 0 & 0 & 1 & 0 & 0 \\ 2 & 2 & 2 & 0 & 0 & 0 & 3 & 0 \\ 0 & 0 & 0 & 0 & 0 & 0 & 0 & 1 \end{pmatrix}。$$

这里,主对角线上的零元素表明了 4,5 和任何人都没有对称关系。仅仅 6 和 8 之间互相有对称关系,因为它们的主对角线上的元素为 1。因此,$\boldsymbol{S}^3$ 为

$$\begin{pmatrix} 6 & 7 & 7 & 0 & 0 & 0 & 7 & 0 \\ 7 & 6 & 7 & 0 & 0 & 0 & 7 & 0 \\ 7 & 7 & 6 & 0 & 0 & 0 & 7 & 0 \\ 0 & 0 & 0 & 0 & 0 & 0 & 0 & 0 \\ 0 & 0 & 0 & 0 & 0 & 0 & 0 & 0 \\ 0 & 0 & 0 & 0 & 0 & 0 & 0 & 1 \\ 7 & 7 & 7 & 0 & 0 & 0 & 6 & 0 \\ 1 & 0 & 0 & 0 & 0 & 1 & 0 & 0 \end{pmatrix}。$$

由定理9.28知,$\{1,2,3,7\}$是唯一的一个团。

注 一个团可以被包含在其他一些团的并集中,而不包含在其中的任何一个团里。例如,团$\{1,2,4\}$,$\{2,3,5\}$和$\{1,3,6\}$的并包含了团$\{1,2,3\}$。

关于任意一个图(或矩阵)中的团的存在性,理论研究也有了一些进展。

定义 9.33 从 i 到 j 的一个 q 链(q-chain)是一个序列 $i=i_0,i_1,\cdots,i_q=j$,使得 i_k 相对于 i_{k+1} 有某种给定的关系,其中 $k=0,1,\cdots,j-1$。

定义 9.34 一个群体的一个子集是一个 n – 团(n-clique),是指:(i)它至少包含三个元素;(ii)对于其中的任何一对元素 $i,j(i\neq j)$,都存在从 i 到 j 的某一个 q 链(它可以包含这个团外的群中元素),这里 $q\leqslant n$;(iii)这个子集不包含在比它更大的满足(ii)的子集中。

设群体中的关系可用布尔矩阵 $\boldsymbol{A}$ 表示,为了确定它的 n – 团,可以计算总和 $\boldsymbol{A}+\boldsymbol{A}^2+\cdots+\boldsymbol{A}^n$,然后删去主对角线得到矩阵 $\boldsymbol{B}$。$\boldsymbol{B}$ 的团是可以确定的,它们就是 $\boldsymbol{A}$ 的 n – 团。

例 9.5 设

$$\boldsymbol{A}=\begin{pmatrix}0&1&1&0\\1&0&0&0\\1&0&0&1\\0&0&1&1\end{pmatrix},$$

则

$$\boldsymbol{A}+\boldsymbol{A}^2=\begin{pmatrix}1&1&1&1\\1&1&1&0\\1&1&1&1\\1&0&1&1\end{pmatrix},$$

$$\boldsymbol{A}+\boldsymbol{A}^2+\boldsymbol{A}^3=\begin{pmatrix}1&1&1&1\\1&1&1&1\\1&1&1&1\\1&1&1&1\end{pmatrix}。$$

因此，不存在 1 - 团。集合{1,2,3}和{1,3,4}是 2 - 团，因为它们是 $\boldsymbol{A}+\boldsymbol{A}^2$ 的 1 - 团。集合{1,2,3,4}是 3 - 团，因为在 $\boldsymbol{A}+\boldsymbol{A}^2+\boldsymbol{A}^3$ 中所有的元素都是 1。

小群体社会学中的其他工作，也一直强调从群体成员的关系或牵连中产生布尔矩阵。有时，在同一个群体中要考虑好几个联系，如兴趣、尊重、影响、接触等。

除了这些矩阵中的团的研究以外，人们还提出了一些其他的分析方法。一个集合上定义了一种二元关系，寻找这个集合的一些有意义的子集的一般性方法常是聚类分析所研究的课题。当一个群体要被分成子群体或分成 n 块时，重要的是这些块中哪些对能满足第一块中没有一个个体和第二块中的个体有任何牵连。

有些群体可以用下面这种方法进行分析，研究人员对于这一群体的块结构提出一个假设，称之为块模型(block model)。这个假设可以由一个布尔矩阵或由一个布尔矩阵集所组成，于是提出了这么个问题：是否存在一个划分，把这个群体分成 m 块，使得第 i 块和第 j 块中的个体没有任何牵连，当且仅当这个块模型矩阵的第(i,j)个元素为零？黑尔(G. H. Heil)为此给出了一个计算机算法，称为 BLOCKER。特别地，这个程序对于群体中所有成员属于哪些块给出了满足给定块模型的所有分配方案。

下面我们考察一个布尔矩阵的指数与周期和自动机之间的联系。

任意一个机器，例如计算机，可以被表示为一个自动机。因此，自动机在数学语言学中是很有用的。这里我们将说明，布尔矩阵的指数和周期在有限状态的非确定性自动机理论中是有意义的。

定义 9.35　一个 n 状态的、一个符号的、非确定性的自动机 N，是指一个三元组$(\boldsymbol{A},S,T)$，其中 $\boldsymbol{A}\in B_n$，$S,T\subset \underline{n}$，S 是初始状态集，T 是终状态集。

任何一个整数 $j\geqslant 0$ 对于 N 是好的(good)，是指 $S\boldsymbol{A}^j\cap T\neq\varnothing$，否则 j 对于 N 是坏的(bad)。

定义 9.36　一个 n 状态的、一个符号的、确定性自动机 D，是指一个三元组(f,a,T)，使得$f:\underline{n}\to\underline{n}$，$a\in\underline{n}$，$T\subset\underline{n}$，其中$a$是初始状态，$T$是终状态集。

一个整数$j\geqslant 0$是好的，是指$f^j(a)\in T$，否则j对于D是坏的。

定义 9.37 两个n状态的、单符号自动机是等价的，是指一个整数对于其中一个自动机是好的当且仅当它对另一个是好的。

这里的一个基本问题是：给定一个n状态的、一个符号的非确定性自动机，最少有多少个状态能够具有等价的、一个符号的确定性自动机？许多人已经证明了对于多于一个符号的字母表，用等价的确定性自动机来实现一个n状态的非确定性自动机，在最坏的情况下必须使用2^n个状态。曼德尔证明了（在最坏的情况）对于一个符号的自动机，至少必须使用c_n个状态，而$c_n+(n-1)^2+1$个状态总是充分的。我们用定理 9. 24 可以得到同样的上界，另外还要用到这么个事实：没有一个B_n的循环子群的阶数比P_n的循环子群的阶数（即c_n）大。我们用到的是对标准的自动机理论稍加修改的构造。

定理 9.30 设$N=(\boldsymbol{A},S,T)$是一个n状态的非确定性自动机，设K是所有形为$S\boldsymbol{A}^j(j\geqslant 0)$的不同集合的全体，设$f:K\to K$定义为$f(S\boldsymbol{A}^j)=S\boldsymbol{A}^{j+1}$，那么，$D=(f,a,T')$是等价于$N$的，其中$a=S$，$T'=\{M\in K|M\cap T\neq\varnothing\}$。$D$中状态的数目（即$|K|$）小于或等于$c_n+(n-1)^2+1$。

证明 注意j对于f是好的当且仅当$f^j(a)\in T'$，即当且仅当$S\boldsymbol{A}^j\in T'$，或者说当且仅当$S\boldsymbol{A}^j\cap T\neq\varnothing$。因此，这两个自动机是等价的。$K$的大小的界可以由$\boldsymbol{A}$所生成的循环子半群的阶数加上 1 给出。这个子半群的群的部分是B_n的循环子群，其阶数小于或等于c_n。由施瓦兹的定理（参看定理 9. 24）知，这个半群的非群部分的阶数至多为$(n-1)^2$。

关于布尔矩阵在计算机科学方面的应用可以参看尤尔根森（H. Jürgensen）和威克（P. Wick）等人的著述。

下面我们讨论罗森布莱特的关于信息扩散系统的模型，在这个系统的实体集合中的每一个成员，或者可以从其他信息项中获得信息，或者可以把信息项传递给其他成员。实体的集合和信息项的集合有一个详细的清单。

这里存在三个二元关系：(i) 传递关系 ρ，它说明了每个实体可以把信息项传送给哪些实体；(ii) 导出关系 δ，它说明了哪些信息项可以从其他哪些信息项推断出来；(iii) 指派关系 τ，它说明了各个实体开始时占有了哪些信息项。因此，$x\rho y$ 可以读成“x 传送给 y”；$x\delta y$ 可以读成“x 本来含有 y”；$x\tau z$ 可以读成“实体 x 被指定占有信息项 z”。注意：ρ 是定义在实体上的，δ 是定义在信息项上的。

于是，这三个二元关系表现了一个原理：在一定的、有限的闭系统中，信息的产生只有通过一开始的设定、传送和导出这三种运算。在这个模型中，传送和导出是按同样的速度进行的。

定义 9.38　设 $\Omega(i)$ 记为 $\{(x,y) \mid$ 在时刻 t 实体 x 占有了信息项 $z\}$，则

$$\Omega(0)=\tau,\Omega(n)=\rho^{\mathrm{T}}\Omega(n-1)+\Omega(n-1)\delta,$$

其中 $n>0$，“T”表示转置。关系 $\Omega(i)$ 称为 k 阶知识库关系(thesaurus relation of order k)。

定义 9.38 中的第二个方程反映了这么一些规律：(i) 如果 y 在时刻 $n-1$ 占有信息项 z，并且 y 能把信息传送给 x，那么 x 在时刻 n 就能占有信息项 z；(ii) 如果 x 在时刻 $n-1$ 占有信息项 z，并且 z 包含了 W，那么 x 在时刻 n 就能占有信息项 W。

这个系统是收敛的吗？从上面这些方程，我们用归纳法可以证明

$$\Omega(m)=\sum_{i=0}^{m}(\rho^{\mathrm{T}})^{i}\tau\delta^{m-i},$$

其中关系的零次幂被解释为恒等关系。如果 ρ,τ 是自反的、传递的，那么由上述方程可以导出

$$\Omega(k)=\rho^{\mathrm{T}}\tau+\tau\delta+\rho^{\mathrm{T}}\tau\delta=\Omega(z)$$

对一切 $k>2$ 成立。因此，我们可以看到很快的收敛性。研究一般情况的一个办法是采用高阶的布尔矩阵。

记号 1　设 $\boldsymbol{R},\boldsymbol{S},\boldsymbol{T}$ 是相应于关系 ρ,δ,τ 的布尔矩阵，设 $\{\boldsymbol{M}(k) \mid k\geqslant 0\}$ 记为相应于关系序列 $\{\Omega(k) \mid k\geqslant 0\}$ 的布尔矩阵序列。

考虑布尔方阵 $\boldsymbol{B}$,即

$$\boldsymbol{B}=\begin{pmatrix}\boldsymbol{R}^{\mathrm{T}} & \boldsymbol{T}\\ \boldsymbol{0} & \boldsymbol{S}\end{pmatrix},$$

$\boldsymbol{B}^{n+1}$的右上方矩阵为

$$\boldsymbol{M}(n)=\boldsymbol{R}^{\mathrm{T}}\boldsymbol{M}(n-1)+\boldsymbol{M}(n-1)\boldsymbol{S},$$

因为 $\boldsymbol{M}(0)=\boldsymbol{T}$。于是,$\boldsymbol{M}(n)$就是 $\Omega(n)$所对应的布尔矩阵。因此,如果 $\boldsymbol{B}$ 是收敛的,那么该信息系统也将是收敛的。

我们可以推广上述模型,允许每个实体可以有不同的从其他信息项导出信息的过程,并且对于不同的信息项可以有不同的传送网络。

记号 2 设 X 是实体的集合,Y 是可能的信息项的集合,且 $|X|=m$,$|Y|=n$,那么在这个模型中,一个特殊的系统是这样陈述的:m 个不同的 $n\times n$ 阶布尔矩阵 $\boldsymbol{D}_i$,分别描述第 $i=1,2,\cdots,m$ 个实体可以从每个信息项中导出哪些信息项;n 个不同的 $m\times m$ 阶布尔矩阵 $\boldsymbol{C}_i$,分别描述对于第 $j(j=1,2,\cdots,n)$ 个信息项,一个给定的实体可以把这个信息项传送给哪些实体。

初始状态由具有 nm 个分量的布尔向量描述,其中某个分量为 1 是指某个实体 x 具有信息项 y。我们可以构造一个 $nm\times nm$ 阶布尔矩阵 $\boldsymbol{H}$,其中 $h_{(a,d),(c,b)}=1$ 定义为或者 $a=c$ 并且 d_a 在位置(b,d)处为 1,或者 $b=d$ 并且 c_b 在位置(a,c)处为 1。经过 k 步之后,系统的状态由向量 $\boldsymbol{VH}^k$ 表示,其中运算为 β_0 中的矩阵与向量的乘法。因此,对于任意 $\boldsymbol{V}$,考察收敛性的一个办法是考虑矩阵 $\boldsymbol{H}$ 的收敛性。对于任意 $\boldsymbol{H}\in B_r$,存在一个相应的具有 r 个顶点的图,从 x 到 y 有一条有向边当且仅当 $h_{xy}=1$。

定义 9.39 形为$(s_0,s_1),(s_1,s_2),\cdots,(s_{t-1},s_t),(s_t,s_0)$,其中各 s_i 可以相同的一个边序列称为一条闭路(closed walk)。

任意布尔矩阵收敛的充分必要条件是:通过任意一个给定顶点的所有闭路的长度的最大公因数为 1,这里假设通过这个顶点的闭路至少有一条。

定理 9.31 对于任意初始状态,只要下述条件中有一个被满足,系统的状态将收敛:(i)每个 $\boldsymbol{D}_i$ 收敛到一个主对角线上元素为 1 的矩阵;(ii)每

个 $\boldsymbol{C}_j$ 收敛，并在集合 Y 上存在着一个偏序结构，它使得对于每一个 i，$(\boldsymbol{D}_j)_{ab}=1$ 仅当在这个偏序结构上 a 大于或等于 b 时成立。这里的 Y 为记号 2 中所述。

因为在我们的模型中，信息项和实体之间具有严格的对偶性，所以这些条件也是对偶的。

例 9.6　设某个 $\boldsymbol{H}$ 具有如图 9.1 的形式。显然，这个系统的状态总是收敛的。

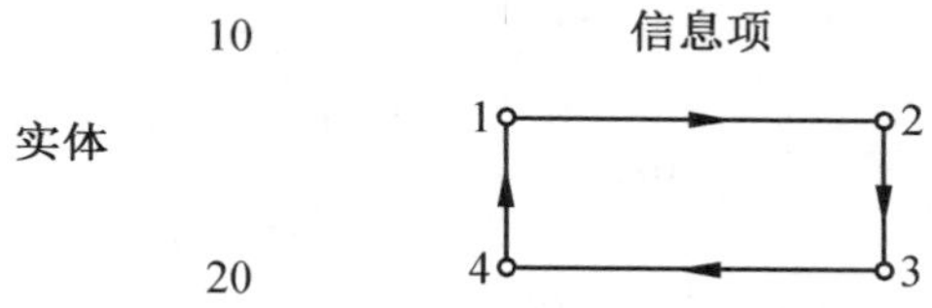

图 9.1

例 9.7　所有的 $\boldsymbol{C}$ 矩阵都是零，某些 $\boldsymbol{D}$ 矩阵不收敛。

例 9.8　所有满足条件的矩阵如下：

$$\boldsymbol{D}_1=\begin{pmatrix}1&0&0&0\\1&0&0&0\\1&1&0&0\\1&1&1&1\end{pmatrix},\quad \boldsymbol{D}_2=\begin{pmatrix}1&0&0&0\\1&0&1&0\\1&0&0&0\\1&1&1&1\end{pmatrix},$$

$$\boldsymbol{C}_1=\begin{pmatrix}0&0\\0&0\end{pmatrix},\boldsymbol{C}_2=\begin{pmatrix}0&1\\0&0\end{pmatrix},\boldsymbol{C}_3=\begin{pmatrix}0&0\\1&0\end{pmatrix},\boldsymbol{C}_4=\begin{pmatrix}0&0\\0&0\end{pmatrix}。$$

定义 9.40　一个布尔矩阵 $\boldsymbol{A}$ 被称为传送矩阵(communication matrix)，是指：$a_{ij}=1$ 当且仅当成员 i 把信息传送给成员 j，并且对每个 i，$a_{ii}=1$。

注　矩阵 $\boldsymbol{A}$ 的 k 次幂的第 i 列告诉我们，成员 i 在时刻 k 时知道哪些信息。

定义 9.41　传送矩阵 $\boldsymbol{A}$ 被称为充分的(adequate)，当且仅当所有的人最终都知道了别人得到的信息。

还有更加一般的系统，其中通信矩阵 $\boldsymbol{A}$ 不是定常的，而是随时间变化的。

这样一种系统的效率有三种测量方法:(i)使所有的成员都知道所有的信息所需要的时间的倒数;(ii)人均通道数(channels per member)为$\frac{p}{n}$,其中p为通信矩阵$\boldsymbol{A}$的主对角线外的1元素的个数;(iii)冗余量为$\frac{n^2}{q}$,其中q为把$\boldsymbol{A}$看成非负矩阵时$\boldsymbol{A}$的k次幂的所有元素的和,k是使所有成员都知道所有信息所需要的时间。

例9.9 设

$$\boldsymbol{A}=\begin{pmatrix}1&1&0&0\\0&1&1&0\\0&0&1&1\\1&0&0&1\end{pmatrix},$$

则主对角线外1元素的个数$p=4$,$\frac{p}{n}=1$。

可以看出,$\boldsymbol{A}^3$是使每个元素都为1的$\boldsymbol{A}$的最低次幂,因此测量方法(i)的解为$\frac{1}{3}$。

当把$\boldsymbol{A}$看成R上的矩阵时,$\boldsymbol{A}$的立方为

$$\begin{pmatrix}1&3&3&1\\1&1&3&3\\3&1&1&3\\3&3&1&1\end{pmatrix},$$

因此,其冗余量为$\frac{1}{2}$。

霍恩(F. E. Hohn)和希斯勒(L. R. Schissler)研究了布尔矩阵用于继电器组合逻辑电路设计时出现的一些性质,并发展了这一应用的基本概念。

一个给定的开关电路的效果是什么?我们可以用一个图来表示一个电路,再用一个布尔矩阵来表现这个图,并且在继电器上设定布尔变量,这时输出就是这个收敛矩阵的幂等的幂矩阵。

定义 9.42　输出矩阵(output matrix)就是指一个布尔矩阵,其元素(i, j)描述从 i 到 j 有没有某个直接的或间接的电流通路。

譬如说,考虑如下的一个开关电路。这里的 1,2,3 是端点,x,y,z,u 是开关或者是能够接通或断开这些电流通道的继电器。

这种电路可以借助布尔矩阵来处理,其元素由 0,1 和变量 x,y,z,u 的组合表示(图 9.2)。

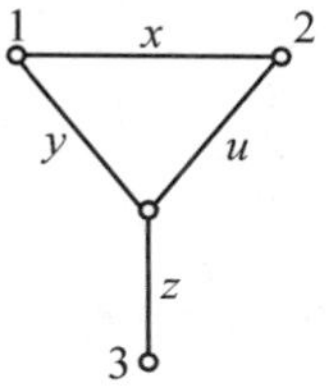

图 9.2

例 9.10　对于上面这个电路,输出矩阵为

$$\begin{pmatrix} 1 & x+yu & xuz+yz \\ x+yu & 1 & xyz+uz \\ xuz+yz & xyz+uz & 1 \end{pmatrix}。$$

例如,当继电器 x 闭合或者继电器 y 和 u 都闭合时,电流可以从端点 1 流向端点 2,因此矩阵中元素(1,2)为 $x+yu$。

注　输出矩阵总是对称的、自反的和幂等的。

定义 9.43　本原连接矩阵(primitive connection matrix),是指这样一种布尔矩阵,它包含了电路中所有的节点,包括不是端点的那些节点(如图 9.2 中只有一个这样的节点),矩阵中元素(i, j)的值取图中从 i 到 j 的继电器的状态值,如果没有连线则取为 0。

例 9.11　上述例子中,电路的本原连接矩阵为

$$\begin{pmatrix} 1 & x & 0 & y \\ x & 1 & 0 & u \\ 0 & 0 & 1 & z \\ y & u & z & 1 \end{pmatrix}。$$

本原连接矩阵是可以由电路图直接写出来的。

注 本原连接矩阵总是对称的、自反的,但并不总是幂等的。

对电路进行分析时会涉及这么一个问题:给定一个本原连接矩阵,如何由它得到输出矩阵?

第一步就是去掉所有不是端点的节点(如上面这个例子中的节点 4),每次去掉一个。首先删掉这个节点所对应的行和列(譬如说节点 r),把原来矩阵中元素 (i,r) 和 (r,j) 的乘积与元素 (i,j) 相加,作为新矩阵的元素 (i,j)。

如上面这个例子中,我们可以得到

$$\begin{pmatrix} 1+yy & x+yu & yz \\ x+yu & 1+uu & uz \\ yz & uz & 1+zz \end{pmatrix},$$

它等于

$$\begin{pmatrix} 1 & x+yu & yz \\ x+yu & 1 & uz \\ yz & uz & 1 \end{pmatrix}。$$

然后,取这一矩阵的满足幂等性的最低次幂,这就是输出矩阵。如在这个例子中,这个矩阵本身就是幂等的,因此它就是输出矩阵。

实际情况中最有意思的问题是电路的综合,这可以把上面所说的处理步骤反过来,从输出矩阵来构造一个本原连接矩阵。

罗伯特(Robert)用布尔矩阵研究了离散的迭代问题。给定一个有限集 $X_1, X_2, \cdots, X_n$ 和 $X_1 \times X_2 \times \cdots \times X_n$ 上的变换 F,如何讨论 F 的幂的收敛性和不动点?这种性质的问题产生于信息论、离散自动机、生物数学、物理学和社会科学。罗伯特所得到的产生于布尔矩阵方向的结果,主要涉及它们的特征值和特征向量。他证明了类似于贝龙-弗罗比尼乌斯定理和斯坦恩-罗森伯格(Stein-Rosenberg)定理的一些结果,说明了 0 和 1 特征值的存在性。然后,他定义了布尔收缩,证明了布尔收缩具有唯一的不动点。他还发展了离散的类似于牛顿法的一些技巧,讨论了数值分析方面的一些问题。

米尔金(B. G. Mirkin)把布尔矩阵方法应用于定性数据的分析。例如,属性可以被描述成一个对象-属性矩阵 $\boldsymbol{T}$,使得 $t_{ij}=1$ 是指对象 i 具有属性 j,$t_{ij}=0$ 是指对象 i 不具有属性 j。类似地,还可以讨论对象-对象矩阵。